ÉLÉMENTS

D'ANATOMIE PATHOLOGIQUE

ÉLÉMENTS

D'ANATOMIE PATHOLOGIQUE

PAR LE

Dr L. BÉRIEL

Chef des travaux d'anatomie pathologique
à la Faculté de Lyon,
Médecin des hôpitaux.

AVEC 232 FIGURES DESSINÉES PAR L'AUTEUR

PARIS

G. STEINHEIL, ÉDITEUR

2, RUE CASIMIR-DELAVIGNE, 2

PRÉFACE

C'est sans arrière-pensée et confiant en son utilité
que nous présentons en cette courte préface le livre
de M. Bériel. Il est le type du genre et unique en son
genre, non seulement en France, mais aussi à l'étranger.
Et cependant il répond à un besoin d'une réelle actua-
lité. Il fallait, en effet, un livre duquel fût banni toute
théorie, tout historique, toute controverse, mettant
immédiatement à la portée de tout médecin des données
pratiques et précises. Mais l'étudiant en particulier y
trouvera ce qui est indispensable aux épreuves d'anatomie pathologique du troisième examen. Ce livre offre
dans ses détails, dans sa précision, dans sa façon de
présenter les connaissances immédiatement indispen-
sables à ces épreuves, les qualités qu'on devait y trouver.
Il est forcément concis : c'était une nécessité et tout à
la fois c'est une de ses qualités dominantes. Aussi le
lecteur devra-t-il tout lire, et lentement, et peser tous
les termes. Sa lecture lente est indispensable, non seulement dans les descriptions histologiques spéciales,
mais aussi dans les parties du livre qui pourraient, de

prime abord, n'être regardées que comme ressortissant aux notions générales. C'est en effet, de ces parties d'anatomie pathologique générale, réduites à ce qu'elles ont d'essentiel, que l'élève dégagera les fils conducteurs qui lui permettront la compréhension et l'analyse des descriptions spéciales.

M. Bériel était éminemment préparé à faire un tel livre. Il a suivi la filière, échelon par échelon, au laboratoire d'anatomie pathologique de la Faculté de Lyon, où moi-même je l'ai vu à l'œuvre depuis plus de dix ans, Pendant deux années, chargé des fonctions d'agrégé, il a pu juger aux examens, des besoins de l'élève, observer les difficultés qu'il rencontre à la préparation de l'épreuve d'anatomie pathologique, en même temps que pénétrer les causes mêmes de ces difficultés.

Il a été servi dans son travail par un esprit précis, qui sait éviter le schéma tout en dégageant les grandes lignes et surtout la caractéristique indispensable de la lésion à l'œil nu et au microscope. Et enfin, au service de ses qualités fondamentales, M. Bériel a pu mettre un talent personnel très réel de dessinateur. Or personne ne rend mieux par le dessin que celui qui sait tout à la fois voir au microscope en même temps que dessiner ; la réalité et la sincérité des faits n'y perdent pas, si l'observateur est honnête, et la clarté y gagne ; c'est ce que l'auteur du livre a pu faire.

C'est pour ces raisons spéciales et parce qu'il réunissait ces qualités que M. Bériel a fait un livre condensé, précis et remplissant admirablement son but.

J. PAVIOT,
Professeur d'Anatomie Pathologique
à la Faculté de Lyon.

AVANT-PROPOS

Les notions que l'on trouvera dans ce livre représentent les éléments que je crois utiles à ceux qui veulent apprendre de l'Anatomie pathologique ; je les ai rassemblées, non pas en suivant une classification scientifique, mais à la façon que me conseillait l'expérience. Des données d'*anatomie pathologique* générale, que je me suis efforcé de rendre aussi peu abstraites que possible, en sont comme la préface : dans les chapitres suivants sont envisagées leurs principales applications sur *les divers organes* ou *appareils* ; les lésions fréquentes y sont surtout étudiées.

On remarquera que l'*étude des tumeurs* est rejetée en dernière ligne ; elle est effectivement plus difficile, et bénéficie des exposés antérieurs qui permettent des comparaisons. D'ailleurs, cette manière de faire paraît, par la pratique, être la plus apte à favoriser l'éducation progressive du débutant.

* *

Mais si ces lignes représentent la façon dont je conçois l'Anatomie pathologique, il est juste de déclarer que mon éducation s'est faite au contact de M. le professeur Tripier, qui a

occupé jusqu'à ces dernières années la chaire d'Anatomie pathologique à la Faculté de Lyon. J'aurai dû citer fréquemment son
nom dans ces pages ; m'étant efforcé d'écarter autant que possible toute indication bibliographique, je dois au moins lui
restituer dès le début tout ce qui lui est dû.

Je n'ai à parler ici ni de cette respectueuse affection, ni de ce
dévouement que gardent pour lui tous ceux qui ont été ses
élèves ; de tels sentiments sont au-dessus des considérations
scientifiques. Les idées d'un maître ne doivent pas, pour des
motifs de respect ou de déférence, asservir l'esprit de ses élèves.
Mais cet esprit se forme à leur contact, en appréciant, par
l'expérience, les données de celui qui enseigne. L'exemple de
M. Tripier a conduit ses élèves à se façonner tous seuls à une
manière de voir qu'il n'a jamais cherché à faire prévaloir autrement qu'en développant autour de lui la critique et le libre
examen.

C'est là un enseignement qui aurait été regretté encore bien
davantage, lorsqu'il a quitté sa chaire, si M. le Professeur Paviot
ne lui avait succédé pour continuer à diriger cette école anatomo-
pathologique locale, qui est une école, non de spécialistes, mais
de médecins. Elle a formé des cliniciens ; elle s'est étendue
à toute l'école lyonnaise, par les premiers élèves de M. Tripier,
aujourd'hui des maîtres dans notre centre hospitalier. Il m'est
agréable de citer parmi eux M. le docteur Devic ; il a guidé
toutes mes études médicales, et comme je ne sais pas séparer
l'Anatomie pathologique de la clinique, je ne puis séparer son
enseignement de celui que j'ai trouvé au laboratoire.

*
* *

J'ai à m'expliquer aussi d'avoir donné, dans ce volume qui a
la prétention d'être élémentaire, un développement aussi considérable à la partie histologique.

Je crois que pour étudier avec quelque fruit l'Anatomie pathologique, et pour en retenir quelque chose d'utile, lorsqu'on est débutant, il faut surtout la comprendre. Rien ne sert d'apprendre par cœur qu'une pneumonie montre un poumon lourd, volumineux et rouge : mais il est indispensable d'avoir vu que le foyer était constitué par une exsudation surtout fibrineuse et hématique dans le tissu pulmonaire ; c'est là un caractère élémentaire d'où découlent des particularités dans l'évolution de la lésion, dans son retentissement symptomatique, etc. ; il explique l'apparence macroscopique et permet, du même coup, de connaître celle-ci. C'est la donnée primordiale à saisir pour comprendre ce petit point d'Anatomie pathologique pris comme exemple.

C'est dans ce sens que l'on peut demander à l'*histologie pathologique*, sans faire aucun paradoxe, des lignes directrices pour l'étude des lésions. Elle est, si on ne la considère pas comme une méthode de recherches, beaucoup plus simple qu'elle ne semble, beaucoup plus identique à elle-même en tout cas que la science des autopsies. Celle-ci — question de technique mise à part — exige une expérience beaucoup plus longue, des qualités d'observation et d'interprétation bien supérieures, en un mot « de la clinique ».

Je me suis donc efforcé de faire partir l'élève des données que nous fournissait l'analyse pour aboutir aux lésions telles que nous les voyons à l'œil nu.

En d'autres termes, j'ai pensé que si la méthode analytique était nécessaire aux *recherches* scientifiques, ou à l'explication d'un phénomène pathologique donné, il était préférable, dans un *enseignement* d'Anatomie pathologique progressif, de mettre sous les yeux du débutant des exposés synthétiques en partant des altérations élémentaires.

Cette méthode n'est certainement pas applicable à toutes les sciences médicales ; il ne serait sans doute pas favorable, pour étudier la pathologie interne par exemple, d'apprendre par cœur en premier lieu un traité de pathologie générale. Cette dernière science est trop spéculative et trop complexe pour ser-

vir de base à l'étudiant ; il l'édifiera spontanément plus tard en
réfléchissant aux connaissances antérieurement acquises. Mais
je pense qu'il en est différemment pour ce qui nous concerne :
l'Anatomie pathologique générale est simple si on la réduit à
ses grandes lignes ; elle est très concrète et peut se placer après
l'histologie normale ; elle peut excellemment servir de point de
départ.

C'est donc pour ces motifs que j'ai rappelé fréquemment, le
cas échéant, les considérations biologiques nécessaires à l'Anatomie pathologique générale, qui est une anatomie pathologique
élémentaire ; c'est pour cela aussi que j'ai fait de courts résumés
d'histologie normale : encore que je me défende de considérer
notre science comme une sorte d'histologie appliquée. C'est
pour cela que, d'une manière générale, j'ai sacrifié beaucoup
dans le texte et l'illustration aux considérations microscopiques, en gardant le désir d'être utile aux débutants.

Les planches de cet ouvrage sont donc pour la plupart dessinées d'après des coupes histologiques (1). J'ai cherché à les
rendre aussi lisibles que possible. Je dois reconnaître que mon
éditeur n'a rien épargné pour en faire des figures très présen-
tables. Je remercie M. Steinheil des soins qu'il a donnés à
cette partie du tirage, comme aussi des sacrifices qu'il a faits
pour la bonne présentation du volume.

(1) *Note concernant les légendes des figures.* Le titre des figures histologiques est toujours suivi de la mention grossière du grossissement, ce qui les distingue sans autre indication des figures macroscopiques. Les planches de *grossissement fort, moyen* et *faible* correspondent respectivement aux images que l'on obtient en examinant les
préparations avec nos objectifs 6, 3 ou 0 (Reichert). Cette approxima-
tion m'a paru suffisante, bien qu'elle soit rendue grossière par les
nécessités du tirage, qui ont modifié de manière variable les dimensions originales des dessins.

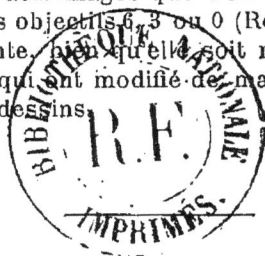

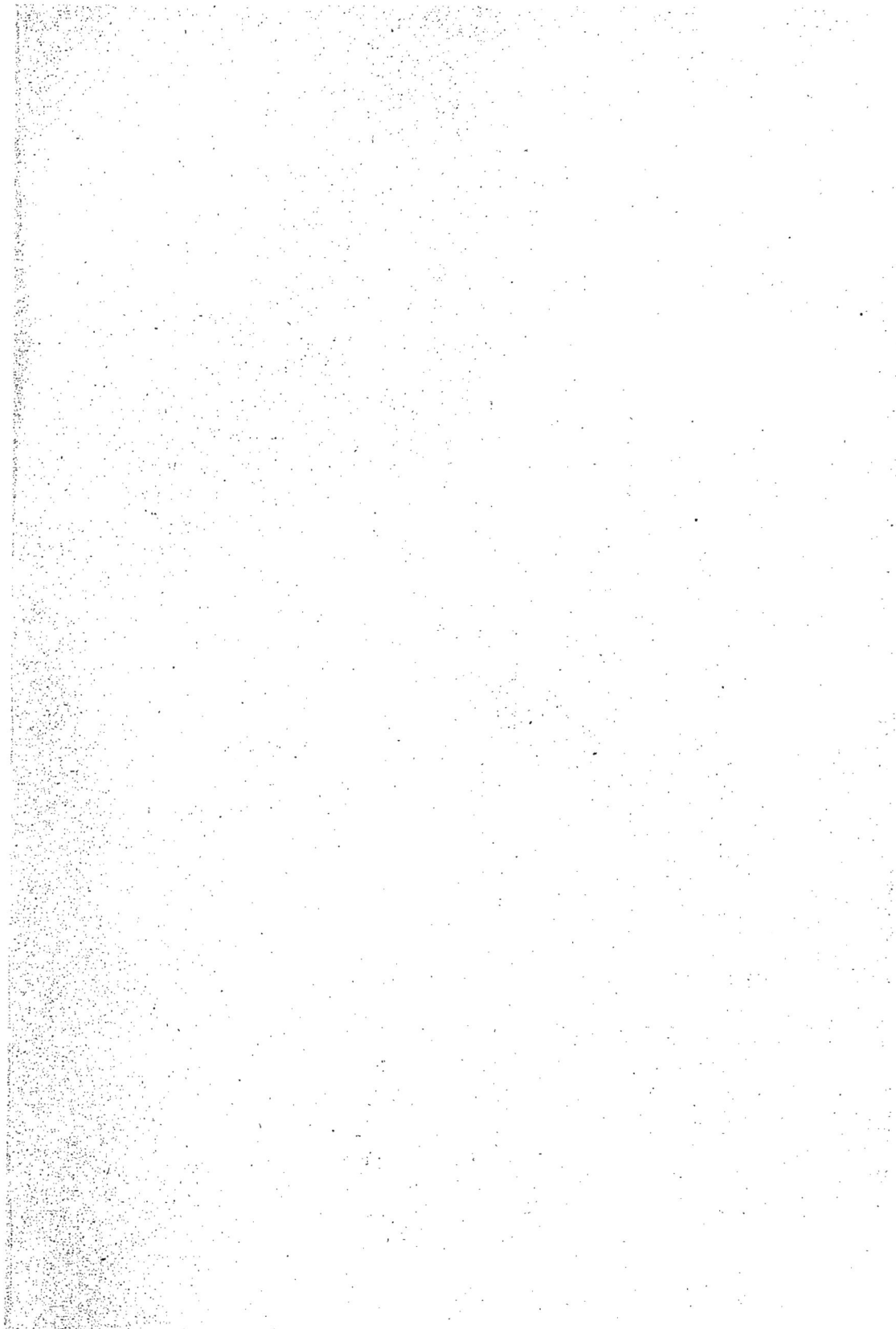

diaires, et qui sont amorphes, ou de formes diverses : liquides ou ciments intercellulaires, fibres, substances calcifiées, ossifiées, chondroïdes, etc..

Cellules et substances intermédiaires sont assemblées suivant des groupements naturels, à caractères constants, que l'on désigne sous le nom de *tissus*. Ceux-ci constituent de véritables unités, au triple point de vue anatomique, physiologique et pathologique.

Quelques considérations sont nécessaires à ce sujet.

Vie des éléments ; structure et fonction. — Les cellules et leurs substances dérivées sont vivantes. Voici, par exemple, des cellules épithéliales de l'intestin, placées dans un repli glandulaire ; grâce aux propriétés de leurs albumines constituantes, placées au contact des substances nutritives voisines, elles sont en état de mouvement moléculaire déterminé : elles vivent. Par ce seul fait, elles conservent leur structure propre et leurs rapports respectifs : si nous les trouvons telles sur une coupe histologique, nous dirons qu'elles étaient en état de vitalité. Mais, par ce seul fait aussi, elles éliminent des sucs de nature spéciale : si nous recherchons et trouvons ces sucs dans une portion de l'intestin, nous en conclurons également qu'elles vivaient. Nous pouvons donc dire : *la vie des éléments, expression de leur activité moléculaire, tombe sous nos sens par des conséquences que nous pouvons apprécier diversement, et que nous appelons* LA STRUCTURE *et* LA FONCTION.

Groupements naturels : les tissus. — Ceci est applicable à un organisme tout entier ou à ses différentes parties ; si nous l'avons analysé au niveau de ses éléments, c'est par un simple artifice. En réalité, ni les cellules, ni les substances intermédiaires ne

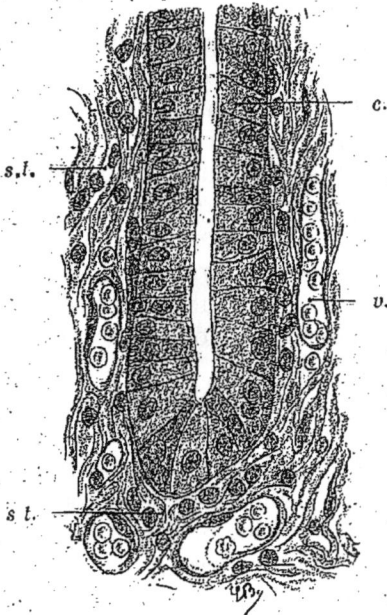

FIG. 1. — *Fond d'une glande intestinale* (fort grossissement).

c., cellules épithéliales limitant la lumière du cul-de-sac glandulaire ; — *s.i.,* stroma fibrillaire sous-jacent à l'épithélium ; — *v.,* petits vaisseaux.

peuvent être considérées isolément. Elles sont solidaires les unes des autres suivant des groupements naturels qui sont les tissus : ceux-ci sont les formations élémentaires les plus simples qui réunissent dans une nutrition commune cellules et substances intermédiaires. Ainsi la cellule glandulaire citée plus haut vit *dans une position déterminée* par rapport à ses voisines, par rapport aux fibres sous-jacentes et par rapport aux matériaux nourriciers, dans le groupement défini qui constitue le tissu épithélial. Au contraire, ce tissu lui-même peut se trouver *dans des positions variables* sur l'organisme ; où qu'il soit placé, il se présente toujours avec les mêmes conditions biologiques générales, qui le font vivre suivant un plan toujours identique à lui-même. Il peut donc être considéré isolément, avec sa vie propre, qui nous est manifestée par une structure spéciale et une fonction spéciale : **les tissus représentent des unités anatomiques et physiologiques.**

État normal et état pathologique. — Nous venons de parler du plan propre à chaque tissu. Ce plan est déterminé, pour chacun, par des influences héréditaires, d'adaptation, dont nous ignorons le détail, mais dont nous voyons les résultantes. Nous considérons celles-ci comme l'*état normal*.

Ainsi existent des causes mal précisées qui ont orienté le tissu épithélial glandulaire dans le sens que nous lui reconnaissons à l'aide de l'histologie ou de la physiologie, et que nous appelons son état anatomique ou physiologique normal.

Survienne une cause pathologique ; elle va troubler les conditions habituelles de vie dont ce tissu avait hérité ; s'il n'est pas complètement détruit, ces conditions ne seront que modifiées, et garderont toujours quelques-uns de leurs caractères antérieurs. Nous dirons, pour employer une expression courante, mais inexacte, qu'il « réagira » d'une façon qui lui est propre : **les tissus sont des unités au point de vue pathologique,** au même titre qu'à l'état normal.

L'état pathologique nous apparaît donc comme une déviation de l'état normal ; il est soumis aux mêmes lois.

Nous jugerons ces états l'un comme l'autre en étudiant l'une des deux conséquences objectives de la vie : la structure et la fonction. Nous pouvons apprécier ainsi l'atteinte morbide en observant le trouble de la fonction normale : ce qui est du ressort de la physiologie pathologique. Nous pouvons la reconnaître aussi en étudiant la déviation de la structure. C'est ainsi qu'en dernière analyse l'anatomie pathologique est ramenée à l'étude des modifications structurales des tissus.

Limitation de l'anatomie pathologique générale. — L'anatomie pathologique devrait donc se borner à étudier *quelles* sont ces déviations et *comment* elles se produisent. Nous devons connaître auparavant la structure normale pour comprendre *quelles* sont les modifications ; mais nous devrions savoir aussi les conditions qui commandent cette normale, c'est-à-dire les lois de la vie tissulaire, sous peine de ne pouvoir comprendre *comment* s'établissent ces lésions.

En réalité, nous ne possédons qu'incomplètement ces dernières données ; il est même curieux de constater qu'elles ont été en partie acquises par les études pathologiques, qui devraient justement s'appuyer sur elles. Mais ce paradoxe n'est pas isolé. Nous savons, pour en citer un exemple plus concret, que l'étude des lésions de la moelle épinière *malade* a permis de fixer beaucoup de points de son anatomie *normale*.

Le même phénomène se reproduit fréquemment dans les diverses branches des sciences médicales : il faut nous résigner à ne pas les considérer comme des sciences déductives.

Cependant, pour favoriser la simplicité d'un exposé élémentaire, nous devons les supposer telles, et nous rappellerons en débutant les principales données normales pour nous en servir comme d'une base.

I. — L'ÉTAT NORMAL

§ 1. — Structure histologique : les tissus.

Chaque tissu est formé de cellules et de substances intermédiaires groupées d'une façon déterminée. En général, les cellules jouent un rôle actif, les autres éléments sont des parties de soutènement, liées à la vie des cellules et dérivant de celles-ci.

Dans tous les tissus se trouvent, en outre, des liquides nourriciers, apportés par la circulation, et contenus généralement dans des canaux à parois cellulaires, qui sont les petits vaisseaux. Ceux-ci sont des éléments constants des tissus et en font partie intégrante (1).

Les matériaux apportés par ces vaisseaux, et diffusant autour d'eux, entretiennent la vie des tissus, c'est-à-dire la structure et la fonction. Analysons sommairement ce phénomène en nous limitant à la partie anatomique ; ce n'est là qu'un petit côté de la question, mais il est déjà fort complexe.

a) **Équilibre structural ; nutrition et évolution normales des tissus.** — Sous le nom de *structure normale* d'un

---

(1) Il existe bien dans l'organisme quelques rares tissus ne contenant pas de vaisseaux à l'état normal ; ils se nourrissent, néanmoins, par des sucs issus des vaisseaux voisins.

tissu, nous entendons l'état individuel des éléments, c'est-à-dire une forme et une colorabilité spéciales des protoplasmas, des noyaux, des substances intermédiaires ; nous y comprenons, en outre, une ordonnance déterminée de toutes ces parties les unes par rapport aux autres : tous faits que l'histologie a déterminés pour chaque élément et pour l'ensemble.

Chaque tissu conserve sa structure propre pendant la vie de l'individu, mais c'est là un état d'équilibre continuel (1). La persistance des corps vivants suppose le remplacement incessant de leurs diverses parties ; les tissus sont donc le siège de mouvements intérieurs. Dans ces conditions, comment peut se maintenir l'équilibre structural ?

1. Les éléments constitutifs des tissus sont eux-mêmes en état de mouvement moléculaire constant ; ils absorbent des substances nutritives, en gardent dans leur intérieur et en éliminent (2). Ce sont surtout les cellules qui subissent ces échanges actifs ; elles empruntent aux liquides amenés par les vaisseaux les aliments pour elles-mêmes et pour les substances dérivées.

Une première condition de l'équilibre anatomique réside dans une nutrition déterminée des éléments existants ; elle suppose la régularité dans l'*apport*, l'*utilisation* et l'*élimination* des produits nourriciers.

2. Mais il y a plus ; les cellules s'usent, si l'on peut dire. Le tissu persiste : ses cellules vieillissent et meurent (sauf quelques exceptions) ; elles se renouvellent, à chaque instant, et cependen-

(1) La structure normale comporte, en outre, un état chimique déterminé. Il y a un équilibre chimique comme il y a un équilibre morphologique.

(2) Ces phénomènes sont plus ou moins accentués suivant les tissus. Dans certains, l'accumulation de substances alimentaires est si importante qu'elle devient leur fonction prédominante : par exemple, le tissu adipeux qui emmagasine la graisse dans ses cellules. D'autres fois, l'élimination des substances élaborées devient la fonction sécrétoire, etc. Mais ces faits ne sont toujours que des cas particuliers de phénomènes généraux et de simples résultats de la vie des tissus.

dant, malgré leur substitution incessante, l'ordonnance générale du tissu persiste suivant son plan primitif, le tissu suit son évolution normale.

La deuxième condition de l'équilibre anatomique est l'évolution normale du tissu; elle suppose l'*apport* régulier, l'*utilisation,* dans un sens déterminé, de nouveaux éléments figurés et l'*élimination* des anciens.

Évolution normale des tissus. — Nous appelons donc évolution d'un tissu l'ensemble des mouvements élémentaires qui s'y produisent. Nous dirons que cette évolution sera normale, *pendant les périodes de développement,* lorsque cet ensemble de mouvements aboutira à l'état de structure déterminé par les lois héréditaires. Nous dirons que cette évolution sera normale, dans l'*organisme constitué,* lorsque cet ensemble de mouvements concourra à la conservation de l'équilibre acquis.

Nous voyons de suite que cette évolution normale soulève deux problèmes principaux : d'où viennent les cellules de remplacement? comment sont-elles utilisées pour remplacer régulièrement les anciennes? On pourrait aussi se demander de quelle façon sont éliminées ces dernières : c'est un phénomène capital lui aussi, mais qui se produit par un mécanisme généralement apparent, et variable suivant chaque tissu (desquamation en surface par exemple).

UTILISATION DES CELLULES DE REMPLACEMENT. — Nous savons très peu de chose à ce sujet. Nous constatons que les cellules nouvelles, jeunes, sont peu à peu modifiées pour devenir comparables aux anciennes, dont elles prennent la place, mais nous ignorons quelles conditions commandent ces phénomènes : nous savons simplement qu'ils nécessitent l'intégrité circulatoire du tissu et une certaine lenteur dans l'apport des cellules remplaçantes.

RÉNOVATION DES CELLULES. — Celle-ci nous est elle-même assez mal connue. Un grand nombre d'auteurs admettent que les cellules nouvelles sont produites par la division directe ou indirecte (karyokinèse) des cellules préexistantes; d'autres pensent que tous les éléments de renouvellement, dans l'organisme constitué, sont apportés à l'état de cellules jeunes par le sang, sans préciser leur origine véritable.

Cette dernière théorie nous servira de base, parce qu'elle paraît plus proche de la réalité des faits. Elle donne d'ailleurs plus de simplicité à la compréhension des phénomènes pathologiques. Ce n'est pas le lieu d'en fournir ici une démonstration, qui a été faite par TRIPIER (1) ; nous l'accepterons donc, pour le moment tout au moins, comme un postulatum. Mais nous pouvons remarquer, dès maintenant, que, toutes les fois qu'un tissu se développe plus rapidement, c'est-à-dire toutes les fois que son renouvellement cellulaire est exagéré, on trouve au voisinage des petits vaisseaux des amas de cellules encore indifférentes ; elles vont se distribuer dans les régions environnantes, en s'y modifiant peu à peu suivant le plan du tissu. Nous retrouverons ces petites cellules soit dans les tissus en activité physiologique, soit dans les productions pathologiques ; aussi bien dans les inflammations simples que dans les inflammations spéciales comme la tuberculose, ou dans les tumeurs.

En résumé, les tissus vivent chacun suivant un mode particulier et déterminé. Ils *existent* sous leur forme propre, parce que les conditions de développement les ont amenés à cette forme ; ils y *persistent* grâce au renouvellement, à l'utilisation et à l'élimination des matériaux constituants : cycle régulier que nous appelons, pour les substances chimiques, NUTRITION NORMALE ; pour les éléments figurés, ÉVOLUTION NORMALE des tissus. Ces deux cycles sont sous la dépendance de la circulation nourricière, et fatalement connexes.

b) **Exemple. Le tissu épithélial cutané.** — Examinons par exemple le tissu qui revêt la surface externe du corps, la peau. Sur une coupe, nous le voyons limité extérieurement par une couche de cellules à plusieurs assises, formant un revêtement relativement résistant et assez imperméable : l'épithélium. Nous disons que cet épithélium vit, c'est-à-dire qu'il existe et qu'il persiste avec ses caractères, lui assurant des propriétés physiologiques déterminées. Il n'existe et ne persiste que parce qu'il trouve au-dessous de lui des vaisseaux lui apportant les matériaux nécessaires (voir fig. 2).

(1) TRIPIER, *Anatomie pathologique générale*. Paris, 190

Cependant les cellules de cet épithélium vieillissent et meurent ; les plus superficielles tombent peu à peu à l'air libre. Il faut donc qu'elles soient renouvelées, mais aussi que leur remplacement s'effectue peu à peu sans que la structure soit modifiée. Ces phénomènes se produisent tout naturellement et

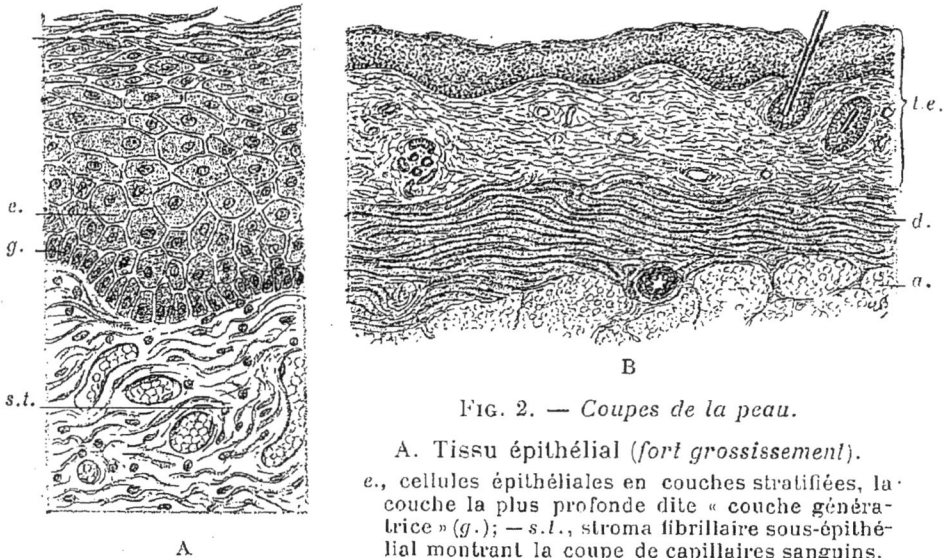

FIG. 2. — *Coupes de la peau.*

A. Tissu épithélial (*fort grossissement*).

e., cellules épithéliales en couches stratifiées, la couche la plus profonde dite « couche génératrice » (*g.*); — *s.t.*, stroma fibrillaire sous-épithélial montrant la coupe de capillaires sanguins.

B. Diverses couches de la peau (*grossissement moyen*).

l.e., tissu épithélial; — *d.*, tissu fibreux du derme ; — *a.*, tissu cellulo-adipeux.

de façon régulière à l'état normal : les éléments jeunes se trouvent dans des conditions de vitalité telles qu'ils prennent peu à peu les caractères individuels et l'ordonnance qu'avaient pris avant eux leurs aînés. Nous ne connaissons pas ces conditions de vitalité, mais nous savons au moins que les caractères normaux de la circulation de ce tissu contribuent à les produire. Aussi cette circulation est-elle disposée d'une façon déterminée dans une couche fibrillaire au-dessous des cellules épithéliales.

Vaisseaux, couche fibrillaire, cellules épithéliales ordonnées en épithélium stratifié, constituent un ensemble qui a ses caractères d'évolution et de nutrition propre ; il a aussi des réactions pathologiques propres ; c'est le *tissu épithélial de revêtement*.

c) **Principaux tissus de l'organisme**. — Il y a dans l'organisme un certain nombre de tissus différents dont plusieurs présentent des variétés.

Le TISSU ÉPITHÉLIAL est l'un des plus importants ; il a aussi des variétés bien déterminées.

C'est essentiellement un groupement qui s'est développé en surfaces limitantes. Les cellules actives orientent un de leur pôle vers le milieu intérieur, l'autre vers l'extérieur ; elles se soudent par leurs faces latérales en formant des nappes continues appelées *épithéliums*.

A la surface externe du corps, l'épithélium s'est distribué en plusieurs assises, constituant l'épithélium stratifié dit ectodermique. A la surface des conduits ou des réservoirs (muqueuses endodermiques : tube digestif, voies biliaires, etc.), il s'est ordonné en une assise simple ; dans ces points, non seulement la ligne épithéliale dessine une limite continue, mais encore elle s'infléchit par place vers la profondeur, formant des tubes plus ou moins ramifiés où s'accumulent les produits rejetés par les cellules : ce sont des glandules ; nous disons que l'épithélium montre ici une tendance sécrétoire (fig. 1).

Voici donc déjà deux variétés : l'une essentiellement limitante, formée de plusieurs assises solides (épithélium ectodermique stratifié) ; l'autre à la fois limitante et sécrétante, ne formant plus qu'une barrière fragile par une simple assise de cellules cylindriques (épithéliums endodermiques cylindriques).

En d'autres points l'épithélium est devenu uniquement sécréteur : il s'est ordonné en glandes compactes dont les culs-de-sac, les *acini*, tapissés par les cellules actives, sont agglomérés les uns contre les autres (pancréas par ex.). Ces glandes présentent parfois des modifications secondaires qui rendent leur structure encore plus complexe (foie, corps thyroïde, rein). Ce sont des variétés très marquées d'épithéliums glandulaires.

D'autres adaptations différentes existent : par exemple l'épithélium respiratoire qui forme une membrane mince et relativement perméable entre le milieu intérieur (le sang) et le milieu extérieur (l'air). Enfin les tissus nerveux sont aussi de nature épithéliale, mais très modifiés. Leurs cellules principales ont perdu le caractère originel d'ordonnance suivant des surfaces continues ; mais elles ont gardé leur orientation polaire.

Quoi qu'il en soit, aussi bien au niveau de la peau que des muqueuses, des glandes, du poumon, ou du système nerveux, l'épithélium ne peut être considéré comme un tout. Au-dessous de la ligne ou des assises épithéliales, entre les acini sécréteurs, s'ordonnent des substances intermédiaires à disposition fibrillaire, contenant quelques cellules nutritives allongées et les vaisseaux. Cette couche sous-épithéliale participe à la vie de l'épithélium auquel elle forme comme une matrice.

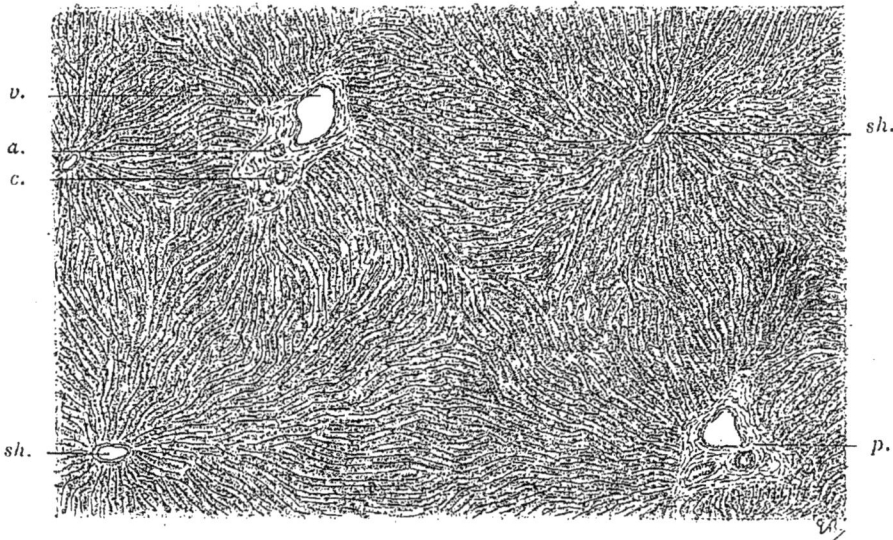

Fig. 3. — *Coupe du parenchyme hépatique* (faible grossissement). *p.*, axe conjonctivo-vasculaire sectionné (espace porte). Un autre espace porte montre la veinule porte (*v.*); — l'artère (*a.*) et un canalicule biliaire (*c.*); — *sh.*, veines sus-hépatiques. Entre celles-ci et les espaces portes, épithélium disposé en trabécules.

Dans les tissus de surface (peau, muqueuse) elle dessine un plan continu sous l'épithélium; dans les tissus conglomérés comme le foie, le corps thyroïde, le poumon, etc., elle forme des lames ou des axes conjonctivo-vasculaires qui font aussi partie du tout et qui représentent une sorte de charpente. Dans ces derniers cas, l'ensemble est quelquefois désigné sous le nom de *parenchyme*.

Le tissu épithélial se subdivise donc en un certain nombre de variétés présentant des caractères communs et des caractères spéciaux; les principales sont : le **tissu épithélial ectodermique,** le tissu épithélial des muqueuses endodermiques, le tissu épithélial glandulaire (*hépatique, thyroïdien*, etc.), le tissu respiratoire, le tissu nerveux.

AUTRES TISSUS. — Les autres tissus diffèrent surtout des précédents en ce qu'ils ne sont plus orientés entre le milieu extérieur et le milieu intérieur.

Quelques-uns ont encore des cellules actives hautement différenciées : par exemple le **tissu musculaire**, avec ses variétés *lisse* et *striée;* le **tissu adipeux**, le **tissu lymphoïde**. Ces groupements comportent, entre leurs éléments actifs, des parties vasculo-connectives faisant partie intégrante de l'ensemble.

D'autres sont remarquables surtout par les caractères de leurs substances intermédiaires : le **tissu osseux** a des substances intercellulaires calcifiées et ossifiées, ou cartilagineuses; le **tissu fibreux** (tendons, aponévroses) est constitué essentiellement par des fibres denses, solides ou élastiques. Dans le tissu fibreux, les substances intermédiaires, très voisines des corps non vivants, ont une longue persistance; les cellules situées entre elles, chargées de leur nutrition très ralentie, sont petites, rares et peu différenciées; les vaisseaux sont plongés directement au milieu de ces éléments.

§ 2. — Rapports entre la structure histologique et l'état macroscopique. Les organes.

a) **Caractères physiques.** — Les différents tissus sont reconnaissables à l'œil nu par des caractères physiques qui dépendent de leur structure élémentaire.

La COLORATION est due en grande partie à la vascularisation plus ou moins intense, qui rend la plupart des tissus rosés ou rouges. Mais les autres éléments contribuent aussi à produire des teintes particulières. Une grande abondance de cellules peu différenciées donne à l'œil nu une coloration grisâtre. Ainsi le tissu lymphatique, dans lequel les éléments cellulaires prédominent par rapport aux substances intermédiaires, a une teinte grise ou gris rosé : ce dont il est facile de se rendre compte sur la surface de section d'un ganglion par exemple.

Certaines cellules plus différenciées et contenant des substances spéciales, donnent aux tissus, dont elles forment le substratum essentiel, des teintes particulières : par exemple le tissu hépatique, le tissu musculaire strié.

Les fibrilles extra-cellulaires, lorsqu'elles sont prédominantes, fournissent une coloration grise un peu brillante : ainsi le tissu fibreux des tendons, des aponévroses. D'autres substances intermédiaires produisent des teintes diverses : la couleur blanc bleuté du cartilage lui vient surtout de la matière hyaline qui sépare ses cellules ; le blanc cru de l'os, de sa substance intermédiaire chargée de sels.

La CONSISTANCE des tissus varie beaucoup aussi suivant leur structure. La cohésion est souvent due à l'abondance des éléments fibrillaires ; qu'il s'agisse de fibres-cellules (tissus musculaires), ou de fibres intermédiaires (tissu fibreux). Naturellement, ce caractère sera d'autant plus marqué que les fibres seront plus serrées et mieux au contact (tissu musculaire lisse, tendons).

Les tissus recouverts d'assises cellulaires multiples et coordonnées (épithéliums stratifiés) offrent des surfaces relativement résistantes ; elles sont sèches, cornées, dans certains cas (peau), lisses et humides quand il y a une tendance sécrétoire (muqueuses ectodermiques).

Lorsque les cellules sont très abondantes, mais sans ordonnance les unes par rapport aux autres, elles forment des tissus friables (tissu lymphoïde) ; dans les parenchymes, elles gardent une certaine cohésion mais forment encore des masses qui peuvent se déchirer (tissu hépatique par exemple).

Enfin les substances intermédiaires ossifiées, calcifiées, cartilagineuses, donnent aux tissus qui en comportent une résistance particulière et bien connue.

b) **Disposition des tissus dans l'organisme. Organes et appareils.** — Les tissus, dans un organisme, se montrent à nous non seulement avec les caractères précédents, mais encore avec une disposition, un agencement particuliers. Ils sont normalement amassés en différents points du corps en formant des groupements que l'on désigne sous le nom d'*organes* ou d'*appareils*.

Ces différentes formations peuvent être chacune constituées par un ou plusieurs tissus : ceux-ci se sont adaptés dans des positions déterminées où leur vie s'exerce plus librement : nous disons qu'ils donnent ainsi à leurs fonctions le maximum de rendement.

Par exemple un tissu épithélial de la variété glandulaire s'est adapté à un mode de nutrition déterminé, et présente ainsi des fonctions déterminées. Des conditions héréditaires l'ont localisé dans un point constant du corps, sur le trajet des vaisseaux portes : nous l'appelons le foie. Chez l'homme du moins, il en est ainsi ; mais chez certains animaux, le tissu correspondant a pu se grouper ou se localiser différemment.

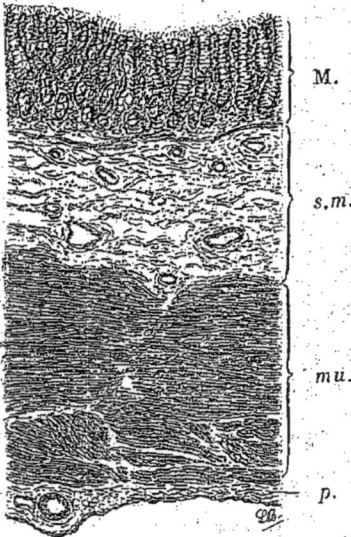

FIG. 4. — *Paroi de l'estomac* (faible grossissement).

M., tissu épithélial glandulaire formant la muqueuse ; — *mu.*, couches de tissu musculaire lisse.

D'autres tissus épithéliaux, adaptés à un fonctionnement différent, sont étalés en surface, comme c'est le cas pour les muqueuses digestives : celles-ci sont placées à la face interne d'un tube, adossées à des couches musculaires. Les différents segments de ce tube sont considérés comme des organes différents : estomac, intestin, etc. Chacun d'eux se trouve ainsi formé de plusieurs tissus.

On comprend ainsi que la division en organes ne se superpose pas toujours exactement à la division en tissus, et que cette dernière soit plus intéressante au point de vue général. Les organes et les appareils représentent en effet pour nous des formations assez contingentes, dont l'aspect normal est la résultante : 1° des caractères des tissus constitutifs; 2° de leur mode d'agencement, de leur topographie.

II. — L'ÉTAT PATHOLOGIQUE.

L'état pathologique est la déviation des phénomènes de la vie normale, sous l'influence des causes pathogènes. Nous avons vu qu'il se manifeste à nous par une modification de la structure et de la fonction. La modification de structure, la lésion, — la seule qui soit de notre ressort, — est donc *l'expression anatomique de l'état de maladie*.

Elle n'est pas toujours apparente, par exemple dans les cas que l'on désigne sous le nom de *troubles fonctionnels* ; mais le plus souvent elle peut être décelée soit à l'œil nu, soit au microscope.

§ 1. — **Histologie pathologique.**

Lorsqu'un agent pathogène est mis en contact avec un tissu, il peut le détruire, ou simplement le modifier; mais, de toute façon, il l'atteint en altérant ses conditions de vitalité, c'est-à-dire, pour l'anatomiste, les conditions de son équilibre normal.

Celles-ci se résument à deux : nous l'avons rappelé précédemment. C'est, d'une part, la *nutrition* normale des éléments; d'autre part, le renouvellement des cellules et leur utilisation normale, mouvements dont l'ensemble constitue *l'évolution* normale du tissu.

Les modifications pathologiques pourraient donc toutes être ramenées, semble-t-il, à deux chefs principaux : *troubles de la nutrition*, et *troubles d'évolution*.

1. TROUBLES DE NUTRITION. — La nutrition des éléments est assurée par les substances qu'apportent les vaisseaux. Elle pourra donc être troublée par la mauvaise qualité de ces matériaux nourriciers, ou par une modification vasculaire. Les lésions ainsi produites consistent en modification dans l'aspect, le volume, les qualités de coloration des cellules ou des substances intermédiaires. Elles peuvent être *primitives*, par exemple lorsqu'une substance toxique agit en modifiant les substances nutritives ; ou encore lorsqu'un agent physique ou chimique atteint directement les éléments du tissu. Elles sont le plus souvent *secondaires*, ou au moins associées à des modifications circulatoires apparentes : c'est ainsi qu'un arrêt de la circulation dans un territoire déterminé produit, dans toute son étendue, des troubles nutritifs qui peuvent aboutir à la mort des éléments.

2. TROUBLES D'ÉVOLUTION. — L'évolution peut être troublée par une modification dans le renouvellement des cellules ou par leur utilisation défectueuse; si, par exemple, des cellules nouvelles sont produites en quantité exagérée, ou trop rapidement, elles n'auront plus le temps d'évoluer dans le sens habituel, ou bien édifieront des néo-productions dans le sens habituel, mais exubérantes.

Ces troubles d'évolution sont, eux aussi, primitifs ou secondaires. Ils sont *secondaires*, dans la majorité des cas, à des modifications circulatoires. Ainsi voit-on, au cours de certaines inflammations persistantes, une activité circulatoire anormale exagérer la rénovation cellulaire et aboutir à des néoformations irrégulières de tissu.

Dans d'autres cas, ces lésions sont *primitives;* elles succèdent directement à une cause qui peut elle-même nous échapper : par exemple dans les tumeurs (1).

a) **Types histo-pathologiques.** — En réalité, ces deux phénomènes : nutrition et évolution, sont étroitement solidaires à

_____

(1) En réalité, même dans ces cas, la modification se fait bien par l'intermédiaire de phénomènes circulatoires, mais ceux-ci sont difficiles à identifier.

BÉRIEL.   2

l'état pathologique comme à l'état normal. Ils ont un lien commun, qui est l'état de la circulation nutritive. Le trouble de l'un d'eux, même paraissant primitif, s'associe rapidement à des déviations de l'autre. Aussi les lésions histologiques sont-elles presque toujours constituées par des altérations multiples en proportion variable. C'est le degré de chacune d'elles et les caractères de leurs combinaisons, qui font les types principaux des lésions histologiques.

Existe-t-il des lois générales qui commandent la production de ces types ?

b) **Influence relative des diverses causes morbides dans la production des types histo-pathologiques.** — Il semble, au premier abord, que chaque cause pathogène doive produire des types histo-pathologiques particuliers ou, si l'on veut, des lésions histologiques spécifiques. Il n'en est rien ; les agents les plus variés, physiques, chimiques, microbiens, peuvent produire le même trouble des conditions de vitalité des tissus et, conséquemment, les mêmes modifications de structure. Inversement, un même agent pathogène peut déterminer des lésions différentes sur le même tissu. Ainsi, la tuberculose, la syphilis, les tumeurs, etc., peuvent aboutir à des lésions élémentaires identiques ; l'une de ces affections peut, au contraire, produire, sur un même tissu, des lésions différentes. Ceci est un fait d'observation qui peut se résumer ainsi : les modifications histologiques ne sont pas, par elles-mêmes, spécifiques. Nous verrons bientôt quelles restrictions il convient d'apporter à cette loi générale.

c) **Influence du mode d'application des diverses causes.** — Beaucoup plus importantes sont les conditions dans lesquelles sont appliqués les agents pathogènes.

La durée de l'atteinte pathologique, les caractères de son intensité, exercent une influence majeure et constante sur la façon dont le tissu est modifié. Ainsi, les agents producteurs des tumeurs qui agissent lentement, progressivement, donnent lieu à des lésions déterminées. D'autres agents (tuberculose, syphilis, causes mécaniques) peuvent se trouver dans des conditions analogues ; ils produiront alors des modifications tout à fait comparables : à tel point qu'il est difficile, quelquefois même impossible, de les distinguer au microscope l'une de l'autre ou des tumeurs vraies.

d) **Influence des conditions biologiques de chaque tissu.** — Les conditions de vitalité propres à chaque tissu ont aussi une influence notable sur la manière d'être générale de leurs lésions histologiques. Un tissu déterminé « réagit » dans un sens déterminé, quelles que soient les influences qui le sollicitent.

On trouve, à chaque instant, des démonstrations de ce fait. Observons, par exemple, ce qui se passe au niveau du tissu musculaire lisse. C'est un groupement d'éléments cellulaires contractiles, allongés en fuseau (fibres-cellules) ; une de ses caractéristiques biologiques *normales* est de se rénover avec une facilité extrême : bien entendu, en conservant toujours sa structure typique.

Ceci signifie que les cellules de renouvellement de ce tissu trouvent dans son sein des conditions de nutrition telles qu'elles prennent très rapidement les caractères individuels et l'ordonnance respective des éléments adultes ; à l'état physiologique, on peut voir le tissu acquérir très vite un développement considérable, comme cela a lieu dans les organes génitaux de la femme. Lorsqu'il est soumis à des influences morbides, cette faculté d'évolution se retrouve : ainsi le voit-on fréquemment, à l'état pathologique, présenter des néo-productions de fibres lisses bien constituées : qu'il soit atteint par la tuberculose, par des inflammations banales, ou qu'il soit le siège de tumeurs. Au contraire, le tissu musculaire strié, dont les conditions biologiques sont très différentes, réagira différemment.

e) Caractère relatif des lois précédentes. Possibilité de diagnostics étiologiques. — Les considérations précédentes nous confirment dans cette notion que l'état pathologique n'est qu'une déviation de l'état normal, et qu'il varie surtout suivant la façon dont ce dernier est dévié, quelles que soient les causes pathogènes. Il en découle ce corollaire que l'*on ne doit jamais trouver dans une lésion des éléments hétérogènes*, c'est-à-dire étrangers au tissu normal.

Ces données sont exactes et doivent dominer les études d'histologie pathologique ; mais elles comportent, dans la pratique, quelques restrictions.

Si nous les appliquions d'une manière absolue, et, en particulier, si nous refusions aux différents agents pathogènes toute influence sur l'aspect terminal des lésions, nous devrions renoncer à faire, au microscope, des diagnostics étiologiques. De fait, il nous est souvent impossible, beaucoup plus souvent qu'on ne le pense généralement, de pouvoir reconnaître, par l'examen histologique seul, la cause d'une lésion. Mais cela se peut quelquefois, dans les conditions suivantes.

1. ÉLÉMENTS SPÉCIFIQUES. — Il est entendu que les lésions ne doivent pas nous présenter d'éléments hétérogènes. Il faut cependant faire exception pour les *corps étrangers* introduits dans les tissus et, en particulier, pour les agents pathogènes figurés. Ainsi peut-on rencontrer, dans un tissu, des bacilles, des parasites, etc., qui n'y existent pas à l'état normal.

Il ne faut pas oublier, en outre, que les modifications nutritives ou évolutives peuvent donner aux éléments, dans certains cas, une apparence très différente de l'état normal. Par exemple, les *cellules géantes* de la tuberculose, de la syphilis, paraissent des éléments hétérogènes : on ne les trouve pas à l'état normal. Mais, en réalité, on peut toujours se rendre compte que ce sont simplement des éléments normaux considérablement modifiés. Il en est de même lorsque la maladie produit la mort rapide de quelques cellules ou de toute une partie d'un tissu ; dans ces cas, le microscope nous montre des parties extrêmement altérées (globules de pus, par exemple) : nous pouvons cependant en saisir la filiation aux dépens des parties normales.

On peut donc trouver, dans les lésions, des *éléments spécifiques :* ce qui signifie qu'ils sont en rapport exclusif avec les conditions étiologiques. Ainsi la présence du bacille de Koch sera caractéristique de la tuberculose. Dans un même ordre d'idées, les éléments très modifiés et paraissant hétérogènes, comme ceux que nous avons énumérés, auront aussi une certaine spécificité : ainsi, les cellules géantes seront en rapport avec un groupe très limité de causes pathogènes ; les globules de pus auront aussi une certaine valeur étiologique, etc.

2. GROUPEMENTS SPÉCIFIQUES. — Bien plus, le groupement des diverses parties du tissu modifié, l'intensité de certains troubles par rapport aux autres, sont quelquefois caractéristiques d'une cause déterminée.

Un certain mélange de nécrose et de sclérose nous est connu comme produit habituellement par la tuberculose ou la syphilis : ce groupement histo-pathologique est formé d'éléments qui n'ont généralement aucun caractère spécifique par eux-mêmes, mais il présente un aspect d'ensemble, une manière d'être qui nous le font désigner sous le nom de tubercule ou de gomme. Nous disions précédemment que la tuberculose, la syphilis, produisaient *souvent* des lésions banales, comparables aux inflammations banales ou aux tumeurs ; nous ajoutons maintenant qu'elles produisent *quelquefois* des lésions relativement spécifiques, et que même, dans quelques cas, nous pouvons les distinguer toutes deux l'une de l'autre.

Il n'est donc pas absolument impossible de trouver une certaine spécificité des lésions histologiques, mais elle est toujours très indirecte, elle nécessite d'être interprétée. Aussi a-t-elle une valeur individuelle, qui peut être faible ou considérable suivant les observateurs. C'est là la cause de la difficulté des recherches histologiques lorsqu'elles sont pratiquées pour poursuivre un diagnostic causal.

§ 2. — Anatomie pathologique macroscopique.
Les lésions.

Les modifications de structure qui constituent les états pathologiques s'expriment par la modification macroscopique des qualités physiques normales.

Ces lésions ont, en outre, une distribution, une topographie qui sont soumises à certaines règles.

a) **Caractères physiques.** — Les lésions ont des caractères physiques qu'il faut connaître pour chacune d'elles. Ainsi, au niveau du poumon, un foyer d'hépatisation rouge a une coloration, une consistance, une densité différentes du poumon normal et différentes d'une lésion analogue, l'hépatisation grise, par exemple.

Ces caractères tiennent à la structure histologique. La couleur dépendra, comme pour les tissus normaux, du degré de vascularisation, de l'abondance des éléments cellulaires, de la quantité et de la nature des substances intermédiaires. Il suffit de se reporter à ce qui a été dit, à ce sujet, précédemment. Pour rappeler l'exemple ci-dessus, on remarquera que l'hépatisation rouge a la coloration des tissus gorgés de sang; que la grise possède la teinte des tissus formés surtout d'éléments cellulaires et peu vascularisés (voir p. 74).

De même, la consistance tient à l'abondance variable et aux caractères des substances intermédiaires ; les tissus pathologiques contenant beaucoup de fibrilles (scléroses, par exemple) forment des points résistants, quelquefois même durs et criant sous le scalpel : tout comme cela se produit à l'état normal pour les tissus fibreux. Inversement, les tissus dans lesquels les éléments cellulaires sont très abondants deviennent friables (par exemple, les tumeurs dites encéphaloïdes).

La densité normale d'un organe peut ainsi être considérablement modifiée; ce phénomène est particulièrement frappant au niveau du poumon.

De même, le VOLUME total ou partiel peut être augmenté ou diminué; cette modification au niveau de certains organes (poumon, rein, foie) peut à elle seule former un caractère très important. Le plus souvent, les augmentations de volume correspondent à une infiltration de liquides ou d'éléments jeunes dans le tissu (néphrites subaiguës) ou à une surcharge de ses cellules (foie gras). La diminution peut tenir à la rétractilité du tissu modifié et à la disparition d'éléments normaux; ce qui est souvent le cas dans la sclérose. L'état anormal du volume peut aussi être causé par une modification volumétrique ou numérique des éléments normaux (hypertrophie, atrophie).

Enfin, on peut voir apparaître des substances qui paraissent étrangères à l'état normal, mais qui sont cependant la simple exagération de produits normaux, par exemple les épanchements liquides des séreuses.

Ces caractères forment les premières données dans l'étude des lésions à l'œil nu ; connaissant la couleur, le poids, la consistance d'un organe normal, nous apprécierons sa lésion en constatant la modification de ses qualités physiques, et nous en déduirons approximativement les troubles de la structure.

b) **Topographie des lésions.** — Nous devons connaître aussi les lésions suivant leur étendue, leur forme, c'est-à-dire suivant leurs rapports avec les parties saines. Elles peuvent être localisées ou généralisées, limitées ou diffuses, avoir une forme régulière ou irrégulière, etc.

Il existe des lois qui commandent cette morphologie. Il en est de particulières à chaque organe : ainsi les lésions pulmonaires obéissent à certaines règles valables pour le poumon seul ; d'autres lois commandent le siège des altérations de l'intestin grêle, etc. Mais il en est aussi de particulières aux diver-

ses causes pathogènes : tel agent a coutume de produire des
altérations de tel organe et de tel point de cet organe.

Il est impossible de rappeler ici ces lois de localisation et de
morphologie : les principales seront signalées à propos de
l'étude descriptive des lésions. Mais il faut remarquer de suite
que, grâce à elles, l'étude macroscopique nous fournit des
caractères assez particuliers suivant les diverses causes pathogènes ; bien plus, on arrive à cette conclusion, qui n'est
paradoxale qu'en apparence : l'observation macroscopique,
seule, est beaucoup plus importante pour le diagnostic général
que l'histologie pathologique isolée. A ce point de vue, celle-ci
n'est qu'un complément.

c) **Modifications secondaires.** — Les modifications que
nous décelons à l'œil nu ne sont pas toutes produites par les
lésions de structure initiales. Il en est qui sont secondaires.
Elles peuvent se produire par l'altération progressive d'un élément comme cela a lieu pour les fibres nerveuses (voir p. 253).
Souvent aussi la continuation du fonctionnement organique
dans l'organe partiellement atteint, dans les parties symétri-
ques ou associées, produit des déformations consécutives.
Lorsque, par le jeu persistant des phénomènes physiologiques,
ces modifications secondaires se trouvent suppléer à la partie
malade, elles sont dites compensatrices ; mais, loin d'être pro-
videntielles, elles sont souvent elles-mêmes, ultérieurement, le
siège de processus pathologiques généralement inflammatoires.
On peut citer dans cet ordre d'idées les dilatations des canaux
ou des réservoirs en amont des rétrécissements, les modifications des cavités cardiaques dans les lésions orificielles.

Dans cette classe rentrent aussi les hypertrophies glandulaires compensatrices, certaines modifications du squelette ou
des appareils musculaires.

* *

Nous avons vu précédemment que les perturbations pathologiques se ramenaient théoriquement à deux chefs : les troubles de nutrition et les troubles d'évolution. Certaines lésions peuvent être considérées comme des modifications évolutives essentielles (*les tumeurs*) ; pour des raisons d'exposition, nous ne les étudierons qu'en dernier lieu (IIIᵉ partie). D'autres lésions sont constituées par des perturbations de la nutrition qui paraissent pures, qui sont en tout cas très prédominantes (surcharge graisseuse par exemple). Nous les envisagerons en premier lieu sous le nom de **lésions de nutrition**.

En dehors de ces faits, toutes les autres lésions sont des mélanges complexes que l'on groupe pour d'autres motifs sous des chefs différents. Ainsi étudie-t-on les **troubles circulatoires** et les **inflammations**.

A vrai dire, il y a des troubles de circulation dans tous les états pathologiques ; mais il existe un certain nombre de processus dans lesquels la lésion vasculaire est grossière et prédominante ; ceux-là forment un groupe assez homogène.

Quant aux inflammations, quelle que soit leur complexité d'aspect, la multiplicité de leurs causes, elles ont des caractères communs et sont soumises à des lois générales qui commandent une étude d'ensemble.

Nous devrions aussi étudier les troubles survenus dans les tissus en voie de croissance et de développement ; ils produisent *des monstruosités, des malformations, des lésions congénitales.* C'est aussi de l'anatomie pathologique ; mais c'est une anatomie pathologique embryonnaire ou fœtale, très particulière. Nous n'en signalerons, chemin faisant, que les faits essentiels.

CHAPITRE II

LÉSIONS DE NUTRITION

Les divers éléments d'un tissu sont le siège d'échanges incessants entre leur propre substance et les substances interstitielles. Ces échanges se font dans les deux sens, c'est-à-dire que les cellules (1) absorbent certains matériaux et en restituent d'autres. Quelquefois elles en gardent dans leur intérieur après les avoir plus ou moins modifiés. Ces processus sont donc, normalement, très complexes ; leurs modifications le sont encore bien davantage, et nous ne pouvons en connaître que les types les plus grossiers.

§ 1. — Surcharges.

Les plus simples sont les surcharges ; elles ne sont qu'une exagération de l'état normal.

Physiologiquement les cellules de certains tissus contiennent

_____

(1) Ces phénomènes se passent aussi bien au niveau des substances intermédiaires figurées que des cellules ; mais seules ces dernières y jouent un rôle actif. Nous ne parlerons donc que d'elles ; mais il est sous-entendu que les fibres intercalaires, etc., peuvent subir, elles aussi, des modifications nutritives dans le même sens que les cellules.

des inclusions de matériaux alimentaires (glycogène, graisse). Pathologiquement elles peuvent en être *surchargées* de façon anormale ; ou même on peut voir certaines cellules élaborer et conserver des substances qu'elles ne retiennent pas habituellement.

La plus fréquente est la **surcharge graisseuse.** Des goutte-

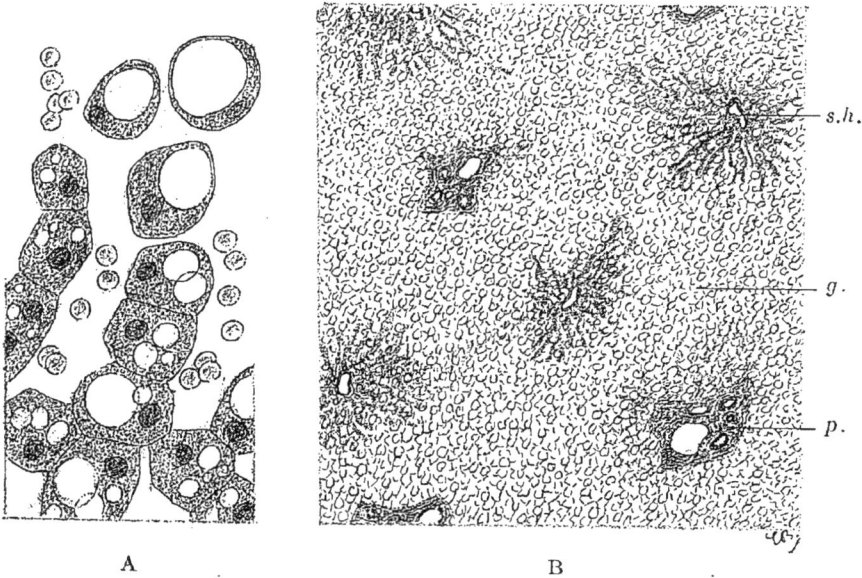

FIG. 5. — *Foie gras.*

A. Fort grossissement.

Cellules montrant la surcharge graisseuse à divers stades.

B. Faible grossissement.

Aspect du parenchyme, surchargé de graisse en *g.*; — *p.*, espace porte ; — *s.h.*, veines sus-hépatiques avec les parties avoisinantes relativement saines.

lettes de graisse se produisent dans le protoplasma ; lorsqu'elles sont très abondantes, elles se réunissent et souvent le corps cellulaire paraît complètement rempli par une grosse boule graisseuse qui refoule le noyau et qui rend la cellule comparable à un élément du tissu adipeux normal. Mais, dans la cellule surchargée, comme dans la cellule adipeuse, la graisse ne détruit pas le protoplasma, elle le refoule et peut

être à nouveau absorbée par lui : la cellule peut revenir à son
état primitif. Ce n'est donc pas une dégénérescence. Ce terme
est cependant souvent employé, particulièrement pour désigner l'état gras du foie, qui représente le plus bel exemple de
ces surcharges (voir p. 154).

Les tissus ainsi atteints sur une certaine étendue prennent
des caractères spéciaux à l'examen macroscopique. Ils deviennent mous, pâteux, jaune ou blanc pâle, caractères directement liés à la présence d'une graisse alimentaire dans leur
intérieur.

On peut observer d'autres surcharges : par exemple des surcharges pigmentaires. Des débris colorés, généralement nés
aux dépens du sang, sont inclus dans les cellules ou dans tout
le tissu, sous forme de petits grains noirs ou bruns ; mais ils
peuvent aussi être éliminés et n'entraînent pas fatalement la
mort des éléments.

Ce qui caractérise les surcharges, c'est donc la rétention ou
la production anormale de substances alimentaires ou étrangères, sans qu'il s'ensuive des phénomènes de destruction.

§ 2. — Dégénérescences.

Au contraire, les dégénérescences sont caractérisées par une
altération progressive et fatale des éléments. Ce sont aussi des
modifications de la nutrition qui les produisent, le plus souvent ; mais l'altération est fatale pour la cellule et l'apparition dans son sein d'éléments anormaux devient un signe de sa
mort.

La destruction cellulaire, la dégénérescence, peut présenter
des aspects variables.

Souvent le protoplasma se vacuolise ou devient fortement
granuleux. D'autres fois il s'infiltre de pigment (phénomène
distinct de la simple surcharge pigmentaire), ou bien sa substance devient trouble, il s'imbibe de liquides et augmente de

volume ; il peut aussi apparaître de fines gouttelettes d'aspect gras: état qui ne doit pas être confondu avec la surcharge graisseuse.

Ces divers aspects sont désignés par des qualificatifs différents : **dégénérescence vacuolaire, pigmentaire, hyaline, granuleuse, granulo-graisseuse** (1), etc. Mais, encore une fois, le caractère commun à tous ces états, et le seul important, est le fait de la destruction cellulaire : il se manifeste grossièrement par la diminution ou la perte de la colorabilité du noyau sous l'influence des réactifs.

Les tissus atteints de telles dégénérescences sur une certaine étendue prennent généralement une teinte et un aspect particuliers : mais ces caractères sont dus quelquefois aussi à des modifications initiales de la circulation et seront étudiés plus loin (voir p. 36). Retenons cependant, comme conclusion pratique, un cas particulier de ces états : c'est le *pus* qui est formé surtout de cellules blanches du sang en dégénérescence granulo-graisseuse.

Dégénérescence amyloïde. — L'état désigné sous ce nom est très spécial. Comme les précédents, il est toujours plus ou moins associé à des lésions inflammatoires. Il est caractérisé par le dépôt — surtout dans les parois des petits vaisseaux — d'une substance à réactions propres. Comme on avait cru tout d'abord que celle-ci possédait une composition analogue à celle des substances amylacées, on lui avait donné le nom qui lui est resté (2).

Le plus important de ses caractères histo-chimiques est de se colorer en rouge rubis sur les coupes histologiques, sous l'influence du violet de Paris, tandis que les autres parties sont colorées en bleu vert. A l'œil nu, elle donne aux tissus, lorsqu'elle existe en grande abondance, une apparence un peu brillante, lardacée ; ce caractère est reconnaissable sur les coupes

(1) Il existe, en outre, des dégénérescences spéciales à certains tissus : par exemple la dégénérescence cireuse des muscles striés.
(2) En réalité c'est une substance azotée.

fraîches des organes. Souvent aussi l'amyloïde est abondante, mais disséminée par petits îlots ; on voit alors sur les surfaces de section de petits grains brillants que l'on a comparés aux grains de tapioca cuits. Plus souvent encore elle est infiltrée de manière discrète et ne donne pas lieu à une modification d'ensemble bien nette (1).

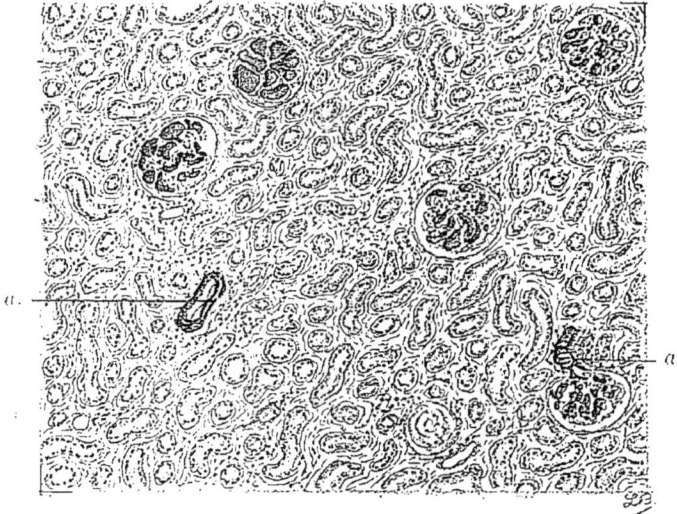

FIG. 6. — *Rein amyloïde* (grossissement moyen).
L'amyloïde, en rouge, se voit dans les glomérules et les parois des petits vaisseaux *a.*, *a*.

Les organes le plus souvent atteints par cette dégénérescence sont le rein, le foie, la rate, puis l'intestin. Il faut savoir aussi qu'elle se voit surtout dans les états cachectiques (syphilis, tuberculose) et particulièrement chez les sujets porteurs de suppurations ayant eu une longue durée.

(1) On peut essayer dans les cas douteux de la déceler à l'œil nu en étalant sur la surface de section une solution iodo-iodurée qui colore les points atteints en rouge brun, acajou, tandis que le reste du tissu est teint en jaune pâle, mais souvent la réaction est douteuse et l'on doit recourir à l'examen histologique avec l'essai du violet de Paris.

§ 3. — Infiltrations, concrétions et incrustations.

A côté des surcharges et des dégénérescences il faut signaler les infiltrations, concrétions et incrustations, parmi lesquelles se rangent les **calcifications** de certains tissus, les **dépôts uratiques,** les concrétions cavitaires (**calculs**), enfin la fixation dans les tissus de particules venues de l'extérieur: l'**anthracose,** les **tatouages,** etc.

§ 4. — Hypertrophie et atrophie.

Les lésions précédentes constituent des conséquences assez grossières de troubles nutritifs importants.

Des modifications plus atténuées dans la nutrition d'un tissu peuvent avoir des conséquences moins éloignées de l'état normal. Il peut y avoir ainsi par l'augmentation ou la diminution des phénomènes nutritifs une augmentation ou une diminution de volume du tissu, *sans que sa structure soit modifiée.* C'est l'hypertrophie et l'atrophie (**1**). C'est à peine un état pathologique: si l'on s'en tient à cette définition, on doit en effet refuser cette appellation aux modifications de volume qui s'accompagnent d'inflammation, de sclérose, etc.: ainsi les termes d'hypertrophie ou d'atrophie du foie, de la rate, etc., appliqués à des cirrhoses par exemple, sont-ils inexacts; et, en réalité, presque tous les organes dits atrophiés ou hypertrophiés sont atteints d'autres lésions.

Les atrophies et les hypertrophies vraies, c'est-à-dire sans modification de structure, sont donc très rares, et constituent à peine des cas pathologiques. Les modifications physiologi-

---

(1) Ces termes sont quelquefois appliqués aux éléments constituants des tissus considérés isolément (voir la fig. 67, B).

ques surtout nous en fournissent quelques exemples : par
exemple l'utérus, certaines glandes, certains muscles en fonctionnement actif.

En résumé les termes d'atrophie et d'hypertrophie ont
une valeur différente suivant qu'on veut les employer pour
désigner une apparence grossière ou un état anatomo-pathologique précis : cliniquement, ils désignent toute modification
volumétrique ; anatomiquement, ils doivent être très ré-
servés.

CHAPITRE III

TROUBLES CIRCULATOIRES

Les troubles circulatoires, qui peuvent être étudiés à part et distraits des autres processus pathologiques pour faciliter la compréhension, sont l'augmentation, la diminution et la cessation de la circulation dans les tissus.

§ 1. — Augmentation de la circulation. Congestions. OEdèmes. Hémorragies.

L'augmentation de la circulation dans un tissu est appelée **congestion**. Ce phénomène peut être actif ; il est souvent alors étroitement lié à l'inflammation et, par lui-même, assez banal. Il peut être passif ; il est causé par des difficultés dans l'écoulement du sang. Il détermine la *stase* dans les tissus et les organes, mais ne suffit guère à produire à lui seul des altérations importantes ; il devient cependant intéressant à étudier dans quelques cas particuliers (voir *Foie cardiaque*, p. 157).

Les **œdèmes** prêtent à des considérations analogues ; ou bien ils sont étroitement associés à l'inflammation, ou bien ils sont dus à des perturbations nerveuses, à des troubles dans l'équilibre physico-chimique des humeurs, à des causes passives.

Dans tous ces cas, ils n'ont pas de valeur générale au point de vue anatomo-pathologique et ne donnent lieu qu'à des considérations particulières (voir *OEdèmes du poumon*, pp. 77 et 93).

Les **hémorragies,** que nous plaçons artificiellement ici parce qu'elles sont souvent la conséquence d'une augmentation de la circulation, ont des causes très variables (modifications de l'état du sang, des parois vasculaires, de la tension, etc. ; hémorragies traumatiques).

En dehors des cas où elles se produisent à l'extérieur, elles se manifestent anatomiquement, soit par la collection en masse du sang dans une cavité naturelle, soit par un épanchement dans un tissu.

Dans le premier cas, le sang garde plus ou moins ses caractères normaux, à moins qu'il ne soit altéré par le mélange avec un liquide préexistant. Dans le second, les états anatomiques sont variables : les organes friables se laissent déchirer et le sang s'y collecte dans une cavité artificielle produite par la dilacération (hémorragies cérébrales) ; ceux qui sont formés de tissu à mailles larges (le poumon, par exemple) prennent des aspects très particuliers (voir p. 77) ; dans les tissus assez fermes, les épanchements sanguins sont des *infiltrations*.

De toutes façons, même dans ces derniers cas, ils sont aisément reconnaissables au microscope, les globules sanguins ayant une forme et une colorabilité particulières ; on les voit sous forme de cellules dépourvues de noyaux. A l'œil nu, la coloration normale du tissu atteint se modifie du rose au rouge sombre, et généralement le volume est augmenté.

§ 2. — Cessation de la circulation. Mort des tissus.

La diminution de la circulation ne peut être étudiée en général parce qu'elle produit des modifications très variables. Mais la cessation produit une série de modifications toujours identiques à elles-mêmes et qui sont caractérisées surtout par la mort des tissus (1), que l'on désigne sous le nom de *nécrose.*

a) **Conséquences de la cessation de circulation dans un tissu.** — Lorsque l'irrigation normale cesse dans un tissu ou dans un territoire de ce tissu, surviennent une série de phénomènes essentiels. Mais le point atteint peut aussi être le siège de modifications surajoutées, secondaires.

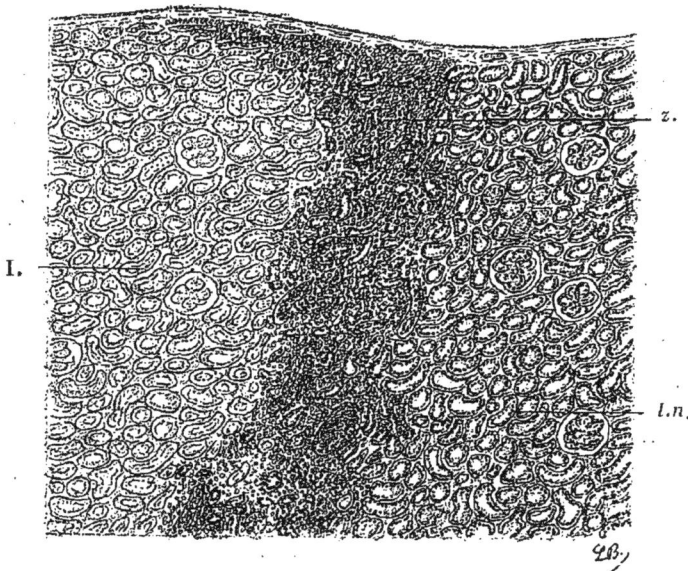

FIG. 7. — *Infarctus du rein récent* (faible grossissement).
t.n., tissu normal; — I., tissu nécrosé en masse, constituant le centre de l'infarctus; — z., zone périphérique congestive.

Le PHÉNOMÈNE ESSENTIEL est *avant tout la mort du tissu, la* NÉCROSE, dans le territoire privé de sang.

Comment se manifeste-t-il à l'examen macroscopique et histologique?

(1) La diminution très considérable de la circulation dans un point donné, ou sa cessation temporaire, produisent l'*ischémie* de ce point. Pour être plus simple, nous n'avons envisagé ici que la cessation permanente, qui détermine des modifications définitives. Certains tissus peuvent cependant se nécroser par la simple ischémie.

Si l'arrêt de la circulation s'est produit brusquement et définitivement; la partie atteinte cessera de vivre sans rémission (1),
et par conséquent n'offrira pas, pendant quelque temps, de modifications très marquées. A l'œil nu, ce territoire sera pâle,
blanc, grisâtre ou jaune sale, parce qu'il sera privé de sang ; il
sera généralement un peu moins ferme qu'à l'état habituel, un
peu moins volumineux par suite de la rétraction légère qu'il
subit, mais c'est tout. Au microscope, il différera du tissu normal par deux caractères : on n'y retrouvera aucun globule sanguin, et d'autre part sa coloration par les réactifs se fera mal ; il
gardera une teinte uniforme. Mais la structure sera conservée et
l'on retrouvera la disposition habituelle des éléments les uns
par rapport aux autres (fig. 7).

Si au contraire le trouble circulatoire se produit lentement,
les éléments du tissu périront progressivement; ils subiront des
modifications de nutrition variables, qui seront toujours des
phénomènes de dégénérescence (vacuolaire, graisseuse, etc.),
mais accompagnés d'exsudats divers.

A la périphérie du point nécrosé se montre, primitivement
aussi, un phénomène inverse : la circulation ici est augmentée ;
les capillaires sont dilatés, gorgés de sang ; il peut même se
produire de petites hémorragies interstitielles. Aussi à l'œil nu,
la zone blanche constituant le point nécrosé est-elle entourée
d'une frontière rouge sombre. Cette zone peut dans certains
cas être très large ; dans les tissus très friables, le sang qui y est
répandu peut même envahir toute la masse centrale privée de
circulation ; dans ce cas, la partie centrale n'est plus blanche,
elle est elle-même rouge sombre. Ce phénomène est constant,
au niveau du poumon par exemple.

Tels sont les phénomènes primitifs : cessation de la circulation, nécrose; autour, circulation exagérée avec possibilité d'hémorragies.

---

(1) Le temps nécessaire à l'établissement définitif de la mort locale
reste variable suivant le degré de différenciation du tissu.

Avec le temps, d'autres modifications essentielles se produisent : l'*évolution naturelle* des parties ainsi atteintes est de
se rétracter peu à peu et de disparaître. Les liquides qui entrent
dans leur constitution sont résorbés, les parties solides se des-
sèchent, les matériaux salins peuvent cristalliser, les substances
grasses se réunir en gouttelettes ; il ne reste plus, au bout d'un
certain temps, qu'une partie desséchée, très diminuée de

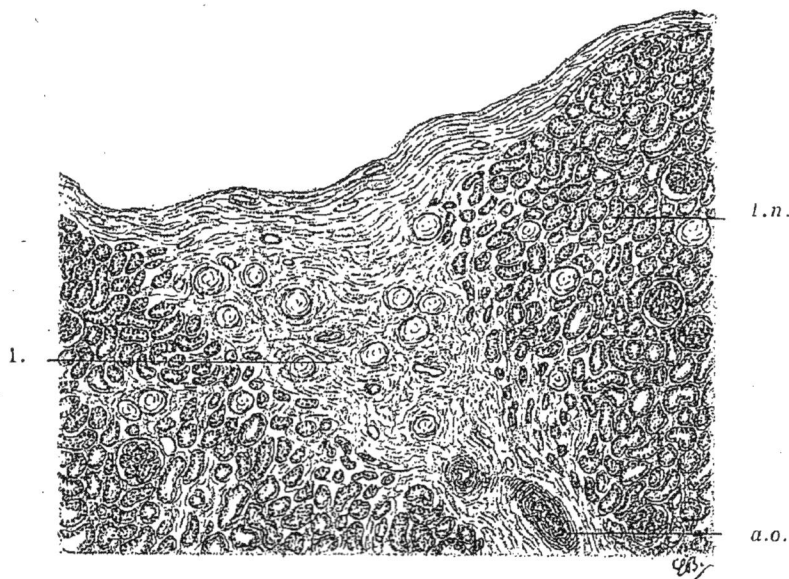

FIG. 8. — *Infarctus ancien du rein* (faible grossissement).
t.n., tissu normal ; — I., amas scléreux constituant l'infarctus cicatrisé ;
a o, artère oblitérée.

volume, mais dans laquelle la structure générale est longtemps reconnaissable au microscope.

Au contraire, la périphérie, dont la circulation est exagérée,
est le siège de phénomènes actifs, qui produisent de la sclérose.
Celle-ci entoure la partie centrale qui disparaît, et se substitue
à elle (fig. 8).

LES PHÉNOMÈNES SECONDAIRES OU ASSOCIÉS qui peuvent se
produire au niveau des territoires privés de circulation rendent
plus complexe encore leur étude. Ce sont généralement des

phénomènes inflammatoires qui ont leur point de départ dans les parties avoisinantes; ils ne peuvent être bien compris qu'après l'étude de l'inflammation. Ainsi les tissus morts peuvent être le siège de *suppurations* et s'éliminer ; souvent il se forme autour d'eux une zone de séparation, dite *sillon d'élimination*, qui isole la partie mortifiée. Ceci est très apparent lorsque se surajoutent des phénomènes infectieux : cas particulier que l'on rencontre fréquemment dans les *gangrènes*.

b) **Causes de la cessation de circulation.** — La cessation de la circulation peut avoir pour cause des oblitérations multiples des petits vaisseaux ; ces phénomènes sont alors secondaires à une altération antérieure du tissu. Ainsi au cours de l'inflammation voit-on survenir presque constamment de petites altérations vasculaires oblitérantes ; ces phénomènes produisent des altérations nécrotiques isolées, plus ou moins associées aux phénomènes inflammatoires (caséification de la tuberculose, gommes de la syphilis, etc.), et dont on ne peut les détacher.

Nous ne pouvons étudier ici que les troubles dus à la cessation primitive de la circulation dans des territoires étendus. Ils nécessitent l'*oblitération de l'artère* ou de l'artériole commandant ce territoire.

L'obstacle qui forme l'oblitération peut se produire sur place, il peut aussi être apporté par le courant sanguin d'un point plus ou moins éloigné.

1. OBSTACLES NÉS SUR PLACE. THROMBOSE. — Ces obstacles sont extravasculaires (compressions, ligatures) ; ils peuvent aussi être d'origine pariétale ou enfin cavitaires (1).

Endartérite. — Les lésions pariétales peuvent produire l'arrêt de la circulation par l'épaississement concentrique de la paroi et l'oblitération progressive de la lumière. Très généralement, il s'agit d'inflammation des tuniques vasculaires, et spé-

(1) Dans quelques cas, des influences vasomotrices peuvent rétrécir suffisamment les artérioles pour produire les mêmes effets. Nous ne pouvons que les signaler.

cialement de la tunique interne (endartère) ; c'est l'*endartérite dite oblitérante*.

Toutes les inflammations produisent des endartérites plus ou moins oblitérantes, aussi bien les inflammations banales que les processus spécifiques (tuberculose, syphilis) ; la syphilis

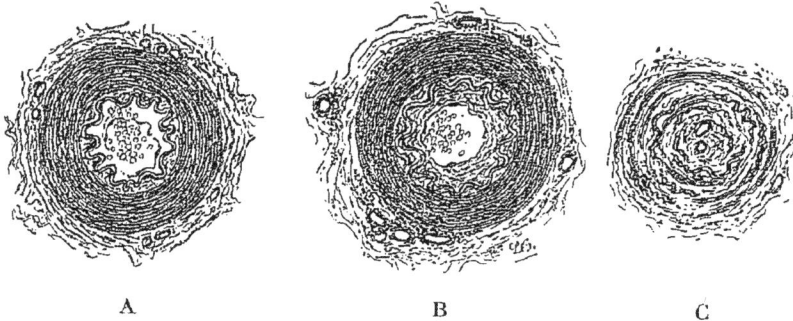

FIG. 9. — *Coupes d'artérioles* (fort grossissement).
A, artère normale ; — B, artère avec endartérite ; — C, artère oblitérée
anciennement.

fournit peut-être le plus grand nombre des oblitérations arté-rielles *importantes* (artères cérébrales) dues à ce méca-nisme (1).

Thrombose. — La formation d'un caillot au niveau d'un point quelconque du système artériel est la cause la plus fréquente de la cessation locale de circulation. C'est là le phénomène ap-pelé thrombose ; son étude nous oblige à connaître les carac-tères principaux des *coagulations sanguines*.

Lorsque le sang est amassé en certaine quantité, soit dans ses réservoirs naturels (cœur, gros vaisseaux), soit dans des points anormaux (foyer d'hémorragie cérébrale, épanchement patho-logique des cavités naturelles), il peut subir des coagulations ; c'est-à-dire qu'il se solidifie par la production de *fibrine*.

(1) En fait, ces lésions pariétales à tendance oblitérante ne sont pas la cause immédiate de l'oblitération ; elles rétrécissent peu à peu la lu-mière du conduit et s'achèvent plus brusquement par la formation d'un caillot. Le mécanisme même de la cessation de circulation est donc, au fond, analogue à celui de toutes les thromboses.

Les caillots ainsi formés sont dits *cruoriques* lorsqu'ils contiennent beaucoup de globules rouges et peu de fibrine : ils sont dès lors rouge sombre. Ils sont dits *fibrineux* lorsque la fibrine prédomine, ayant chassé les hématies par sa rétraction ; dans ce cas ils sont blancs ou jaunâtres. Ils sont dits *fibrino-cruoriques* dans les types intermédiaires.

Ces termes peuvent être employés dans les examens histologiques : le microscope montre une structure qui explique ces apparences macroscopiques, par la quantité respective variable des deux éléments. Les caractères histologiques des globules rouges sont connus ; quant à la fibrine, c'est une substance anhyste, c'est-à-dire non cellulaire, qui se colore en rouge par le carmin; abondante et compacte, elle forme des amas discontinus et amorphes dans le champ microscopique; plus discrète, elle se présente sous la forme de fibrilles irrégulières et plus ou moins enchevêtrées au milieu des globules sanguins : dans ce dernier cas, le faible diamètre des fibrilles ne permet pas toujours d'en voir la coloration : elles paraissent comme de petites lignes flexueuses ou ramifiées, réfringentes. Beaucoup plus rarement la fibrine se concrète sous la forme de fines granulations (fibrine granuleuse).

Tous les caillots ne constituent pas des thromboses ; il ne suffit pas de constater sur le cadavre une coagulation dans un vaisseau pour en déduire que ce conduit était thrombosé : beaucoup de caillots se forment après la mort ou pendant l'agonie. Or il faut, pour qu'il y ait thrombose, que l'obstacle se soit formé pendant la vie et les variétés d'aspect que nous avons décrits ci-dessus n'ont aucune signification à cet égard. Quels sont donc les caractères des coagulations de thrombose? Il suffit, pour les connaître, de savoir comment se forme l'obstacle sur l'organisme vivant.

En théorie, un caillot peut se produire, pendant la vie, de deux manières : sous l'influence de modifications du sang ou de lésions de la paroi. Mais, en fait, cette dernière condition existe toujours, au moins comme agent de localisation du coagulum. *C'est donc l'altération pariétale qui est le fait essentiel.* Celle-ci peut être variable, très légère ou très accentuée, oblitérante ou non ; mais, de toute façon, la précipitation de la fibrine se fait à son niveau et s'augmente peu à peu à partir de ce point. Il s'ensuit qu'il existe une sorte d'accolement entre le sang et la surface interne du vaisseau ; il s'y fait, dès l'origine, une certaine pénétration entre les éléments sanguins et les éléments pariétaux. Nous exprimons grossièrement ce fait en disant que le *caillot est adhérent*.

L'adhérence est le caractère macroscopique essentiel, expri-

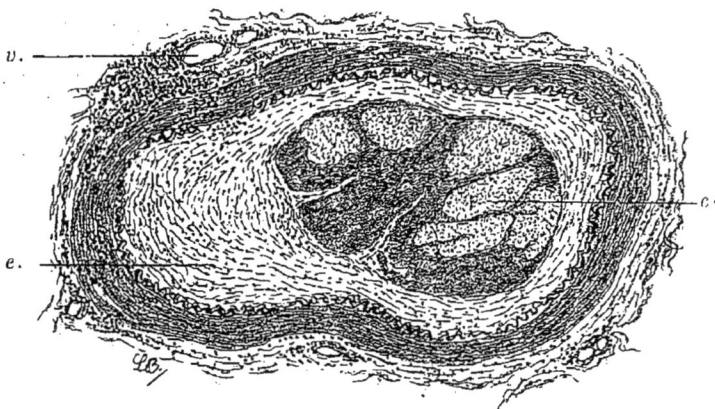

FIG. 10. — *Artère thrombosée* (grossissement moyen).
c., caillot fibrino-cruorique. La fibrine en teinte sombre, le sang en gris. A gauche, des éléments de la paroi pénètrent le caillot en deux points ; — e., épaississement inflammatoire de l'endartère (endartérite). Il s'agit ici d'une artère cérébrale syphilitique.

mant cette relation pathogénique. Dans les thromboses assez récentes, elle est légère : essayez de détacher le caillot, il se décolle lentement de la paroi, qui apparaît, au-dessous, comme dépolie. Au contraire, elle serait lisse et brillante, comme à l'état normal, si le caillot s'était produit après la mort ou pendant l'agonie.

Dans les thromboses plus anciennes, la liaison est de plus en plus accusée ; la fibrine se pénètre d'éléments figurés, cellulaires et fibrillaires, en continuité avec ceux de la paroi ; il se forme dans son sein un véritable tissu, avec de petits vaisseaux de nouvelle formation ; le caillot est dit *organisé*.

Dès lors, l'adhérence devient beaucoup plus résistante, le vaisseau est définitivement oblitéré (1).

2. OBSTACLES VENUS DE LOIN : EMBOLIES. — Des substances anormalement charriées par le sang peuvent se fixer en des points étroits du système circulatoire, et y arrêter brusquement la circulation ; ce sont les **embolies**.

Des embolies capillaires peuvent être produites par des corps très petits (bulles d'air, globules de graisse, microbes) ; les artères de moyen ou de gros calibre peuvent être oblitérées par des fragments de tissus détachés au loin et lancés dans la circulation (fragment de tumeur friable bourgeonnant dans les vaisseaux) ; quelquefois, l'embolie est constituée par des parcelles de végétations pathologiques intracardiaques (endocardites), plus souvent par des petits caillots mobilisés par le sang ; ainsi des thromboses veineuses ou cardiaques sont souvent l'origine des embolies. Par exemple, des coagulations de l'oreillette gauche peuvent se détacher et être envoyées dans les artères de la circulation générale (embolies des artères des membres, des artères cérébrales) ; des caillots développés dans des veines (phlébites) peuvent être transportés au cœur droit et de là dans les artères de la petite circulation (embolies pulmonaires).

c) **Applications pratiques : infarctus, ramollissement, gangrène des membres.** — Les oblitérations artérielles peuvent donc être produites par des mécanismes différents ; elles ont des conséquences communes que nous avons étudiées précédemment. Mais, suivant les tissus, suivant les organes, elles produisent des lésions d'aspect variable, à cause de caractères secondaires ; on les a étudiées sous des noms différents.

(1) Nous n'avons appliqué ces données qu'aux oblitérations du système artériel. Elles s'appliquent aussi aux cavités cardiaques et aux grosses veines ; il y a ainsi des thromboses cardiaques, artérielles, veineuses. Ces dernières, comme les autres, succèdent aux inflammations pariétales : *phlébites*.

1. Les INFARCTUS sont les lésions produites dans les parenchymes ou dans quelques appareils (muscles striés) par une
oblitération artérielle de quelque importance.

L'infarctus peut donc être causé par un obstacle quelconque ; mais les infarctus emboliques sont les plus nets parce que
la cessation de circulation est brusque (1). Tous nécessitent, en
tout cas, que la circulation ne puisse être assurée, dans le territoire atteint, par des voies collatérales ou des anastomoses ; c'est
ce qui explique que certains organes n'en présentent pour
ainsi dire jamais.

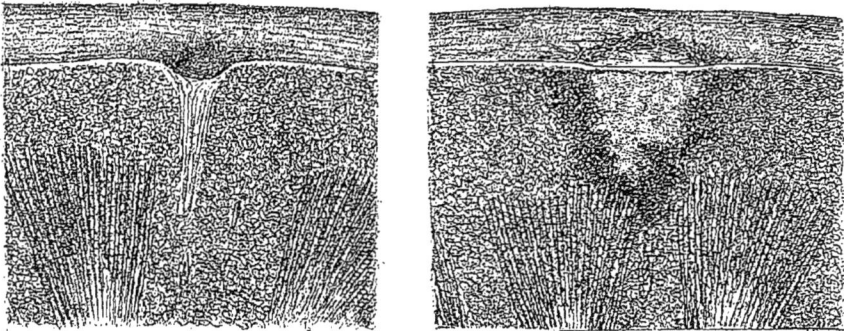

A   B

FIG. 11. — *Infarctus du rein vu à l'œil nu.*
A., infarctus ancien. Tractus cicatriciel sur la coupe. Dépression sur la surface.
— B., infarctus récent, zone centrale anémiée, zone périphérique congestive.

Les infarctus sont ainsi des lésions visibles à l'œil nu, de dimensions plus ou moins considérables, ayant la topographie qui
correspond au territoire artériel de la partie atteinte. Généralement, ils sont pyramidaux. Ils ont une coloration blanche dans
les tissus fermes comme le rein, cette coloration correspondant à la partie *anémiée*. Leur périphérie est marquée par une
zone rouge : celle-ci correspond à l'augmentation de la circulation qui se fait par compensation dans le voisinage. Dans les

(1) Ceci ne veut pas dire que ce soient les plus fréquents. Il est probable, au contraire, qu'on a beaucoup exagéré, à la suite de Virchow,
l'importance pathologique des embolies.

tissus lâches, comme le poumon, la partie centrale se laisse infiltrer très rapidement par des globules sanguins venus du voisinage ; elle est remplacée, pour ainsi dire, par une nappe sanguine. Dans ces organes, l'infarctus n'est pas blanc, il est rouge, d'un rouge noir.

Quand les infarctus sont anciens, les parties centrales morti-fiées se rétractent et disparaissent, s'entourent de tissu de sclé-rose, et se reconnaissent alors par la présence d'une cicatrice fibreuse. Ils dessinent ainsi. à la surface des organes, des dé-pressions ; si l'on fait une section passant par le centre des points déprimés, on voit dans le tissu une traînée grisâtre de sclérose qui correspond à la rétraction de la surface (voir fig. 11, A).

2. RAMOLLISSEMENT. — Dans les centres nerveux, les parties mortifiées ont des aspects un peu différent : elles perdent leur cohésion normale, deviennent affaissées, molles, friables ; on ne les appelle plus infarctus, mais *ramollissement.*

Des lésions d'autre nature (lésions inflammatoires) peuvent y produire des altérations d'aspect analogue, probablement à cause d'oblitérations vasculaires microscopiques multiples. On précise quelquefois la nature des lésions d'origine circula-toire grossière en les désignant sous le nom de ramollissement ischémique, opposé au terme de ramollissement inflamma-toire.

3. GANGRÈNE DES EXTRÉMITÉS. — Au niveau des membres, les oblitérations artérielles produisent la mort de toute une partie du membre : c'est *la gangrène des extrémités.*

CHAPITRE IV

L'INFLAMMATION

L'inflammation est un processus qu'on retrouve dans presque toutes les lésions ; on pourrait presque dire qu'en dehors des tumeurs elle constitue à elle seule toute l'anatomie pathologique. En étudiant les lésions de nutrition et les troubles circulatoires, nous avons été amené, à chaque instant, à faire allusion à elle.

Aussi, est-il malaisé de la définir simplement. Mais nous n'avons que faire ici de propositions générales ; il suffira de connaître les quelques données nécessaires à l'interprétation des cas particuliers.

Il faut savoir, en premier lieu, que les agents les plus divers peuvent être la cause de l'inflammation : agents mécaniques, chimiques, toxi-infectieux. Sous l'influence de ces causes, tout se passe comme s'il se produisait dans les tissus une *exagération de la circulation nutritive* (1), avec les conséquences qui en découlent : issue hors des vaisseaux de matériaux divers, liquides ou cellulaires, en quantité anormale. Ces éléments, que l'on qualifie dès lors d'*exsudats*, sont analogues à ceux qui s'échappent normalement des petits vaisseaux pour nourrir

(1) C'est là du moins le premier phénomène apparent; son mécanisme est sujet à des interprétations diverses (voir la note de la p. 233).

ou entretenir le tissu. Ils sont simplement surabondants et quelquefois déjà modifiés.

Il ressort de cette donnée que les modifications imprimées par l'inflammation aux tissus normaux consisteront en fin de compte en un mélange variable de troubles de la nutrition et de l'évolution normale.

L'inflammation présente de nombreuses **variétés** ; mais ce que nous disions précédemment au sujet des lois qui commandent les différents types de l'état pathologique s'applique ici très spécialement : *les variétés anatomiques ne se superposent pas aux diverses causes ;* elles sont plutôt en rapport avec la durée d'application : inflammation aiguë, subaiguë, chronique, ou encore avec certains modes d'application des agents pathogènes : inflammation suppurée, à fausses membranes, etc.

Après l'étude des variétés de l'inflammation, on doit envisager ses **conséquences**, ses séquelles. En dernier lieu, nous étudierons quelques types présentant des caractères un peu particuliers : inflammations dites spécifiques (**tuberculose, syphilis**).

§ 1. — Caractères anatomiques de l'inflammation simple.

Nous allons concréter ces données en précisant les caractères de l'inflammation dans un tissu déterminé.

Prenons comme exemple le *tissu épithélial cutané.*

Prenons une coupe de peau normale, c'est-à-dire de l'ectoderme tégumentaire. Celui-ci comprend *un épithélium stratifié,* dont les cellules sont ordonnées dans un certain rapport les unes vis-à-vis des autres ; la ligne la plus profonde est formée d'éléments petits, à noyau bien coloré, ce qui, sur les figures ou sur les coupes, lui donne aux faibles grossissements l'aspect d'une ligne plus sombre, limitant nettement le bord profond de l'épithélium. Au-dessus de cette ligne, dite couche génératrice, ou basale, s'étagent des cellules de plus en plus âgées, à protoplasma de plus en plus volumineux; vers les parties superficielles, ces éléments s'aplatissent, en subissant l'évolution cornée et perdant leur vitalité : ce qui s'exprime sur nos préparations par la perte de la colorabilité du noyau. A la surface même de la peau, ces cellules desquament lentement et tombent à l'air libre (1).

Sous l'épithélium ainsi constitué se trouve une couche fibrillaire contenant quelques cellules et de nombreux vaisseaux. Il

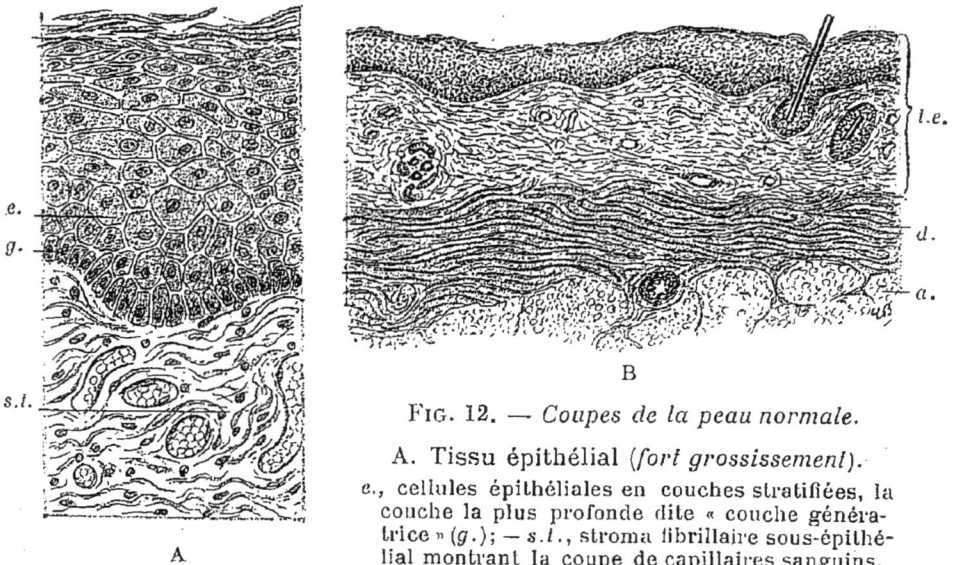

FIG. 12. — *Coupes de la peau normale.*

A. Tissu épithélial (*fort grossissement*).

e., cellules épithéliales en couches stratifiées, la couche la plus profonde dite « couche génératrice » (*g.*); — *s.l.*, stroma fibrillaire sous-épithélial montrant la coupe de capillaires sanguins.

B. Diverses couches de la peau (*grossissement moyen*).

l.e., tissu épithélial; — *d.*, tissu fibreux du derme ; — *a.*, tissu cellulo-adipeux.

est impossible, soit à l'état normal, soit à l'état pathologique, d'en faire abstraction; elle est comme la matrice de l'épithélium. A elles deux, ces parties constituent le tissu épithélial, et, dans

---

(1) La partie moyenne de cet épithélium est dite : *corps muqueux de Malpighi*. Ce terme n'a aucun rapport avec celui de « muqueuse » qui désigne les tissus épithéliaux de revêtement des organes internes. Mais il est nécessaire de le retenir parce que le qualificatif de « malpighien » revient à chaque instant dans la terminologie pour désigner les épithéliums stratifiés du type ectodermique, qu'ils appartiennent à la peau ou à une muqueuse.

le cas particulier, le tissu épithélial ectodermique, de revêtement, ou malpighien.

Au-dessous de ce tissu existent au niveau de la peau des plans
variables, formés de tissus différents et à réactions pathologiques différentes : le *derme* formé de tissu fibreux, les couches
sous-cutanées formées çà et là de tissu adipeux (voir fig. 12).

Qu'une cause quelconque détermine l'inflammation du tissu
épithélial, nous verrons se produire, comme premiers phénomènes apparents, l'augmentation de volume des capillaires

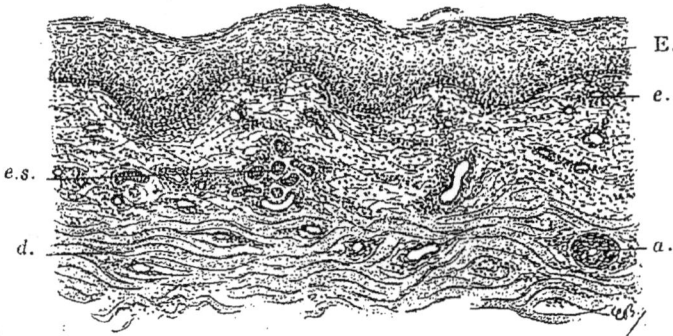

FIG. 13. — *Inflammation aiguë du tissu épithélial cutané* (grossissement
moyen).

On voit les exsudats cellulaires abondants dans le stroma sous-épithélial, par
exemple en *e.* (autour d'un capillaire); — en *e.s.* (autour des glandes sudoripares); — E., épithélium stratifié ; — *a.*, artériole avec endartérite; — *d.*, derme.

sanguins et l'issue d'exsudats, plus ou moins abondants suivant l'intensité du processus. Ces exsudats sont de deux ordres :
liquides ou cellulaires.

Les **exsudats liquides** sont difficilement appréciables dans
le tissu que nous avons pris comme exemple, ou ne le deviennent que lorsqu'une inflammation très brusque et très intense
produit une fluxion séreuse très active, comme cela a lieu dans
l'érysipèle.

Les **exsudats cellulaires** sont surtout constitués par des cellules blanches du sang, et principalement par des lymphocytes : cellules à petit noyau rond bien coloré et à protoplasma

ténu à peine appréciable (1). Ces éléments diffusent dans la trame fibrillaire périvasculaire, en restant plus abondants au voisinage immédiat des vaisseaux qui les ont libérés. Ce phénomène, que l'on appelle la *diapédèse*, est connu depuis Cohneim et constitue un fait capital dans l'inflammation. Il y est constant.

En résumé, l'inflammation simple se caractérise par une succession de phénomènes qui découlent les uns des autres, mais que nous pouvons constater simultanément dans la plupart des cas : **augmentation de la vascularisation, augmentation des matériaux d'apport devenus très apparents sous le nom d'exsudats.**

Ces modifications produisent à l'œil nu une rougeur souvent intense, et, sur le vivant, une élévation de la température locale : deux conséquences de la circulation exagérée ; elles produisent aussi une tuméfaction plus ou moins notable (2) (due à l'infiltration par les exsudats), et enfin un caractère subjectif. la douleur. Rougeur, chaleur, tuméfaction et douleur, tels ont toujours été les quatre signes principaux de l'inflammation : ils ont souvent servi à la définir.

Tout ce que nous venons de voir est applicable aux autres tissus en tenant compte des variations de leur structure normale. Dans les tissus à mailles, comme le poumon, la disposition des exsudats présente, par ce fait même, des caractères et des conséquences particulières. Dans le cas des séreuses, l'exsudat liquide trouve dans la cavité une issue facile et s'y accumule en prenant une importance considérable (liquide des pleurésies, par exemple). Nous pourrons voir aussi entrer en ligne de compte des produits contenus dans les liquides exsu-

(1) Les exsudats cellulaires peuvent comprendre aussi des globules sanguins vrais, des hématies. Dans quelques cas, leur affluence peut être telle que l'inflammation devient *hémorragique*.

(2) Dans les cas où l'inflammation est violente et brusque, l'abondance des exsudats liquides se manifeste à l'examen par une tuméfaction plus considérable, un aspect œdémateux, tendu et rosé, comme on le voit, par exemple, dans l'érysipèle.

dés (fibrine). Mais le processus reste malgré tout et toujours identique à lui-même dans ses grandes lignes.

La fibrine. — La fibrine est un produit que l'on retrouve à chaque instant en anatomie pathologique, soit au cours des autopsies, soit dans les études histologiques. Elle fait partie des caillots (voir p. 39), mais elle est pour nous plus importante encore dans les exsudats inflammatoires. Elle est produite par le dépôt d'une substance originellement dissoute dans les exsudats

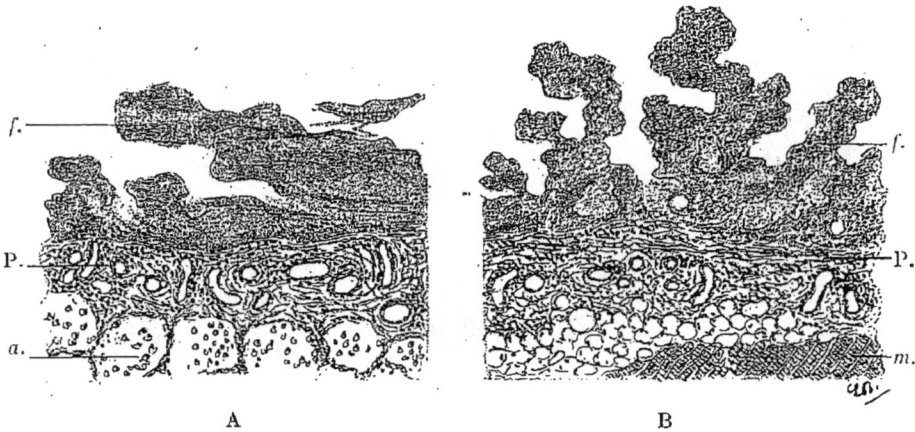

FIG. 14. — *Disposition de la fibrine à la surface des séreuses enflammées* (coupes à un grossissement moyen.)
A. Pleurésie aiguë.
f., fibrine en gros flocons; — P., tissu de la plèvre avec exsudats cellulaires; a., alvéoles pulmonaires sous-jacents.
B. Péricardite aiguë.
f. fibrine en arborisations; — P, tissu du péricarde avec exsudats cellulaires.
Au-dessous, tissu adipeux normal et myocarde (m.).

liquides, par un mécanisme analogue à celui de la coagulation du sang. Ce dépôt peut se faire sur le vivant pendant la maladie; il peut se faire aussi après extraction des liquides pathologiques en dehors de l'organisme : par exemple, liquide de pleurésie. On admet généralement que la fibrine que nous observons après la mort soit à l'œil nu, soit au microscope s'était précipitée sur le vivant. Il est cependant fort probable que dans certains cas (pneumonie) la coagulation a dû se faire après la mort.

. ASPECT MICROSCOPIQUE ET MACROSCOPIQUE. — La fibrine est un corps sans structure cellulaire, plus ou moins grenu, se colorant en rouge par le carmin, en violet par l'hématéine.

Elle peut revêtir plusieurs aspects; ils sont commandés en partie par les mouvements des liquides qui la contiennent ou par ceux des tissus où elle se dépose.

A la *surface des séreuses* elle forme, en petite quantité, une couche extrêmement mince, grenue, qui produit comme un dépoli de la surface normalement lisse et brillante ; en plus grande abondance. elle forme des couches plus ou moins épaisses, jaunâtres, disposées différemment suivant les séreuses.

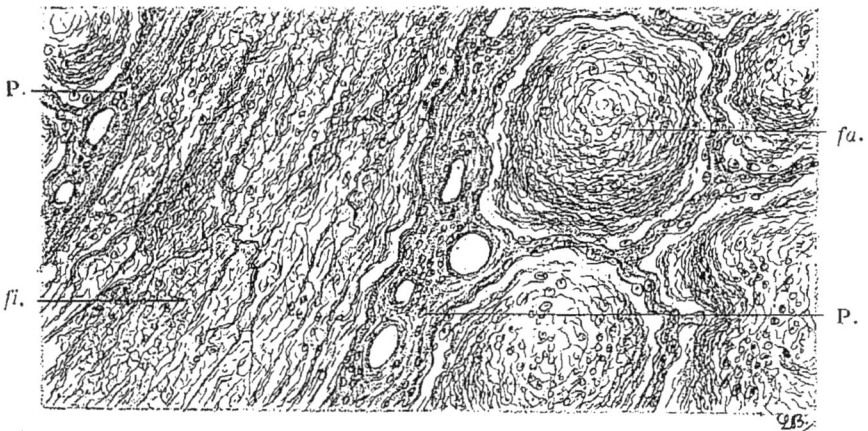

FIG. 15. — *Fibrine dans le tissu pulmonaire enflammé* (coupe au niveau d'un interlobe ; grossissement moyen).

P., P., coupe de la plèvre de deux lobes voisins. Entre eux, dans l'interlobe, réseau fibrillaire de fibrine (*fi.*); — *f.a.*, fibrine fibrillaire dans les alvéoles pulmonaires.

Dans le péritoine les couches fibrineuses sont assez unies, les mouvements des organes abdominaux étant peu violents. Dans la plèvre, elles sont plus arborisées, à cause du va-et-vient pulmonaire. Dans le péricarde, la surface des exsudats fibrineux est encore plus morcelée, en raison des mouvements rythmés et rapides du cœur (aspect de langue de chat). Au microscope, dans tous ces cas, elle forme des taches rouges (coloration au picrocarmin), plus ou moins arborisées ou festonnées.

Dans les tissus, et en particulier dans le poumon, elle se dépose en fibrilles ténues ou en petites granulations, et ne forme que rarement des masses visibles à l'œil nu (voir p. 72).

Dans les *caillots*, elle a des apparences diverses (voir p. 40).

§ 2. — Variétés de l'inflammation.

a) **Inflammation aiguë, subaiguë, chronique.** — L'inflammation, telle qu'elle vient d'être résumée, peut s'arrêter : la vie normale du tissu reprend son cours, suivant un mode que nous étudierons en envisageant les conséquences des pro-

Fig. 16. — *Inflammation chronique du tissu épithélial cutané*
(grossissement moyen).

E. épithélium malpighien très épaissi et poussant des prolongements que séparent des denticulations (*d.*, *d.*) du stroma sous-épithélial. Celui-ci contient des exsudats cellulaires autour des vaisseaux (*e.*, *c.*).

cessus inflammatoires. C'est là l'**inflammation aiguë simple.**

Mais si les causes productrices sont durables, les phénomènes qui la caractérisent persistent : les matériaux liquides et cellulaires exsudés incessamment sont utilisés dans le sens d'évolution du tissu, dans la mesure du possible. Au niveau de la peau, dont l'épithélium est sans cesse en activité normale, une partie des cellules nouvelles vont produire une exubérance du corps malpighien ; celui-ci présentera à l'examen un épaississement de toutes ses couches, y compris la couche cornée; les festons atténués que dessinait la couche génératrice seront plus saillants dans la profondeur. Une autre partie des exsudats sera utilisée dans la matrice sous-épithéliale elle-même; celle-ci participera aussi à l'exubérance de vie, à l'*hyperplasie* de tout le tissu : elle s'épaissira, poussera des denticulations imbriquées entre les festons malpighiens. Ces faits sont très apparents sur les coupes histologiques (voir fig. 16); l'examen au microscope permet aussi de saisir, comme dans les processus les plus aigus, les exsudats cellulaires venant de quitter les vaisseaux et encore amassés autour d'eux.

C'est là un exemple de l'inflammation **chronique**.

Sa caractéristique principale est l'utilisation des éléments produits en grande abondance. Mais ce phénomène, qui se fait fatalement dans le sens normal de l'évolution, varie naturellement beaucoup suivant les tissus. Dans ceux qui présentent des éléments actifs très différenciés (tissus hépatique, musculaire strié, rénal, etc.), l'utilisation n'a généralement pas le temps d'aboutir à des formations analogues aux formations normales : ou du moins tout se passe comme s'il en était ainsi. Les productions nouvelles sont fibrillaires, analogues à la charpente du tissu : c'est ce qu'on appelle la *sclérose* (voir p. 58).

Il y a tous les degrés entre les états chroniques et l'inflammation aiguë simple. Ces types de transition peuvent être groupés sous le nom **d'inflammation subaiguë** : mais cette variété ne constitue pas un processus différent des autres.

REMARQUE PRATIQUE. — Ces inflammations constituent des processus évoluant dans le temps et tirant leur différence de leur durée. Par l'examen microscopique nous ne pouvons aboutir à des notions de durée que d'une manière détournée, par un raisonnement. En réalité, ce que nous constatons n'est qu'une phase du processus, surprise à un stade variable. Nous employons donc ces termes, au cours d'un examen histologique, par un abus de langage. Avec ces restrictions nous dirons inflammation aiguë quand nous ne constaterons sur un tissu que des exsudats encore non utilisés, sans sclérose, ou sans néo-production quelconque ; encore est-il plus exact de dire *inflammation récente*.

Nous dirons inflammation chronique quand nous observerons des troubles de structure que, par le raisonnement, nous esti-merons avoir pu être produits par l'utilisation d'exsudats anté-rieurs. Mais il serait préférable de dire *inflammation ancienne* (1).

b) **Inflammation suppurée**. — Cette variété est générale-ment produite par des causes pathogènes déterminées ; elle

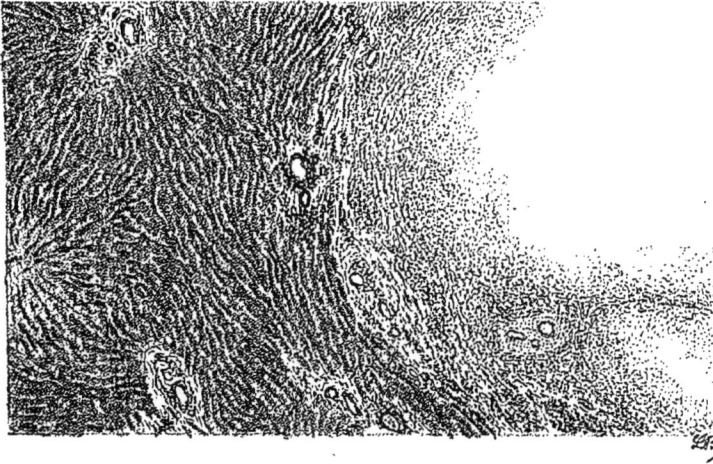

FIG. 17. — *Abcès du foie* (faible grossissement).
On voit à droite une partie de l'abcès, qui s'est partiellement éliminé. Il est entouré d'une zone inflammatoire et scléreuse. A gauche, tissu hépatique.

survient le plus souvent sous l'action de certains agents mi-crobiens. Il y a cependant des suppurations de causes très va-riables ; il en est même d'aseptiques. D'autre part, elles se produisent par l'intermédiaire de modifications anatomiques tangibles et d'ailleurs constantes. Nous pouvons donc les envi-sager au point de vue purement anatomique et indépendam-ment de leurs causes.

(1) Il est très fréquent en outre, dans les états « chroniques », d'ob-server des signes d'inflammation actuelle, sous forme de nouveaux exsudats récemment produits. C'est l'*inflammation persistante*.

Voici par exemple une zone enflammée — un foyer inflammatoire, suivant le terme habituel. Supposons que, pour des raisons qui ne nous intéressent pas ici, l'exsudation cellulaire se soit produite avec une intensité extrême et une certaine rapidité : l'infiltration du tissu sera très confluente, les éléments s'amasseront en foyers compacts, en îlots plus ou moins étendus. A leur niveau les conditions de nutrition habituelles sont fatalement modifiées ; non seulement les cellules de ces foyers ne vont plus évoluer comme à l'état normal, mais elles ne pourront même plus se nourrir : cependant, à la périphérie de l'îlot, la circulation toujours plus active ne fera qu'exagérer cette situation anormale en continuant l'exsudation de nouvelles cellules. En fin de compte, tous ces éléments subiront des troubles profonds de nutrition, des dégénérescences, indice de leur mort (dégénérescence granulo-graisseuse généralement) ; bien plus, le tissu primitif, en ce point, subira le même sort : tout le centre du foyer, cellules exsudées et stroma primitif, subira une sorte de fonte. A l'œil nu, si l'étendue en est assez grande, cette partie sera ramollie, blanc jaunâtre, plus ou moins liquide : le *pus* sera formé.

L'*inflammation suppurée, de ce chef, est destructive.*

c) **Inflammation pseudo-membraneuse.** — Dans certains cas l'inflammation très intense d'un tissu de surface (muqueuse par exemple) produit une exsudation fibrineuse abondante ; la fibrine forme des lames plus ou moins épaisses, infiltrées de cellules inflammatoires et recouvrant la région atteinte : ce sont les **fausses membranes.** Très généralement en pareil cas, il se produit aussi, soit par l'action directe des causes pathogènes, soit par suite d'oblitérations vasculaires, de la nécrose superficielle. Les fausses membranes sont dès lors constituées à la fois par les exsudats fibrineux lamelliformes et par les premières couches du tissu, nécrosées et infiltrées aussi d'exsudats. Les fausses membranes deviennent alors adhérentes, elles ne se détachent qu'en entraînant la portion superficielle du tissu et en laissant au-dessous d'elles une surface saignante. C'est le cas pour la **diphtérie.**

L'inflammation pseudo-membraneuse n'est encore qu'une variété de l'inflammation en général.

d) **Inflammations nécrotiques. Ulcérations. Cavernes.** — D'autres fois les phénomènes de nécrose associés à l'inflammation sont encore plus importants : les oblitérations vasculaires

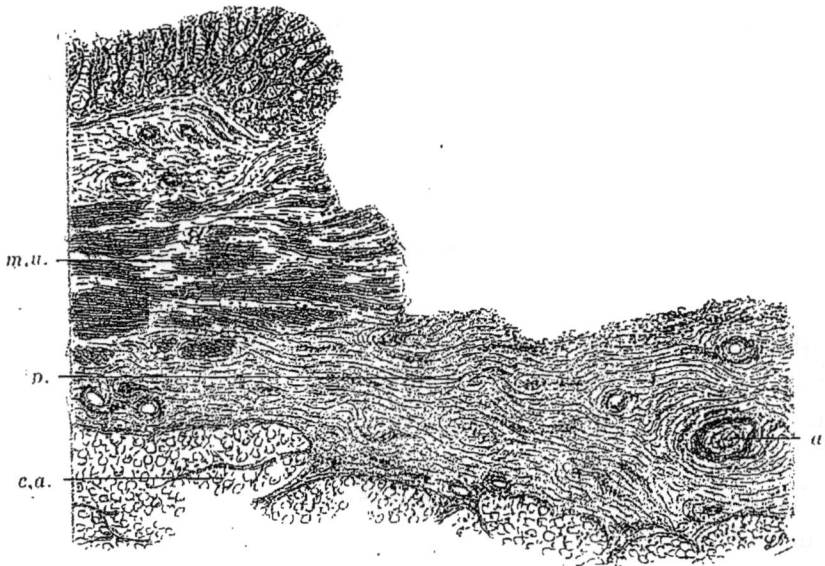

FIG. 18. — *Ulcère de l'estomac* (faible grossissement).

On voit le commencement de l'ulcération dans la moitié droite de la figure. A gauche, toutes les couches de l'estomac sont persistantes. sur le bord de la perte de substance. Inflammation scléreuse des couches musculeuses (*m.u.*) de la couche péritonéale très épaissie (*p.*), du tissu cellulo-adipeux (*c a.*); — *a.,* artère oblitérée dans le fond de l'ulcère.

qui existent toujours dans le processus en général (voir p. 233) sont ici particulièrement importantes et produisent la nécrose de points plus ou moins étendus. Comme nous l'avons noté, en étudiant précédemment les infarctus et la gangrène, ces parties nécrosées, privées de vie, ne peuvent persister. Nous avons vu que dans les infarctus elles peuvent être résorbées. Mais, lorsque de tels phénomènes sont associés à l'inflammation, qui est souvent produite par des agents microbiens, les points privés de vie sont généralement atteints de suppuration ou de gangrène ; dès lors, ils ont de la tendance à s'*éliminer*.

Abcès ou parties nécrosées situées en surface s'éliminent à l'extérieur, et laissent une perte de substance que l'on appelle **ulcération**. Dans les tissus pleins ou les parenchymes les mêmes facilités d'élimination n'existent plus ; la résorption peut avoir lieu ; mais plus souvent les phénomènes persistent, s'étendent au voisinage, et l'expulsion finit par se faire dans un conduit naturel tel que les bronches, les voies biliaires, urinaires, etc. Il en résulte là encore une perte de substance que l'on désigne souvent sous le nom de **caverne**.

§ 3. — **Terminaisons de l'inflammation**.

Les phénomènes inflammatoires ont un caractère absolument général, qui les distingue des tumeurs. Ce caractère est leur durée limitée : *les tumeurs persistent, les inflammations se terminent*. L'échéance peut être plus ou moins longue ; dans les cas-limites, elle peut paraître quelquefois indéfinie : mais les tissus présentent des modifications terminales, ou des indices de régression locale du processus.

a) **Restitutio ad integrum**. — Les inflammations très courtes ne laissent pas de traces appréciables. Les éléments exsudés en trop grande quantité disparaissent : les liquides sont absorbés, les cellules sont utilisées comme cellules normales, ou sont éliminées. C'est la *résorption* (1).

(1) Le phénomène qui a été étudié sous le nom de **phagocytose**, peut être envisagé, si on le considère au point de vue anatomo-pathologique, comme une simple modalité de la résorption. Les particules figurées, telles que les débris cellulaires, les pigments, résidus ou déchets de l'inflammation, qui ne peuvent être résorbées comme

Pour rappeler l'exemple de la peau, nous signalerons le cas particulier des surfaces. Qu'il s'agisse des plans extérieurs ou de la surface des cavités naturelles, l'élimination peut ici se faire extérieurement. Elle ne fait qu'exagérer un phénomène physiologique. Normalement en ces points, l'élimination des éléments ayant terminé leur cycle produit la *desquamation;* il en est de même à l'état pathologique : ce phénomène prend simplement des proportions plus considérables. Ainsi pour la peau, cette desquamation, inaperçue à l'état normal, augmente brusquement à la suite des inflammations et se montre d'autant plus appréciable que les phénomènes ont été plus vifs : c'est-à-dire que les exsudats, plus abondants, ont produit une hyperplasie plus intense de l'épithélium (desquamation à la suite des fièvres éruptives).

Ce phénomène peut d'ailleurs être exagéré aussi et continu dans les inflammations persistantes.

b) **Sclérose.** — La sclérose est constituée par des éléments fibrillaires entremêlés de cellules allongées : groupement dont l'ordonnance rappelle celle du tissu fibreux. Nous avons déjà indiqué qu'elle se produisait au cours même de l'inflammation, surtout dans les tissus qui n'étaient pas capables de reproduire à la hâte leurs éléments bien différenciés. Aussi son apparition est-elle précoce et très apparente dans les parenchymes (foie, rein, muscle cardiaque). Elle s'y substitue d'ailleurs souvent aux cellules actives qu'elle étouffe pour ainsi dire.

Ce n'est donc pas, à vrai dire, une modification terminale ; on ne peut pas dire que sa constatation permette de conclure à une inflammation éteinte ; souvent même elle s'accompagne de phénomènes très actifs : exsudation de petites cellules nou-

les exsudats liquides, sont englobées par des cellules vivantes qui les fixent dans les tissus (pigmentation), les entraînent dans les vaisseaux où à l'extérieur suivant le jeu de leur évolution propre. Les véritables corps étrangers, lorsqu'ils sont de petites dimensions (poussières, microbes), peuvent subir le même sort.

velles, etc. Mais, lorsqu'elle est constituée, elle persiste en temps que sclérose, elle constitue une marque indélébile. Elle

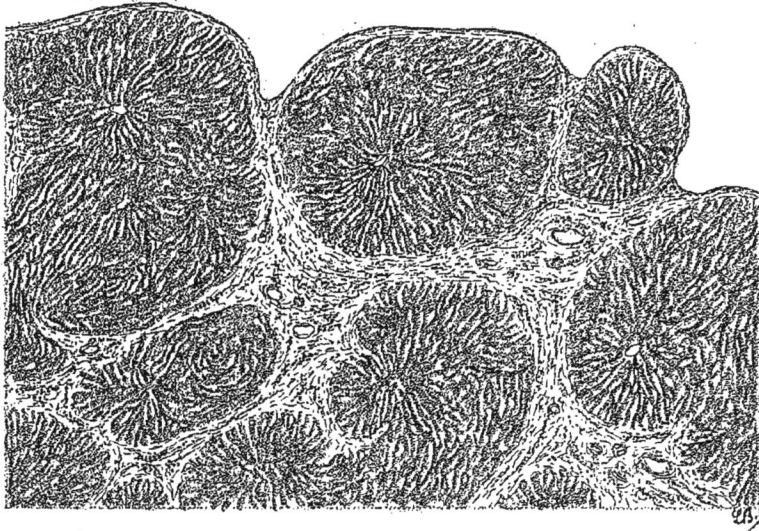

FIG. 19. — *Sclérose du tissu hépatique dans une cirrhose annulaire* (faible grossissement).

On voit les travées scléreuses dans le parenchyme. A la partie supérieure du dessin, la surface de l'organe déformée.

subit seulement à la longue une sorte de dessèchement qui produit sa rétraction et la rapproche des cicatrices.

c) **Cicatrices**. — Toutes les fois qu'un tissu a été détruit en un point — et c'est souvent une conséquence de l'inflammation — il se forme à la place de la partie disparue une cicatrice.

Par exemple un petit abcès s'est éliminé (à la surface externe, s'il s'agit de la peau). L'apport exagéré de nouveaux éléments continue à la périphérie de la perte de substance ; mais l'évolution de ces éléments ne peut plus se faire dans le sens normal, parce qu'ils sont trop abondants et que la destruction du tissu les met dans des conditions biologiques différentes de l'état normal. Ils s'organisent en un tissu fibrillaire plus ou moins dense, dit *tissu de cicatrice*. Celui-ci est naturellement d'autant plus abondant et plus différent du tissu normal que ce dernier a été plus profondément détruit.

Ces cicatrices peuvent être étendues et grossières, comme cela se voit à la suite de traumatismes, de pertes de substance importantes ; elles peuvent aussi être fines et microscopiques, par exemple au sein d'un tissu qui a été le siège d'une inflammation soutenue et qui a présenté çà et là de minuscules foyers de destruction. Dans ce dernier cas, le tissu cicatriciel est plus ou moins mêlé à la sclérose dont on ne peut alors le distinguer.

Les productions scléreuses, comme les tissus de cicatrice, formés l'un et l'autre de fibres plus ou moins denses et de petites cellules allongées, ont donc une constitution grossièrement comparable à celle du tissu fibreux normal ; ils ont aussi des caractères macroscopiques analogues, lorsque leur étendue les rend appréciables à l'œil nu. Ce sont des parties fermes, non friables, dures à la coupe, généralement blanches ou gris rosé. Elles ont habituellement une certaine rétractilité et forment à la surface des organes des dépressions : déformations du poumon, du foie, du rein dans les inflammations chroniques, à la suite des infarctus cicatrisés, etc.

§ 4. — Tuberculose.

La tuberculose produit des lésions qui entrent dans le cadre de l'inflammation, mais qui présentent quelquefois des caractères particuliers et relativement spécifiques.

a) **Lésions élémentaires.** — Trois éventualités sont à considérer :

1º La tuberculose peut produire des *modifications inflammatoires absolument banales*, aussi bien par la structure que par la topographie. De telles lésions sont fréquentes, mais comme on ne peut les rapporter à leur véritable origine que par des procédés indirects, et non par le seul examen, elles sont restées longtemps hors du domaine classique de la tuberculose ; pour ce même motif elles sont encore incomplètement précisées. En tout cas on observe couramment de telles altérations autour des lésions histologiquement tuberculeuses, dont elles paraissent être dans ce cas un stade de début. Ce fait est particulièrement net au niveau du poumon : on y voit constamment autour des tubercules des zones qui ont simplement les caractères des inflammations pneumoniques ordinaires.

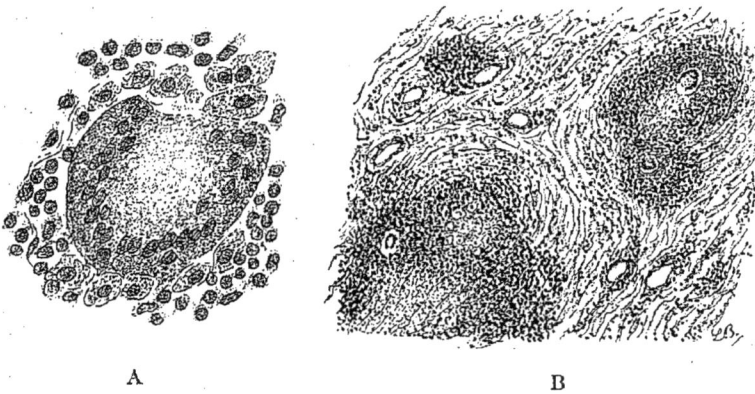

A   B

FIG. 20. — *Lésions tuberculeuses élémentaires.*
A. Cellule géante entourée de petites cellules et de cellules épithéloïdes
(fort grossissement).
B. Deux follicules avec centre caséeux et cellules géantes (grossissement moyen).

2° La tuberculose donne aussi naissance à des modifications de structure qui sont banales, mais qui présentent une disposition déterminée. Cette disposition est *nodulaire,* c'est-à-dire que les lésions se groupent en amas arrondis, soit au microscope, soit à l'œil nu. Ce caractère est important, mais il n'est pas spécifique.

3° Enfin la tuberculose peut produire des *lésions ayant par elles-mêmes des caractères spécifiques;* il semble qu'une certaine durée d'évolution soit nécessaire pour les réaliser.

Ces caractères tiennent à ce que la tuberculose peut déterminer des modifications circulatoires telles que les éléments exsudés sont mal nourris ; ils se développent mal, deviennent volumineux, avec un protoplasma granuleux et un gros noyau : CELLULES ÉPITHÉLIOÏDES ; ils peuvent même s'agglomérer, formant une masse protoplasmique unique, à centre grenu, avec de nombreux noyaux périphériques : CELLULES GÉANTES. Bien plus, une zone entière du tissu atteint, plus ou moins envahie d'exsudats, peut subir une nécrose un peu particulière, la CASÉIFICATION. Les parties caséifiées, au microscope, sont formées d'une substance granuleuse, uniforme, sans noyaux visibles, colorée en jaune sale au picrocarmin ; elle est relativement friable et sèche, se fendille aisément. A l'œil nu le caséum a une coloration uniforme blanc terne, ou jaunâtre, un aspect un peu sec, une certaine densité.

Comme cela s'observe autour de tous les points privés de circulation, les zones périphériques ont une vascularisation augmentée et tendent à produire de la *sclérose*. Aussi dit-on souvent que la tuberculose est un processus à la fois caséifiant et sclérosant.

Ces lésions à caractères histologiques particuliers sont ou *nodulaires*, ou *diffuses*. Elles sont souvent ordonnées en petits amas microscopiques arrondis où l'on retrouve : à la périphérie, des petites cellules rondes ayant l'aspect de cellules inflammatoires quelconques ; au centre, des éléments épithélioïdes avec ou sans cellules géantes. C'est là le FOLLICULE TUBERCULEUX. Le follicule a été longtemps considéré comme nécessaire et suffisant pour le diagnostic anatomique. Ni l'un ni l'autre de ces qualificatifs ne lui est complètement applicable. Le follicule n'est pas nécessaire puisque, sans lui, peuvent exister ces manifestations tuberculeuses banales dont nous parlions précédemment ; il n'est pas suffisant parce que d'autres lésions (la syphilis particulièrement) peuvent aboutir à des produits analogues. Il garde cependant une valeur anatomique considérable.

b) **Principaux types de lésions tuberculeuses.** — Les

GRANULATIONS tuberculeuses sont de très petits amas formés d'un ou de quelques follicules élémentaires. A l'œil nu, ce sont de petits grains gros comme de petites têtes d'épingles, généralement durs, gris, demi-transparents. A un stade plus avancé, ils sont légèrement plus gros, d'un blanc opaque.

Les TUBERCULES sont des masses de volume variable, oscillant entre celui d'une lentille et celui d'une noisette ; leurs contours sont arrondis ou polycycliques ; au microscope, ils sont formés d'une masse caséeuse entourée par des cellules géantes ou des follicules complets, et par une zone très inflammatoire, devenant peu à peu scléreuse.

Le tubercule peut être gagné en entier par la sclérose et se transformer en une masse fibreuse. Il peut au contraire se ramollir et s'ulcérer : ce qui donne des aspects variables à l'œil nu.

Les tubercules ne se développent pas par l'accolement de plusieurs granulations, mais par l'atteinte massive de la zone du tissu qu'ils occupent.

L'INFILTRATION TUBERCULEUSE montre, sur des étendues plus ou moins considérables de tissu, l'aspect tuberculeux, généralement au stade caséeux ; elle peut donner lieu à des éliminations massives, qui constituent les CAVERNES. L'infiltration est produite par le même processus que les granulations ou les tubercules ; c'est-à-dire non pas par une agglomération de lésions élémentaires spécifiques, mais par l'inflammation massive avec nécrose de toute la partie atteinte.

Les lésions tuberculeuses sont quelquefois l'origine de suppurations à caractères particuliers, qui constituent les ABCÈS FROIDS.

§ 5. — Syphilis.

Il est difficile d'étudier les caractères généraux des lésions syphilitiques : leur limitation est très mal connue, et comme

cette question est encore à l'étude, nous n'entrerons pas ici
dans ses détails.

1° Nous devons dire que les lésions syphilitiques paraissent
se produire dans les conditions générales de l'inflammation.
Comme pour la tuberculose, elles ont souvent un aspect banal
et se distinguent surtout des inflammations diverses par des
caractères de disposition ou de topographie, assez connus au
niveau de la peau, beaucoup plus mal dans les autres tissus.

2° Cependant dans beaucoup de ses manifestations, les plus
précoces (chancre initial) comme les plus tardives, la syphilis
montre un caractère très général. Elle paraît agir comme une
inflammation persistante, soutenue, fournissant des **productions hyperplasiques**, qui la rapprochent beaucoup des tumeurs.

3° D'autres fois enfin elle donne lieu à des productions nécrotiques assez analogues aux tubercules : les **gommes**. Celles-ci
diffèrent bien quelquefois de ceux-là, mais il est malaisé d'en
fixer les caractères distinctifs élémentaires, et bien souvent les
observateurs les plus expérimentés hésitent pour les reconnaître
l'un de l'autre à l'examen microscopique.

Nous savons d'ailleurs aujourd'hui que les lésions élémentaires attribuées à la tuberculose (cellule géante) peuvent être
dans certaines conditions produites par la syphilis.

Nous indiquerons chemin faisant les altérations syphilitiques
viscérales les plus importantes ; nous avons déjà signalé l'atteinte fréquente des artères de moyen calibre.

§ 6. — Lésions spécifiques rares.

Quelques autres agents produisent des lésions ayant aussi les
caractères généraux des inflammations, avec certaines particularités secondaires. Elles sont de constatation peu fréquente.

Ce sont par exemple: la **lèpre**, qui donne des altérations
analogues à la tuberculose, au point de vue structural; diverses
pseudo-tuberculoses, la **sporotrichose**, l'**actinomycose**.

Il existe aussi des lésions assez rares déterminées par les **parasites** (trichine, ladrerie). La plus fréquente et la plus intéressante est l'échinococcose, qui produit les *kystes hydatiques*. Nous l'étudierons à propos de l'organe le plus souvent atteint chez l'homme : le foie.

*
* *

Dans les chapitres suivants nous utiliserons, à propos de chaque organe ou appareil, ces notions de pathologie générale. Mais chaque tissu se présente dans des conditions biologiques qui lui sont propres ; de plus, les organes forment des groupements soumis quelquefois à des nécessités mécaniques que l'on ne doit pas méconnaître dans la production des lésions. Nous ne pourrons donc pas toujours suivre le plan général qui a été employé précédemment. Pour plus de simplicité, nous partirons, comme d'une base, de l'état normal de chaque organe, et nous en suivrons les déviations en allant des faits les plus simples aux plus complexes.

toires : aussi l'une et l'autre de ces parties sont-elles solidaires du parenchyme dans ses lésions. Mais c'est celui-ci, c'est la trame respiratoire qui offre les caractères les plus spéciaux, dont il importe de comprendre les réactions. Pour simplifier la compréhension, nous envisagerons tout d'abord cette trame, quitte à étudier ultérieurement ses rapports pathologiques avec les bronches et avec la plèvre.

I. — LÉSIONS ÉLÉMENTAIRES DU TISSU PULMONAIRE

A. — Le poumon normal.

Prenons une préparation histologique de poumon sain. Le tissu nous apparaîtra en coupe, sous l'objectif, comme un réseau, comme un filet demi-tendu, dont les mailles seraient sensiblement égales. Ces mailles sont les *alvéoles*, normalement pleins d'air, c'est-à-dire paraissant vides au microscope ; les lignes qui les séparent sont les *parois interalvéolaires :* parois minces, légèrement flexueuses, formées uniquement de quelques fibres élastiques sur lesquelles festonnent les capillaires pulmonaires et que double l'épithélium respiratoire, peu visible (1).

Les caractères histologiques les plus importants de l'intégrité de l'organe sont :

1° La **vacuité des alvéoles** et leurs dimensions sensiblement toutes égales ;

2° La **minceur relative des parois** qui restent légèrement *flexueuses :* elles sont souples et prennent, après la mort, la position d'expiration moyenne.

---

(1) Sur la coupe on trouve aussi les sections des bronchioles et des vaisseaux : les artères accompagnant les canaux aériens, les veines, plus difficiles à repérer en étant éloignées, dans les travées interlobulaires.

Examinons maintenant à l'œil nu un fragment de poumon sain : ses caractères macroscopiques correspondent aux données histologiques rappelées ci-dessus.

Les alvéoles paraissent vides au microscope parce qu'ils contiennent de l'air. C'est pour ce même motif que le poumon entier, assemblage de tels alvéoles, reste *modérément distendu, doux au toucher, souple* partout. C'est pour cela qu'il est difficile d'y tracer au couteau une incision franche, comme on

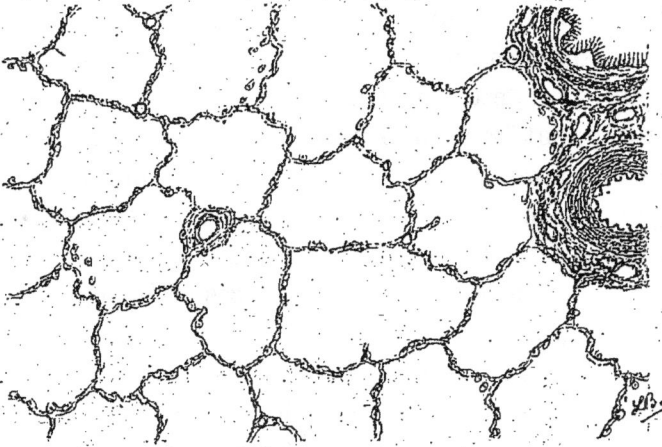

Fig. 21. — *Poumon normal* (grossissement moyen).
Dans le haut et à droite, on voit en partie la section d'une bronche ;
au-dessous, une artère.

pourrait le faire dans un organe dense ; c'est pour cela aussi qu'un fragment prélevé dans ce poumon *surnage* dans l'eau ; que, pressé entre les doigts, il *crépite*, tandis qu'aucun liquide (sauf un peu de sang) ne s'échappe par cette pression. Il est d'ailleurs aisé de comprendre que la minceur et la souplesse des parois interalvéolaires sont nécessaires aussi, avec la présence de l'air, à la persistance de ces propriétés.

Les modifications pathologiques de ce tissu pulmonaire pourront être infiniment variées. Mais, en dehors des tumeurs, que nous étudierons plus tard, elles peuvent se grouper sous un petit nombre de chefs : les plus fréquentes, de beaucoup, agissent par le processus de l'**inflammation**, ou de ses variétés, ou de ses suites : inflammations aiguës, subaiguës et chroniques ; inflammations suppurées, scléroses. Quelques-unes présentent ici, comme dans les autres tissus, des caractères spécifiques (tuberculose). D'autres lésions agissent surtout par des **troubles vasculaires** grossiers (hémorragies, infarctus) ; mais elles restent toujours plus ou moins mêlées aux processus inflammatoires. Enfin, d'autres se produisent à la faveur de **perturbations mécaniques** ; le tissu pulmonaire est soumis physiologiquement à des actions physiques déterminées, qui contribuent à le maintenir dans sa structure normale (vide pleural, mouvements respiratoires, etc.). Les troubles de la mécanique respiratoire contribuent aux modifications pulmonaires pathologiques (emphysème, atélectasie) : d'ailleurs ici encore interviennent presque toujours des processus inflammatoires.

En nous basant sur la structure normale du tissu pulmonaire, nous allons envisager en première ligne ces altérations en général ; nous étudierons seulement après leurs groupements habituels, c'est-à-dire les types anatomiques des lésions pulmonaires.

Les processus rappelés plus haut, lorsqu'ils agissent rapidement, déterminent surtout des modifications appréciables au niveau du **contenu alvéolaire** (inflammations aiguës, troubles circulatoires) ; les inflammations lentes, les scléroses, les inflammations destructives, les perturbations mécaniques, changent surtout la **texture** de la trame respiratoire normale.

B. — Modifications du contenu alvéolaire. Inflammations simples et troubles circulatoires.

Les modifications du contenu alvéolaire sont les plus faciles à étudier, parce qu'elles ne changent pas ou peu la structure générale du tissu ; elles doivent aussi être décrites en premier lieu, parce qu'elles sont les phénomènes les plus apparents des inflammations simples, et qu'elles s'observent en fait à ce titre au début de la presque totalité des affections pulmonaires.

Nous savons que l'inflammation dans tous les organes se manifeste principalement par deux phénomènes, d'ailleurs en corrélation :

1° L'augmentation de la vascularisation ;

2° L'issue hors des vaisseaux d'*exsudats cellulaires* et liquides.

Les modifications vasculaires, surtout apparentes au niveau des capillaires, fournissent des détails intéressants et variables dans les différents cas ; nous en rappellerons au fur et à mesure les faits essentiels. Mais c'est surtout la production des **exsudats** qui est ici capitale, en raison de la texture du tissu. Ces exsudats tombent dans la cavité alvéolaire, qu'ils peuvent combler complètement. Ils y sont en tout cas toujours bien visibles, et c'est toujours leur présence qui modifie les caractères histologiques et macroscopiques de l'organe, et qui lui donne les caractères nouveaux et multiples de l'état de maladie.

Les **exsudats liquides**, formés de sérosité seule, ne sont intéressants que dans des conditions très spéciales (œdème) et ne peuvent être notés au microscope qu'à la suite de précautions particulières. Mais ces exsudats contiennent fréquemment de la *fibrine*, qui, dans la pathologie pulmonaire, prend une importance de premier ordre.

Nous avons signalé, en étudiant l'inflammation en général, les principaux caractères de la fibrine (voir p. 50).

Dans le poumon, on retrouve à la fibrine les mêmes traits généraux : substance sans structure cellulaire, colorée en rouge par le carmin ; mais on ne la trouve guère ici en gros amas compact. On la voit sous ses deux autres aspects : petits grains très fins (fibrine granuleuse) et surtout filaments minces et irréguliers (*fibrine fibrillaire*). Le brassage incessant du contenu alvéolaire dans les mouvements de développement et de plissement respiratoire la distribue en filaments parallèles, qui tapissent la paroi ou comblent la cavité comme une toile d'araignée dont la périphérie serait condensée en un feutrage plus épais (voir fig. 15 et 23).

Les **exsudats cellulaires** sont représentés par des cellules à noyaux : leucocytes mêlés quelquefois aux cellules de l'épithélium respiratoire desquamé. Il faut y ajouter les *globules sanguins*.

Le groupement des divers exsudats, fibrineux ou cellulaires, varie suivant les espèces ou mieux les degrés de l'inflammation.

§ 1. — **Inflammation légère.**

Supposons une inflammation modérée, comme celle qu'on peut voir dans les infections atténuées ou dans les phases initiales de toutes les altérations pulmonaires, ou encore au voisinage de *toutes* les lésions pulmonaires (pneumonie, tuberculose, abcès, etc.), là où l'atteinte du tissu est à sa limite. Cette inflammation produira seulement une légère diapédèse et, au

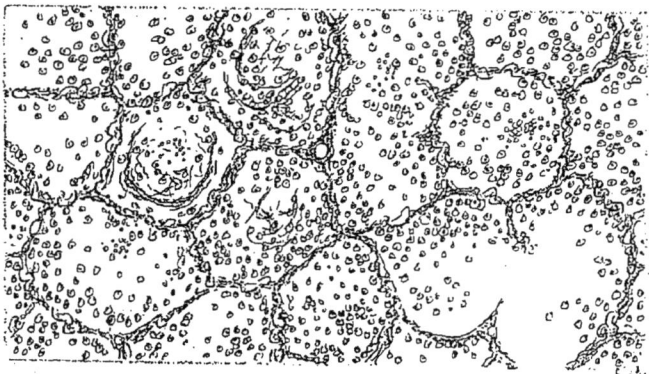

FIG. 22. — *Engouement* (grossissement moyen).
Exsudat cellulaire modéré; quelques alvéoles contiennent déjà des filaments fibrineux. Capillaires des parois dilatés.

microscope, on trouvera dans l'alvéole, *mêlées à l'air*, une petite quantité de *cellules exsudées*, reconnaissables facilement à leur noyau teinté par les réactifs colorants.

Si l'inflammation est d'emblée plus forte, par exemple dans les premiers jours de la pneumonie (**engouement**), on observe encore des faits analogues, mais avec une abondance plus grande de l'exsudat cellulaire, mêlé à quelques globules rouges ; et souvent on voit apparaître des fibrilles de fibrine dans quelques alvéoles. Mais l'alvéole, ici encore, contiendra une certaine quantité d'air : les éléments exsudés resteront séparés sous nos yeux par des espaces clairs ; c'est là le caractère essentiel de ces premiers degrés de l'inflammation : exsudats plus ou moins discrets, laissant pénétrer l'air dans l'alvéole.

On peut aisément se représenter quelles modifications des caractères macroscopiques vont déterminer ces lésions : l'augmentation de vascularisation rendra les parties atteintes plus *colorées* — du rose au rouge — ; un peu *plus volumineuses* ; un peu moins souples et *plus lourdes* à la palpation. La persistance de l'air explique qu'un fragment doive *encore surnager*, ou se tenir entre deux eaux ; qu'à la pression, il *crépite encore*, quoique moins bien qu'à l'état normal. Sur la coupe va sourdre aussi un peu de sérosité teintée de sang.

§ 2. — **Hépatisations.**

Supposons maintenant une inflammation plus intense, telle que l'abondance des exsudats arrive à chasser totalement l'air de l'alvéole : nous aurons une *hépatisation*. Leur caractère essentiel réside dans ce fait que l'air alvéolaire est complètement remplacé par des exsudats inflammatoires. On peut ici observer des types différents que définissent des caractères secondaires.

a) **Hépatisation rouge.** — L'intensité du processus a produit l'exsudation, non plus seulement de quelques cellules inflammatoires, comme dans les premiers stades, mais encore d'éléments sanguins : *globules rouges et fibrine*. C'est l'hépatisation rouge ; elle est caractérisée par cet exsudat fibrino-hématique qui remplit l'alvéole ; mais on peut trouver chacun de ses deux termes en proportion plus ou moins prépondérante : par exemple, presque uniquement des globules, ce qui est rare (pneumonie hémorragique), ou presque uniquement de la fibrine, ce qui est beaucoup plus fréquent (*pneumonie fibrineuse*) (1).

(1) L'exsudat pneumonique, l'exsudat de l'hépatisation, contient aussi un nombre plus ou moins grand de cellules nucléées : éléments des-

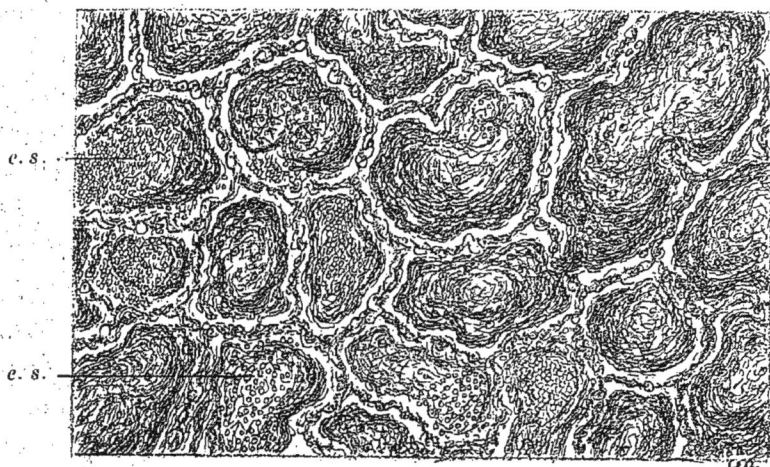

FIG. 23. — *Hépatisation rouge* (grossissement moyen).

Exsudat fibrineux compact très apparent. Dans quelques alvéoles, nombreux globules rouges (*c.s.*). Capillaires des parois dilatés.

b) **Hépatisation grise.** — Il existe un autre type, qui peut

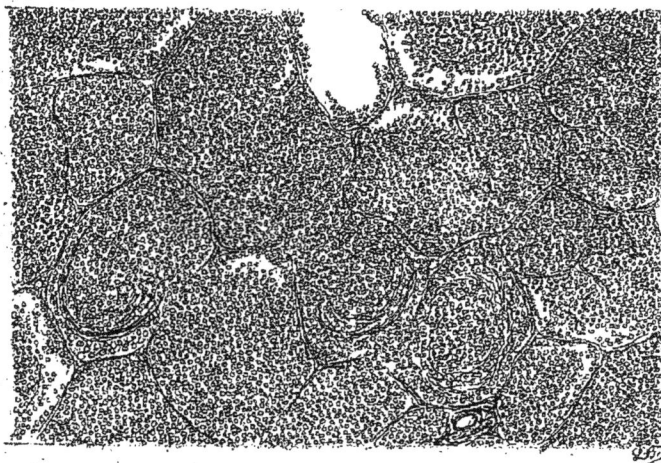

FIG. 24. — *Hépatisation grise* (grossissement moyen).

Exsudat cellulaire très confluent. Parois interalvéolaires comprimées et amincies. Dans quelques alvéoles persistent des filaments fibrineux.

quamés de l'épithélium alvéolaire, éléments issus des vaisseaux par diapédèse, comme dans toutes les inflammations. Mais ils ne sont pas caractéristiques de l'hépatisation rouge.

être généralement considéré comme un stade plus avancé encore que les précédents. L'inflammation est ici encore plus soutenue ; *la diapédèse de cellules à noyaux*, de cellules blanches du sang, qui avait commencé dans les premiers degrés de l'inflammation, qui avait été comme submergée dans l'hépatisation rouge par la fluxion fibrino-hématique, s'achève ici et *prend des proportions énormes :* ce sont les leucocytes à eux seuls qui comblent l'alvéole ; l'air y est remplacé par un champ uniforme de cellules nucléées. Le processus est à son terme ultime : les cellules se tassent au maximum l'une contre l'autre, refoulent même excentriquement la paroi, et compriment les capillaires qui les ont fournies. L'anémie relative ainsi produite dans le tissu, ajoutée à l'abondance des cellules — cellules blanches du sang — donne à l'œil nu une teinte grisâtre : c'est **l'hépatisation grise.**

c) **Caractères macroscopiques.** — Résumons maintenant les traits principaux de ces lésions à l'œil nu.

Le caractère histologique essentiel des hépatisations était la disparition de l'air dans chaque alvéole ; ici les exsudats, compacts, formaient un véritable « bouchon ». Dans son ensemble, le tissu atteint sera plus *volumineux* qu'à l'état normal, *plus lourd* à la main, *ira au fond de l'eau, ne crépitera plus.* On pourra le couper facilement et franchement, comme un tissu plein ; sur la surface de section se dessinera un grain fin et régulier, le *grain pneumonique*, chaque grain étant formé par le petit bouchon alvéolaire qui fera saillie sur la coupe.

Les caractères histologiques secondaires correspondaient aux variétés de l'exsudat ; ils déterminent à l'œil nu des modifications de la coloration normale qui distinguent les deux principales variétés d'hépatisation : exsudat fibrino-hématique compact, hépatisation *rouge ;* exsudat leucocytaire compact, hépatisation *grise.*

§ 3. — **Troubles circulatoires**.

a) **Œdèmes**. — Les phénomènes ne se passent pas toujours aussi simplement que nous venons de le rappeler.

La vascularisation considérable et la friabilité du tissu pulmonaire permettent quelquefois des exsudations de sérosités ou de globules sanguins plus importantes encore dans l'alvéole. Dans le premier cas, ce sont les **œdèmes** ; il faut en retenir

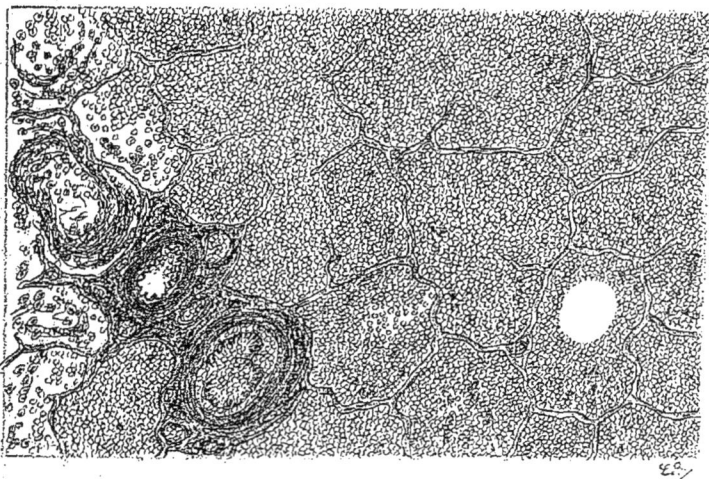

FIG. 25. — *Infarctus pulmonaire* (grossissement moyen).
L'infiltration sanguine occupe la plus grande partie de la préparation. A gauche, limite de l'infarctus, lésions d'engouement. On voit la section d'une artère et d'une bronche, celle-ci remplie de sang. A droite, une bulle d'air isolée dans un alvéole.

principalement que les modifications du tissu à l'œil nu se font dans le sens d'une augmentation de volume, de poids et de densité, allant jusqu'aux caractères extrêmes des hépatisations (les fragments gagnent le fond de l'eau); mais la section du tissu ne montre pas de grains ; elle laisse sourdre à la place une quantité parfois considérable de liquide séreux.

b) **Hémorragies**. — Les **hémorragies** présentent deux types de lésions bien distinctes :

1. Lorsque l'irruption du sang dans les alvéoles se fait par la périphérie des lobules, les globules sanguins peuvent remplir peu à peu les espaces aériens et en chasser progressivement et complètement l'air. Le microscope montre un tissu dont la trame est comparable dans ses grandes lignes à celle du poumon normal, mais dont les espaces clairs — l'air — sont remplacés par des champs de globules rouges tous au contact : c'est là l'image des **infarctus**. A l'œil nu, le fragment atteint a les mêmes caractères que dans les hépatisations parce qu'ici

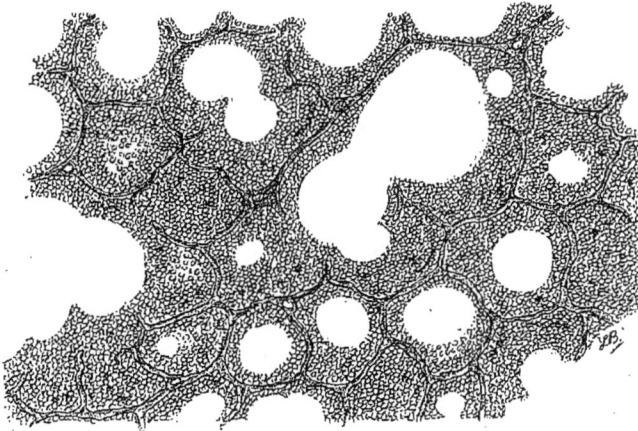

FIG. 26. — *Infiltration hémorragique par aspiration*
(grossissement moyen).

aussi le caractère histologique principal des hépatisations existe : l'air dans chaque alvéole étant totalement remplacé par une masse compacte, il y a les mêmes modifications physiques et l'on retrouve aussi un grain à la surface de la coupe. Seule la coloration est différente : le « bouchon » alvéolaire étant constitué uniquement de globules sanguins très compacts, le tissu est rouge sombre, souvent même noirâtre.

2. Le sang peut pénétrer par les voies aériennes et non plus par la périphérie des alvéoles. Ceci est fréquemment réalisé, par exemple, dans les hémoptysies des tuberculeux. On obtient alors une **infiltration hémorragique par aspiration**. Le dernier terme de cette dénomination en résume le mécanisme et

permet de comprendre l'aspect des lésions : car c'est l'*aspiration* qui introduit le globule rouge, et qui, par conséquent, l'introduira *avec de l'air ;* au microscope, on trouvera dans presque tous les alvéoles une couche de globules sanguins appliqués en croissant contre la paroi par une bulle d'air transparente. A l'œil nu, le tissu sera seulement marbré de rose, distendu aussi par l'air, crépitant encore, mais mal et irrégulièrement.

C. — MODIFICATIONS DE TEXTURE.

§ 1. — **Modifications mécaniques** (1).

a) **Atélectasie.** — Toutes les fois que le poumon est comprimé ou que l'air ne peut plus pénétrer dans les alvéoles, le tissu s'affaisse, les lumières alvéolaires s'effacent, leurs parois s'épaississent sous l'influence de la rétraction de l'ensemble.

A l'œil nu, un tel tissu sera naturellement *plus dense* qu'à l'état normal, sans avoir cependant la dureté des scléroses ni la fermeté des hépatisations ; il ira au fond de l'eau ; il n'aura plus sa souplesse normale, prendra un aspect froissé, *flétri* assez caractéristique, avec une teinte grisâtre. Enfin, les parties ainsi atteintes seront aussi *diminuées de volume.* C'est là l'atélectasie.

Ces caractères sont particulièrement marqués dans les atélectasies par compression extérieure : par exemple, celles produites par les épanchements pleurétiques, qui sont les plus importantes. Ils sont moins frappants lorsque la modification est associée à des phénomènes inflammatoires ; cela s'observe surtout

---

(1) Ce groupement est artificiel et n'est présenté ainsi que pour la commodité de l'exposé. En réalité, les lésions ne sont pas produites par des troubles mécaniques seuls ; elles succèdent, par l'intermédiaire de ceux-ci seulement, à des processus inflammatoires, dans l'immense majorité des cas.

dans certaines inflammations bâtardes des bases chez les sujets affaiblis, immobilisés, à expansion thoracique diminuée. Dans ces cas, les caractères de l'atélectasie se mêlent aux caractères des hépatisations ou des engouements. L'affaissement, l'anémie relative, la disparition des alvéoles sout contrebalancés par la tendance à l'augmentation de volume, à la rougeur, au grain habituel aux hépatisations. Le tissu reste de volume moyen ou légèrement rétracté, assez lisse encore sur la surface de coupe, d'aspect charnu, violacé. C'est à ces états, d'ailleurs très variables suivant la prédominance des processus, qu'on doit réserver le nom de **splénisation.**

b) **Emphysème.** — Toutes les fois, au contraire, que le tissu est distendu, soit passagèrement (quintes de toux dans la co-

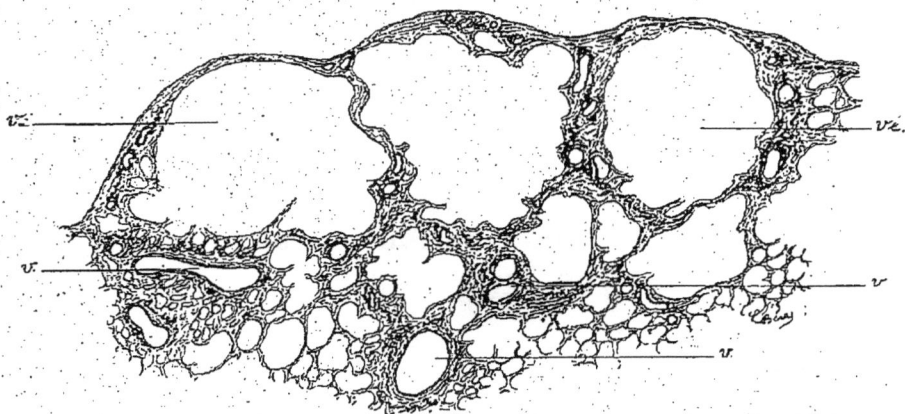

FIG. 27. — *Emphysème et sclérose* (faible grossissement) (1).

vé., grosses vésicules d'emphysèmes saillantes sous la plèvre. Bandes scléreuses entre elles et autour des vaisseaux (*v.*); — anthracose.

queluche, par exemple), soit définitivement (asthme, bronchite ancienne, etc.); il prend des caractères opposés : c'est l'emphysème. Sur une coupe histologique se voient des alvéoles *agrandis*, quelquefois même avec des parois rompues ; la caractéristique microscopique principale est la concavité exagérée de

(1) Bériel, *La Sclérose pulmonaire discrète.* Lyon, 1905.

la paroi interalvéolaire, qui apparaît tendue et déplissée. Ce n'est là que l'expression de la *distension aérienne de la cavité.*

A l'œil nu, le tissu est de teinte plus claire : la souplesse du poumon normal, exagérée, produit, à la palpation, une sensation très douce d'édredon. Les parties atteintes sont *augmentées de volume*, quelquefois transparentes. Le caractère histologique essentiel était la concavité et la distension de la paroi interalvéolaire ; le caractère principal qui lui correspond à l'œil nu est l'augmentation de volume et de souplesse normaux.

On peut faire ici des remarques analogues à celles qui ont été faites pour l'atélectasie. Très souvent, et c'est même la règle, l'emphysème n'est pas pur, mais associé à des processus inflammatoires sous forme de sclérose ; il n'est même pas douteux que ce soit dans beaucoup de cas la sclérose qui produise l'emphysème, par l'intermédiaire des modifications de la circulation aérienne. L'emphysème devient ainsi un processus d'hypertrophie compensatrice.

§ 2. — Les inflammations chroniques, les scléroses.

Nous n'avons envisagé jusqu'ici, parmi les inflammations, que l'hypothèse d'inflammations aiguës, simples.

Nous allons voir maintenant les modifications de texture que produisent ces processus lorsqu'ils sont persistants, chroniques, ainsi que leurs séquelles.

a) **Inflammations lentes et persistantes**. — Lorsque l'inflammation est très lente, très soutenue et très régulière, comme cela se produit quelquefois dans la tuberculose, et souvent dans la syphilis, les exsudats peuvent avoir le temps d'être utilisés dans le tissu suivant son plan normal, mais, naturellement, avec des déviations de détail. Il se produit peu à peu des *néo-*

formations rappelant la disposition alvéolaire avec un épithélium cubique (1).

Ces édifications nouvelles sont quelquefois volumineuses, donnent au poumon un aspect kystique et sont généralement confondues avec des bronches dilatées. En réalité, ce sont elles qui constituent la plupart des lésions dites *dilatations bronchiques ou bronchectasie.*

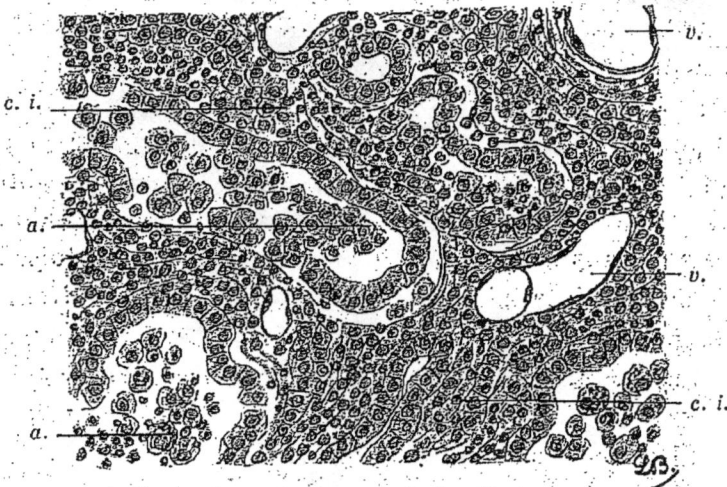

FIG. 28. — *Néoformations cubiques dans un poumon syphilitique* (fort grossissement) (2).

a., alvéoles néoformés avec épithélium cubique.

Plus souvent, les inflammations chroniques produisent des *scléroses,* que nous allons étudier avec les suites de l'inflammation.

b) **Inflammations répétées. Sclérose.** — Les inflammations aiguës de courte durée disparaissent sans laisser de traces ; les exsudats liquides et cellulaires sont morcelés et résorbés ou

_____

(1) L'épithélium pulmonaire est originellement cubique et ne devient aplati qu'à la naissance, sous l'influence de la pression de l'air.

(2) Bériel, *Syphilis du poumon.* Paris, 1907. Steinheil, éditeur.

chassés par les bronches. Mais, lorsque ces phénomènes d'inflammation modérée persistent pendant des semaines et des
mois, ou se répètent par poussées successives, il se produit peu
à peu un épaississement de la trame pulmonaire, qui s'augmente d'un tissu fibrillaire à cellules allongées : c'est la sclérose. Elle élargit les espaces vasculo-connectifs normaux, la plè-

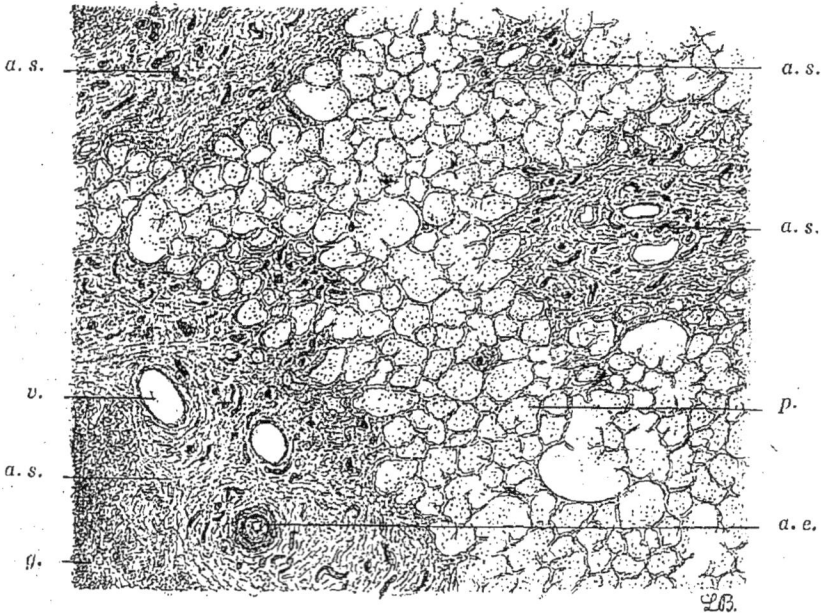

Fig. 29. — *Sclérose pulmonaire* (faible grossissement) (1).
Ilots scléreux de dimensions variables (*a.s.*, *a.s.*); — *p.*, tissu pulmonaire relativement sain avec quelques alvéoles emphysémateux.

vre, les travées interlobulaires et interalvéolaires ; à un plus haut
degré, elle forme des bandes d'aspect fibreux, des nappes
épaisses, des amas arrondis ou étoilés, déformant complètement l'image histologique, au point que l'on ne reconnaît
quelquefois l'organe qu'en retrouvant çà et là dans un champ
microscopique quelques alvéoles relativement conservés.

Aux caractères histologiques habituels s'ajoute ici un signe

(1) Bériel, *Syphilis du poumon*. Paris, 1907, G. Steinheil, éditeur.

que l'on ne retrouve ailleurs que dans les ganglions thoraciques : les masses scléreuses se pigmentent rapidement, et souvent à un haut degré, par des points noirs plus ou moins confluents : dépôts anthracosiques.

Il est facile de reconnaître ces modifications à l'œil nu ; les parties atteintes perdent la souplesse de leur tissu normal, formé d'alvéoles réguliers à parois souples ; elles prennent la densité des tissus fibreux, deviennent dures à la coupe, et de teinte blanc nacré, gris de fer ou plus ou moins noire suivant le degré de la surcharge anthracosique. Elles se détachent en relief sur les régions saines avoisinantes, qui s'affaissent toujours légèrement après l'extraction des poumons hors de la cage thoracique.

c) **Évolution des hépatisations. Pneumonie hyperplasique.** — Dans le cas particulier de l'hépatisation rouge, les exsudats peuvent être résorbés, ce qui est le cas le plus fréquent. Mais, d'autres fois, le processus inflammatoire persistant, il se produit une modification spéciale appelée « **pneumonie hyperplasique** ». Nous avions noté que l'exsudat, ce « bouchon alvéolaire », dans l'hépatisation rouge était fibrino-hématique. De la fibrine et des globules rouges, ce sont là les mêmes éléments que ceux d'un caillot sanguin dans un vaisseau ; et, de fait, l'exsudat pneumonique, quand il ne se résorbe pas, s'*organise* — dans ses grandes lignes — comme un caillot fibrino-hématique : des cellules allongées se développent dans l'amas fibrineux ; les globules rouges s'y réunissent en s'entourant d'une paroi endothéliale, véritables capillaires : l'amas devient un amas fibreux (1).

Quant à l'hépatisation grise, elle ne peut donner lieu aux

(1) On observe fréquemment ce mode particulier de persistance de l'inflammation pneumonique à l'état de processus isolé, au voisinage de lésions diverses : nodules tuberculeux, abcès. Plus rarement, il forme de grandes étendues : c'est un des modes de terminaison des pneumonies lobaires aiguës, qui entraîne la mort des malades en deux à huit semaines.

mêmes phénomènes. Elle ne peut se résorber, ni s'organiser. Le microscope nous y avait montré l'affluence extrême des leucocytes, comprimant la paroi alvéolaire, y annihilant toute circulation. C'est un processus qui s'achemine vers la mort du tissu.

§ 3. — Destructions de tissu : suppuration, caséification, gangrène, cavernes.

a) **Abcès.** — L'hépatisation grise, qu'on appelle quelquefois inexactement hépatisation suppurée, n'est pas encore un processus de suppuration. Mais elle va servir d'intermédiaire.

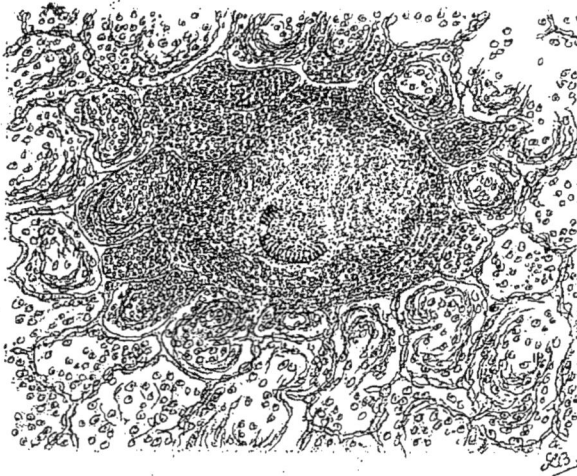

Fig. 30. — *Petit abcès du poumon* (grossissement moyen).
Petit abcès formé au niveau d'une bronche ; on voit encore un fragment de l'épithélium dans la partie nécrosée. Autour, lésions alvéolaires d'hépatisation ou d'engouement.

On voit dans l'hépatisation grise une nappe compacte de cellules diapédésées qui remplissent les alvéoles, compriment leurs parois, restreignent la circulation. Chaque cellule montre encore un noyau assez coloré par les réactifs : aucun élément n'est mort. Ce n'est pas là du pus. A la périphérie du point atteint, l'activité circulatoire persiste, exagérée, et fournit, à chaque instant, un nouveau contingent de cellules exsudées. Si cet état dure, la nutrition ne pourra bientôt plus se faire dans le centre de l'îlot ; tout le tissu, avec son infiltration cellulaire, subira la nécrose ; les éléments deviendront globules de pus. La région atteinte s'effondrera : l'*abcès* sera constitué.

Sur les coupes histologiques, — si l'abcès est petit, — on trouve au milieu d'une zone en état d'hépatisation grise un amas de débris granuleux mêlés à des cellules de pus (dont le noyau n'est plus coloré). La charpente pulmonaire a disparu à ce niveau.

A l'œil nu, le pus présente ses caractères habituels, les parties qui l'entourent ayant le plus souvent l'aspect macroscopique de l'hépatisation grise ou rouge.

b) **Gangrène.** — La mortification peut se produire d'autre manière, sous l'influence combinée d'oblitérations vasculaires et d'inflammation septique ; des masses plus ou moins étendues de parenchyme, infiltrées d'exsudat liquide, se nécrosent en bloc, se séparent du tissu avoisinant, qui est, d'ailleurs, toujours hépatisé, mais bien vivant. C'est la *gangrène* : elle forme à l'œil nu des foyers déliquescents verdâtres, à odeur fétide extrêmement pénétrante caractéristique.

c) **Caséification.** — La caséification se produit fréquemment dans le tissu pulmonaire, si souvent atteint par la **tuberculose.** Elle est aussi sous la dépendance d'oblitérations vasculaires.

Les tissus caséifiés se présentent au microscope sous forme de nappes granuleuses, dans lesquelles aucune coloration ne décèle des cellules vivantes ; souvent, du moins quand la caséification n'est pas trop ancienne, le dessin de la trame alvéolaire persiste sur ce fond granuleux. A l'œil nu, les masses caséifiées

— qu'elles soient minuscules ou étendues — sont blanc jaunâtre, mates, un peu sèches, denses et cependant assez friables.

A côté du caséum tuberculeux, il faut signaler les **gommes syphilitiques** dont le centre est formé d'un nodule nécrosé

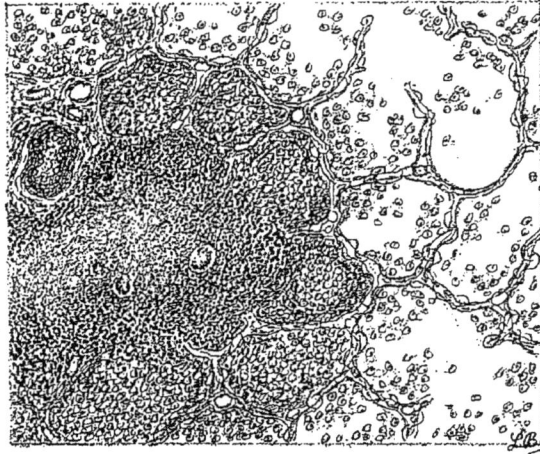

Fig. 31. — *Ilot de caséification du tissu pulmonaire : tubercule* (grossissement moyen).
Le tubercule est compris aux 3/4 dans le dessin. Cellules géantes. Autour, engouement.

ayant un aspect analogue, quoique généralement plus ferme et plus consistant.

d) **Cavernes pulmonaires.** — Les parties détruites du parenchyme peuvent toutes, quelle que soit leur variété, se liquéfier et s'évacuer dans un conduit bronchique voisin : il se produit une caverne (1). Les parois sont formées d'un tissu qui présente les caractères du tissu modifié sur lequel s'était faite la nécrose ; plus ou moins rapidement, il tend à subir l'évolu-

(1) Non seulement les abcès primitifs du tissu pulmonaire, les gangrènes, les parties caséeuses peuvent s'ulcérer, mais, bien entendu, aussi toutes les parties atteintes secondairement de suppuration : par exemple, les infarctus.

tion scléreuse et à former une bordure résistante (cavernes tuberculeuses à paroi fibreuse).

FIG. 32. — *Paroi de caverne pulmonaire* (grossissement moyen).
p, paroi scléreuse avec des exsudats cellulaires, surtout abondants sous la surface (*s*.) qui est recouverte de débris nécrosés ; — *a. o.*, artère oblitérée ; —
a., alvéoles pulmonaires.

e) **Cicatrices.** — Tous les processus qui détruisent des portions de tissu pulmonaire peuvent aboutir à une cicatrisation.
Seule la grande étendue de la perte de substance peut être une
cause de non-cicatrisation, parce que, en pareil cas, les surfaces de la plaie pulmonaire ne peuvent venir en contact
(grandes cavernes).

Les tissus cicatriciels ont ici le même aspect histologique et
macroscopique que dans les autres organes. Ils ne peuvent
souvent être distingués des foyers scléreux ; cependant, ils conservent fréquemment, dans leur centre, des traces de l'ancienne
perte de substance, sous forme d'une petite cavité plus ou moins
comblée de débris calcifiés.

D. — Localisations générales des diverses lésions
pulmonaires.

Nous n'avons envisagé jusqu'ici que les lésions élémentaires du tissu respiratoire ; nous n'avons tenu compte ni de leur étendue, ni de leur localisation, ni de leur groupement. Il est nécessaire de connaître leur agencement habituel avant d'entreprendre la description des types anatomo-cliniques

A l'étude précédente correspondaient des termes ayant une valeur structurale : hépatisation, engouement, caséification, infiltration sanguine, sclérose, etc. A l'étude actuelle correspondront des termes ayant une valeur topographique : lésions lobaires, lobulaires, nodulaires, etc.

Constitution lobulaire, lobaire et totale du poumon normal. — Nous avons jeté les yeux précédemment sur un fragment limité de tissu pulmonaire qui représentait pour nous comme le schéma du tissu respiratoire proprement dit, mais nous savons qu'en fait ce tissu est disposé dans un certain rapport avec les bronches ; chaque bronchiole terminale commande un territoire relativement indépendant de tissu respiratoire, le *lobule pulmonaire*, qui est, en petit, tout le poumon.

Cette bronche, une fois dans le lobule, s'y subdivise en petits canaux dont la paroi devient très simple (un épithélium, une couche fibrillaire et quelques fibres musculaires) ; elle y est accompagnée d'une branche de l'artère pulmonaire tandis que les veines pénètrent par la périphérie du lobule. Chacun de ces éléments introduit avec lui et autour de lui un manchon connectif qui contient des vaisseaux de nutrition. D'autre part, la trame fibrillaire qui entoure les veines interlobulaires forme une cloison qui isole relativement les lobules entre eux ; et pour les lobules situés à la périphérie du poumon, une face du lobule est représentée par la membrane de la plèvre également fibreuse et vascularisée. Donc l'amas de tissu respiratoire constituant le lobule est entouré de bandes conjonctivo-vasculaires et pénétré d'axes broncho-artériels.

Les lobules sont réunis en gros amas qui forment les *lobes ;* le poumon droit comprend généralement trois lobes et le gauche deux. Mais ces chiffres sont sujets à des variations qui ne sont pas extrêmement rares.

Divers types topographiques de lésions. — Toutes les modifications élémentaires étudiées précédemment peuvent revêtir l'une des dispositions suivantes, qui sont indépendantes du nombre et de la nature des lésions.

Elles peuvent être de très petit volume, presque microscopiques ; généralement elles se localisent alors, dans le lobule, au tissu avoisinant la bronche : elles sont dites **péribronchiques.**

Elles peuvent occuper un lobule ou une petite quantité de lobules voisins ; on ne peut évidemment à l'œil nu préciser les limites, mais leur volume réduit, leur aspect arrondi et leurs contours festonnés sont des indices suffisants de cette localisation. On les dit dès lors **lobulaires.** Comme les altérations des maladies appelées broncho-pneumonies revêtent fréquemment cette disposition, — nous le verrons plus loin, — le terme *broncho-pneumonique* est devenu, par extension, un terme anatomique souvent synonyme de lobulaire.

Les altérations plus étendues, occupant (plus ou moins complètement) un ou plusieurs lobes sont dites **lobaires** (1) ; et pour des raisons analogues à celles que nous venons de rappeler pour la broncho-pneumonie, on emploie quelquefois le terme de pneumonie, qui est un nom de maladie, pour désigner une altération lobaire. On dit ainsi : pneumonie caséeuse, fibrineuse, rouge, grise, dans un sens anatomique.

On peut trouver encore dans le poumon des altérations sans

---

(1) On les dit **pseudo-lobaires** lorsqu'elles envahissent le lobe par la confluence de lésions lobulaires ; on reconnaît dans ce cas de très petites parties saines entre les amas confluents.

topographie superposable à la structure de l'organe : les unes sont diffuses, les autres isolées ; certaines sont de petit volume et bien arrondies (lésions **nodulaires**).

Toutes ces lésions s'ordonnent dans les diverses parties du ou des poumons suivant des localisations régionales (sommet, bords, base, etc.), qui varient suivant les différentes maladies. Nous les résumerons dans le paragraphe suivant, en mettant à profit les données précédentes pour une étude synthétique.

II. — LES PRINCIPALES LÉSIONS DU POUMON

§ 1. — Lésions inflammatoires aiguës et troubles vasculaires.

La très grande majorité de ces altérations — en mettant à part la tuberculose — se localisent dans les points déclives, c'est-à-dire la base, mais mieux encore dans les *parties postéro-inférieures*. C'est là une règle qui souffre des exceptions mais qui reste très générale.

a) **Engouements. Inflammations secondaires.** — Chez les cardiaques, les brightiques, les cachectiques, les malades infectés, surviennent souvent des lésions pulmonaires qui sont mal classées et que l'on englobe souvent sous la dénomination trop compréhensive de broncho-pneumonie. On les rencontre avec une très grande fréquence aux autopsies : elles sont souvent bilatérales. Elles sont constituées par des inflammations ou des points d'engouement diffus, avec des exsudats liquides plus ou moins abondants ; sur ce fond s'isolent quelquefois de petits points d'hépatisation rouge, grise, ou même suppurée. Dans l'ensemble, les bases pulmonaires ou les bords postérieurs sont lourds, crépitent mal, ont une coloration violacée et sont augmentés de volume. Parfois un certain degré d'atélectasie s'y associe ; l'aspect total ou par place est celui de la splénisation (voir. p. 80). Souvent la plèvre est légèrement enflammée et les bronches remplies d'exsudats muco-purulents que l'on fait soudre à la pression.

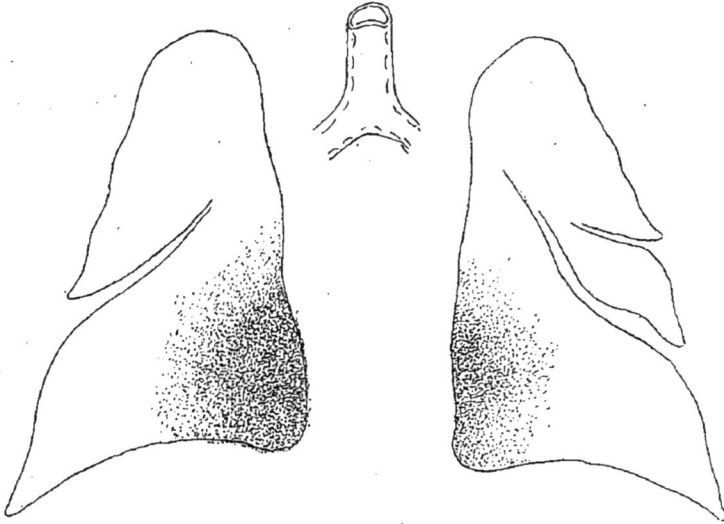

FIG. 33. — *Topographie de l'engouement des bases* (demi-schématique) (1).

Les zones engouées sont marquées par un pointillé, le tissu sain est blanc. Disposition symétrique de l'engouement des deux côtés avec une intensité plus marquée sur l'un d'eux.

b) **Œdèmes.** — Les œdèmes aussi sont souvent localisés aux bases. Cependant quelquefois des influences vaso-motrices leur assignent des sièges différents ; ainsi n'est-il pas rare de voir un lobe supérieur tout entier atteint : turgescent, lourd, grisâtre, laissant écouler à la coupe une sérosité claire abondante. Il est rare ici aussi qu'un seul poumon soit atteint.

c) **Pneumonie.** — Les pneumonies vraies sont lobaires et siègent dans la règle au *lobe inférieur* qu'elles occupent plus

(1) Dans cette figure et les suivantes, les poumons sont sectionnés du bord postérieur au bord antérieur et supposés étalés. Les bords postérieurs sont donc en dedans. Poumon droit à droite, poumon gauche à gauche.

ou moins complètement. Quelquefois elles sont plus étendues, envahissent les parties adjacentes du lobe supérieur ou moyen, au travers de l'interlobe, qui se remplit aussi d'exsudats fibrineux et se soude. Plus rarement la pneumonie se localise dans un *lobe supérieur* (vieillards, alcooliques, enfants) : c'est la PNEU-MONIE DU SOMMET ; il faut remarquer cependant que l'extrême sommet lui-même n'est jamais envahi. La pneumonie peut enfin être DOUBLE : la règle est que l'un des poumons soit atteint seu-

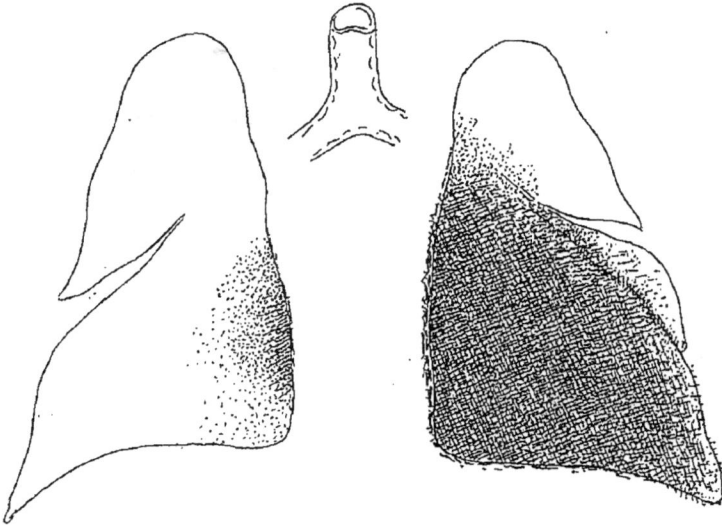

FIG. 34. — *Topographie d'une pneumonie lobaire aiguë.*
Pneumonie de la base droite. Engouement à gauche au point symétrique.

lement après l'autre, et dans un point symétrique du premier : il présente donc toujours, lorsqu'on l'examine, des lésions moins avancées. Enfin il convient de ne jamais oublier que l'inflammation du poumon se transmet à la plèvre depuis le degré le plus atténué jusqu'à la production d'une véritable pleurésie séreuse ou purulente.

Avec ces localisations, la pneumonie présente des caractères variables suivant les degrés de l'inflammation qu'elle produit. Elle suit généralement les deux stades classiques d'engouement et d'hépatisation rouge, et quelquefois aboutit pro-

gressivement ou d'emblée à un dernier stade qui est celui
d'hépatisation grise.

Il suffit de se remémorer les caractères de ces lésions élémentaires, étudiées dans le chapitre précédent, et de les
appliquer à tout un lobe pour se représenter une pneumonie à
ses divers stades ; ou, inversement, pour la reconnaître sur le
cadavre. Ainsi l'ENGOUEMENT (1er stade) est caractérisé par

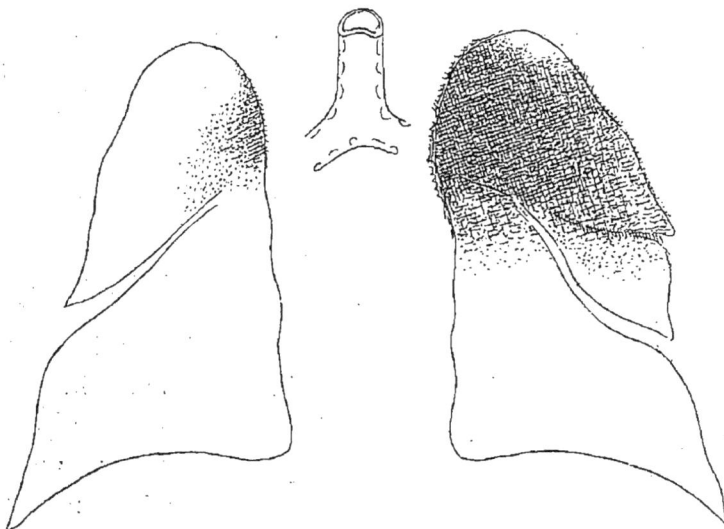

FIG. 35. — *Topographie d'une pneumonie du sommet.*
Foyer pneumonique dans le lobe supérieur droit. L'extrême sommet n'est pas
envahi. A gauche, au point symétrique, petit foyer d'engouement.

l'augmentation de volume et de densité, la rougeur sombre et
diffuse, la crépitation diminuée, dans une grande partie d'un
lobe ; des fragments restent entre deux eaux. A la limite du
foyer, l'inflammation va en s'atténuant. Les caractères microscopiques sont ceux indiqués page 73. La plèvre est toujours
plus ou moins dépolie et ses vaisseaux plus apparents.

Le deuxième stade montre la plus grande partie du lobe en
état d'HÉPATISATION ROUGE : mêmes modifications du volume
et de la densité, mais encore plus accentuées ; absence complète de crépitation, présence de grain sur la surface de sec-

tion ; coloration rouge sombre. Les fragments, mis dans l'eau, gagnent franchement le fond. A la périphérie le tissu se transforme en tissu sain par l'intermédiaire d'une zone simplement engouée. La plèvre au niveau de la lésion est recouverte d'enduits fibrineux et l'on trouve souvent aussi des moules fibrineux dans les petites bronches. Généralement aussi, dans le point symétrique de l'autre poumon existe une zone plus ou moins engouée.

L'HÉPATISATION GRISE nous montre des modifications analogues, avec la teinte gris sale, la friabilité plus grande du tissu qui lui est particulière. Cette altération occupe toute la zone pneumonique, ou se montre seulement en îlots plus ou moins étendus sur le fond d'hépatisation rouge du lobe. La plèvre est aussi recouverte d'enduits fibrineux, plus friables, et d'un jaune plus terne, parce qu'infiltrés de cellules en voie de nécrose.

Telles sont les signes anatomiques principaux des pneumonies vraies ; ils sont résumés, au moins pour le stade d'hépatisation rouge, principal, dans la dénomination de la pneumonie, qui est : **pneumonie lobaire aiguë fibrineuse.** Le terme *lobaire* rappelle la caractéristique topographique ; le terme *fibrineux* la caractéristique essentielle de l'exsudat (voir p. 74). Mais il existe, bien entendu, une foule de VARIÉTÉS, suivant les variations quantitatives des exsudats alvéolaires : par exemple les pneumonies hémorragiques dans lesquelles prédomine, au stade d'hépatisation rouge, l'exsudat formé de globules sanguins ; à l'œil nu, des marbrures rouge noir se dessinent sur le fond moins sombre.

d) **Broncho-pneumonies.** — Il existe, au point de vue anatomique, un grand nombre de broncho-pneumonies, qui ne correspondent pas toujours aux diverses variétés cliniques.

Ce sont en général des lésions lobulaires, qui peuvent être confluentes mais qui ne déterminent pas une altération homogène étendue comme les pneumonies lobaires. Elles sont plus

ou moins disséminées dans les lobes, *des deux côtés*, mais surtout dans les parties postéro-inférieures. Il en existe plusieurs
types topographiques avec d'infinies variétés de transition.

1° Quand les lésions sont limitées aux fines bronches et aux
alvéoles immédiatement voisins, elles se distinguent mal à
l'œil nu, où plutôt elles se décèlent surtout par l'engouement
plus ou moins léger et diffus qui les accompagne sur des sur-

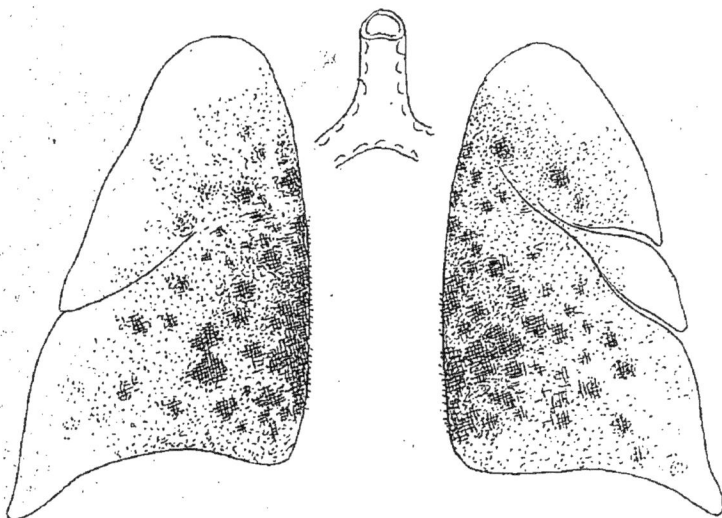

FIG. 36. — *Topographie d'une broncho-pneumonie.*
Foyers de pneumonié lobulaire dans les deux poumons. Zones engouées
autour des nodules hépatisés.

faces assez étendues. Sur ce fond se dessinent les sections des
bronchioles pleines d'exsudats muco-purulents ou purulents.
C'est à ce type que l'on devrait réserver le nom de **broncho-
pneumonie proprement dite**, les autres étant des pneumonies
lobulaires.

2° Les **pneumonies lobulaires** montrent des îlots irréguliers, à
contours polycycliques, plus ou moins isolés ou confluents, en
état d'engouement, d'hépatisation rouge, grise ou même suppurée. Ces îlots sont en relief sur le parenchyme voisin plus
ou moins sain ou engoué, et se voient quelquefois moins bien

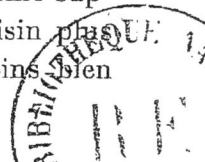

BÉRIEL.

qu'ils ne se sentent à la palpation : le doigt appréciant l'augmentation de densité à leur niveau. Chacun de ces îlots présente
en effet les caractères respectifs des lésions d'hépatisation qui
le forment (voir p. 74) ; quand ils sont en hépatisation vraie,
leur tissu est plus lourd que l'eau, mais, pour apprécier cette
recherche, il faut prendre de très petits fragments, dans un
point homogène.

Ces lésions donnent souvent, par leur multiplicité, un aspect

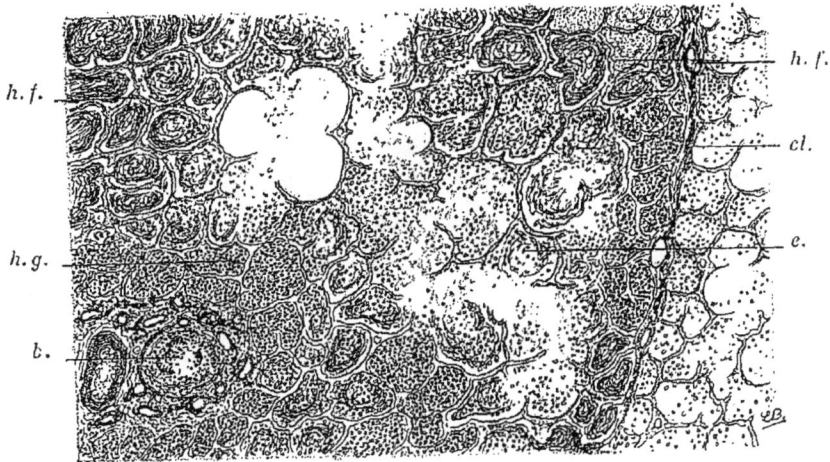

FIG. 37. — *Broncho-pneumonie* (coupe à un faible grossissement).
h. f., alvéoles avec hépatisation fibrineuse ; — *h. g.*, hépatisation grise ; —
e, engouement ; — *b.*, branche avec exsudats cellulaires dans la lumière ; —
cl., cloison interlobulaire.

MAMELONNÉ. D'autres fois elles sont confluentes et PSEUDO-
LOBAIRES.

Lorsqu'elles sont suppurées, ce qui est assez fréquent (1), il se
forme de petits abcès, quelquefois péribronchiques, visibles à

(1) Les suppurations sont exceptionnelles dans les processus lobaires (pneumonie), fréquentes au contraire dans les broncho-pneumonies. Cela tient, en partie, à ce que les premiers, lorsqu'ils arrivent
au stade d'hépatisation grise qui précède la suppuration, entraînent
la mort des malades, tandis que les seconds continuent à évoluer et
ont une durée plus longue.

l'œil nu sous forme de petits points jaunes ramollis. Ceci s'observe particulièrement dans certaines broncho-pneumonies des enfants (BRONCHO-PNEUMONIE A POINTS JAUNES), chez les sujets cachectiques qui ont présenté une porte d'entrée pour les microbes pyogènes (eschares) ou qui sont porteurs de lésions ulcéreuses des premières voies digestives (cancers ou gangrène de la bouche, du pharynx, de l'œsophage). Dans ces derniers cas il peut se produire de petits îlots, blanc sale, de nécrose, ressemblant à des points caséeux. C'est une forme un peu particulière dite PNEUMONIE DE DÉGLUTITION.

e) **Hémorragies.** — HÉMORRAGIES PAR ASPIRATION. — Les hémorragies ayant leur point de départ en dehors du poumon lui-même y pénètrent par les grosses bronches. Ce peut être le cas par exemple des anévrysmes aortiques ouverts dans les conduits respiratoires. Les hémorragies des cavernes tuberculeuses doivent être rangées dans le même groupe, parce que le sang pénètre aussi de la caverne dans le parenchyme par l'intermédiaire des bronches. Ce sont toutes des *hémorragies par aspiration.*

Elles envahissent plus ou moins diffusément l'un des poumons ou les deux. Lorsque le sang est venu par la trachée, les deux organes sont généralement envahis ; s'il est venu par une bronche, un seul poumon peut être pris, mais ceci n'est pas constant ; lorsque le sang a fait irruption dans une caverne tuberculeuse, il est même de règle que le poumon opposé soit plus envahi que celui qui a été le point de départ de l'hémorragie. Le premier étant atteint de lésions tuberculeuses moins étendues, respire mieux et aspire plus fortement le sang qui reflue au niveau de la bifurcation trachéale ; au contraire, le poumon du côté malade ne subit presque plus l'ampliation respiratoire et fournit un appel moins intense.

Quoi qu'il en soit, dans tous ces cas les parties atteintes offrent à l'examen un mélange d'emphysème et d'infiltration sanguine, ce qui donne un aspect tacheté de rose et de blanc assez caractéristique ; il n'y a d'ailleurs qu'à retenir la description histologique précédemment donnée pour comprendre cet aspect (voir p. 78).

INFARCTUS. — Comme nous l'avons rappelé en étudiant leur structure, les infarctus ont une coloration rouge noir, et présentent sur la coupe un grain comme la pneumonie ; leur localisation est commandée par des conditions qui nous sont

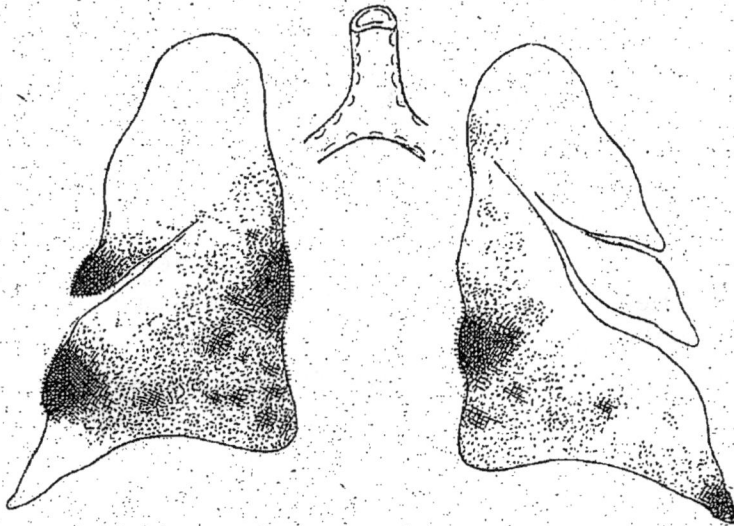

FIG. 38. — *Infarctus du poumon* (disposition demi-schématique).

Il y a ici trois infarctus sur le poumon gauche, deux à droite. Au voisinage et aux bases, comme cela est la règle, engouement et mêmes foyers bronchopneumoniques.

inconnues ; ils sont généralement multiples et peuvent s'observer aussi bien à la base, sur les bords antérieurs, et dans les différents lobes. Leurs dimensions et leur forme sont commandées par des raisons de distribution vasculaire : ils sont généralement pyramidaux, la base étant formée par la plèvre (1). Leur volume est très variable.

(1) Cette topographie n'est pas spéciale aux infarctus et beaucoup de lésions, par exemple des lésions tuberculeuses (qui peuvent être produites par un mécanisme d'oblitération vasculaire) nous montreront la même disposition.

Quand les infarctus sont septiques et suppurés, ils présentent un centre blanc grisâtre qui peut même s'éliminer et laisser une perte de substance.

§ 2. — Lésions mécaniques.

a) **Emphysème.** — L'emphysème se présente avec les caractères que nous avons décrits précédemment (p. 80) ; quand il est très intense, on peut observer en certains points de véritables bulles à parois translucides, quelquefois volumineuses, tout à fait comparables à des vessies natatoires de poissons.

Sa localisation est commandée en grande partie par des conditions mécaniques. Il siège au début dans les points où l'aspiration thoracique se fait le plus sentir, c'est-à-dire au niveau des bords antérieurs et au pourtour de la base ; c'est aussi dans ces lieux d'élection qu'il est le plus accentué lorsqu'il est étendu à tout l'organe. Mais il existe aussi des conditions accessoires dans sa localisation : toutes choses étant égales, il est toujours plus marqué *au voisinage* des points atteints de sclérose, comme cela peut être le cas pour le sommet.

Il peut être uni ou bilatéral. Il est bilatéral lorsque les conditions de localisation précédente (aspiration thoracique, lésions antérieures) ne prédominent pas d'un côté. Au contraire, il est localisé sur un seul organe lorsqu'il existe du côté opposé un obstacle extra ou intrapulmonaire à la distension : par exemple une pleurésie, des lésions pulmonaires massives, etc.

b) **Atélectasie.** — Nous avons assez insisté plus haut sur les signes généraux des atélectasies. Leur étendue et leur siège sont en rapport avec les causes productrices. Ainsi l'atélectasie produite par des lésions inflammatoires bâtardes, et plus ou moins mêlée à elles (voir p. 80), est bilatérale et siège aux bases.

L'atélectasie des pleurésies n'existe des deux côtés que dans le cas d'épanchement double. Dans les pleurésies à liquide

très abondant, et unilatérales, dites primitives, ou dans les
grands pneumothorax, elle peut être très intense ; quelquefois
le poumon est réduit à un moignon grisâtre, refoulé en dedans
et en haut à moins que des adhérences antérieures ne l'aient
fixé dans une autre position.

§ 3. — Inflammations chroniques. Scléroses.

Les processus chroniques plus ou moins sclérosants présentent un grand nombre de variétés que l'on peut artificiellement grouper en quelques types.

a) **Poumons cardiaques.** — On observe quelquefois chez
les cardiaques des aspects particuliers, généralement bilatéraux
et situés dans les parties inférieures. Ces bases ont une teinte
brunâtre, sont lourdes et fermes, et contiennent beaucoup de
sang. Ceci tient à l'augmentation de la vascularisation, à un
certain degré d'inflammation et à un épaississement des cloisons interlobulaires et interalvéolaires ; c'est un mélange d'inflammation, de sclérose et de stase. Les alvéoles contiennent
des exsudats cellulaires anciens, souvent volumineux, chargés
d'anthracose ou de pigment sanguin (*cellules cardiaques*) ;
aussi la crépitation normale est-elle très diminuée.

b) **Pneumonie hyperplasique.** — La pneumonie hyperplasique est un type très particulier, mais assez rare au moins en
tant que lésion lobaire, à individualité propre, succédant à une
pneumonie (voir p. 84).

Dans ce cas elle se montre sous l'aspect d'une hépatisation
rouge dont le tissu serait plus ferme, plus sec, plus dur et de
teinte plus brune.

Elle peut aboutir à une véritable sclérose massive ; tout le
lobe devient dense et très dur, un peu diminué de volume, et
se couvre d'anthracose avec un aspect tigré.

c) **Scléroses.** — Les scléroses vraies, plus ou moins disséminées, formant des étoiles, des bandes ou des nodules d'aspect
fibreux et anthracosique, défient toute description générale.
Elles atteignent fréquemment les sommets, parce que ces
points sont le siège de prédilection de la tuberculose, et que
c'est elle surtout qui, se termine par des lésions scléreuses
intenses. Elles s'associent toujours plus ou moins à l'emphysème et à des adhérences pleurales limitées. Elles peuvent être
massives, formant des blocs plus ou moins compacts, quelquefois lobaires ; *disséminées* ; *discrètes* ; dans ce dernier cas, il
faut regarder attentivement le poumon, quelquefois à la loupe,
pour les voir.

§ 4. — Gangrène, abcès.

Les lois qui régissent la localisation des **gangrènes** sont analogues à celles qui règlent les inflammations pneumoniques.
C'est dire que la gangrène du poumon se montrera surtout
dans les lobes inférieurs et surtout dans leurs parties postérieures, sous la forme de foyers putrides à odeur aigrelette, de
coloration verdâtre, et dont le centre tombe en déliquescence.
La gangrène peut être localisée à un ou deux foyers, ou étendue diffusément à tout un lobe. Elle est quelquefois située
immédiatement sous la plèvre et dès lors s'accompagne presque
fatalement de pleurésie putride ou gangréneuse.

Les **abcès** peuvent être petits et multiples comme ceux que
nous avons rappelés à propos de la broncho-pneumonie ; ils
peuvent se produire aussi au centre des infarctus septiques ;
ils peuvent enfin être uniques et volumineux. Ces derniers sont
tout à fait exceptionnels et succèdent à la pneumonie. Presque
toujours lorsqu'on croit avoir affaire à un gros abcès du poumon, il s'agit d'un abcès de la plèvre interlobaire.

§ 5. — **Tuberculose pulmonaire.**

Les aspects extrêmement nombreux que présente la tuberculose au niveau du poumon tiennent à des conditions multiples : mode de fixation des bacilles, degré de virulence, caractère massif ou discret de l'infection, etc. — Mais ces aspects tiennent aussi à l'état antérieur du sujet et des organes atteints.

Les lésions sont constituées, comme nous l'avons rappelé en étudiant la tuberculose en général, soit par des modifications inflammatoires d'aspect banal, soit par des lésions plus spécifiques : granulations, tubercules, infiltration caséeuse, avec leurs suites : cavernes, sclérose. Ces modifications, sur le tissu pulmonaire, sont toujours soumises aux lois générales qui commandent les inflammations de ce tissu, les exsudats s'y développent suivant le mode habituel : ce sont toujours des processus pneumoniques, analogues aux hépatisations par exemple, mais leur localisation sur l'organe est quelquefois particulière.

Nous les ramènerons à quelques types principaux.

a) **Granulie.** — La granulie est une infection tuberculeuse très aiguë et très généralisée. A l'autopsie d'un sujet mort granulique on trouve des granulations tuberculeuses souvent extrêmement fines sur les différents organes : poumons, plèvre, péritoine, foie, rate, reins, méninges. Si ces derniers organes ne sont pas toujours atteints, les deux poumons le sont pour ainsi dire constamment. On observe alors sur tous les points du parenchyme une grande quantité de granulations extrêmement fines, demi-transparentes ; il faut quelquefois regarder très attentivement pour les voir. Le tissu entre ces granulations est engoué, c'est-à-dire plus dense, plus rouge, plus lourd qu'à l'état normal, et *augmenté de volume dans son ensemble.* Il est très fréquent au cas de granulie pulmonaire de trouver sur l'un des deux poumons l'ancienne lésion qui a été le point de départ de la granulie (vieux tubercule, vieille caverne, etc.). Plus rarement,

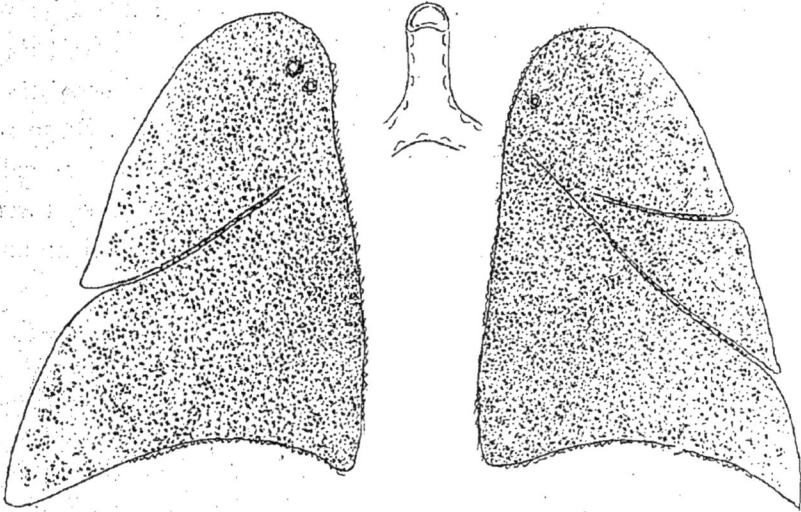

FIG. 39. — *Topographie de la granulie.*

Les deux poumons sont volumineux avec de l'engouement diffus. Les granulations sont disséminées dans toute la hauteur. Elles sont représentées par
des points noirs; mais, dans la réalité, elles sont encore plus petites et plus
difficiles à voir. Dans ce cas particulier existent des tubercules anciens, cicatrisés, aux sommets (deux à gauche, un à droite).

la lésion initiale qui a produit la généralisation granulique
est osseuse, ganglionnaire, etc.

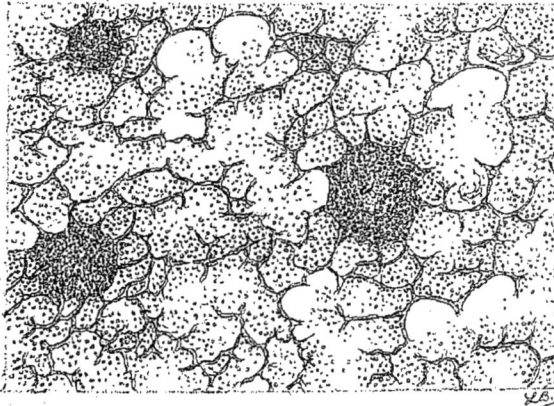

FIG. 40. — *Granulie* (faible grossissement).

Trois granulations sur un territoire pulmonaire légèrement engoué, et çà et là
emphysémateux. La granulation de droite contient une cellule géante et a son
centre légèrement caséeux.

b) **Tuberculose broncho-pneumonique.** — Un deuxième type de tuberculose pulmonaire est représenté par les tuberculoses dites broncho-pneumoniques qui sont aussi des tuberculoses aiguës, mais moins rapides que la granulie. Dans ces formes, la topographie des lésions est aussi variable que celle que l'on observe dans les broncho-pneumonies ordinaires; avec cette différence que dans les broncho-pneumonies tuberculeuses

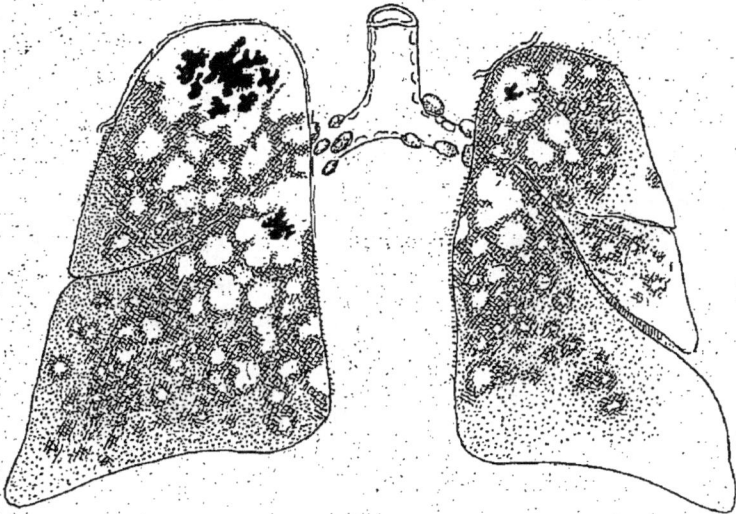

Fig. 41. — *Topographie d'une tuberculose pulmonaire aiguë, broncho-pneumonique.*

Masses caséeuses, entourées de zones hépatisées (en quadrillé). Engouement diffus au voisinage (pointillé). Seuls les bords antérieurs sont restés bien aérés, surtout du côté le moins atteint, ici à droite (en blanc). Maximum des lésions aux sommets de chaque lobe, des deux côtés. Les masses caséeuses un peu étendues sont déjà effondrées en cavernes anfractueuses (en noir).

les lésions les plus profondes siègent généralement au sommet et paraissent de là s'étendre dans le reste de l'organe.

Elles se montrent donc sous forme de lobules ou d'amas arrondis, généralement à contour polycyclique; ceux-ci sont de plus en plus petits à mesure que l'on examine les parties plus éloignées du sommet, et ne sont plus représentés dans les parties inférieures que par des amas gris gros comme des pois ou même par de simples tubercules gros comme des têtes d'épingles;

mais il faut noter qu'il éxiste souvent au sommet du lobe inférieur une confluence des lésions analogue à celles du sommet du lobe supérieur. Ces tubercules, ces amas, quel que soit leur volume, sont formés par un tissu pneumonique qui a les caractères macroscopiques des hépatisations, avec une coloration blanc crémeux très spéciale.

Le microscope nous apprend que le processus y débute tout

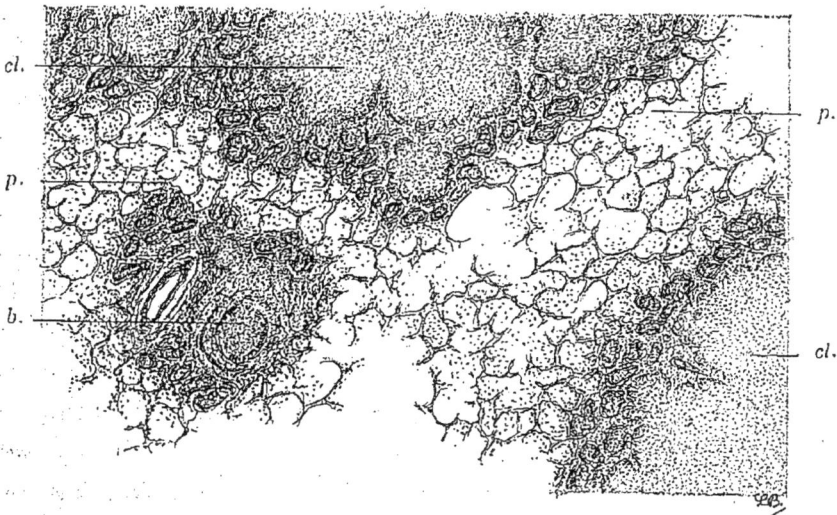

FIG. 42. — *Tuberculose broncho-pneumonique* (faible grossissement).
Hépatisation caséeuse en amas lobulaires (c.l., c.l.); leur périphérie est marquée par une zone d'inflammation fibrineuse. Dans l'intervalle, alvéoles légèrement engoués ou emphysémateux (p. p.); — b., bronche en voie de caséification.

à fait comme dans une hépatisation : la tuberculose ne diffère des autres inflammations, au point de vue anatomique, que par ses caractères terminaux. Aussi les caractères histologiques de ces lésions sont-ils ceux d'une hépatisation grise, dans laquelle les éléments subiraient un commencement de nécrose (perte de colorabilité du noyau) et la véritable caséification. En employant le terme de pneumonie dans le sens d'hépatisation, on dit quelquefois que ce sont là des lésions de pneumonie caséeuse (ou tuberculeuse), à topographie lobulaire.

c) **Pneumonie tuberculeuse**. — Il est préférable cependant de réserver ce terme pour une forme anatomo-clinique spéciale, dans laquelle le processus est le même, mais dans laquelle la topographie lobaire des lésions rappelle la pneumonie.

Ici en effet les lésions sont massives, et massives d'emblée. Comme dans les pneumonies franches, un ou plusieurs lobes sont, en totalité, transformés en une masse compacte, volumineuse, lourde, ne crépitant plus. Mais, de même que les pneumonies franches présentent à l'analyse des lésions superposables à celles des broncho-pneumonies, de même la pneumonie tuberculeuse relève du même processus que les autres foyers tuberculeux. Un fragment, au microscope, montre les mêmes figures d'hépatisation caséeuse qu'un îlot de broncho-pneumonie bacillaire ou qu'un tubercule caséeux. Aussi la coloration, la consistance du bloc pneumonique tuberculeux sont-elles les mêmes que celles des autres lésions caséeuses. C'est un fond très finement grenu, blanc jaunâtre ; il s'y détache en plus des dessins irréguliers noirs ou verdâtres, représentant l'imprégnation anthracosique antérieure du tissu. L'ensemble prend ainsi un aspect que l'on a comparé à celui du fromage de roquefort.

Si l'évolution a eu une durée suffisante, certaines parties de ce tissu peuvent s'effondrer, former des ulcères sinueux, sortes de cavernes creusées à même dans le tissu friable de la masse pneumonique.

Il faut noter que ces pneumonies tuberculeuses ont non seulement la disposition anatomique des pneumonies lobaires, mais aussi leurs symptômes, au moins dans les premiers jours ou la première semaine.

d) **Tuberculose commune chronique**. — Ici les lésions sont constituées par un mélange de sclérose et de productions caséeuses. Généralement ces dernières aboutissent à des cavernes, parce que la survie donne le temps aux parties mortifiées de s'éliminer et de produire ainsi une perte de substance. Le plus souvent, on observe dans l'un des poumons une ou plusieurs cavernes dans le lobe supérieur. Suivant la rapidité de leur production, elles ont une surface irrégulière et friable ou au contraire lisse et scléreuse ; souvent on voit sur leur surface interne se dessiner en relief des saillies qui sont formées par des cloisons interlobulaires ou des vaisseaux altérés mais non dé-

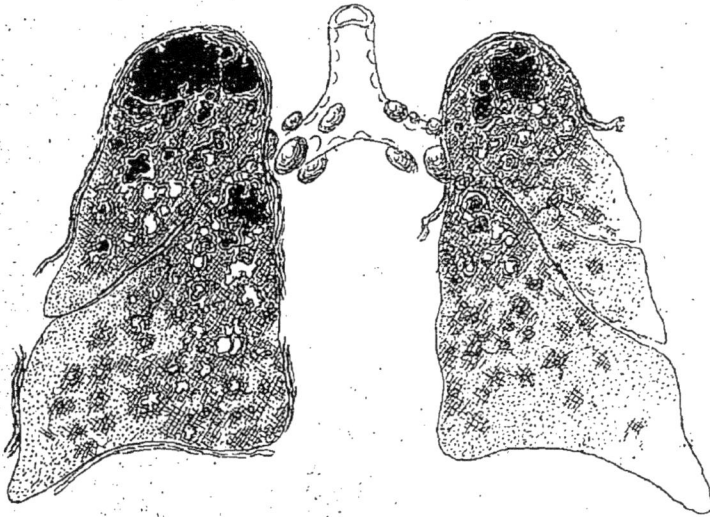

FIG. 43. — *Disposition d'une tuberculose pulmonaire chronique avec cavernes.*

Mélange de sclérose et de zones caséeuses (îlots blancs). Cavernes (en noir) aux sommets des lobes supérieur et inférieur des deux côtés. Engouement diffus et zones pneumoniques. Seuls les bords antérieurs, à droite, où les lésions sont moins intenses, sont perméables à l'air. Adénopathie bronchique; adhérences et sclérose pleurales.

truits. Quelquefois même ces vaisseaux sont isolés, comme des colonnes traversant la caverne.

Le tissu tout autour de la perte de substance est formé soit par des blocs scléreux, soit par des amas de pneumonie caséeuse, plus ou moins limités et entourés de tissu fibreux. Ces lésions se continuent dans le sommet du lobe inférieur où elles sont souvent très marquées et où elles reproduisent en petit des aspects analogues. Plus bas, on retrouve de plus en plus le parenchyme souple et crépitant c'est-à-dire ayant encore la faculté de respirer ; il est cependant toujours parsemé de petits îlots de pneumonie tuberculeuse, sous forme d'amas lobulaires ou de tubercules isolés.

Le poumon du côté opposé est généralement atteint d'une manière analogue mais moins intense. Enfin, tout autour des lésions manifestement tuberculeuses, se dessinent des zones de parenchyme atteint d'inflammation en apparence banale, au stade d'engouement, d'hépatisation. Ce sont des zones d'extension dans lesquelles le processus n'a pas encore pris les caractères particuliers à la tuberculose. A côté se montrent souvent des modifications secondaires : des points atélectasiés et surtout des points *emphysémateux*.

e) **Scléroses tuberculeuses.** — Des lésions scléreuses s'observent toujours, en même temps que les lésions caséeuses,

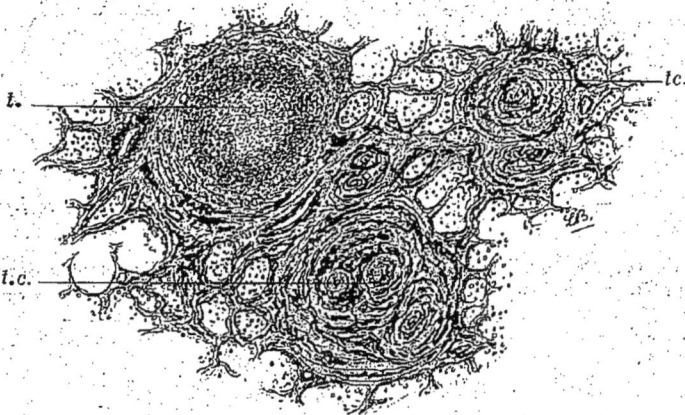

FIG. 44. — *Tubercules pulmonaires scléreux* (faible grossissement).

t., tubercule encore en évolution avec centre encore caséeux et sclérose périphérique ; — *t.c.*, *t.c.*, tubercules cicatrisés complètement scléreux et anthracosiques.

dans les tuberculoses subaiguës ou chroniques ; mais parfois elles sont tellement prédominantes que la tuberculose est dite fibreuse ou même qu'elle peut passer inaperçue. Dès lors les poumons sont semés, surtout aux sommets, de masses scléreuses en filaments, en étoiles, ou en blocs plus ou moins étendus ; souvent la sclérose se présente sous forme de petits grains durs, arrondis, qui sont des tubercules guéris, complètement fibreux ou à centre caséeux, crayeux ou calcifié. Elle est toujours associée à un emphysème compensateur marqué. Le mélange d'emphysème et de sclérose produit des déformations et des dépressions variables de la surface. Ces états peuvent être considérés comme un mode de guérison.

f). **Lésions de la plèvre et des ganglions.** — L'inflammation tuberculeuse retentit pour ainsi dire constamment sur la plèvre ; celle-ci peut présenter des lésions tuberculeuses apparentes, mais le plus souvent elle montre des traces d'inflammation chronique d'apparence banale (épaississement, symphyse).

Les ganglions du hile et de l'angle trachéo-bronchique sont toujours gros et anthracosiques, et contiennent souvent des tubercules.

§ 6. — Syphilis.

La syphilis atteint le poumon par des lésions où l'on retrouve toute la gamme des inflammations, depuis des processus aigus broncho-pneumoniques ou pneumoniques, jusqu'aux scléroses plus ou moins diffuses. Mais on conçoit que dans la plupart de ces faits nous ne puissions identifier de telles lésions qui ont simplement les caractères des inflammations banales.

Dans quelques cas la syphilis produit des types anatomiques un peu plus particuliers : soit des gommes (lésions très rares), soit des pneumonies chroniques ou subaiguës à caractères hyperplasiques très marqués.

Pneumonie blanche. — Cette lésion, bien caractérisée, s'observe surtout chez le nouveau-né, où elle a été vue en premier lieu par LORAIN et ROBIN, puis VIRCHOW. Elle est fréquente. Les poumons qui en sont atteints présentent, généralement des deux côtés, des îlots nodulaires saillants, d'aspect pneumonique, mais d'un tissu plus lisse, blanc grisâtre ou rosé.

Au microscope on y trouve un épaississement diffus des cloi-

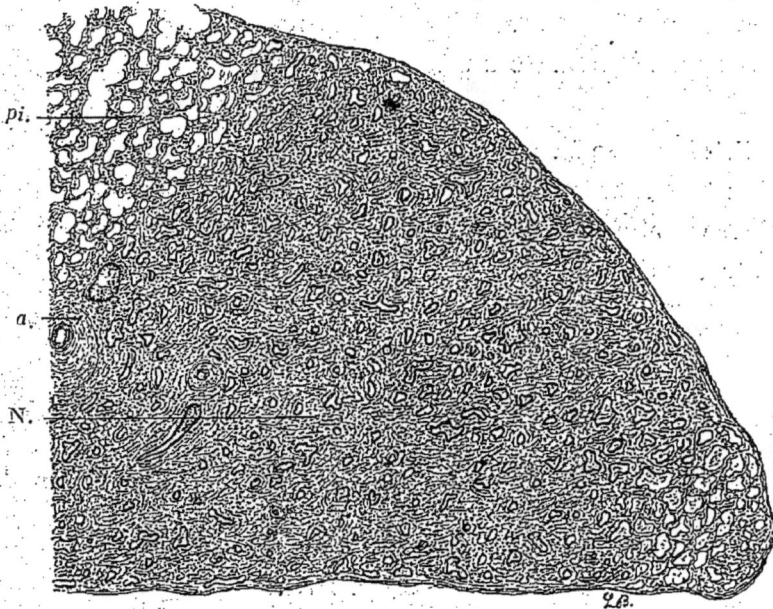

FIG. 45. — *Ilot de pneumonie blanche dans un poumon d'enfant (faible grossissement) (1).*

N., nodule de pneumonie blanche à aspect adénomateux. Les alvéoles sont limités par un trait noir représentant, à ce grossissement l'épithélium cubique.

sons, avec un état cubique de l'épithélium alvéolaire, ce qui donne à l'ensemble du tissu un aspect adénomateux.

On observe aussi chez l'adulte, mais surtout à titre de lésion histologique, des aspects analogues.

Bronchectasies. — Des dilatations bronchiques à l'état isolé peuvent s'observer très fréquemment, associées avec des lésions pulmonaires diverses, probablement d'origines différentes. Mais

1) BÉRIEL, *Syphilis du poumon.* Paris, 1907. G. Steinheil, éditeur.

la véritable maladie « bronchectasie » est de nature syphili-

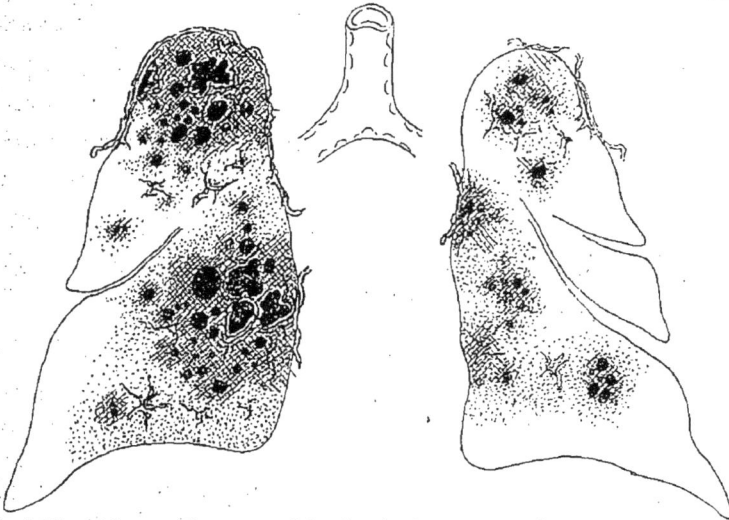

FIG. 46. — *Topographie des lésions d'une bronchectasie.*
Les cavités bronchectasiques (en noir) sont disposées irrégulièrement. Les unes sont bien arrondies, les autres ont des parois ulcérées, anfractueuses. Autour, tissu pneumonique et engouement. Sclérose en bande et en étoiles.

tique ; elle ne relève pas de dilatation mécanique des conduits

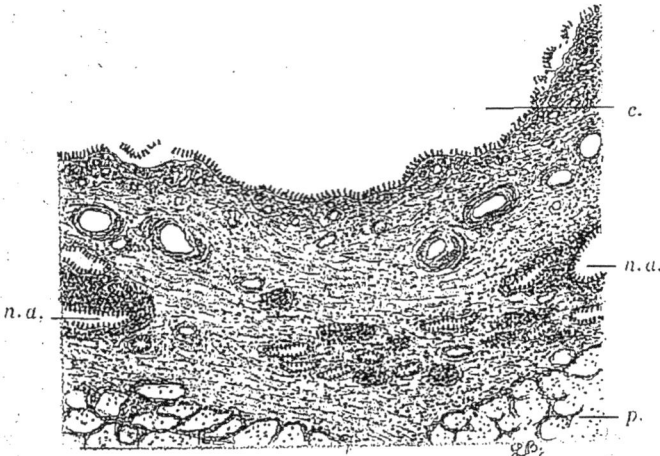

FIG. 47. — *Paroi de cavité bronchectasique* (faible grossissement).
C., cavité de la bronchectasie, limitée par un épithélium cubique sur la paroi scléreuse et très vasculaire. Cette paroi contient de nombreuses néoformations alvéolaires à revêtement cubique (*n. a.*, *n. a.*); — *p.*, parenchyme pulmonaire.

aériens, mais de véritables néoproductions ayant souvent l'aspect kystique. Les poumons ainsi atteints présentent des cavités arrondies, à surface interne lisse, de dimensions variables ; elles sont contenues dans un tissu ferme, dense, quelquefois scléreux, souvent pneumonique ; au microscope, il montre des altérations hyperplasiques quelquefois tout à fait comparables à la pneumonie blanche de l'enfant. Les cavités bronchectasiques peuvent être le siège de suppuration, de nécrose superficielle, qui en font des pertes de substance irrégulières souvent confondues avec les cavernes tuberculeuses.

§ 7. — Lésions rares.

Nous ne pouvons étudier un grand nombre d'altérations pulmonaires que l'on a rarement l'occasion d'observer. Ce sont par exemple des lésions parasitaires, telles que les **kystes hydatiques**, l'**aspergillose**, toutes les **pseudo-tuberculoses**, etc.

III. — VOIES RESPIRATOIRES ET PLÈVRES

§ 1. — Voies respiratoires.

Nous laisserons de côté les lésions des **fosses nasales**. A dire vrai, on ne devrait jamais négliger l'examen de ces cavités sur le cadavre : car on peut y trouver des altérations capables de faciliter l'interprétation des autres lésions viscérales (syphilis, cancers, etc.). Mais il s'agit là de recherches un peu spéciales. Les lésions les plus fréquentes y sont les tumeurs (polypes muqueux) dont nous reparlerons ultérieurement.

a) **Larynx. Trachée et grosses bronches.** — Les altérations habituelles de ces grosses voies aériennes sont très simples à comprendre et à reconnaître. Les inflammations banales ou tuberculeuses, si fréquentes ici, s'y manifestent de façon assez uniforme et aboutissent rapidement à l'ulcération.

INFLAMMATIONS. — Ouvrons le larynx par une incision verticale et médiane, en arrière, en passant entre les aryténoïdes ; ouvrons la trachée en continuant ce tracé le long de sa partie membraneuse, qui nous offre une ligne d'incision facile ; nous serons frappés de voir, dans les inflammations très intenses, une muqueuse à peine un peu colorée et tomenteuse. Les lésions congestives des surfaces cutanées ou muqueuses pâlissent et s'affaissent beaucoup après la mort.

Il en est de même des œdèmes. Ainsi l'œdème de la glotte

donne des symptômes bruyants et graves, et montre à l'examen laryngoscopique, quand il est praticable, une turgescence considérable des replis aryténo-glottiques ; sur le cadavre il apparaît simplement comme une tuméfaction très légère, avec un aspect un peu flétri de la muqueuse.

ULCÉRATIONS LARYNGÉES. — **La tuberculose** détermine au niveau du larynx soit des laryngites simples, soit des infiltrations avec épaississement des parties glottiques ou sus-glottiques. Elle aboutit à de petites ulcérations en coup d'ongle, superficielles, ou plus profondes et déchiquetées. souvent entourées de petites granulations jaunâtres. Le microscope montre dans les tissus atteints des follicules tuberculeux très typiques.

Ces lésions sont souvent très difficiles à distinguer de la **syphilis** qui se manifeste d'une façon générale analogue ; elle présente des caractères distinctifs très délicats à apprécier, si l'on s'en tient strictement à l'examen anatomique ou histologique.

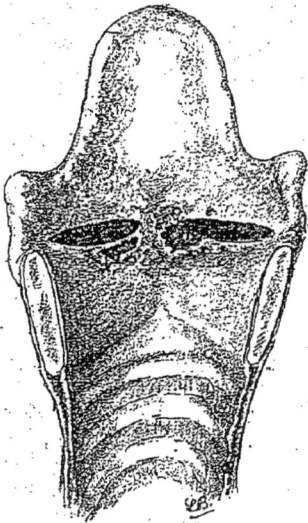

FIG. 48. — *Tuberculose laryngée.*

Le larynx est ouvert verticalement par sa face postérieure. Ulcérations de la corde inférieure des deux côtés. Epaississement des replis ary-épiglottiques.

LÉSIONS DIVERSES. — Il faut savoir aussi que le larynx peut présenter des lésions suppuratives et destructives qui aboutissent à la production d'abcès, de fistules, etc. Des lésions de cette nature se voient quelquefois au cours de la fièvre typhoïde (*laryngotyphus*).

Enfin, on peut observer des phénomènes inflammatoires s'accompagnant de *sténose*.

ULCÉRATIONS DE LA TRACHÉE ET DES BRONCHES. — Ces parties peuvent aussi être le siège d'ulcérations diverses ; le fait le plus intéressant est qu'elles peuvent aboutir à des **perfora-tions** : celles-ci créent des *fistules* entre les conduits aériens et les parties voisines.

Mais ces fistules sont *produites beaucoup plus fréquemment par le mécanisme inverse : c'est-à-dire de dehors en dedans* : des GANGLIONS TUBERCULEUX, adhérents à la paroi, peuvent l'en-flammer, détruire ses cartilages, la perforer ; le CANCER DE L'OE-SOPHAGE pénétrant et bourgeonnant dans les tuniques trachéales, peut aboutir à la surface interne ; l'ANÉVRYSME AORTIQUE, ron-geant la paroi, en y produisant des phénomènes inflamma-toires, peut s'ouvrir dans le canal aérien par une fissure ou un orifice plus ou moins béant.

On peut aisément se représenter les figures histologiques que donnent ces lésions dans leurs diverses étapes, et, en con-naissant les caractères de ces processus et la constitution de la trachée, les comprendre et les reconnaître sous le micro-scope.

Enfin les bronches peuvent être le siège de **sténoses** cicatri-cielles et de phénomènes consécutifs de **dilatation**. Ces faits sont exceptionnels ; et la *maladie*, qu'on appelle communé-ment « dilatation des bronches, bronchectasie », est une lésion particulière du parenchyme pulmonaire, relevant généralement, peut-être même toujours, de la syphilis (voir p. 82 et p. 112).

b) **Petites bronches. Bronchites.** — Les bronchites des petites bronches ont une anatomie pathologique très res-treinte ou plutôt celle-ci n'est pas distincte de celle du tissu pul-monaire. Elles s'accompagnent presque constamment de lésions du parenchyme voisin (engouement), alors même qu'elles ne se compliquent pas de broncho-pneumonie bien caractérisée. Il est fréquent de trouver aux autopsies des gouttelettes puru-lentes sur la surface de section des bronchioles, surtout lors-qu'on presse le parenchyme à leur niveau. C'est l'indice de la présence d'exsudats muco-purulents ou purulents dans la lu-mière : phénomène qui peut s'observer dans la bronchite seule ou dans les divers engouements et broncho-pneumonies. Quant aux bronchites chroniques, elles s'accompagnent toujours de sclérose plus ou moins discrète du parenchyme.

§ 2. — Plèvres.

La plèvre est une membrane vascularisée qui laisse normalement exsuder entre ses deux feuillets une petite quantité de liquide séreux. Son intégrité permet au poumon de prendre son expansion dans la cage thoracique et d'y subir les glissements rythmiques provoqués par les mouvements respiratoires.

Les lésions pleurales, en modifiant la structure de la séreuse et ses sécrétions, s'opposent à ce libre jeu. Il faut donc connaître, — avant d'étudier les principaux types anatomiques des altérations pleurales, — leurs lésions élémentaires et les modifications secondaires du poumon, de la plèvre et de la cage thoracique.

a) **Caractères des lésions pleurales élémentaires. Inflammation des séreuses.** — Cette étude se ramène à l'étude générale des inflammations des séreuses : la plèvre nous servira ici d'exemple pour étudier une fois pour toutes ces phénomènes. A l'état normal, chacun des deux feuillets des séreuses se compose essentiellement de lames fibrillaires contenant des vaisseaux, et limitées du côté de la cavité par une surface formée de cellules plates au contact (endothélium). Cet endothélium est naturellement peu apparent sur les coupes histologiques, puisqu'il est sectionné dans sa petite épaisseur.

Les inflammations — banales ou spécifiques — se traduisent en dernière analyse, ici comme ailleurs, par une augmentation de la vascularisation et par l'issue d'exsudats cellulaires et liquides dans le tissu. Les premiers se voient sur les coupes microscopiques sous forme de petites cellules amassées autour des vaisseaux ou disséminées dans le tissu. Les seconds ne se décèlent guère histologiquement que par la fibrine qu'ils contiennent (voir fig. 14 et 15).

Cependant ces EXSUDATS LIQUIDES, plus ou moins chargés de fibrine, prennent dans les séreuses une importance capitale et deviennent généralement très apparents à l'œil nu. Ils ont ici cette prédominance parce que les séreuses sont normalement disposées pour cette transsudation de sérosité, qui est simplement très exagérée dans l'état pathologique. Ils se collectent dans la cavité pleurale, formant l'épanchement des pleurésies. Celui-ci est généralement séreux, mais il peut être hémorragique ou purulent. Enfin l'inflammation peut être gangréneuse.

La FIBRINE peut se coaguler dans le liquide lui-même sous forme de flocons ; elle se montre en tout cas à la surface des plèvres, sous divers aspects. Un premier stade est représenté par le simple *état dépoli* de la séreuse, qui est normalement lisse et brillante ; un second par la formation d'amas lamelleux jaunâtres accolés en surface : *exsudats de surface*. Enfin la fibrine peut être assez abondante pour réunir, sans grande cohésion cependant, les plèvres interlobaires, ou la plèvre viscérale à la pariétale : *exsudats unissants*. Ces exsudats sont toujours faciles à détacher et à écraser entre les doigts.

Dans les cas d'inflammation suppurée ou hémorragique, la fibrine prend un aspect en rapport avec le liquide : dans les pleurésies purulentes elle devient très friable, d'un gris sale — parce qu'infiltrée de cellules nécrosées (globules de pus). Dans les épanchements hémorragiques, elle montre un piqueté rouge ou une coloration rouge diffuse.

b) **Modifications secondaires des organes voisins.** — Ce sont : l'atélectasie pulmonaire, plus ou moins superficielle ou complète ; — le **refoulement** du médiastin et du cœur ; de la paroi thoracique dont les espaces intercostaux sont élargis ; du diaphragme ; — quelquefois l'emphysème du poumon

opposé ; — toutes conséquences de la présence de l'épanchement.

Si l'inflammation persiste (pleurésies subaiguës ou chroniques), surviennent des phénomènes de SCLÉROSE ; le tissu de la
plèvre s'épaissit, les exsudats fibrineux s'organisent, deviennent
fibreux et plus ou moins résistants. Ils peuvent fournir, à ce

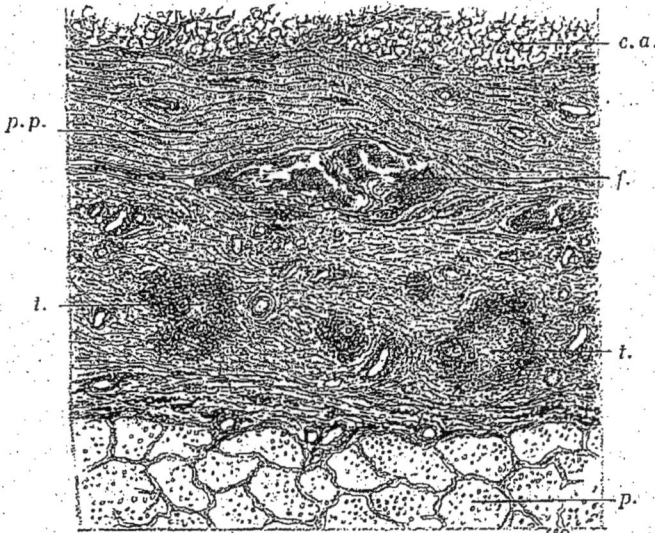

FIG. 49. — *Symphyse pleurale (tuberculeuse)* (faible grossissement).

p. p., plèvre pariétale scléreuse avec son tissu cellulo-adipeux extérieur (*c. a.*);
— *f.*, débris fibrineux dans un reste de la cavité pleurale, persistant au niveau
de l'adhérence ; — *t.*, *t.*, follicules tuberculeux dans le feuillet viscéral épaissi ;
— *p.*, parenchyme pulmonaire.

moment, des ADHÉRENCES entre les deux feuillets pleuraux, lorsqu'il n'y a pas de liquide abondant interposé.

L'atélectasie pulmonaire peut, dès lors, persister, et il apparaît souvent une autre modification secondaire : la **rétraction
de la paroi thoracique**.

c) **Types anatomiques**. — Ces différentes lésions sont plus
ou moins associées pour constituer les types anatomiques habituels.

Dans les **pleurésies sèches**, l'inflammation est diffuse et légère, mais peut aboutir à la **symphyse**, c'est-à-dire à l'adhérence des feuillets. Celle-ci est plus ou moins diffuse et généralement formée de lames filamenteuses, quelquefois cotonneuses ; ces états sont généralement secondaires à des inflammations pulmonaires (inflammations diffuses, tuberculose).

Dans la **pleurésie aiguë avec épanchement**, l'exsudat fibrineux est toujours visible à la surface de la cavité ; l'exsudat liquide est jaune clair ou citrin ; il est plus ou moins abondant (500 grammes à 2 et 3 litres). Le poumon est très atélectasié, le médiastin (le cœur) est refoulé.

Le liquide persiste quelquefois lorsqu'on n'a pas ponctionné suffisamment ; la séreuse s'épaissit, l'atélectasie pulmonaire se complique de phénomènes inflammatoires, de sclérose, et devient irréductible.

Si, au contraire, le liquide est évacué ou résorbé, les plèvres s'accolent, se soudent souvent en un point limité. En tout cas, il persiste toujours un épaississement jaune, très dense, de la plèvre viscérale, une sorte de PLAQUE FIBREUSE, *caractéristique d'une pleurésie antérieure avec épanchement*. Le thorax tend à s'enfoncer du côté malade.

D'autres pleurésies, accompagnées de phénomènes inflammatoires moins apparents, sont caractérisées presque uniquement par l'épanchement d'un liquide pauvre en fibrine et l'épaississement laiteux de la séreuse (sujets cachectiques, cardiaques, etc.) · Beaucoup de ces états sont confondus sous le nom d'**hydrothorax**.

Les **pleurésies hémorragique, purulente, gangréneuse**, etc. se distinguent par les caractères particuliers de l'épanchement. Ces dernières sont généralement consécutives à des lésions du poumon ou des organes voisins (pneumonie, gangrène pulmonaire, abcès, cancer).

Les **pleurésies tuberculeuses**, comme toutes les lésions tuberculeuses, ont les allures des inflammations simples (pleurésie dite à frigore) ou présentent des caractères spécifiques (pleurésie avec caséifications pleurales, abcès froid de la plèvre).

Enfin, toutes ces lésions peuvent avoir une distribution variable dans la séreuse ; pleurésies simples ou bilatérales ; pleurésies de la grande cavité, pleurésies enkystées (interlobaire, médiastine, diaphragmatique).

Le **pneumothorax** (partiel ou généralisé) est caractérisé par la pénétration de l'air dans la plèvre ; il peut être traumatique ou spontané. Dans ce dernier cas, il est — dans la règle — toujours tuberculeux. On peut généralement trouver à l'autopsie la fistule qui a causé l'invasion aérienne ; elle se produit presque toujours aux dépens d'une caverne minuscule sous-pleurale, dans une tuberculose chronique moyennement développée. Elle siège, sauf exception, sur le bord antérieur ou la face externe du lobe supérieur, vers son tiers inférieur (1). Les pneumothorax deviennent souvent des **pyopneumothorax**.

Le poumon, le médiastin et le thorax, dans le pneumothorax, subissent les mêmes modifications secondaires que dans les pleurésies (atélectasie, déviations).

---

(1) Ce siège à peu près constant est simplement dû à ce fait que, dans ces cas de tuberculose chronique, les plèvres sont adhérentes au niveau du sommet. C'est donc seulement au-dessous de cette zone que peut se produire une communication avec la cavité pleurale libre.

CHAPITRE II

LE TUBE DIGESTIF

Caractères généraux du tube digestif et de ses lésions. —
Le tube digestif a une anatomie pathologique un peu spéciale :
il est exposé à des actions pathogènes qui n'atteignent pas
d'autres organes, mais surtout les tissus qui le composent ont
une constitution et une disposition, donc des propriétés particulières.

On peut le considérer comme un long canal dont les parois
sont formées de plusieurs tissus superposés ; le plus important, celui qui y jouit d'une activité prépondérante, est le **tissu
épithélial.**

Tissu épithélial digestif. — Dans toute l'étendue du tube,
il a quelques caractères d'un tissu de revêtement : ces caractères sont très marqués dans les premières voies, qui sont surtout des lieux de passage (bouche, œsophage) : là il est limité
par un épithélium résistant, à plusieurs assises, du type malpighien.

Il a cependant, dès ces premiers segments, des propriétés sécrétoires (1). Mais cette tendance s'exagère brusquement à partir

(I) Il présente quelques glandules dans son tissu même ; des glandes
spécialisées lui sont aussi annexées (glandes salivaires) ; enfin, son
stroma est moins dense qu'au niveau de la peau, plus imbibé de liquides et ses assises épithéliales moins sèches, ne subissant pas l'évolu-

de l'estomac et prend, dès lors, une importance particulière : la surface du tissu se creuse de glandules ramifiées (estomac, duodénum) ou en doigt de gant (tubes de Lieberkühn de tout l'intestin) ; des glandes annexes s'isolent au voisinage du tube (foie, pancréas.)

En même temps, la propriété d'absorption apparaît ; la limite du tissu, vers la lumière du tube, représente encore une barrière, mais très perméable : l'épithélium n'est plus malpighien, mais à une seule couche de cellules cylindriques.

Tissus annexés. — Pour étudier les processus normaux de la vie des tissus, nous avions pris le tissu épithélial comme exemple (voir p. 8), parce qu'il est normalement soumis à un renouvellement assez actif de ses éléments. Ce phénomène est encore plus intense dans l'épithélium digestif : l'activité des cellules glandulaires est précisément l'indice de phénomènes de nutrition et d'évolution intenses.

Aussi le tissu épithélial du tractus digestif est-il doublé d'amas de **tissu lymphoïde** : celui-ci joue un rôle considérable dans les phénomènes de nutrition du tissu, de sécrétion et d'absorption. C'est là un tissu annexé au tissu épithélial le long des voies de la digestion, et intimement uni à lui. Il est particulièrement développé au niveau de l'isthme bucco-pharyngé (amygdales) et, dans l'intestin grêle, sous forme de points isolés (follicules) ou de masses plus confluentes (plaques de Peyer).

Enfin, tous ces tissus sont doublés par une tunique résistante, élastique et contractile : les deux couches de **fibres musculaires lisses**. Au niveau de la bouche, les plans profonds sont variés (tissu musculaire strié de la langue, paroi osseuse, etc.).

Conclusions. — Que conclure de cette incursion rapide dans l'anatomie normale ?

En premier lieu, les épithéliums digestifs restent, d'un bout à l'autre, des tissus limitants, séparant le milieu extérieur

tion cornée : caractères qui se retrouveront dans ses néoproductions pathologiques. (voir *Tumeurs de la bouche et de l'œsophage*.)

(contenu du tube) du milieu intérieur ; c'est-à-dire qu'ils sont soumis à toutes les attaques des éléments pathogènes extérieurs à nous. D'ailleurs, ce tissu est, parmi ceux qui constituent le tube, celui qui y présente l'activité prépondérante : deux motifs pour expliquer la fréquence de ses lésions (**lésions de la muqueuse**).

En second lieu, ce tissu est assez vulnérable, parce qu'il n'est plus construit uniquement dans le sens d'une limite résistante, d'une barrière, comme l'est l'épithélium cutané. Il possède aussi une vascularisation délicate en rapport avec l'activité de ses phénomènes de nutrition ; les perturbations circulatoires y seront fréquentes : deux raisons pour comprendre l'évolution rapide des lésions vers l'**ulcération**.

Un troisième fait découle de la disposition même des tissus en un tube : c'est la **tendance sténosante** fréquente des altérations, et l'apparition de **déformations consécutives** en aval et surtout en amont.

Il faut remarquer que, si les sténoses peuvent être réalisés anatomiquement par des lésions saillantes, fréquemment aussi elles sont fonctionnelles. Elles se produisent alors par l'atteinte du muscle sous-jacent ou par l'irritation directe ou réflexe.

En **résumé**, *lésions de la muqueuse* et surtout *lésions ulcéreuses, tendance sténosante*. Ajoutons-y une *topographie* souvent commandée par la disposition des amas lymphoïdes ou des arcs vasculaires. Tel sera le bilan général des altérations du tube digestif.

I. — PREMIÈRES VOIES DIGESTIVES

a) **Bouche.** — Les lésions de la bouche sont surtout d'ordre inflammatoire (voir *Tumeurs*). Le caractère le plus apparent est, au moins dans les altérations simples, ou dans les débuts, l'*augmentation circulatoire* : celle-ci produit la rougeur diffuse des **stomatites simples** (stomatite érythémateuse) ou la coloration des énanthèmes (scarlatine, rougeole, etc.).

Les stades plus avancés de l'inflammation se marquent par les caractères des *exsudats* qui se produisent en surface : ce sont des déchets mêlés à de la fibrine, formant des enduits blancs et friables (enduits pultacés), ou des produits plus compacts, formés de couches lamelleuses de fibrine et des parties superficielles, nécrosées (fausses membranes des **stomatites mercurielles, diphtériques, ulcéro-membraneuses**).

Beaucoup de lésions s'accompagnent d'*ulcérations*, quelques-unes aboutissent très rapidement à la *gangrène* (**noma**).

D'autres enfin ont des caractères très particuliers, soit qu'elles soient formées de lésions élémentaires bulleuses (**stomatite aphteuse**), soit qu'elles comprennent des parasites spéciaux (**muguet**).

Il nous est impossible d'en faire une étude descriptive complète, pas plus que d'étudier les lésions des dents ou des gencives, ou de décrire les aspects divers de la langue dans les maladies et ses **ulcérations** (syphilis, tuberculose). Toutes ces altérations doivent être observées et diagnostiquées à l'examen d'un malade, et l'on apprend à les connaître soit à l'hôpital, soit dans les traités de pathologie ou dans les manuels spéciaux.

b) **Amygdales et pharynx.** — Pour les mêmes motifs, nous ne pouvons passer en revue les maladies des amygdales et du pharynx. Celles-ci ont aussi une anatomie pathologique analogue à celles de la bouche. La rougeur, l'augmentation de volume se retrouvent dans les **angines**; les enduits pultacés, les fausses membranes, les ulcérations se retrouvent dans les inflammations banales ou spécifiques des amygdales ou du pharynx. On observe en outre fréquemment des suppurations (**amygdalite phlegmoneuse**) ou des inflammations chroniques avec augmentation de volume désignées à tort sous le nom d'*hypertrophie des amygdales*, végétations adénoïdes, etc.

c) **Œsophage.** — Il y a peu à dire aussi sur les lésions de l'œsophage, dans ces études élémentaires. Ces lésions sont extrêmement rares, si l'on excepte les tumeurs. Les altérations tuberculeuses ou syphilitiques, que l'on invoque quelquefois en présence d'un rétrécissement œsophagien, sont exceptionnelles. Les ulcérations par les substances caustiques sont aussi d'une rareté très remarquable, si on les compare à celles de la bouche ou de l'estomac.

Les modifications par lésions de voisinage ressortissent à la pathologie des organes du cou ou du médiastin (goitre, anévrysme de l'aorte, etc.).

Plus particulières sont certaines lésions vasculaires, telles que les dilatations veineuses, visibles sous la muqueuse sous forme de cordons violacés. Ces *varices œsophagiennes*, qui expliquent quelquefois, par leur rupture, certaines hématémèses (dans les cirrhoses par exemple), sont en réalité très rarement rencontrées.

Enfin nous ne pouvons que signaler des modifications curieuses quelquefois congénitales, *poches* et *diverticules œsophagiens*.

II. — ESTOMAC

§ 1. — Estomac normal.

Sur une coupe d'estomac normal, on trouve, en allant de la périphérie vers la lumière : 1° la section de la mince lame du *péritoine* ; 2° plusieurs couches de *fibres musculaires lisses*, coupées en travers ou en long ; 3° une zone de tissu fibrillaire très vascularisée, la *sous-muqueuse*, limitée du côté interne par une petite bande de fibres lisses, la musculaire muqueuse ; 4° la *muqueuse* (1).

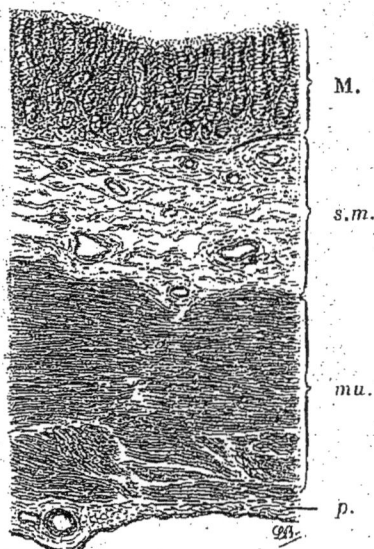

FIG. 50. — *Paroi de l'estomac* (faible grossissement).

M., muqueuse limitée en dedans par la ligne de la musculaire muqueuse ; — *s. m.*, sous muqueuse ; — *m. u.*, couches musculaires lisses ; — *p.*, péritoine.

La muqueuse, tissu épithélial, se présente avec des glandules serrées, presque toutes au contact ; les unes sont de simples tubes légèrement bosselés, les autres sont ramifiées ; au-dessous et entre elles une trame fibrillaire lâche constitue la matrice de l'épithélium et

(1) Enfin, on trouve çà et là sous la muqueuse de petits amas lymphoïdes.

contient les capillaires. Elle est *normalement* infiltrée d'assez nombreuses petites cellules rondes, parce que l'épithélium est en activité continuelle, ce qui suppose l'apport incessant de matériaux cellulaires et liquides.

§ 2. — Inflammations. Gastrites.

Une inflammation de ce tissu détermine l'augmentation de la vascularisation et des éléments exsudés ; ultérieurement, la production de sclérose avec rénovation exagérée, hypertrophie compensatrice ou, au contraire, destruction des éléments glandulaires.

L'inflammation atteint fréquemment aussi les tissus sous-jacents en produisant leur hyperplasie ou leur sclérose (couche sous-muqueuse, tissu musculaire lisse).

Ces altérations, qui caractérisent les **gastrites** avec leurs diverses variétés (1), ne sont guère fréquemment constatées, en raison de l'altération rapide de la muqueuse digestive après la mort.

Quand on ouvre l'estomac, au cours d'une autopsie, on remarque avec quelle facilité la simple palpation enlève les parties superficielles de la paroi, qui sont molles, blanchâtres, friables. Bien plus, on trouve souvent la muqueuse gastrique parsemée de taches ou de réseaux rouges ou verdâtres, qui sont simplement l'indice d'un début de putréfaction.

Les lésions inflammatoires *diffuses* sont malaisées à observer, à définir et à reconnaître : la pathologie gastrique au point

(1) Elles peuvent être simples ou exceptionnellement suppurées. Nous ne connaissons guère la limitation exacte du domaine anatomique des gastrites. Il est probable que certains états caractérisés par l'hyperplasie des tuniques et un certain degré de sclérose — comme celui décrit sous le nom de *sténose congénitale du pylore*, chez les enfants — sont des gastrites pariétales totales. D'autres états sont difficiles à délimiter. (Voir *Linite plastique*.)

de vue des lésions est surtout intéressante (les tumeurs mises à part) par les suites, les séquelles ou les conséquences des altérations inflammatoires *localisées*.

§ 3. — Ulcérations gastriques.

Les ulcérations gastriques relèvent d'une pathogénie dont nous ne pouvons nous occuper ici, mais elles se produisent par l'intermédiaire d'une modification anatomique constante : les oblitérations vasculaires. On peut toujours trouver, dans le fond ou le voisinage de l'ulcère, la section de vaisseaux oblitérés.

a) **Caractères histologiques.** — L'ulcération est constituée

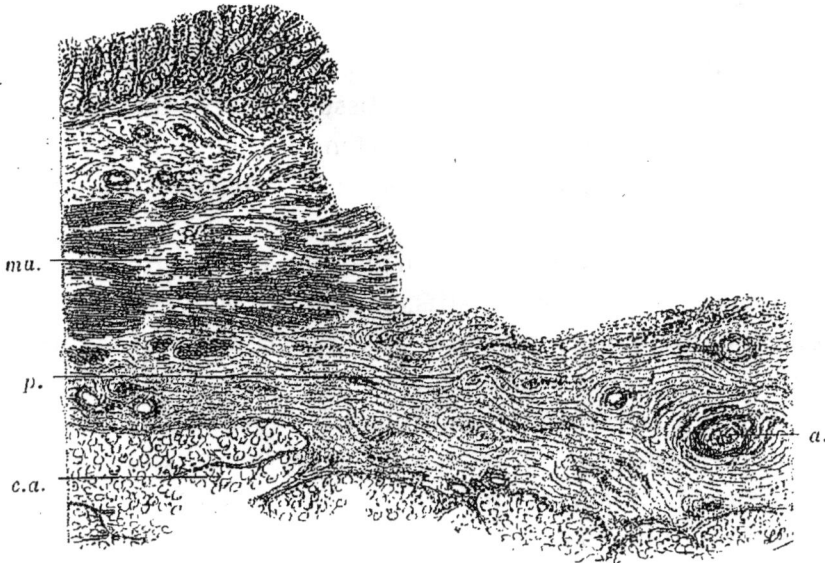

Fig. 51.—*Ulcère gastrique* (coupe d'un bord ; faible grossissement).
On voit la perte de substance intéressant toutes les tuniques jusqu'à la séreuse très épaissie, qui forme le fond (*p.*) ; — *a. o.*, artère oblitérée.
A gauche, bord de l'ulcère ; la sclérose est surtout apparente dans les couches musculaires (*mu.*); — *c. a.*, tissu cellulo-adipeux.

par une perte de substance. Les ulcérations se distinguent au microscope par une cessation généralement brusque, en un point, des éléments de la paroi. Mais leur profondeur est plus ou moins grande. La lésion peut avoir détruit les parties superficielles seules, ou toutes les tuniques, ou présenter tous les intermédiaires.

Les *bords* peuvent être variables ; ils sont taillés à pic ou en pente douce, ou en gradins ; dans les ulcères profonds, ils sont généralement surplombants (voir fig. 51).

Ces bords, ainsi que le *fond*, peuvent présenter un aspect nécrosé, granuleux, avec des éléments mal colorés ; ils peuvent même avoir l'aspect caséeux et montrer des follicules avec cellules géantes (ulcérations tuberculeuses) ; dans les lésions anciennes, ils sont scléreux, formés de tissu fibrillaire dense.

Mais ils sont toujours plus ou moins infiltrés d'exsudats cellulaires : petites cellules rondes.

b) **Évolution**. — Les ulcérations peuvent *se cicatriser en surface*, en laissant à leur place un tissu scléreux : mais le fait est rare. Dès qu'elles sont un peu étendues, elles *persistent*, avec un état scléreux de leurs parois et de leur fond (ULCÈRES CALLEUX).

Elles peuvent aussi s'*étendre* en surface et en profondeur, soit par l'action des sucs digestifs, soit par de nouvelles oblitérations inflammatoires des vaisseaux, c'est-à-dire par la production de nouvelles mortifications du tissu. Elles peuvent ainsi aboutir à la perforation complète de la paroi.

La *perforation* peut se faire dans la cavité péritonéale ou dans un organe voisin, si l'inflammation s'est étendue au péritoine et a produit des adhérences.

Lorsque la perforation se fait dans l'intestin adhérent (généralement le côlon transverse), il se produit une *fistule* ; par exemple la FISTULE GASTROCOLIQUE.

L'extension de l'ulcération peut ouvrir des vaisseaux non encore oblitérés ; il se produit une *hémorragie :* ce sont les gastrorragies, plus ou moins diffuses, plus ou moins brusques et

plus ou moins abondantes. Elles ne dépendent nullement du
volume même de l'ulcération : de petites pertes de substance,
quelquefois à peine visibles, peuvent produire, tout comme de
grands ulcères, d'importantes pertes de sang. On peut même
constater, au cours d'une autopsie, que la cavité gastrique et
l'intestin sont remplis d'un sang noir fluide, sans qu'aucune
érosion soit perceptible.

b) **Caractères macroscopiques et variétés.** — Ces caractères découlent des qualités de structure et d'évolution qui
viennent d'être résumées, mais aussi de la disposition sur
l'organe.

La *forme* des ulcérations est généralement arrondie ; leur
diamètre est extrêmement variable, ainsi que leur *profondeur.*
Celle-ci peut être appréciée macroscopiquement, si l'on fait l'examen attentif des bords et du fond : on peut reconnaître à l'œil
nu les couches musculaires encore intactes, ou, au contraire,
leur section visible sur les bords ; on peut distinguer le tissu
d'un organe voisin (foie, rate) formant le fond de l'ulcère.

Les *limites* de la perte de substance peuvent être plus ou
moins détergées, lisses et dures (lésions anciennes) ou, au contraire, grenues, jaunes ou noirâtres (ulcères récents). Les lésions succédant à des substances caustiques sont quelquefois
recouvertes par la partie mortifiée non encore éliminée : véritable eschare.

Le *nombre* et le *siège* sont aussi très variables ; il est des ULCÉ-
RATIONS gastriques qui sont petites, nombreuses et irrégulièrement réparties (**ulcérations des gastrites**) ; d'autres sont petites aussi et isolées (**ulcérations tuberculeuses**), ou plus
grandes, et en nombre restreint (**urémiques, cardiaques, syphilitiques**).

Il en est enfin de solitaires, grandes, bien arrondies, à bords
taillés à pics ou en gradins : ce sont de véritables ULCÈRES, par
exemple, l'**ulcère rond de Cruveilher.** Il faut retenir, pour y
revenir à propos des tumeurs, qu'un grand nombre de ces ul-

cères solitaires sont des cancers ulcérés à forme particulière. Ces formes sont souvent pré-pyloriques ou situées sur la patite courbure. Elles déterminent fréquemment des rétractions ou des déformations secondaires de l'organe, et sont sténosan-

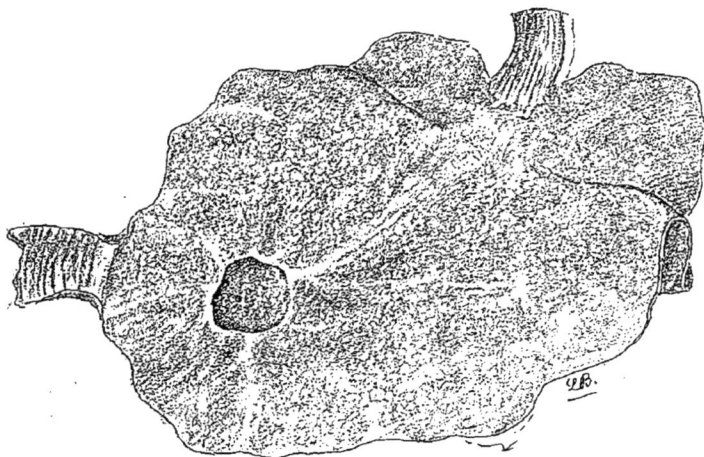

Fig. 52. — Ulcère gastrique.

L'estomac est ouvert suivant la grande courbure et étalé. L'ulcère siège sur la petite courbure, en avant du pylore. OEsophage à droite, pylore et duodénum à gauche.

tes ; mais, même sans produire de rétrécissement anatomique, elles peuvent donner lieu à des troubles de sténose pylorique, par exemple, et de la dilatation gastrique.

§ 4. — Déformations secondaires de l'estomac.

a) Cicatrices. — Sous l'influence d'inflammations mal déterminées de la muqueuse ou du péritoine, ou d'ulcérations plus ou moins anciennes, peuvent se produire des cicatrices déterminant la rétraction de certaines parties de l'organe. Ainsi naissent des sténoses orificielles anatomiques. Souvent aussi des cicatrices linéaires se disposent transversalement vers le milieu de l'estomac ; des ulcères cicatrisés ou scléreux et encore ouverts, siégeant au niveau de la petite courbure, produisent fréquemment des bandes scléreuses rayonnantes : ces lésions déterminent un resserrement de la cavité gastrique en son milieu, une stricture qui est une des formes fréquentes de l'*estomac biloculaire*.

b) **Déformations en masse.** — Les modifications de l'aspect général de l'organe peuvent se produire à la suite de lésions orificielles, souvent cancéreuses, ou par des altérations de voisinage, ou sous l'influence de troubles fonctionnels mal déterminés, ou encore grâce à des lésions fines diffuses.

La **dilatation** est le plus fréquent de ces états secondaires. On sait qu'il est quelquefois difficile de l'apprécier par l'examen clinique : il est souvent malaisé aussi de l'estimer à sa juste valeur sur le cadavre. On constate cette dilatation, ses degrés, l'amincissement ou l'hypertrophie des parois, dans les sténoses pyloriques, par exemple. Mais on trouve souvent aussi, aux autopsies, de grands estomacs à tuniques minces, que l'on ne sait à quoi rapporter, et chez des sujets qui n'avaient pas présentés de troubles de ce côté. Il est probable que l'alimentation prise dans les derniers moments de la vie influe sur le volume et la disposition de l'estomac constatés après la mort.

Il est impossible d'insister ici plus longuement sur ces faits, ni de décrire en détail les aspects produits par l'*abaissement du pylore*, la *dislocation verticale*, les *ptoses viscérales*, etc. ; il suffira de signaler la *rétraction*, avec généralement épaississement des parois, que l'on observe dans les obstructions œsophagiennes ou du cardia. D'ailleurs, tous ces états sont encore à l'étude, grâce à l'utilisation de la radioscopie pour l'exploration des organes digestifs sur le vivant.

III. — **INTESTIN**

Les lésions de l'intestin prêtent aux mêmes considérations que celles de l'estomac. Mais l'intestin, au moins le grêle, contient dans ses tuniques des quantités beaucoup plus considérables de tissu lymphoïde (follicules, plaques de Peyer), ce qui donne à ses lésions, ou du moins à quelques-unes, des caractères particuliers. C'est aussi au niveau de l'intestin que se localisent plus électivement les altérations de certaines maladies (fièvre typhoïde, dysentérie, tuberculose).

En dehors des tumeurs, les lésions intestinales sont d'ordre inflammatoire. On y observe bien quelquefois des lésions vasculaires importantes (thrombose des artères mésentériques, par exemple) ou des dégénérescences : par exemple, la dégénérescence amyloïde de la muqueuse. Mais ces faits ne sont pas de constatation courante et, d'ailleurs, ils sont toujours liés à des phénomènes inflammatoires (1).

Nous ne nous occuperons donc que des inflammations ayant leur point de départ dans la muqueuse : le point le plus frappant est l'étude des ulcérations.

_____

(1) Il en est de même de tout un groupe d'altérations qui ont pour cause, ou paraissent avoir pour cause, des conditions mécaniques : hernies, compressions, étranglements. Ces lésions sont souvent produites par des inflammations antérieures, aiguës ou chroniques (brides péritonéales). Nous ne pouvons les décrire, en raison de leurs aspects multiples.

§ 1. — Intestin normal.

On retrouve sur une coupe de l'intestin les mêmes dispositions générales des tuniques que sur celle de l'estomac, avec
quelques variantes qui distinguent ce conduit du segment gastrique, et les différentes portions de l'intestin entre elles. La
différence la plus grossièrement apparente est le caractère recti-
ligne, en doigt de gant, des tubes glandulaires, qui sont paral-

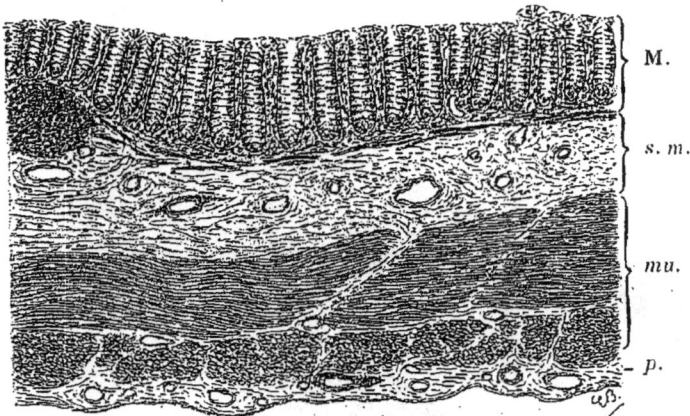

FIG. 53. — *Paroi intestinale* (grossissement moyen).
M., tissu épithélial glandulaire formant la muqueuse avec, au-dessous, la musculaire muqueuse ; à gauche, un point lymphoïde ; — *s. m.*, sous-muqueuse ; —
mu., couches de tissu musculaire lisse ; — *p.*, péritoine.

lèles, réguliers, et se terminent tous au même niveau, à peu
de distance de la musculaire muqueuse (glandes en tube de
Lieberkühn). Dans le duodénum s'y ajoutent des glandes en
grappes, descendant jusque dans la sous-muqueuse : leur section montre des acini arrondis, tapissés de grosses cellules
claires à noyau périphérique occupant presque toute la lumière.
Les follicules et les plaques de Peyer sont constitués par des
amas de tissu lymphatique (1), soit arrondis et petits, soit vo-

(1) Ce tissu est formé d'un réticulum extrèmement fin, visible seulement aux forts grossissements, sur des coupes très minces ou trai-

lumineux, faisant saillie sous l'épithélium dont les glandes ont plus ou moins disparu.

§ 2. — Ulcérations intestinales.

a) **Développement et caractères généraux ; ulcérations typhiques et tuberculeuses.** — Les inflammations et les ulcérations, qui en sont le produit fréquent, ont des caractères généraux analogues à ceux que nous avons observés au niveau de l'estomac. Étudions surtout les lésions de la fièvre typhoïde et de la tuberculose, les plus fréquentes.

FIÈVRE TYPHOÏDE. — Les lésions de la dothiénentérie se loca-

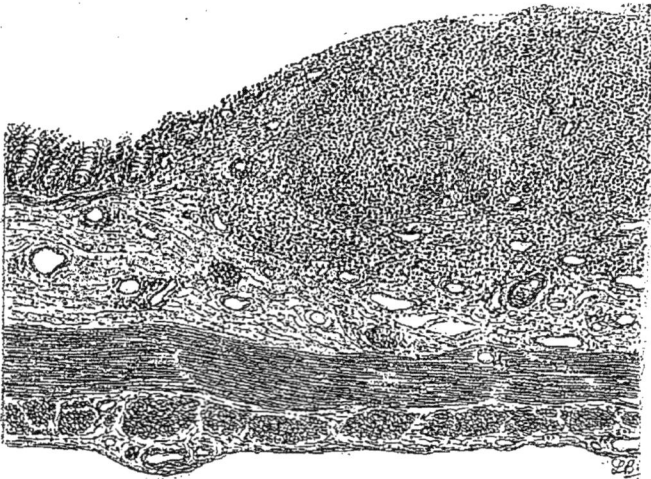

FIG. 54. — *Bord d'une plaque de Peyer dans la fièvre typhoïde* (grossissement moyen).

On voit le commencement de l'amas lymphoïde de la plaque dans les 2/3 du dessin à droite. Hyperplasie considérable de ce tissu, infiltration cellulaire et congestion vasculaire à l'entour.

lisent électivement sur les organes lymphoïdes et, en particu-

tées au pinceau. Ce réseau est comblé de cellules lymphatiques très confluentes : cellules à petit noyau rond bien coloré, à protoplasma à peine appréciable. Vu à un faible grossissement, le tissu lymphoïde paraît formé uniquement de ces éléments tous au contact, formant une nappe continue.

lier, sur les plaques de Peyer. Elles sont généralement limitées aux dernières portions de l'iléon, bien qu'on puisse les retrouver quelquefois sur le gros intestin, et exceptionnellement jusque dans l'estomac.

Au début, les plaques sont le siège d'une inflammation aiguë

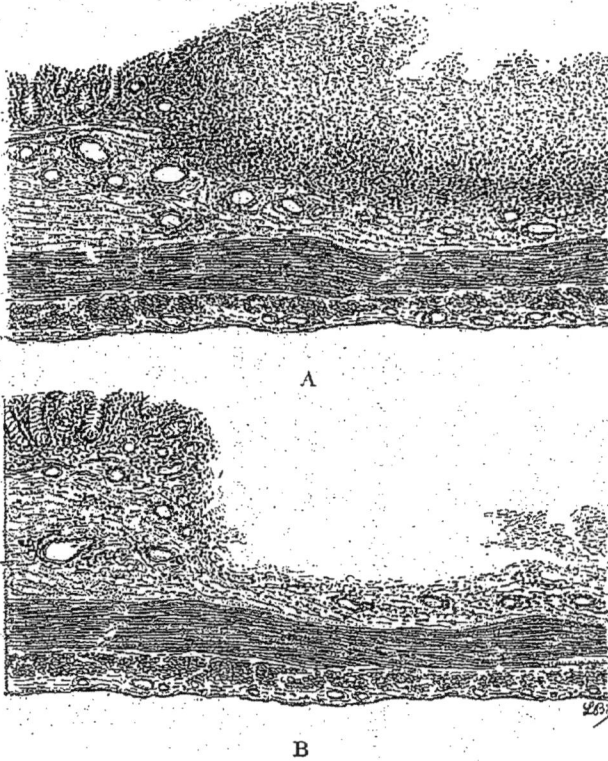

FIG. 55. — *Ulcérations dans la fièvre typhoïde* (grossissement moyen).
A. La partie visible de la plaque de Peyer est nécrosée, avec une ulcération superficielle.
B. La partie nécrosée s'est éliminée, l'ulcération est constituée. Elle intéresse, ici, la muqueuse et la sous-muqueuse.

caractérisée par l'abondance des exsudats cellulaires. A l'œil nu, elles paraissent saillantes, comme œdémateuses, rosées, quelquefois tomenteuses (1er stade : fig. 54 et 58, A).

La persistance des phénomènes inflammatoires produit rapidement, par l'intermédiaire d'oblitérations vasculaires, la nécrose de la plaque (2ᵉ stade) ; au microscope, on voit les éléments devenus granuleux, mal colorables, tandis que le tissu, à l'entour, est très vascularisé, infiltré de cellules exsudées, bien colorées (fig. 55, A).

Plus tard, à une époque qui correspond (généralement) au 3ᵉ septénaire, il s'est formé un véritable sillon d'élimination autour de la partie mortifiée : elle s'élimine comme un bourbillon. L'*ulcération* est, dès lors, constituée. Elle se présente au microscope avec les caractères visibles sur la figure 55 (B). La profondeur est variable. Dans certaines ulcérations (qu'elles soient petites ou grandes), le processus de nécrose intéresse ou gagne toute la paroi, jusqu'au péritoine qui peut se perforer.

On ne trouve souvent sur les préparations de tels ulcères, lorsqu'ils sont bien constitués, aucun caractère spécifique de la fièvre typhoïde. C'est surtout la localisation, l'aspect macroscopique qui peuvent être particuliers à la dothiénentérie (1) : vérification des principes qui ont été énoncés précédemment (voir p. 24).

Ulcérations tuberculeuses. — Au contraire, les lésions tuberculeuses ont le plus souvent, à l'examen histologique, des caractères un peu particuliers, tenant à ce que l'inflammation est ici beaucoup moins violente que dans la fièvre typhoïde. Le processus se produit bien toujours à la suite d'oblitérations vasculaires et de nécrose, mais il est plus subaigu, ce qui permet à un certain degré de sclérose et à certaines modifications spécifiques de se développer.

L'ulcération tuberculeuse se dessine, dans ses grandes lignes, avec le même aspect microscopique que l'ulcération typhique.

(1) De la sorte les ulcérations typhiques se distinguent surtout, au microscope, par des caractères négatifs. On peut ainsi, le plus souvent, les distinguer des ulcères tuberculeux, qui ont, eux, généralement des caractères positifs. Mais il est bien difficile, à moins de posséder une expérience assez considérable, de reconnaître par elle-même, et au simple examen histologique, une ulcération typhique lorsqu'elle est détergée.

Mais on trouve, généralement, des indices du caractère plus progressif des lésions : infiltration des tuniques par la sclérose en même temps que par des exsudats cellulaires, épaississement des tissus au voisinage ou au fond de l'ulcération (1). En outre,

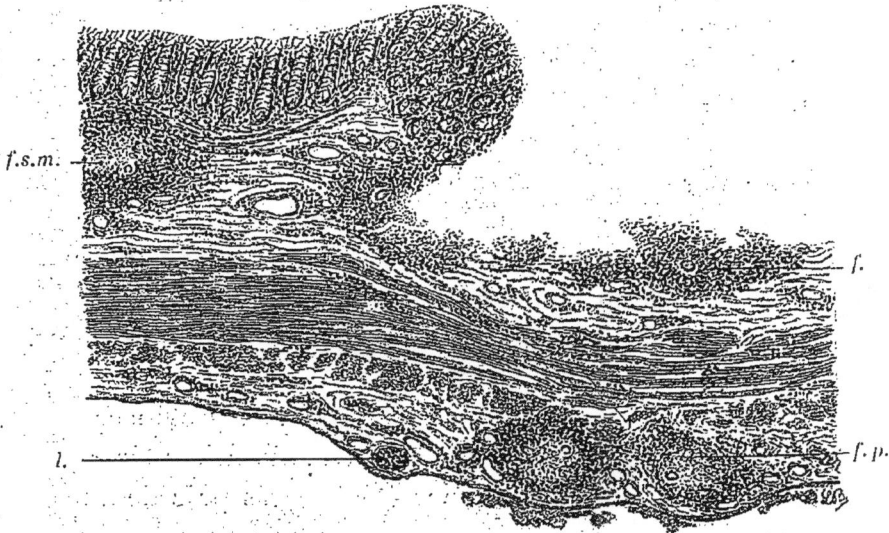

FIG. 56. — *Bord d'une ulcération tuberculeuse* (même grossissement que les deux figures précédentes).

f., follicule avec cellule géante, avec des débris nécrosés, dans le fond de l'ulcération; — *f. p.*, follicules sous-péritonéaux; — *f. s. m.*, follicules dans la sous-muqueuse; — *l.* section d'un lymphatique envahi.

le microscope montre très souvent des *follicules tuberculeux* typiques sur le bord, dans le fond de l'ulcération ou jusque dans la couche sous-péritonéale (fig. 56).

(1) Quelquefois, cette inflammation scléreuse avec épaississement des tissus, de nature tuberculeuse, peut être encore plus marquée ; la sous-muqueuse et la sous-séreuse deviennent extrêmement larges, les couches adipeuses extérieures s'infiltrent aussi d'éléments inflammatoires, se sclérosent et prennent une grande épaisseur. L'ensemble, avec ou sans ulcération, produit un épaississement de la paroi parfois énorme, avec induration, pouvant simuler de véritables tumeurs, surtout au niveau du cæcum ou du gros intestin (*tuberculose à forme hypertrophique*, pseudo-néoplasique).

b) **Diagnostic des ulcérations typhiques et tuberculeuses.** — Les ulcérations typhiques, comme les tuberculeuses, siègent électivement sur l'iléon et sont toujours localisées ou plus abondantes sur les derniers mètres de cette partie du tube. On peut en trouver cependant sur le gros intestin. Les caractères histologiques que nous venons de rappeler peuvent servir au diagnostic, dans les cas douteux, mais ils sont souvent incertains lorsqu'on ne trouve pas d'éléments histologiques de spécificité. Il ne faut donc pas méconnaître la valeur des **constatations macroscopiques.**

1. La forme et la position des lésions dans le segment terminal de l'iléon sont quelquefois assez différentes pour la tuberculose et pour la dothiénentérie.

La topographie des lésions bacillaires est commandée par les

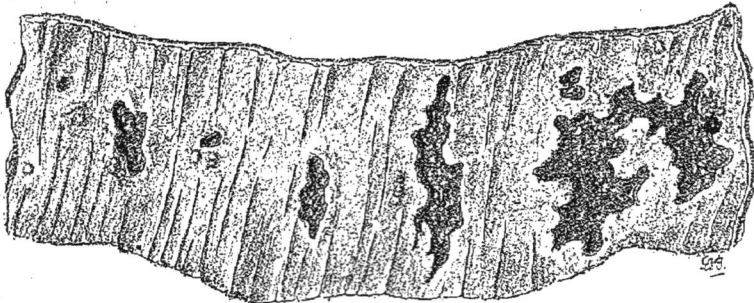

Fɪɢ. 57. — *Lésions intestinales de la tuberculose.*
Ulcérations transversales, bien typiques, à gauche. A droite, ulcères étendus sinueux.

vaisseaux : ceux-ci se distribuent à l'intestin par des anses perpendiculaires à la direction du canal. Aussi les ulcérations tuberculeuses sont-elles disposées *transversalement* sur le segment du tube. Il est à peine besoin d'ajouter que le maximum de la lésion est situé sur le bord opposé au bord mésentérique, parce que c'est là le point où se terminent les vaisseaux (1).

(1) C'est, d'ailleurs, là un caractère commun à toutes les ulcérations de l'organe : elles ne siègent jamais sur le bord mésentérique, et c'est

Les lésions typhiques, elles, sont localisées sur les points de tissu lymphoïde, en particulier sur les plaques de Peyer. On sait que ces plaques, de forme oblongue, sont situées dans l'axe du tube : aussi les ulcérations de la fièvre typhoïde sont-elles *longitudinales* par rapport à l'intestin.

Cette double loi est importante pour le diagnostic différen-

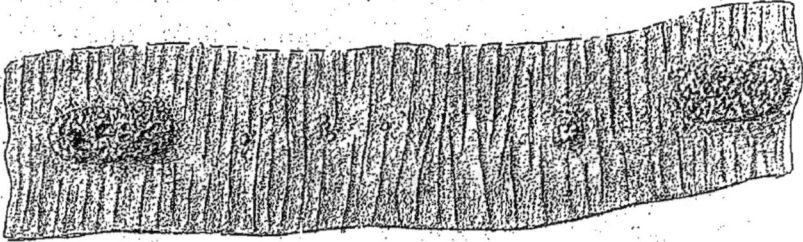

A

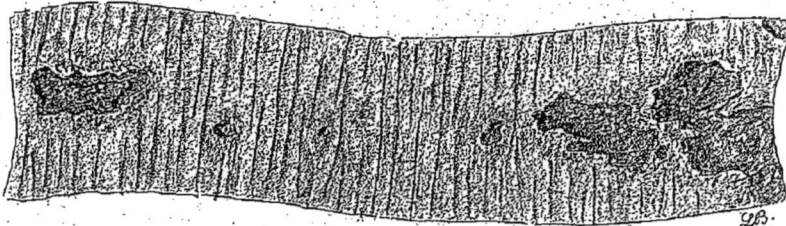

B

FIG. 58. — *Lésions intestinales de la fièvre typhoïde.*

A. Lésions dans les premières semaines. Tuméfaction des plaques de Peyer. La plaque de gauche comprend déjà de petites ulcérations superficielles (fig. 55, A); celle de droite correspond à la figure 54. Petits follicules saillants entre les deux.

B. Ulcérations détergées. A gauche, ulcération longitudinale, bien typique. A droite, ulcères sinueux; au milieu, ulcérations folliculaires.

tiel ; mais il faut bien savoir que les lésions ne revêtent pas toujours un aspect aussi typique. Les ulcérations un peu étendues, typhiques ou tuberculeuses, deviennent irrégulières, fes-

pour cette raison qu'il faut toujours ouvrir l'intestin en suivant la ligne d'insertion du mésentère. De cette façon, on sera sûr de ne pas entamer les points atteints et de pouvoir les observer dans leur intégrité.

tonnées, prennent des contours tout à fait arbitraires. Près de
la valvule iléo-cæcale, elles sont souvent étendues, serpigi-
neuses, défiant toute description. Bien plus, les altérations tuberculeuses peuvent, comme celles de la dothiénentérie, débuter sur des plaques de Peyer, et prendre une forme longitudinale ; de même, les lésions typhiques affectent quelquefois une
disposition transversale. Enfin, l'une comme l'autre peuvent
être petites, arrondies, siégeant sur des follicules isolés.

　2. Il existe un autre caractère macroscopique distinctif. Il
découle de ce que nous rappelions précédemment en étudiant

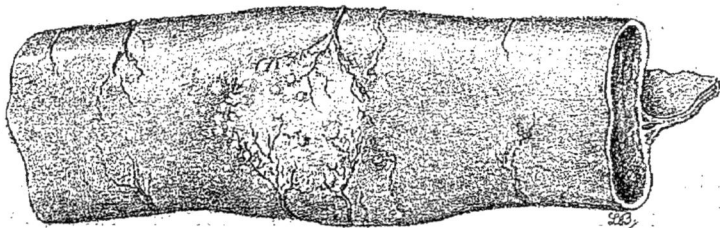

FIG. 59. — *Tuberculose intestinale, vue par la face péritonéale.*
On voit l'épaississement blanchâtre du péritoine au point qui correspond à une
　ulcération sous-jacente ; on voit à ce niveau les petits tubercules sous-périto-
　néaux, l'injection vasculaire inflammatoire et quelques cordons lymphatiques
　noueux.

la structure histologique des lésions tuberculeuses (p. 140).
Celles-ci se produisent beaucoup moins rapidement que les
typhiques, elles donnent lieu à une inflammation souvent scléreuse de la paroi et à des formations spécifiques lentement formées (follicules à centres caséeux). A l'œil nu, ces formations
sont souvent visibles sous forme de *tubercules*, petits nodules
blancs ou jaunâtres, gros comme de petites têtes d'épingle. On
les trouve quelquefois isolés sur la muqueuse, non encore ulcérés, ou au voisinage immédiat des ulcères, sur leurs bords ou
leur fond ; mais ils se développent aussi dans toute l'épaisseur
de la paroi, jusque dans la couche sous-séreuse : *ils sont, dès
lors, visibles sous le péritoine*, qui est lui-même épaissi et
très vascularisé au niveau de l'ulcération. Ceci est une règle

extrèmement importante et qui a une haute valeur diagnostique : on peut toujours reconnaître, avant l'ouverture de l'intestin, l'existence et la nature d'ulcérations tuberculeuses, en examinant attentivement le péritoine intestinal dans les dernières portions de l'iléon (fig. 59).

c) **Ulcérations intestinales diverses.** — Nous avons vu que les ulcérations typhiques et tuberculeuses représentaient les lésions le plus fréquemment rencontrées sur l'ILÉON, et particulièrement sur ses parties terminales. Les autres sont beaucoup plus rares.

Le DUODÉNUM peut présenter aussi des pertes de substance. Ce sont quelquefois des ulcères ronds, solitaires, analogues à l'ulcère de l'estomac ; plus souvent, ce sont des ulcérations uniques ou peu nombreuses, associées à des cardiopathies et surtout au **mal de Bright** (urémie). On décrit encore des ulcères duodénaux chez les brûlés. C'est une notion classique qui paraît bien ne se vérifier que rarement.

Le RECTUM peut être le siège de lésions ulcéreuses variées : tuberculose, syphilis, inflammations diverses, toutes d'un diagnostic anatomique fréquemment impossible.

Le GROS INTESTIN tout entier peut être envahi diffusément, soit par de petites ulcérations dans les colites diverses, soit par des lésions plus intenses, dans la **dysentérie**, dont il est le siège d'élection.

Les lésions dysentériques montrent des ulcères généralement serpigineux, à bords décollés, surplombant largement la perte de substance qui dissèque la sous-muqueuse au-dessous : ce caractère est habituellement très marqué, mais il n'est pas absolument caractéristique. On ne doit pas oublier que, lorsque des lésions tuberculeuses ou plus rarement typhiques se localisent sur le gros intestin ou l'envahissent, elles peuvent aussi présenter cet aspect.

§ 3. — **Autres lésions intestinales**.

Nous avons passé en revue les plus fréquentes des altérations non néoplasiques de l'intestin. Nous ne pouvons qu'indiquer la possibilité de lésions tout à fait exceptionnelles (*ulcérations charbonneuses*), et signaler les lésions dues aux *gangrènes*, soit par étranglement (hernies, volvulus), soit par embolie des *artères mésentériques*. Quant aux *entérites simples*, elles sont caractérisées surtout par la vascularisation exagérée, par la rougeur diffuse, et quelquefois par la psorentérie, c'est-à-dire l'augmentation de volume des follicules lymphatiques formant de petites saillies blanches très confluentes et diffuses.

Les **lésions syphilitiques** sont fréquentes au rectum, où elles déterminent des épaississements, des sténoses, avec ou sans ulcérations; mais l'examen anatomique ne peut guère les différencier des lésions tuberculeuses ou inflammatoires simples (1). Dans le reste de l'intestin, il est probable qu'elles peuvent exister, mais nous n'avons à leur égard aucun critérium certain.

Enfin, pour être complet, il faudrait étudier les **aspects d'évolution** que présentent les lésions principales. Nous les connaissons surtout pour la fièvre typhoïde, parce que les caractères cliniques nous fournissent ici des points de repère pour l'appréciation de l'âge des lésions. Ainsi nous savons, pour avoir observé l'intestin de typhiques morts plus ou moins longtemps après la chute de la fièvre, que les ulcérations de la dothiénentérie se cicatrisent en surface, laissant à leur suite des plaques gaufrées ou lisses, un peu fermes, ayant généralement une teinte grise uniforme, ou présentant un fin piqueté noir (aspect de la barbe rasée).

§ 4. — **Lésions de l'appendice**.

Les lésions observées plus particulièrement au niveau de l'appendice iléo-cæcal sont très importantes à connaître; mais elles présentent les mêmes caractères que les autres modifica-

---

(1) C'est dire que ce sont les examens cliniques, la recherche des agents bacillaires ou spirillaires, les inoculations, etc., qui peuvent caractériser ces lésions, et permettre de les individualiser.

tions de l'intestin grêle, en tenant compte de la topographie particulière à ce petit segment. Il suffit de savoir qu'on peut trouver, à la suite des inflammations anciennes, des appendices à *lumière oblitérée*, transformés en un cordon fibreux, ou des oblitérations partielles, avec *aspect kystique* des autres parties du tube; — que la *gangrène* et la *perforation* ne sont ici pas très rares; — que les *lésions tuberculeuses* aussi sont fréquentes, donnant des appendices volumineux, bosselés, à muqueuse ulcérée et caséeuse. On doit retenir que les lésions péritonéales sont constantes dans les inflammations appendiculaires, et que ce sont elles qui donnent lieu aux symptômes des appendicites; les troubles morbides ne sont pas en rapport avec les lésions de la muqueuse, ni avec les modifications de la cavité.

IV. — PÉRITOINE

Les lésions péritonéales relèvent de la pathologie générale des séreuses : c'est dire que les inflammations aiguës y seront marquées par la présence d'exsudats cellulaires, liquides ou fibrineux : ces deux derniers seuls étant visibles à l'examen macroscopique avec l'augmentation de la vascularisation. Les inflammations anciennes seront caractérisées par l'épaississement scléreux, blanc nacré, de la séreuse en surface ou par l'organisation d'adhérences fibreuses, résistantes : brides, lames allant d'un organe à l'autre ou d'un organe à la paroi, quelquefois véritables symphyses périhépatiques, périspléniques, etc. Les différents aspects sont donc extrêmement variés suivant les caractères de l'inflammation, suivant sa localisation ou sa diffusion.

Dans les premiers stades des inflammations aiguës (**péritonites aiguës**), on note la congestion des anses (généralement distendues par des gaz), avec un aspect dépoli de la surface séreuse ; quelquefois des exsudats fibrineux, jaunes, friables, de surface, et un peu de liquide. Ces aspects peuvent être *localisés* sur une anse intestinale ou sur un groupe d'anses, dans les altérations secondaires à une inflammation locale (appendicite, anse gangrenée, péritonite localisée dans un sac herniaire) ; ils peuvent être *généralisés*. Dans ce dernier cas, les exsudats libres (liquides ou fibrineux) sont toujours plus abondants dans les parties déclives (petit bassin) où ils se collectent.

Dans les inflammations suppuratives (*péritonites suppurées*), les exsudats fibrineux sont plus opaques, gris sale ; ils sont infiltrés d'éléments mortifiés, cellules de pus. Le liquide est trouble ou franchement purulent.

Dans les inflammations dues à des agents très virulents (*péritonites septiques*), les exsudats liquides ou fibrineux sont souvent peu abondants ; il existe seulement quelques cuillerées de liquide louche dans les parties déclives ; l'intestin est rouge violacé, avec une séreuse dépolie, et il se montre très distendu.

Dans les *péritonites par perforation*, tous ces aspects peuvent s'observer, avec quelquefois des débris alimentaires ou stercoraux dans la cavité.

Des phénomènes inflammatoires antérieurs ayant créé des adhérences, peuvent causer la localisation des suppurations péritonéales et permettre de véritables **abcès péritonéaux** : abcès péri-appendiculaires, périgastriques, périhépatiques, etc., dont une variété régionale forme le grand groupe des abcès sousphréniques. La poche purulente peut être en communication originelle avec une cavité digestive et s'ouvrir secondairement, soit dans un autre point du tube, soit dans un autre organe ou à la peau (*fistule intestinale, gastrique*).

La **péritonite tuberculeuse** présente des formes nombreuses ; elle se montre quelquefois sous l'aspect d'une inflammation aiguë diffuse, avec un liquide abondant et des granulations fines sur le péritoine des viscères et de la paroi : *granulie péritonéale*. D'autres fois, c'est encore une inflammation diffuse mais chronique, avec épaississement de toute la séreuse et liquide abondant, avec ou sans granulations (*forme ascitique*). Plus fréquemment, se forment des amas fibro-caséeux, avec tassement et infiltration du grand épiploon par des tubercules, avec agglutination des anses grêles (*forme commune*). Les ganglions mésentériques sont atteints, quelquefois même ils forment des masses caséifiées volumineuses, comme cela est fréquent chez l'enfant. Enfin, la péritonite tuberculeuse peut donner lieu des abcès localisés, à des fistules ; elle peut aussi revêtir l'aspect d'une péritonite chronique simple.

Elle est fréquemment associée à des lésions tuberculeuses d'autres séreuses, et souvent aussi du poumon.

Les **péritonites chroniques** ont une individualisation clinique souvent peu nette (en dehors des ASCITES qui sont souvent secondaires à des lésions viscérales : cirrhoses, par exemple). Mais elles sont extrêmement fréquentes, au moins sous la forme localisée. Il est même de règle dans les autopsies de sujets adultes, de trouver des brides ou des lames fibreuses anciennes, localisées ou prédominantes autour des organes du petit bassin chez la femme, et plus encore dans la région sous-hépatique. Ces adhérences, plus ou moins lamelleuses, sont résistantes, parce qu'elles sont formées de tissu fibrillaire ; il ne faut pas les confondre avec les adhérences fibrineuses, jaunâtres, friables, des processus aigus. Elles produisent souvent des compressions, des déformations ou des sténoses des différentes parties du tube digestif ou des autres conduits. Elles succèdent souvent elles-mêmes à des inflammations des viscères abdominaux et particulièrement aux inflammations vésiculaires : ainsi les cholécystites, simples, calculeuses ou suppurées, les angiocholécystites produisent fréquemment de la *péritonite sous-hépatique :* comme exemple grossier de leur retentissement ultérieur, on peut signaler les *sténoses pyloriques*, dites *d'origine biliaire*, consécutives aux adhérences de cette région. Dans le même cadre pathologique entrent les lésions chroniques du petit bassin chez la femme, consécutives aux métrites, salpingites et salpingo-ovarites.

CHAPITRE III

LES PARENCHYMES GLANDULAIRES

Les diverses glandes de l'organisme sont toutes constituées par une variété de tissu épithélial qui s'est ordonné, non plus dans le sens limitant, comme les tissus cutanés ou digestifs, mais dans le sens strictement sécrétoire. Dans certaines glandes, la surface épithéliale conserve des rapports avec l'extérieur par l'intermédiaire de la lumière des acini, puis des canalicules (glandes salivaires, pancréas, rein) ; dans d'autres, profondément modifiées, les cellules épithéliales regardent des cavités closes (thyroïdes) ou les capillaires seuls (surrénales, par exemple). Dans certaines, enfin, l'orientation est à la fois canaliculaire et sanguine (foie). Quoi qu'il en soit, toutes se présentent avec les caractères des parenchymes, c'est-à-dire que, même lorsqu'elles sont creusées de canaux excréteurs ramifiés, elles ont l'aspect de tissus pleins, compacts. Dans toutes aussi, nous trouvons des cellules glandulaires ayant une ordonnance les unes par rapport aux autres, et une certaine orientation polaire ; ces cellules sont hautement différenciées ; cependant, leur activité moléculaire considérable les oblige à être remplacées de temps à autre. Les cellules épithéliales, ordonnées entre elles, sont plongées dans un stroma conjonctivo-vasculaire qui est souvent ténu, sauf au niveau des colonnes connectives contenant les vaisseaux et les canaux excréteurs un peu volumi-

neux (espaces portes du foie, par exemple). Ce stroma fait
partie intégrante du tissu et lui fournit ses matériaux de renouvellement.

Deux caractères généraux découlent de ces données au point
de vue anatomo-pathologique : c'est la rapidité et l'intensité de
production de la *sclérose* dans les inflammations, les exsudats
n'ayant généralement pas la possibilité d'évoluer vers la formation de cellules épithéliales différenciées ; c'est aussi la fréquence des *lésions dégénératives* des cellules glandulaires,
dont la nutrition normale est très délicate.

I. — LE FOIE ET LES VOIES BILIAIRES

§ 1. — Le foie normal.

Le foie est un amas de tissu épithélial glandulaire qui a perdu la constitution lobulée des glandes en grappes. Il est contenu dans une capsule fibreuse mince qui lui sert d'enveloppe,

Structure. — Pour le décrire, on le suppose formé d'unités qu'on appelle les *lobules*. On ne peut cependant distinguer, au moins chez l'homme, aucun lobule sur les coupes histologiques normales. On n'y voit, au premier abord, qu'une nappe homogène de grosses cellules, avec, de loin en loin, des îlots formés par la section d'axes conjonctivo-vasculaires, les espaces portes. En réalité, les cellules ont, entre elles, une ordonnance déterminée : elles sont agencées à la file, en *trabécules* plus ou moins rayonnants ; les trabécules sont séparés par de fins capillaires sanguins.

Les espaces portes, formés d'une trame fibrillaire, montrent dans leur intérieur : 1° la lumière volumineuse et sans paroi bien épaisse d'une branche de la veine porte ; 2° la section d'une ou deux artérioles, toujours moins volumineuses que la veine ; 3° un ou plusieurs canaux biliaires coupés généralement en travers : on les reconnaît à l'épithélium cubique bien dessiné qui les tapisse ; leur lumière est généralement petite.

Enfin on voit encore sur les préparations la section des *veines sus-hépatiques ;* elles apparaissent en plein parenchyme, avec une paroi très mince, et ne se distinguent pas toujours très facilement au milieu des trabécules hépatiques.

Aspect à l'œil nu. — La *couleur* du foie normal tient à des causes multiples. Ses cellules sont pigmentées et brunâtres ; la bile qu'il contient en quantité dans les canaux biliaires est jaune verdâtre ; enfin le sang l'imbibe par tous les capillaires : ces colorations se fondent en une résultante qui variera suivant

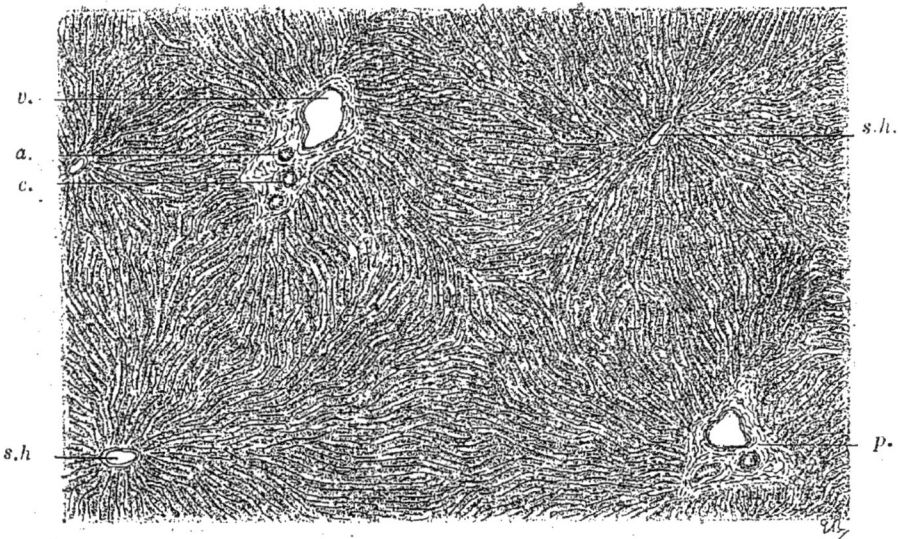

FIG. 60. — *Foie normal* (faible grossissement).
Sur le fond uniforme du parenchyme se dessinent les espaces portes (*p.*) et les veines sus-hépatiques (*sh.*) ; — *v.*, section d'une veinule porte ; — *a.*, artère ; — *c.*, canaux biliaires.

la prépondérance de l'une ou l'autre d'entre elles, mais qui est généralement jaune brun. Cette couleur n'est pas absolument uniforme ; les parties avoisinant les veines sus-hépatiques sont plus chargées de sang, tandis que d'autres contiennent plus de bile : et bien qu'elles ne puissent être distinguées à l'œil nu, leurs différences de teinte donnent à l'ensemble une coloration un peu granitée. Ce phénomène peut s'exagérer dans certains états pathologiques, par exemple dans le foie cardiaque (voir p. 158).

La *consistance* de l'organe est ferme parce que le parenchyme est homogène et que ses éléments ont entre eux une certaine cohésion ; cependant, le foie normal n'est pas dur comme les tissus formés de fibres conjonctives. Il garde une certaine friabilité, et peut éclater ou se déchirer sous l'influence des tractions ou des pressions.

Le *poids* à l'état normal oscille entre 1.400 et 1.500 grammes.

Le tissu hépatique présente quelquefois des *modifications de nutrition* de ses éléments paraissant indépendantes de tout autre processus : par exemple la surcharge graisseuse; il peut montrer aussi des modifications tenant à des *troubles circulatoires* (foie cardiaque). Mais la plupart de ses lésions dérivent de *processus inflammatoires* ; elles sont banales ou spécifiques (*tuberculose, syphilis*). Enfin, le foie est quelquefois le siège de formations parasitaires (*kystes hydatiques*).

§ 2. — Surcharge graisseuse, foie gras.

La surcharge graisseuse est due à une modification dans les échanges nutritifs habituels de la cellule hépatique.

Aspect histologique. — Sur une coupe histologique, un foie modérément gras montre des cellules infiltrées de graisse particulièrement dans la zone qui entoure les espaces portes, tandis que les zones péri-sus-hépatiques restent plus ou moins normales. L'infiltration se fait sous la forme d'une gouttelette qui devient rapidement très grosse, qui arrive à remplir complètement la cellule en refoulant son noyau, ce qui la fait ressembler à une cellule adipeuse. Mais cette cellule continue à vivre; son noyau est bien coloré, ce n'est donc pas là une dégénérescence, mais une surcharge, et c'est à tort qu'on appelle cet état du nom de dégénérescence graisseuse.

Si la surcharge est poussée à son extrême limite, toutes les cellules du parenchyme présentent cet aspect, et la coupe histologique ressemble absolument, au premier abord, à une coupe de tissu adipeux. C'est seulement en recherchant avec attention les espaces portes encore reconnaissables au milieu

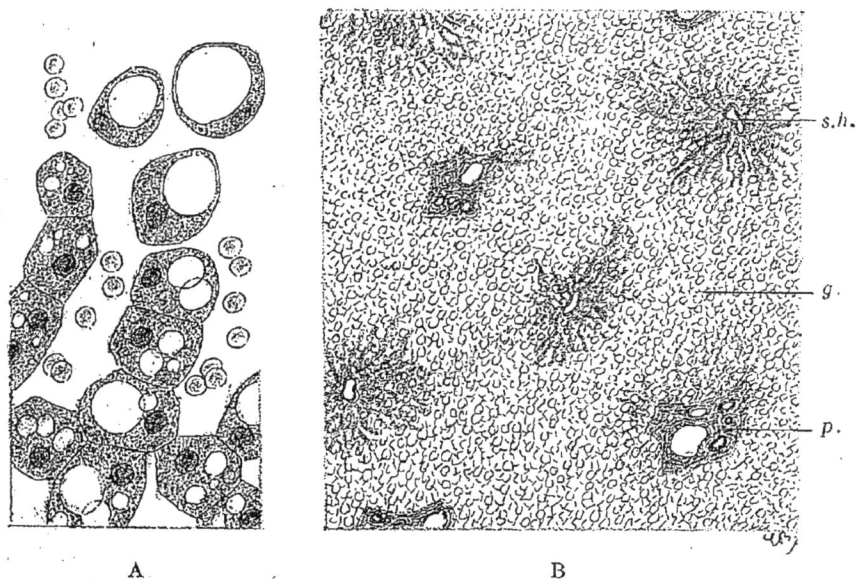

FIG. 61. — *Surcharge graisseuse du foie.*

A. Cellules dissociées montrant les diverses étapes de l'infiltration graisseuse (*fort grossissement*).
B. Coupe de foie avec une surcharge assez marquée (*faible grossissement*). Les zones graisseuses sont très étendues (*g.*) plutôt autour des espaces portes (*p.*) ; — *s.h.*, veines sus-hépatiques avec parenchyme relativement sain autour d'elles.

du champ formé par les cellules graisseuses que l'on peut se convaincre, dans ces cas, qu'il s'agit bien du foie.

Caractères macroscopiques. — La présence de la graisse produit les conséquences suivantes. En première ligne, elle augmente le *volume* de l'organe, parce qu'elle amplifie individuellement chaque cellule. Cette augmentation est naturellement proportionnelle au degré de surcharge graisseuse; elle peut arriver à être considérable et s'accompagner de déformations de l'organe dont le bord antérieur, normalement tranchant, devient mousse et arrondi.

Par contre, la *densité* du tissu hépatique surchargé de graisse

diminue ; il arrive même exceptionnellement que l'on puisse
faire flotter sur l'eau des lamelles minces de parenchyme, dans
les cas extrêmes. Le *poids* total de l'organe n'augmente donc
pas proportionnellement à son volume ; cependant, il est toujours élevé et peut atteindre plusieurs kilogrammes.

La *couleur* se modifie très sensiblement et tend au jaune
pâle : en partie, à cause de la présence de la graisse ; en partie,
parce que les zones grasses sont peu vascularisées.

Enfin, la *consistance* devient onctueuse, pâteuse, et un fragment de papier placé sur la coupe se tache de graisse.

Variétés de foie gras. — Il est aisé de concevoir quels peuvent être les différents aspects des foies gras, suivant que la
surcharge est absolue ou moyenne. Un foie tout à fait gras
aura l'augmentation de volume, la diminution de densité, le
caractère pâteux ci-dessus décrit, d'une manière très marquée : sa coloration jaune pâle sera également uniforme.

Un foie modérément gras présentera ces caractères à un degré moindre, et surtout la modification de la couleur ne sera
pas uniforme : on aura, soit à la surface, soit sur la coupe, un
aspect finement bigarré, comme si la lobulation devenait apparente : les zones péri-sus-hépatiques restant normales conservent leur aspect rouge ; elles forment de petites taches arrondies sur un fond jaune, qui représente les zones péri-por-
tales surchargées de graisse.

L'état gras peut s'observer à titre de lésion surajoutée ; il est
ainsi presque la règle dans les cirrhoses, et se voit souvent
aussi dans les foies cardiaques. Il constitue, dès lors, une modification secondaire qui est souvent appréciable à l'examen
histologique seul.

Enfin, la surcharge graisseuse est quelquefois physiologique
(grossesse).

La dégénérescence amyloïde du foie s'observe dans les conditions que nous avons rappelées précédemment (voir p. 30). Elle
s'accompagne, quand elle est très prononcée, d'augmentation

de volume de l'organe, qui devient aussi plus ferme, et dont les bords s'émoussent.

§ 3. — Foie cardiaque.

Caractères histologiques. — Toutes les fois que la circulation de la veine sus-hépatique se trouve gênée, il se produit dans les petits capillaires qui l'environnent, c'est-à-dire dans la

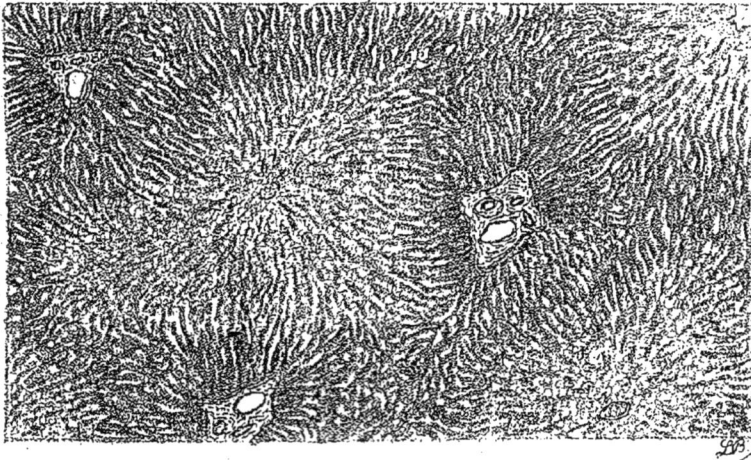

FIG. 62. — *Foie cardiaque* (faible grossissement).
Dans les parties péri-sus-hépatiques, les travées sont amincies, séparées par des globules sanguins, produisant ici des zones plus claires.

zone péri-sus-hépatique, un engorgement par les globules sanguins. La dilatation des capillaires produit dans cette zone l'écrasement des travées cellulaires situées entre eux. On a donc, au microscope, l'image d'un foie normal dans lequel les zones péri-sus-hépatiques seraient gorgées de sang ; elles paraissent même quelquefois uniquement constituées par un lac sanguin entourant la veine sus-hépatique, tandis que les parties plus éloignées, c'est-à-dire voisines de l'espace porte, sont normales.

Caractères macroscopiques. — Lorsque le foie présente cette altération histologique, il montre, à l'œil nu, quelques modifications. Il est généralement plus volumineux, simplement parce que l'abondance du sang qui y est retenu ne va pas sans une distension de l'organe.

La coloration est modifiée, et l'on s'en aperçoit à l'examen de la surface extérieure, ou plus facilement sur la section. Au lieu de la teinte assez uniforme de l'état normal, on voit une série de petits points rouge sombre très confluents, séparés par de petits anneaux jaunes ou bruns : les points rouges correspondent aux espaces sus-hépatiques remplis de sang, les autres au parenchyme resté normal ou surchargé de graisse. Cet aspect est d'ailleurs comparable à celui des foies modérément gras, mais en plus foncé et en plus brun ; c'est l'aspect muscade (foie muscade). Il s'observe non seulement dans les cardiopathies proprement dites, mais toutes les fois qu'il y a eu un obstacle de quelque durée à la déplétion sanguine au niveau du cœur droit.

Cirrhoses des cardiaques. — On décrit souvent un deuxième stade du foie cardiaque sous le nom de foie cardiaque dur. On admet que, dans ce cas, la congestion prolongée des parties péri-sus-hépatiques finit par produire de la sclérose ayant son point de départ dans ces parties.

Il s'agit là d'une simple vue théorique : on ne trouve jamais de sclérose localisée autour des veines sus-hépatiques. En fait, il peut bien exister des cirrhoses chez les cardiaques ; ce cas est même assez fréquent. Mais ces cirrhoses ne sont pas sous la dépendance de la congestion passive qui vient d'être décrite ; elles sont subordonnées aux causes habituelles des autres cirrhoses, elles en ont aussi les caractères anatomiques.

Les foies cardiaques durs entrent donc dans le groupe général des cirrhoses, et peuvent en présenter les différents aspects. Cependant, il s'y ajoute ce fait particulier, c'est que les parties avoisinant les veines sus-hépatiques restent gorgées de sang ; à l'œil nu, ces foies ont une coloration rouge plus sombre que les cirrhoses ordinaires.

Périhépatites. — Un autre fait s'observe fréquemment chez les cardiaques; c'est l'épaississement de la capsule d'enveloppe, pouvant aller jusqu'à la production d'une véritable gangue fibreuse. C'est une périhépatite. Elle s'associe généralement à l'inflammation sclérosante du péricarde. On la voit aussi chez les tuberculeux.

Infarctus. — Les infarctus du foie n'existent pour ainsi dire pas, tandis qu'on trouve souvent chez les cardiaques des infarctus des autres viscères : cela tient simplement aux conditions de circulation de la glande hépatique.

§ 4. — Inflammations aiguës. Hépatites. Abcès.

Les inflammations aiguës diffuses du foie sont beaucoup moins bien délimitées que les inflammations subaiguës ou chroniques, qui constituent les cirrhoses. Peut-être sont-elles effectivement beaucoup plus rares — au moins sous nos climats — en raison des propriétés atténuantes de la glande vis-à-vis des agents pathogènes.

Les processus inflammatoires aigus présentent dans le tissu hépatique les mêmes caractères généraux que partout ailleurs; mais ils ont quelques particularités qui leur donnent des aspects très remarquables.

En premier lieu les exsudats sont surtout cellulaires; les exsudats liquides ne peuvent trouver place dans la trame compacte du tissu. En second lieu, les inflammations aiguës s'accompagnent rapidement de modifications des cellules du parenchyme, parce que ces éléments sont très différenciés et que leur nutrition souffre très rapidement.

a) **Dégénérescences; foies infectieux.** — HISTOLOGIE. — Le caractère précoce et intense des troubles de la nutrition cellulaire donne souvent aux **hépatites aiguës** l'aspect de dégénérescences simples des cellules hépatiques (1).

(1) En réalité il paraît exister quelquefois des altérations purement dégénératives des cellules du parenchyme. Par exemple dans les

Quoi qu'il en soit, ces modifications cellulaires, qui traduisent le trouble nutritif, revêtent l'aspect de dégénérescences diverses : vacuolaire, granulo-graisseuse, pigmentaire ; elles intéressent généralement la presque totalité des cellules trabéculaires, qui paraissent se dissocier, se séparer les unes des autres ; elles sont ainsi en voie de destruction, mais nous ne pouvons pas observer leurs stades de destruction complète et de disparition, dans ces hépatites diffuses, parce que la mort du sujet en découle très rapidement par insuffisance hépatique. Autour des espaces portes on trouve de petites cellules rondes exsudées, indices de l'inflammation.

Il y a bien entendu tous les degrés dans ces lésions. Souvent les altérations dégénératives sont moins accusées, on peut même voir des îlots arrondis de cellules hépatiques hypertrophiées (certaines hépatites nodulaires) ; en même temps les exsudats de petites cellules sont plus abondants.

Il y a enfin des états analogues qui sont secondaires à d'autres lésions du foie, et que l'examen anatomique nous montre surajoutés à des lésions anciennes de cirrhose par exemple.

La plupart des hépatites aiguës diffuses succèdent à des infections générales et réalisent ce que l'on appelle le *foie infectieux*.

ASPECT MACROSCOPIQUE. — A l'œil nu, dans la majorité des cas le foie est plutôt augmenté de volume, pâteux, de couleur uniforme, rose, ou rose violacé, quelquefois semé de marbrures livides ou jaunâtres (1) ; ces phénomènes tiennent au « gonflement » des cellules, à leur infiltration, à leur dissocia-

intoxications expérimentales ou accidentelles (phosphore). Dans ces cas la majorité des éléments trabéculaires sont en état de dégénérescence granulo-graisseuse, trouble, vacuolaire, etc., sans que l'on trouve des signes d'inflammation. Mais ces faits sont l'exception (foies **toxiques**).

(1) Cette coloration tient en partie à la putréfaction du foie qui est plus rapide chez les sujets infectés. Il faut donc en tenir compte dans l'appréciation anatomique.

tion, à l'anémie secondaire du tissu. On l'observe par exemple dans les septicémies, dans l'endocardite infectieuse, la fièvre typhoïde, en général dans toutes les grandes infections.

Dans d'autres cas la rétraction, l'affaissement du tissu produisent l'**atrophie jaune aiguë**, avec la coloration et l'aspect fripé, froissé, qui caractérise cet état (toxi-infections à prédominance hépatique : *ictères graves*).

b) **Abcès du foie.** — Les abcès du foie succèdent à des hépatites aiguës dans lesquelles les phénomènes inflammatoires étaient très intenses mais plus ou moins localisés.

Leur mode de production peut être grossièrement comparé à celui des abcès pulmonaires. Nous avons noté l'extrême rareté des abcès dans les inflammations diffuses des lobes pulmonaires : ainsi sont-ils exceptionnels dans la pneumonie vraie. L'hépatisation grise lobaire entraîne la mort sans produire une suppuration véritable; il en est de même des hépatites avec dégénérescences diffuses dont nous venons de parler. Au contraire, les altérations broncho-pneumoniques s'accompagnent souvent de petits abcès; de même les inflammations hépatiques étendues ou non dans tout l'organe, mais en îlots disséminés, lobulaires, si l'on veut, produisent assez souvent de petits abcès multiples (foie appendiculaire, foie des angiocholites) ou de gros abcès solitaires (abcès dits tropicaux, dysentériques).

Au cas d'abcès **multiples**, le foie est augmenté de volume; sur la coupe se dessinent de nombreuses petites cavités pleines d'un pus filant, qui peut être coloré en jaune (abcès biliaires). Quelquefois ils sont confluents (abcès aréolaires). Dans les **abcès volumineux**, peu nombreux ou **solitaires** (dysentérie), l'organe est déformé par la poche purulente qui fait saillie à la surface et peut être sentie sur le vivant. Au microscope, la paroi des abcès montre, en allant de dehors en dedans : 1° le parenchyme infiltré de petites cellules ; 2° une zone nécrosée, mais avec une structure encore reconnaissable ; 3° des débris granuleux et incolores, s'effondrant pour former la cavité de l'abcès. Le parenchyme relativement sain avoisinant est très

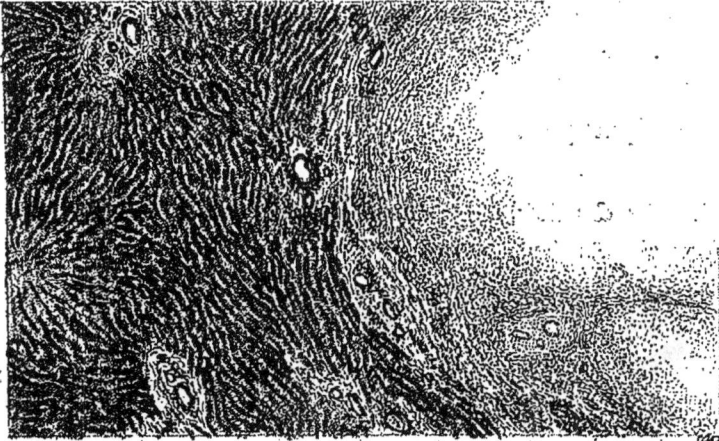

FIG. 63. — *Abcès du foie* (faible grossissement).

La cavité de l'abcès est vue, en partie, à droite. Autour, zone de détritus granuleux; puis zone nécrosée où l'on reconnaît encore le dessin d'un espace porte; puis parenchyme enflammé et parenchyme sain.

vascularisé, et souvent comme tassé, refoulé excentriquement (voir fig. 63).

§ 5. — Inflammations lentes. Cirrhoses (1).

ASPECTS MICROSCOPIQUES.

Caractères généraux. — Nous avons déjà insisté sur la grande fréquence des inflammations du foie produisant de la

(1) Il existe des intermédiaires entre les inflammations aiguës et les cirrhoses. Dans ces *hépatites subaiguës*, la sclérose se montre déjà en fins pinceaux, plus ou moins mêlée à des lésions dégénératives des cellules, à de la surcharge graisseuse ou pigmentaire, à des foyers d'exsudats cellulaires. C'est dans ce groupe qu'entrent les états assez rares désignés sous les noms de *cirrhoses aiguës*, *hépatites graisseuses*. Ils donnent lieu généralement à de l'augmentation de volume de l'organe.

sclérose. C'est là un caractère commun aux parenchymes glandulaires et nous le retrouverons au niveau du rein ; les processus inflammatoires, dans ces tissus formés surtout de cellules hautement différenciés, produisent assez rapidement des fibrilles entremêlées de cellules allongées qui épaississent la trame normale, ou dissocient les éléments épithéliaux. C'est

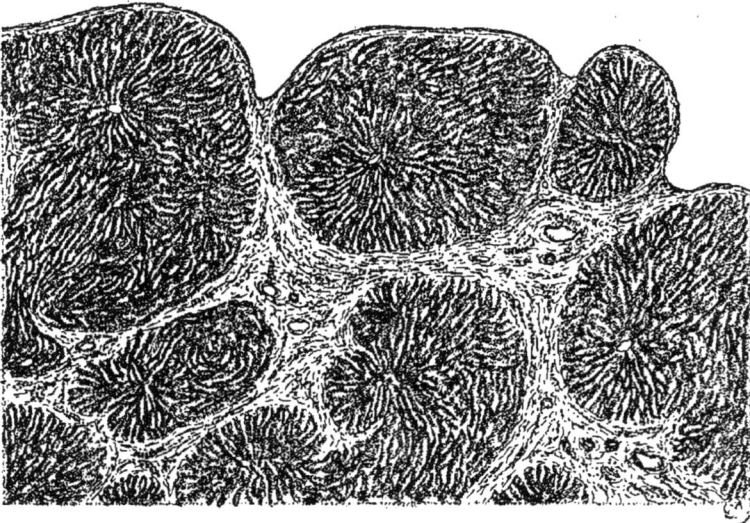

Fig. 64. — *Cirrhose annulaire* (faible grossissement).
On voit les bandes scléreuses annulaires. Le bord supérieur de la figure représente la capsule, vers laquelle font saillie les îlots de parenchyme.

pourquoi les cirrhoses du foie, les scléroses du rein, résument fréquemment l'inflammation de ces organes.

Ces scléroses ont pour caractère essentiel d'être diffuses et étendues plus ou moins à tout l'organe.

Disposition de la sclérose. — On a de tous temps cherché à classer le grand groupe des cirrhoses en s'efforçant de faire correspondre des états anatomiques définis aux multiples formes étiologiques et symptomatiques. On est arrivé à produire des divisions anatomiques tout à fait théoriques. On a décrit par exemple des scléroses ayant pour point de départ les espaces portes, d'autres naissant autour des veines sus-

hépatiques, d'autres mixtes, dites biveineuses, d'autres biliaires.
A chacune de ces dispositions se seraient associés des caractères secondaires absolument spéciaux; chacune d'elles aurait
ainsi formé un type anatomique, qui aurait correspondu à une
étiologie et des symptômes particuliers, c'est-à-dire à un type
clinique.

En fait les aspects anatomiques sont extrêmement variables,
quelles que soient les conditions étiologiques, et ils se relient

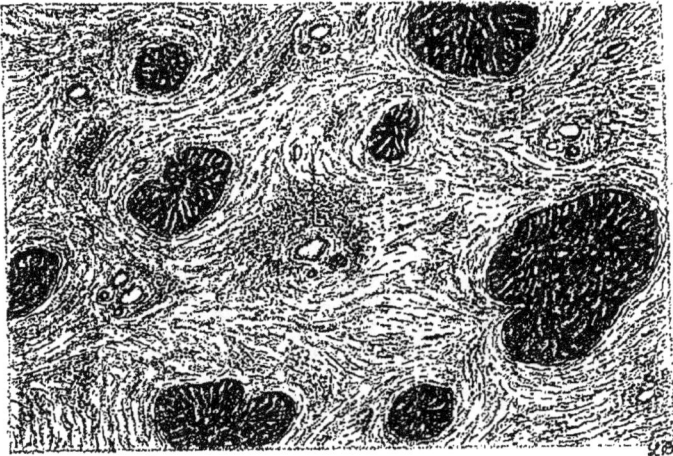

Fig. 65. — *Cirrhose annulaire très intense* (faible grossissement).
La sclérose forme un champ continu dans lequel subsistent des amas arrondis
de parenchyme. On reconnaît encore quelques groupements portes au sein de
la sclérose.

par une infinité de formes de transition : ce sont de simples
variétés. De plus, ces scléroses relèvent toujours du même
processus initial. Ainsi, il n'existe pas de sclérose ayant pour
point de départ les veines sus-hépatiques. On peut trouver ces
veines atteintes dans les cirrhoses, mais elles sont entourées
secondairement, la sclérose est toujours plus développée autour
des espaces portes. Il n'y a en réalité qu'une seule inflamma-
mation du foie : elle a pour point de départ les seules parties
qui contiennent des vaisseaux artériels, c'est-à-dire les espaces
portes. Cette inflammation produit rapidement de la sclérose

qui va s'étendre à l'entour et envahit plus ou moins le parenchyme; la topographie peut en être variable; elle peut revêtir
l'aspect de *bandes*, ou *d'anneaux* (fig. 64 et 65), ou au contraire être *très diffuse* (fig. 66), isoler les cellules les unes
des autres, et produire ainsi des états terminaux différents.
Certains de ces états, comme la sclérose annulaire, se voient
plutôt dans certaines conditions étiologiques, comme par
exemple dans la cirrhose atrophique des alcooliques (cirrhose

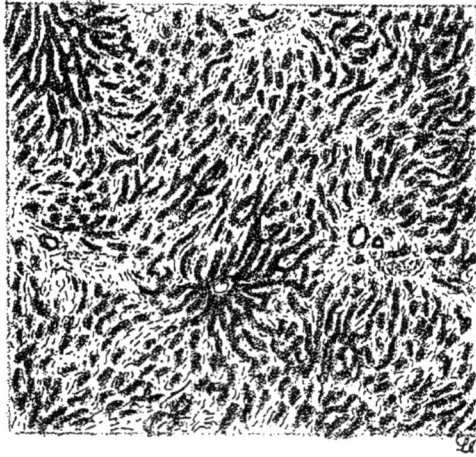

FIG. 66. — *Distribution pénicillée de la sclérose* (faible grossissement).
Chaque travée hépatique est isolée et dissociée par les pinceaux scléreux.

de Laënnec); au contraire certaines scléroses très diffuses avec
dissociation du parenchyme, s'observent plutôt dans les inflammations consécutives aux infections ascendantes des voies
biliaires ou dans la tuberculose, la syphilis. Mais, malgré tout,
ces états anatomiques ne sont pas caractéristiques, et il est
toujours dangereux, souvent même impossible, de dire, par le
seul examen microscopique, si l'on a affaire à une cirrhose
alcoolique, cardiaque, tuberculeuse, biliaire, etc. (1).

(1) La sclérose se présente naturellement avec les caractères de
constitution communs à toutes les scléroses : tissu fibrillaire plus ou
moins lâche à cellules allongées. En outre, il est plus ou moins semé

État des cellules hépatiques dans les cirrhoses. — Un autre facteur vient étrangement compliquer l'aspect anatomique des cirrhoses : c'est l'état du parenchyme qui subsiste au sein des bandes ou des anneaux scléreux.

La cellule hépatique qui tire sa nutrition des vaisseaux venus par l'espace porte se modifie lorsque sa circulation nutritive est modifiée. C'est là un phénomène général des inflammations ; mais il est particulièrement apparent dans les tissus

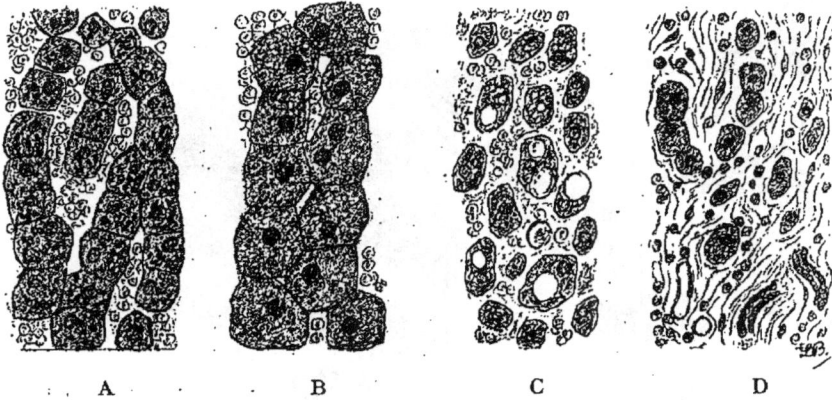

FIG. 67. — *Modifications cellulaires dans les cirrhoses*
(fort grossissement).

A. Travées hépatiques avec pigment dans les cellules.
B. Cellules hypertrophiées.
C. Cellules dissociées, de petit volume, en dégénérescence granulo-graisseuse.
D. Cellules atrophiées, étouffées par la sclérose.

présentant des cellules assez différenciées comme dans le foie ou le rein.

Par ce fait, la cellule hépatique peut subir de simples déviations dans ses échanges, produisant par exemple la *surcharge graisseuse* (cas très fréquent); ou bien elle peut être atteinte plus profondément et présenter de véritables *dégénérescences* ; d'autres fois elle est comme écrasée, étouffée par la sclérose

de petites cellules rondes exsudées des vaisseaux; celles-ci sont rares et discrètes quand le processus n'est pas en activité; elles peuvent être confluentes dans le cas contraire, quelle que soit l'ancienneté de la cirrhose.

(comparaison grossière), elle s'*atrophie;* enfin elle peut au contraire être le siège de phénomènes nutritifs exagérés ; elle s'*hypertrophie.* En un mot, elle se trouve souvent soumise à des conditions plus ou moins importantes de vitalité exagérée ou diminuée (fig. 67).

En résumé, la disposition de la sclérose peut être extrêmement variable : annulaire, en bandes, pénicillée; variable

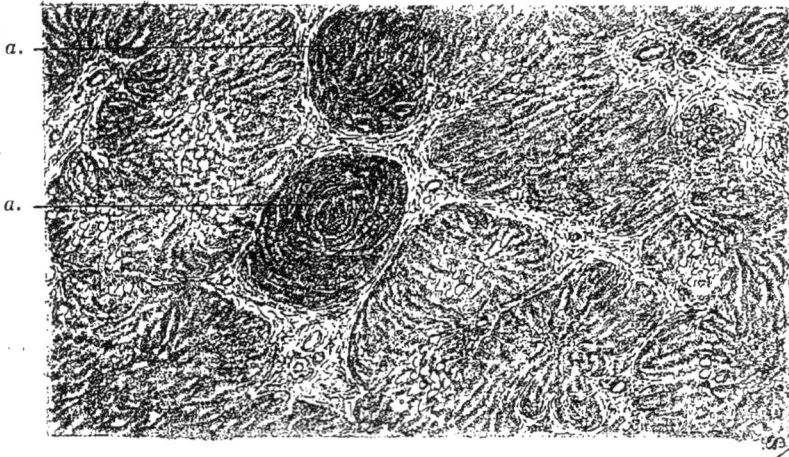

FIG. 68. — *Sclérose à distribution irrégulière* (faible grossissement).
En deux points, le parenchyme est formé de cellules plus volumineuses, plus compactes, mieux colorées : points adénomateux (*a., a.*).

aussi, dans le même sens, la disposition du parenchyme : en îlots compacts, en boyaux irréguliers, en trabécules isolés et plus ou moins dissociés; variable enfin l'état des cellules épithéliales : saines ou en surcharge graisseuse ; atrophiées ou hypertrophiées, formant même quelquefois des îlots compacts de grosses cellules bien colorées (petits nodules adénomateux, voir fig. 68).

Nous devons en outre signaler deux points particuliers — et d'importance inégale — dans l'étude des cirrhoses : c'est d'une part la présence fréquente de néo-canalicules biliaires, d'autre part la possibilité de pigmentation.

Néo-canalicules biliaires. — Dans *toutes les variétés de cirrhoses* (et non comme on l'a cru longtemps dans les seules cirrhoses biliaires) (1), on observe fréquemment de petits boyaux cellulaires allongés, au milieu des amas scléreux. Ils sont formés d'une double rangée de cellules épithéliales, sans lumière apparente, comme s'il s'agissait de canaux biliaires en miniature. Ces formations peuvent être plus ou moins abondantes, sans qu'on puisse voir un rapport entre leur quantité et la variété étiologique de la cirrhose; elles sont en tout cas de constatation courante.

Cirrhoses pigmentaires. — On rencontre de manière fréquente, dans les cirrhoses les plus diverses, des pigments noirs, probablement d'origine globulaire, dans les îlots scléreux.

Dans d'autres cas, le pigment est brun et plus diffus, existant aussi dans les cellules hépatiques; ces cirrhoses ont à l'œil nu une couleur brune, *de rouille*, particulière. Ce sont les cirrhoses pigmentaires des paludéens, des diabétiques, et de toutes les cachexies pigmentaires. On sait qu'en pareil cas on trouve souvent des pigmentations d'autres organes.

Il faut signaler à ce propos la pigmentation des cellules par des substances biliaires dans les ictères : phénomène banal dans ces états.

Caractères macroscopiques des cirrhoses.

Les caractères macroscopiques tiennent à la présence même de la sclérose, et secondairement à sa disposition et à l'état du parenchyme.

1° Caractères constants. — Deux caractères sont absolument constants. C'est en premier lieu l'*augmentation de la consis-*

---

(1) Les cirrhoses dites biliaires sont constituées par des scléroses généralement très diffuses, associées à l'inflammation des canaux biliaires. Elles montrent souvent une pigmentation ictérique du parenchyme, quelquefois de petits foyers de cellules exsudées semblant des abcès miliaires en voie de formation. D'autres fois, elles présentent de véritables petits *abcès biliaires*. La sclérose y est généralement dissociante, pénicillée ou en îlots, mais l'état du parenchyme reste très variable; le volume total peut être augmenté ou diminué. Ces cirrhoses, dans lesquelles rentre la variété de Hanot, sont en somme des suites d'angiocholites.

lance normale du foie. Ce fait est plus ou moins accentué suivant l'abondance de la sclérose; il peut aller jusqu'à la production d'un tissu très dur qui crie sous le couteau lorsqu'on veut couper l'organe. Un deuxième caractère est l'*exagération de la lobulation* que l'on distingue vaguement à l'état normal sur la section du foie. En effet, l'existence de bandes ou d'anneaux scléreux produit à l'œil nu un dessin visible soit à la surface de l'organe, soit sur la coupe. Ce dessin est constitué par des zones gris clair (sclérose) et par des zones arrondies dont la couleur varie du rouge au jaune suivant que le parenchyme qui le constitue est plus ou moins congestionné, plus ou moins surchargé de graisse, etc.

2° **Caractères variables.** — Les *modifications de volume* se voient toujours dans les cirrhoses, mais dans un sens variable. La présence du tissu scléreux tend à produire une rétraction d'ensemble de l'organe; mais l'état du parenchyme entre ici aussi en ligne de compte.

Nous avons signalé précédemment les états dans lesquels pouvaient se trouver les cellules hépatiques. Ces états peuvent être variables, et même opposés, en différents points du tissu. Mais lorsque, dans l'ensemble, les phénomènes dus à la dénutrition prédominent, le parenchyme subit dans sa totalité une diminution de volume; ce caractère résulte de l'amoindrissement individuel des cellules et de leur diminution de nombre; la rétractilité du tissu scléreux s'y ajoute. On a dès lors un petit foie : **cirrhoses atrophiques.** Cette « atrophie » est très fréquente dans les cirrhoses alcooliques, où elle forme un des caractères importants de la variété : cirrhose de Laënnec. Mais elle peut se voir aussi dans d'autres cas.

Si au contraire les phénomènes de nutrition exagérée prédominent, le parenchyme augmente de volume, ce qu'on interprète quelquefois par un abus de langage, comme une « réaction de défense ». On observe alors, malgré la sclérose, une augmentation totale du foie : **cirrhoses hypertrophiques.**

Un dernier caractère est produit par la présence de *granula-*

tions, visibles sur la surface extérieure de l'organe. Ce caractère est fréquent, mais pas absolument constant. Il n'est que la représentation en surface des zones de parenchyme conservé ou hypertrophié alternant avec les zones de sclérose ; les premières produisent de petites saillies arrondies entourées par des points déprimés correspondant aux secondes (voir fig. 64 et 69).

Les granulations peuvent être plus ou moins grosses sui-

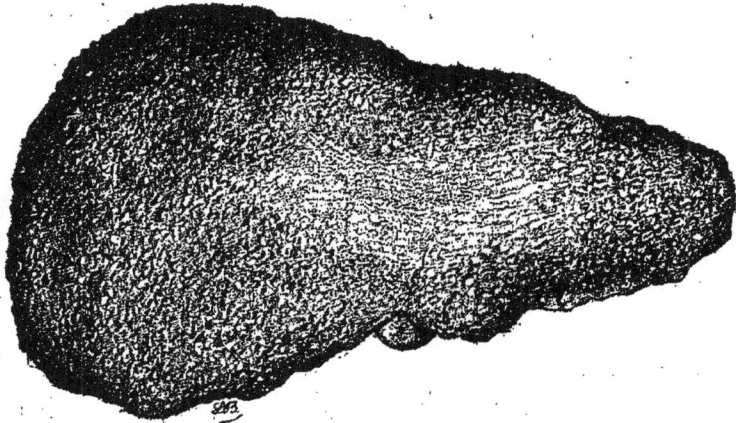

FIG. 69. — *Cirrhose atrophique du foie.*
On voit l'aspect clouté ; l'épaississement blanchâtre de la capsule (surtout au milieu de la face antéro-supérieure); les bords irréguliers.

vant que les îlots sont plus ou moins volumineux ; généralement elles varient de la grosseur d'une petite tête d'épingle à la grosseur d'un pois : elles produisent ce qu'on appelle l'état clouté. Cet état est très marqué, par exemple, dans la cirrhose atrophique de Laënnec; mais il peut se voir aussi dans des cirrhoses hypertrophiques, puisqu'il dépend non pas d'une cause déterminée, mais de la topographie de la sclérose par rapport au parenchyme. Dans les cirrhoses diffuses il s'observe au contraire à un degré beaucoup plus atténué, ou même pas du tout.

LÉSIONS DE VOISINAGE OU DES AUTRES ORGANES. — Dans les

cirrhoses, le péritoine présente fréquemment de l'inflammation chronique : il est épaissi, d'un blanc nacré, sa cavité contient un liquide très peu abondant ou, au contraire, considérable. L'inflammation péritonéale est souvent plus intense au niveau du foie, dont la capsule est constamment épaissie et blanchâtre ; parfois, il se forme même autour de lui des adhérences, et souvent l'inflammation se transmet à la plèvre droite qui présente de la pleurésie (1).

La *rate* est toujours augmentée de volume.

Enfin, il coexiste souvent de la tuberculose pulmonaire.

§ 6. — Le foie et la tuberculose.

Les tuberculeux, et surtout les tuberculeux pulmonaires, présentent presque constamment des modifications du foie. Ce sont, le plus souvent, des lésions non tuberculeuses ou tout au moins sans caractères anatomiques spécifiques ; quelquefois ce sont de véritables tuberculoses du foie. Celles-ci peuvent même être observées comme la localisation prédominante de la tuberculose.

La **surcharge graisseuse** est de constatation banale, avec les caractères que nous avons rappelés plus haut. C'est même la tuberculose qui en est la cause la plus fréquente.

Le **foie amyloïde** s'observe plus rarement. On le voit surtout avec les tuberculoses osseuses ayant donné lieu à des suppurations prolongées.

Les **cirrhoses** sont assez fréquentes. Elles n'ont souvent aucun caractère particulier, et il n'est pas sûr qu'elles ne relèvent pas, en réalité, chez les tuberculeux, de l'alcoolisme.

Elles peuvent être intenses, mais le plus souvent ce sont des cirrhoses peu marquées, décelables seulement au microscope et

(1) On observe fréquemment cette association de lésions pleurales plus ou moins discrètes dans les diverses lésions du foie, en particulier dans les abcès, les kystes hydatiques, etc.

formées d'un mélange de surcharge graisseuse et de sclérose légère avec exsudats cellulaires assez abondants. Ces types sont quelquefois appelés *hépatites graisseuses des tuberculeux*. Dans beaucoup on ne trouve d'ailleurs aucun signe histologique de la tuberculose, mais cependant *il est beaucoup moins*

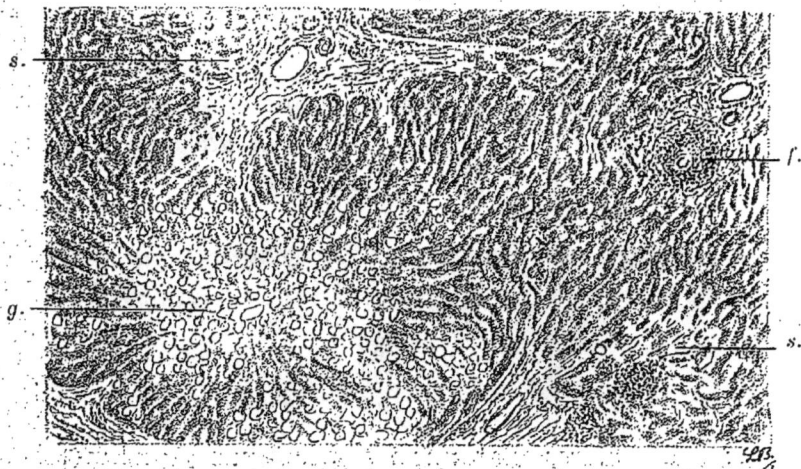

FIG. 70. — *Foie cirrhotique et gras chez un tuberculeux*
(faible grossissement).

La sclérose est légère. En *s.*, elle dissocie les trabécules au voisinage d'un espace porte. Surcharge graisseuse en *g.*; — *f.*, follicule avec cellule géante.

rare qu'on ne croit d'y trouver quelques follicules tuberculeux avec cellules géantes bien caractérisées (fig. 70).

Tuberculose du foie. — La tuberculose proprement dite du foie est rare ; dans les septicémies bacillaires (granulie), on rencontrera souvent de fines granulations, bien caractérisées au microscope. A l'œil nu, on peut quelquefois les repérer soit à la surface, soit sur les coupes de l'organe ; elles forment de très petits grains blanc jaunâtre, bien arrondis. Mais comme le foie est souvent dans l'ensemble atteint de surcharge graisseuse moyenne, il est souvent difficile de les distinguer sur le fond jaune ou bigarré.

Plus rares sont les vrais tubercules du foie, visibles à l'œil nu sous forme de nodules blanchâtres, caséeux, arrondis ou polycycliques. Plus rares encore les petits abcès tuberculeux. Quelquefois, on observe des péri-hépatites tuberculeuses : la capsule, plus ou moins adhérente aux organes voisins, est très fortement épaissie et lardacée, ou contient des amas caséeux.

§ 7. — Syphilis du foie.

Chez le nouveau-né, la syphilis hépatique est assez fréquente, car le foie est le premier organe atteint *in utero* par le sang revenu du placenta. La syphilis congénitale s'y localise donc

FIG. 71. — *Gomme du foie* (faible grossissement).
La gomme est vue, en partie, à gauche de la figure ; — N., centre nécrosé ; — s., périphérie scléreuse.

souvent ; en tout cas, on trouve avec une grande fréquence des spirochètes dans son tissu, sain ou altéré, chez le nouveau-né syphilitique.

La forme la plus particulière de syphilis hépatique du nouveau-né est le *foie silex :* foie gros, dur, brun. La lésion microscopique la plus importante est une infiltration absolument diffuse de petites cellules rondes exsudées.

Chez l'adulte, on observe surtout des *gommes* ou des *scléroses*, ou un mélange de ces deux lésions.

Les GOMMES, ici comme dans les autres organes, sont des points de nécrose massive entourés de zones à circulation exagérée et à productions scléreuses. Les parties nécrosées elles-mêmes sont granuleuses, se colorent mal : on y distingue souvent le dessin encore apparent du parenchyme hépatique nécrosé (contour des espaces portes, par exemple).

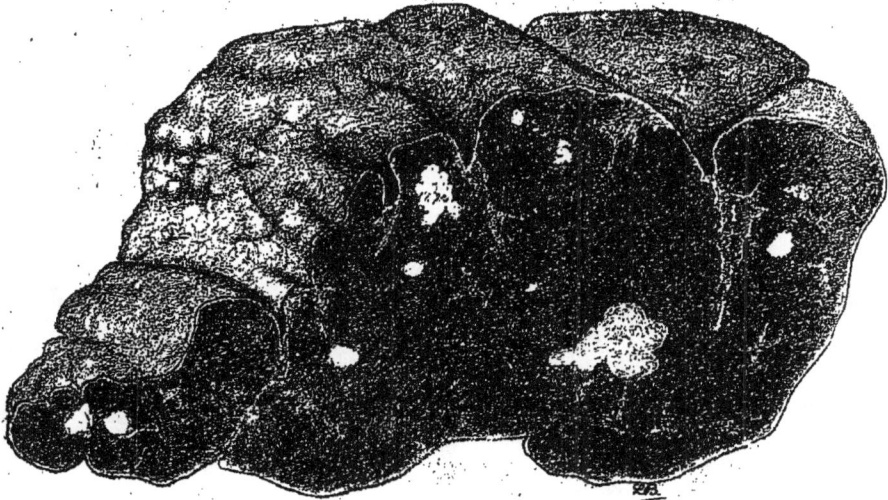

FIG. 72. — *Foie syphilitique gommeux et ficelé.*

Les gommes sont apparentes sur la surface de section. Généralement, on n'en trouve pas d'aussi volumineuses dans les foies ficelés bien typiques.

A l'œil nu, elles forment des masses blanc jaunâtre, généralement fermes, que l'on compare justement à du marron cru ; elles sont de dimensions très variables, grosses comme un pois, une noix, un œuf, ou même occupent une partie considérable d'un lobe ; elles peuvent être multiples et à contours irréguliers.

La SCLÉROSE est d'aspect extrêmement variable. Il est probable que de véritables cirrhoses peuvent être produites par la syphilis, mais jusqu'ici nous ne pouvons les distinguer des cirrhoses communes. Au contraire, nous connaissons, en tant que lésion certainement syphilitique, des scléroses moins diffuses, plus intenses, produisant des rétractions, des strictures très marquées de l'organe : c'est le *foie ficelé*. Il est rarement accompagné de gommes bien typiques, mais souvent de petites gommes en voie de disparition, petits amas jaune foncé, grenus, visibles à l'œil nu, au centre des amas fibreux.

§ 8. — Kystes hydatiques.

On appelle kyste hydatique la lésion produite dans les organes par l'enkystement du cysticerque, celui-ci étant la forme de passage dans l'homme du tænia echinococcus (hôte du

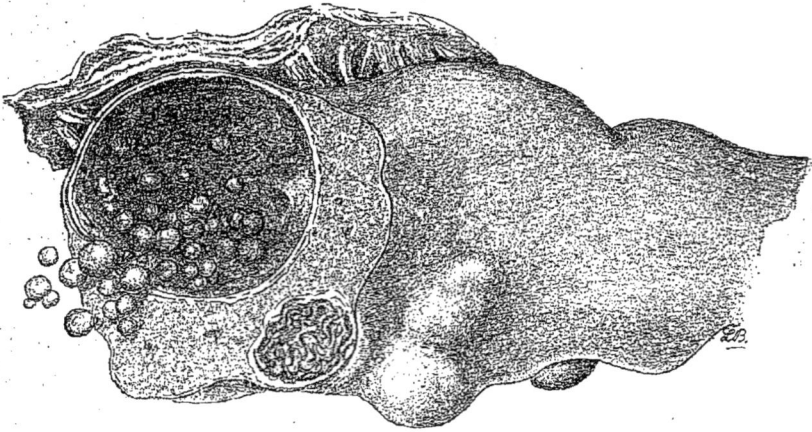

FIG. 73. — *Kystes hydatiques du foie.*

Une coupe oblique a ouvert deux kystes du lobe droit : l'un contient de nombreuses vésicules, qui s'en échappent. L'autre, plus petit, est mort; il est rempli de lamelles flexueuses.
Au voisinage, se dessinent deux autres kystes sur la surface de l'organe.
Noter les adhérences au diaphragme, dont une partie a été enlevée avec le foie.

chien). La localisation dans le foie est de beaucoup la plus fréquente ; elle est plus ou moins commune suivant les pays ; en France, elle n'est pas très rare.

Les kystes hydatiques du foie sont généralement uniques ou

peu nombreux (1) ; ils forment de grosses poches arrondies, apparentes sur la surface qu'elles déforment, et souvent perceptibles sur le vivant. Elles contiennent un liquide clair, dans lequel nagent fréquemment, quelquefois en très grande abondance, des vésicules hydatiques, tout à fait comparables aux grumes de raisin. Au microscope, on trouve dans le liquide de la poche ou des vésicules des **crochets** caractéristiques (voir fig. 74, A). C'est là un élément extrêmement important pour le diagnostic.

La paroi du kyste a une constitution histologique très parti-

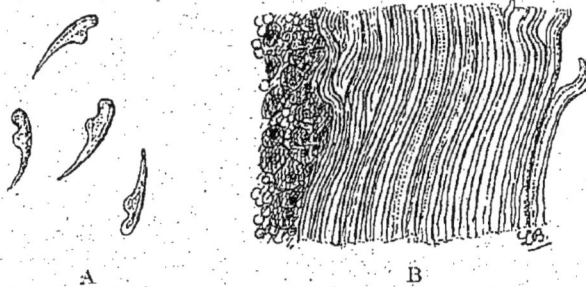

Fig. 74.

A. Crochets d'échinocoques, vus à un fort grossissement.
B. Coupe dans la paroi d'un kyste (fort grossissement) ; à gauche, le foie; à droite, la cavité du kyste.

culière, et qui peut souvent permettre d'en faire le diagnostic au microscope : elle est formée de lames hyalines tassées les unes contre les autres comme les feuillets d'un livre, et sans éléments cellulaires (fig. 74, B). Le parenchyme du foie est souvent intact.

Les kystes subissent souvent des modifications ; ils peuvent suppurer ; le parasite peut périr : dès lors, le kyste se flétrit, se ratatine, son contenu devient épais, filant; se remplit de lames festonnées, pâteuses ; puis il se dessèche, se calcifie.

---

(1) Il existe une forme dans laquelle les kystes sont nombreux et donnent à l'organe un aspect aréolaire. Elle est presque inconnue en France.

Les kystes peuvent aussi se rompre dans le péritoine et y essaimer de nouveaux kystes. Ce fait, comme on l'a dit, constitue une hérésie scientifique ; l'histoire naturelle nous montre, en effet, que le cysticerque ne peut se reproduire qu'en passant par sa forme tænia, qui nécessite un hôte différent pour se développer (le chien généralement). Mais cette hérésie est un fait aujourd'hui prouvé par quelques observations certaines.

§ 9. — Anatomie pathologique sommaire des voies biliaires.

L'anatomie pathologique des voies biliaires est assez simple. Les inflammations très atténuées et lentes y produisent des *calculs ;* les processus plus aigus aboutissent souvent à la suppuration, particulièrement aux abcès de la vésicule (*cholécystites suppurées*). Ce qui domine la pathologie des voies biliaires, c'est l'extension au péritoine, d'une part, et au foie de l'autre.

Le *péritoine* est constamment enflammé au voisinage immédiat : simples épaississements blanchâtres dans les formes très atténuées ; adhérences fibreuses (*péritonite sous-hépatique* chronique) dans la plupart des cas ; exsudats fibrineux ou fibrino-purulents dans les suppurations (même sans perforation de la vésicule).

Le *foie* est vite altéré dans les inflammations un peu marquées de quelque durée. Il présente quelquefois de petits abcès biliaires (angiocholites suppurées), souvent une inflammation subaiguë diffuse avec cirrhose ; il en existe des types très variables, réunis généralement sous le nom de *cirrhoses biliaires* (voir la note de la page 168).

II. — LE REIN ET LES VOIES GÉNITO-URINAIRES

§ 1. — Le rein normal.

Le rein est formé essentiellement d'un tissu épithélial glandulaire, et celui-ci est ordonné en *tubes sécréteurs* à épithélium volumineux ; ces tubes présentent des variations régionales, nous ne pouvons les signaler ici ; il faut se souvenir tout au moins qu'après un certain trajet ils forment par leur réunion d'autres tubes dont l'épithélium est plus plat : *canaux excréteurs* se jetant dans les bassinets. Enfin, à l'origine des tubes sécréteurs existe une formation vasculaire : le *glomérule*.

Les éléments actifs de la sécrétion urinaire (glomérules et tubes) sont surtout réunis dans la couche la plus périphérique de l'organe : la couche corticale ; ici les sections des tubes forment le fond des coupes histologiques sur lequel se dessinent çà et là les *glomérules*. Les tubes apparaissent comme des boyaux à épithélium régulier, volumineux, que l'on voit coupés en travers ou sur une certaine étendue et légèrement ondulés. Les glomérules se montrent comme des amas bien arrondis, de volume égal, formés d'un peloton vasculaire semé de noyaux vivement colorés par les réactifs. En réalité, le bouquet glomérulaire est contenu dans une capsule formant un cercle bien net. Souvent, entre le peloton et la capsule, se dessine une petite cavité claire en mince croissant. Quelquefois enfin, sur les coupes, les glomérules ont disparu, chassés pendant les manipulations ; il ne reste plus que la cavité circulaire, vide, de la capsule.

Glomérules et tubes sont normalement tous au contact, sans éléments connectifs apparents entre eux.

En dedans de cette couche corticale, entre elle et le centre du rein (occupé par les calices et le bassinet) s'étend la couche des

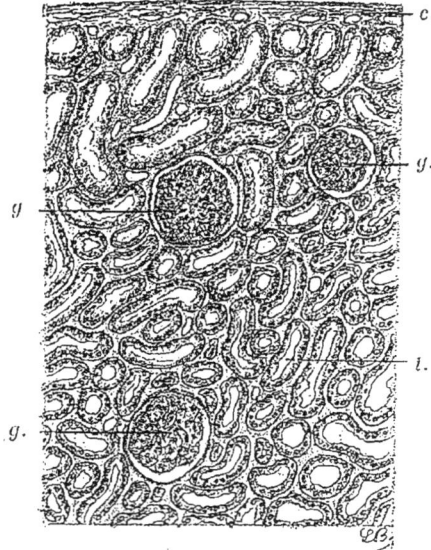

Fig. 75. — *Rein normal* (coupe dans la substance corticale (grossissement moyen).
g., *g.*, glomérules; — *t.*, tubes; — *c.*, capsule.

pyramides, formée surtout de canaux excréteurs, parallèlement disposés, avec de minces bandes connectives entre eux. C'est la **zone médullaire.**

Une lame conjonctive mince enveloppe tout le tissu rénal et le limite extérieurement : **capsule propre du rein.**

A l'œil nu, cet ensemble a un aspect particulier bien connu ; le rein est un organe ferme dont le poids oscille entre 140 et 160 grammes. Sur la section faite longitudinalement en partant du bord convexe se dessinent les deux couches ci-dessus décrites ; elles ont dans l'ensemble une coloration brunâtre uniforme ; on les distingue cependant : la zone corticale est très finement pointillée, la zone médullaire striée de fines lignes parallèles formant les pyramides et convergeant vers le centre de l'organe.

Celui-ci est occupé par les cavités du **bassinet** et des **calices** : le sommet de chaque pyramide pointe vers les calices, où il fait la saillie mousse des **papilles**. Ces cavités sont tapissées d'une muqueuse mince, gris rosé, lisse.

Il faut savoir enfin que la capsule de l'organe peut être facilement détachée ; elle paraît alors mince, souple, demi-transparente ; la surface du rein au-dessous d'elle doit être lisse et unie.

Les lésions des reins sont extrêmement fréquentes et le plus souvent bilatérales ; elles consistent surtout en altérations inflammatoires. Ces faits tiennent à ce que les substances toxi-infectieuses circulant dans l'organisme malade s'éliminent au niveau des reins et les altèrent.

Une autre donnée générale en pathologie rénale est le caractère souvent banal des lésions ; ici plus peut-être encore que dans les autres organes les causes pathogènes les plus variées produisent des modifications histologiques analogues. Nous avons rappelé cette loi dès le début de cet ouvrage ; nous l'avons vérifiée à propos des lésions pulmonaires, digestives, hépatiques ; elle va nous apparaître ici avec toute évidence.

Il existe bien, au niveau des reins, des lésions que l'on peut appeler spécifiques ; elles sont rares. Ainsi la tuberculose s'y décèle parfois par des productions bien caractérisées, mais beaucoup plus souvent elle atteint le rein en y produisant des lésions inflammatoires d'apparence banale (néphrites subaiguës ou chroniques).

Ce fait, ici comme ailleurs, va simplifier beaucoup et compliquer beaucoup aussi notre étude anatomo-pathologique. Il la simplifie parce qu'il nous conduit à étudier simplement l'*inflammation du rein*, dont le processus se retrouve dans toutes les néphrites. Il la complique aussi, parce qu'au lieu de types anatomo-cliniques tranchés, correspondant à des étiologies différentes, il nous met en présence d'une infinie variété d'aspects avec d'infinies formes de transition, en présence desquelles il est souvent hasardeux de penser à telle ou telle forme clinique. Mais n'est-ce pas là justement la conception la plus juste que nous puissions avoir des faits pathologiques, extrèmement variés et mobiles, et se liant insensiblement les uns aux autres ?

Nous étudierons donc l'*inflammation du rein,* envisagé comme un parenchyme glandulaire : par beaucoup de points son histoire anatomo-pathologique se rapproche de celle des autres glandes compactes, en particulier du foie.

Nous en signalerons ensuite les *variétés* les plus fréquentes ; nous rattacherons aux caractères histologiques les caractères d'examen à l'œil nu qui en découlent. Chemin faisant, pour servir de liaison avec les classifications pathologiques familières, nous noterons les types cliniques qui leur correspondent le plus fréquemment. Nous exposerons séparément les altérations ayant quelquefois des caractères spécifiques : *tuberculose, syphilis.*

De l'étude des inflammations, qui forment le vaste groupe des néphrites, nous détacherons enfin des lésions un peu spéciales : ce sont les perturbations vasculaires grossières (*infarctus*). Elles sont, en réalité, toujours associées à des phénomènes inflammatoires, mais pour plus de simplicité peuvent être étudiées séparément sans trop d'artifice.

Enfin, pour être complet, nous devrions consacrer quelques mots aux *dégénérescences.* Celles-ci aussi sont très généralement liées aux processus inflammatoires : ce sont surtout la **dégénérescence amyloïde** et la dégénérescence graisseuse. De la première, il faut au moins retenir qu'elle rend le rein plus gros, ferme, de consistance et d'aspect lardacé. Le microscope, à l'aide des colorations spéciales, y montre l'amyloïde dans les parois des artérioles glomérulaires ou dans les autres petits vaisseaux (voir fig. 6, p. 30).

La **dégénérescence graisseuse** est une lésion fréquente dans les néphrites aiguës et subaiguës ; moins souvent, elle est la lésion la plus apparente. La graisse se montre sur les coupes microscopiques en gouttelettes incluses dans l'épithélium des tubes. Le rein devient gros, mou, blanchâtre.

Nous laisserons de côté les lésions parasitaires, rares, des reins.

L'étude du rein polykystique sera faite à propos des tumeurs.

§ 2. — Les Néphrites.

On étudie quelquefois séparément diverses sortes d'inflammations du rein, en s'efforçant de les rattacher aux causes qui les produisent. Nous avons dit précédemment pour quels motifs nous envisagerions les faits d'un autre point de vue. Nous ne diviserons même pas les néphrites en néphrites parenchymateuses, interstitielles, mixtes; ces termes sont bien des termes anatomiques; mais, sous l'influence d'idées théoriques abandonnées aujourd'hui, on leur a donné une valeur qui n'existe pas, au moins au point de vue anatomique vrai; on les a transportés dans le domaine de la clinique; ils peuvent y garder une signification en constituant des étiquettes familières; mais il est bien entendu qu'ils ont été détournés de leur sens étymologique et qu'ils ne doivent pas faire penser aux lésions qu'ils paraissent définir.

En fait, il n'y a ici comme dans les autres organes qu'un processus inflammatoire, atteignant tout le tissu, stroma et épithélium. Il présente des degrés, des variétés, suivant qu'il est très intense, de courte ou de longue durée, suivant qu'il diminue ou exagère la rénovation épithéliale normale, ou modifie la nutrition cellulaire.

CARACTÈRES ANATOMIQUES GÉNÉRAUX.

Comme dans tous les tissus, l'inflammation produit au niveau du rein une augmentation circulatoire et des exsudats liquides et cellulaires en rapports variés.

La **congestion vasculaire** peut être très intense; elle augmente toujours, en tout cas, la coloration rouge de l'organe.

Au microscope, elle se marque par la dilatation des capillaires qui sont gorgés de globules sanguins et qui compriment plus ou moins les tubes et les conduits entre lesquels ils sont situés. Quelquefois, elle est assez violente pour produire de petits épanchements de globules dans le tissu, particulièrement dans la cavité de la capsule glomérulaire, en refoulant le glomérule (1).

Les **exsudats liquides** sont assez abondants dans les cas d'inflammation violente : ils infiltrent le tissu rénal comme d'un véritable œdème. Dans certaines formes d'inflammation, cet exsudat liquide est le terme le plus important : par exemple dans certaines néphrites brusques de la scarlatine. Un rein présentant ce phénomène est naturellement *augmenté de volume*, il paraît plus *pâle*, soit à sa surface extérieure, soit sur la section, parce que son tissu est imbibé d'un liquide séreux. Au microscope, un fragment de ce rein montrera l'infiltration liquide entre les tubes et les glomérules, mais aussi un exsudat cellulaire plus ou moins discret sous forme de petits éléments à noyaux arrondis disséminés dans le tissu.

Ces cas sont, en somme, rares.

En effet, **l'exsudat cellulaire** ne manque jamais dans les inflammations vraies du rein et est le fait le plus important ; il est très abondant dans les inflammations aiguës, moins dans les inflammations chroniques, mais il se montre toujours sous forme de petites cellules dont le noyau seul est visible : cellules

(1) La congestion peut, dans quelques cas, être le seul phénomène appréciable : dès lors, ce n'est pas une inflammation. Ainsi, elle existe chez certains cardiaques ou dans tous les cas où la circulation veineuse est très gênée. Le rein paraît turgescent, tendu, comme en érection ; il est rouge violacé ou franchement bleuâtre si le sujet est mort en asphyxie (*reins cyaniques*). Il s'agit là d'une véritable stase.

Lorsque la stase a eu une très longue durée (*cardiaques*), le rein est encore gros, ferme, tendu, avec une coloration plus brune. Au microscope, il y a un épaississement hyalin diffus des cloisons normalement inappréciables qui séparent les tubes et les glomérules, mais cet épaississement ne montre dans son intérieur ni cellules exsudées, ni fibrilles. Ce n'est pas une sclérose ; c'est le rein cardiaque.

ayant les caractères des éléments inflammatoires que l'on peut trouver dans tous les tissus.

Ces modifications inflammatoires essentielles produisent des altérations secondaires soit du côté de l'épithélium rénal, soit du côté de la charpente.

Les lésions de l'épithélium se produisent très rapidement par le fait de sa perturbation nutritive ou par l'action directe des produits toxiques qui le traversent; mais ces lésions sont toujours étroitement liées à des modifications de la charpente, bien que dans certains cas elles puissent paraître prédominantes. Elles consistent surtout en dégénérescences cellulaires: gonflement de la cellule, disparition de ses détails normaux (par exemple du plateau et de la bordure en brosse), dégénérescence granulo-graisseuse, état vacuolaire, enfin chute de l'épithélium. Mais en fait ces lésions n'ont pas grand intérêt pratique; l'examen des reins, que l'on ne peut faire généralement que sur le cadavre, nous met souvent en présence d'altérations analogues tenant simplement à la putréfaction. D'autre part, dans les cas d'inflammation de longue durée, si l'épithélium subit des dégénérescences et tombe, il faut remarquer aussi qu'il se rénove au fur et à mesure; ceci complique encore le sens des modifications épithéliales que nous sommes appelés à constater.

Modifications de la charpente. — Dans le rein comme dans dans tous les autres organes, la persistance d'exsudats cellulaires et liquides ainsi que de la congestion vasculaire, c'est-à-dire la persistance de l'inflammation, conduit très rapidement à la production de la sclérose, c'est-à-dire d'un tissu fibrillaire qui s'interpose entre les éléments de l'organe: mais ici elle est extrêmement précoce.

A l'état normal la charpente interstitielle n'est pour ainsi dire pas apparente (au moins dans la zone corticale, qui est la plus importante). Aussi dès que se produisent, entre les tubes et les glomérules, les éléments fibrillaires et les cellules allongées qui constituent la sclérose, l'apparence histologique se trouve modifiée. Dans les inflammations qui n'ont pas eu encore une longue durée, la sclérose est formée de mailles plus lâches, contenant de nombreuses cellules rondes, mais elle est déjà très nette ; c'est ce qui se voit dans les néphrites dites épithéliales, où elle est diffuse et très cellulaire.

Lorsqu'elle est plus ancienne, la sclérose revêt une topographie très variable ; elle peut être *légère, uniforme et diffuse*, formant de minces travées régulières entre les éléments glandulaires ; elle peut être *intense* et plus ou moins *disséminée*, formant des amas d'apparence fibreuse, plus ou moins étoilés ; elle peut être encore plus *limitée*, sous forme de zones très scléreuses alternant avec des zones relativement saines.

Au voisinage, dans les cas où elle est intense, les tubes peuvent être soit étouffés, comprimés, soit au contraire dilatés ou même hypertrophiés. Les glomérules subissent des modifications analogues et peuvent eux aussi devenir scléreux, formant de petites boules plus petites que les glomérules normaux : *glomérules fibro-hyalins*.

VARIÉTÉS PRINCIPALES.

Néphrites aiguës. — Dans les cas d'inflammation extrêmement violente, les caractères principaux sont *les lésions dégénératives* des cellules glandulaires et l'abondance de l'exsudat liquide. L'importance des altérations cellulaires est telle que l'on appelle communément ces inflammations des néphrites épithéliales (1). Mais l'exsudat inflammatoire interstitiel ne manque cependant pas. On trouve entre les tubes et les glomérules de petites cellules rondes plus ou moins abondantes, dans un exsudat liquide où se développent rapidement de fines fibrilles ; ce n'est pas là une sclérose dense comme

(1) Il existe même des cas où les lésions dégénératives de l'épithélium paraissent exister seules ; ces cas, exceptionnellement observés, sont surtout accidentels (certaines intoxications massives) ou d'ordre expérimental.

celle des néphrites anciennes, mais c'est encore une modification interstitielle (1).

Les caractères macroscopiques principaux de ces états sont en premier lieu *l'augmentation de volume*, l'aspect *pâle* et tendu de tout le tissu : phénomènes tenant à la fois à l'infiltration par les exsudats liquides et cellulaires, et aux dégénérescences de l'épithélium. La congestion active donne quelquefois une coloration rouge plus intense, mais le plus souvent elle est masquée par la fluxion séreuse, véritable œdème du rein.

On peut observer de telles néphrites dans les intoxications aiguës, dans la scarlatine.

Néphrites subaiguës. — Lorsque l'inflammation, moins brutale, a pu avoir une persistance plus longue, on trouve d'abondants exsudats cellulaires ; les petites cellules sont, par endroits, réunies en amas confluents, mais on en trouve aussi diffusément dans tout le tissu, entre les tubes, et dans les glomérules même dont le peloton paraît contenir plus de noyaux qu'à l'état normal ; en même temps ces glomérules paraissent plus gros. On peut trouver aussi des tubes dilatés remplis de substances coagulées ou d'amas épithéliaux desquamés : ces amas que l'on observe en coupe sur les préparations, forment en réalité des cylindres qui se moulent dans l'intérieur des tubes et que l'on peut retrouver dans les urines où ils constituent un signe d'inflammation rénale (*cylindres urinaires*). C'est là l'image d'une néphrite subaiguë, comme par exemple d'une néphrite scarlatineuse ayant déjà une durée de quelques semaines : elle montre aussi de la sclérose jeune.

La présence d'exsudats abondants dans le tissu détermine une augmentation le volume. Aussi ces reins sont-ils généralement plus gros qu'à l'état normal et lourds. Leur *coloration* est variable ; elle est généralement pâle, à cause de l'abondance

---

(1) Dans quelques cas les exsudats inflammatoires sont plus abondants autour des glomérules où ils paraissent débuter ; c'est la variété dite *glomérulo-néphrite*.

des exsudats cellulaires et liquides. Plus souvent encore, comme ces exsudats sont irrégulièrement répartis et comme il existe aussi de la congestion vasculaire irrégulièrement distribuée, on se trouve en présence de zones colorées en rouge et

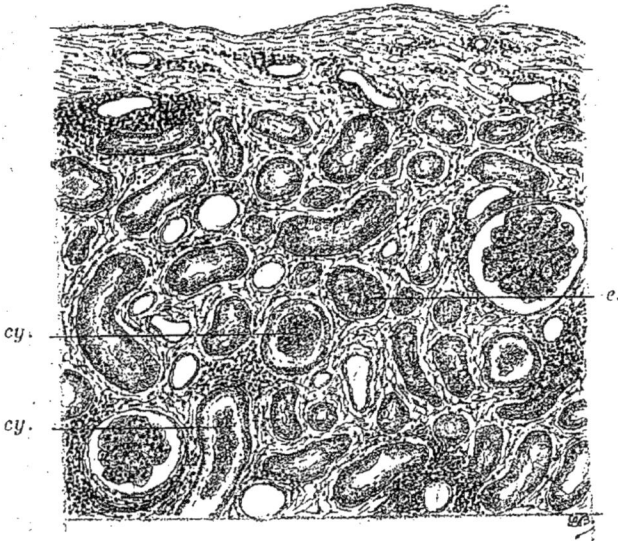

FIG. 76. — *Néphrite subaiguë* (grossissement moyen).

Capsule épaissie. Glomérules et tubes séparés par une sclérose jeune et des exsudats cellulaires confluents. Certains tubes sont atrophiés, d'autres augmentés de volume. En *e.* l'un d'eux est comblé de déchets épithéliaux; — *cy. cy.*, cylindres coupés en travers on en long.

d'autres blanches, ce qui donne à l'œil nu, soit à la surface, soit sur les coupes macroscopiques un aspect bigarré, *cervelas*, qui est assez caractéristique.

Néphrites chroniques. — Si la néphrite est ancienne c'est la sclérose qui prédomine et suivant sa distribution on peut avoir affaire à des types anatomiques différents :

1° Il y a des scléroses qui sont très diffuses, qui s'accompagnent d'exsudats cellulaires abondants avec dilatation compensatrice de la plupart des tubes, et qui dès lors donnent lieu à une augmentation de volume de l'organe ; en même temps la fermeté du tissu est augmentée à cause de la sclérose.

La capsule est épaissie, adhérente à la surface sous-jacente qui

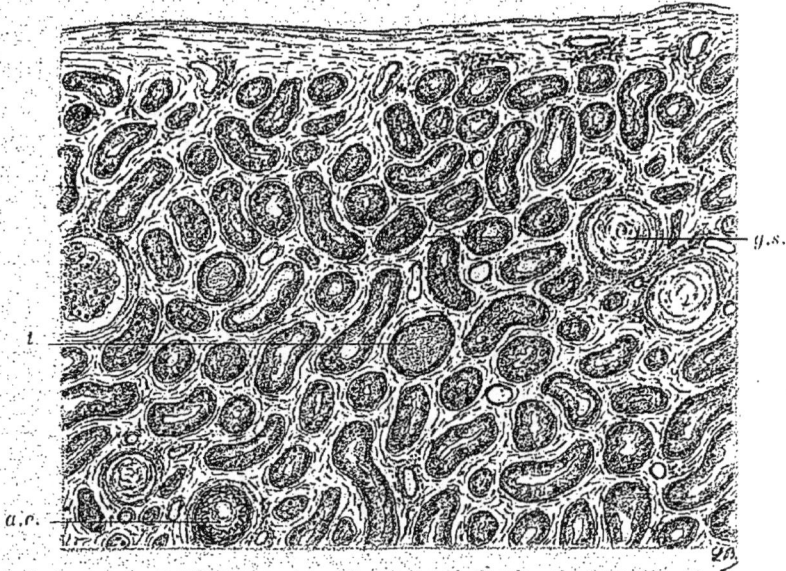

FIG. 77. — *Néphrite chronique : gros rein rouge*
(grossissement moyen).

Capsule épaissie. Sclérose diffuse; plusieurs glomérules scléreux (*g. s.*). En *l.*,
tube dilaté rempli de matière hyaline; — *a. e.*, artère avec endartérite.

se montre irrégulière et chagrinée. La coloration varie du rouge
sombre au rouge brun (GROS REIN ROUGE).

2° Dans un autre type qui correspond aux vieilles néphrites
très anciennes (PETIT REIN GRANULEUX), le tissu scléreux se produit sous forme de bandes perpendiculaires à la capsule; ces
bandes sont presque uniquement constituées par des amas
fibrillaires denses contenant quelques rares vestiges de tubes
atrophiés, ou des glomérules devenus fibreux (glomérules
fibro-hyalins). Entre elles se retrouve le tissu rénal dont les
tubes sont très dilatés (hypertrophie compensatrice). Les points
où les bandes de sclérose atteignant la capsule constituent des
points de dépression sur la surface, parce que la sclérose est
rétractile tandis que le tissu intermédiaire est plutôt hypertrophié.

A l'œil nu; on est frappé par la présence de ces granulations superficielles comme on en voit dans les cirrhoses du foie. La capsule est souvent adhérente, se détache difficilement de cette surface granuleuse. L'adhérence peut quelquefois manquer. En tout cas la capsule elle-même est constamment épaissie.

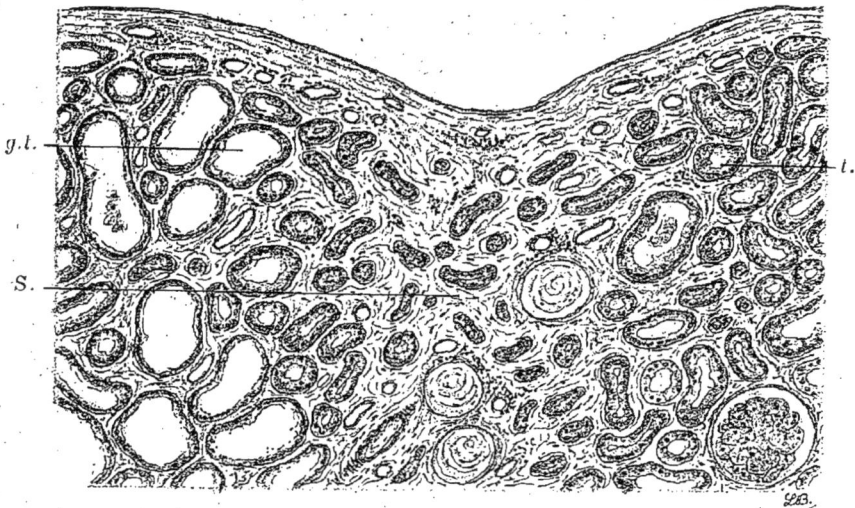

FIG. 78. — *Néphrite chronique : petit rein granuleux* (grossissement moyen).

Sclérose intense, en îlots. En S., un de ces îlots avec tubes comprimés et glomérules scléreux ; rétraction de la capsule à ce niveau. A droite et à gauche, zones moins scléreuses soulevant la surface (granulations) et montrant soit des tubes augmentés de volume (*g. t.*), soit des tubes à peu près sains (*t.*).

L'organe est diminué de volume et de poids, souvent à un haut degré.

Un autre caractère macroscopique qui a une assez grande valeur est la diminution d'épaisseur de la substance corticale, visible sur la section de l'organe (1).

(1) On peut observer tous ces signes assez marqués, avec en outre de nombreux petits kystes, chez les vieillards (*rein sénile*).

§ 3. — Inflammations suppuratives. Pyélonéphrites.

1° **Pyélonéphrites simples.** — Si on examine le rein d'un sujet présentant une infection des voies urinaires, on le trouve généralement augmenté de volume, rouge ou bigarré, ressemblant plus ou moins à un rein de néphrite subaiguë. Au microscope les coupes montrent des infiltrations cellulaires et des

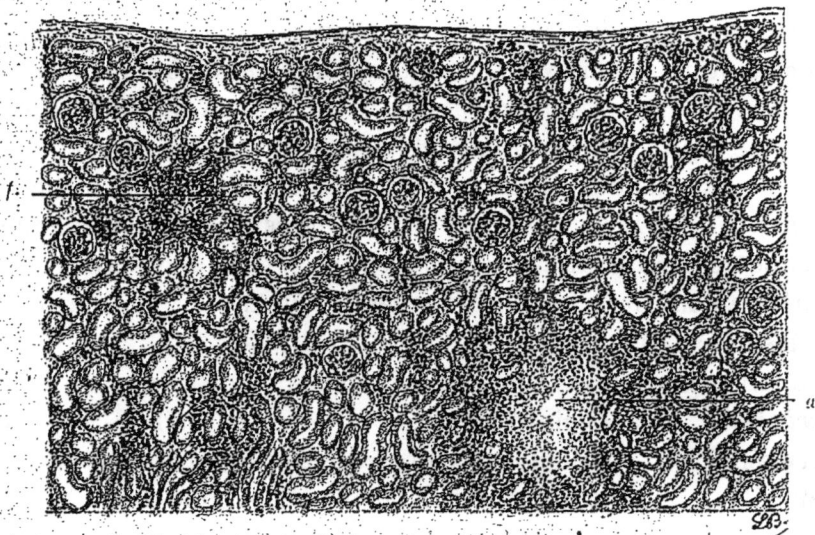

FIG. 79. — *Pyélonéphrite* (faible grossissement).
Infiltration cellulaire diffuse, plus confluente en certains points où elle forme de petits foyers (*f.*) qui tendent à devenir de petits abcès microscopiques (*a.*).

lésions glandulaires analogues à celles que l'on observe dans ces néphrites. Mais ici les cellules inflammatoires infiltrées dans le tissu sont souvent plus abondantes, présentent des points de confluence extrême, des foyers dont le centre a une tendance à se nécroser et à former de petits abcès microscopiques.

C'est là une inflammation en voie de suppuration; c'est le premier degré des pyélonéphrites.

2° **Abcès miliaires.** — Dans d'autres cas, les foyers miliaires de cellules inflammatoires sont plus volumineux, et leur centre franchement nécrosé ; le tissu tout autour est très enflammé ; et la zone immédiatement voisine contient des vaisseaux très dilatés. Ce sont là de véritables petits abcès.

A l'œil nu, le rein est augmenté de volume, avec un aspect bigarré, rouge et blanc ; il est semé de petits points ou taches jaunes, irréguliers, entourés de zones hémorragiques : ce sont les *abcès miliaires*, comme on peut en voir dans les **reins pyohémiques**.

3° **Gros abcès. Pyonéphrose.** — D'autres fois les abcès sont plus étendus ; ils arrivent à être très confluents et à transformer le rein en une véritable éponge purulente. A la surface de l'organe, qui devient quelquefois énorme, se dessinent des bosselures plus ou moins grosses et fluctuantes. C'est la véritable *pyélonéphrite suppurée*. Quelquefois la poche purulente occupe le rein tout entier (*pyonéphrose*). Ces abcès s'ouvrent généralement dans les calices et les bassinets, formant de véritables cavernes.

L'inflammation se propage toujours au voisinage : 1° *à la périphérie*, elle épaissit et sclérose le tissu cellulo-adipeux péri-rénal : il peut aussi s'y produire des suppurations (périnéphrites simples, abcès périnéphritiques secondaires) ; 2° *au centre du rein*, l'inflammation atteint les calices, le bassinet et l'uretère ; leur muqueuse devient tomenteuse, congestionnée, quelquefois suppurée. C'est pourquoi tout ce groupe de lésions à tendance suppurative est appelé « pyélonéphrites ».

Les pyélonéphrites peuvent frapper un seul rein ou les deux. Plus l'inflammation est diffuse et aiguë, plus la **bilatéralité** est de règle : ainsi les pyélonéphrites simples, les reins pyohémiques. Plus l'inflammation est profonde, localisée et lente, plus on a des chances de la voir **unilatérale** : pyonéphroses, gros abcès. Mais même dans ces cas, le rein opposé est généralement altéré, et présente, avec une hypertrophie compensatrice diffuse, des signes histologiques de néphrite atténuée.

Les pyélonéphrites peuvent être d'*origine sanguine*, survenir au cours de pyohémies ou de septicémies. Elles peuvent être *ascendantes*, succéder à des infections vésicales ou urétérales. Elles sont fréquentes ainsi chez les prostatiques, les rétrécis, chez les femmes enceintes, ou dans le cancer utérin (1). Mais même dans ces cas, il est probable que le trouble de l'excrétion urinaire que produisent ces maladies ne fait souvent que favoriser la localisation sur le rein d'une infection venue par voie sanguine.

A côté de ces pyélonéphrites, nous devons placer les lésions calculeuses et hydronéphrotiques qui sont souvent le siège d'infections et de suppurations secondaires.

Les reins calculeux contiennent des calculs souvent ramifiés et enchâtonnés dans les calices et les bassinets; ils finissent à la longue par présenter l'aspect de reins de pyélonéphrite.

Dans les **hydronéphroses** aseptiques la substance rénale s'amincit en une coque dans laquelle on trouve toujours au microscope quelques éléments du tissu (glomérules scléreux, tubes déformés); toujours aussi, même dans les hydronéphroses légères, on trouve des signes histologiques d'inflammation scléreuse. Les poches hydronéphrotiques peuvent s'infecter et suppurer (*pyonéphroses*).

§ 4. — **Tuberculose du rein.**

Dans la plupart des cas la tuberculose agit sur le rein en y produisant une inflammation qui a les caractères des *inflammations banales* : de sorte qu'on ne peut en reconnaître, anatomiquement, la nature. Par exemple, il est fréquent que des néphrites subaiguës ou chroniques soient dues à la tuberculose, sans qu'on puisse le savoir autrement que par les enquêtes cliniques ou par les recherches expérimentales. Quelquefois

(1) Dans les suppurations de longue durée, il est fréquent d'observer des calculs dans les reins; ils peuvent être primitifs et avoir déterminé l'infection, mais ils sont souvent secondaires.

cependant le rein est le siège d'altérations qui portent en elles la *caractéristique anatomique* des lésions tuberculeuses : granulations, tubercules, masses caséeuses pouvant s'ulcérer et former des cavernes.

Dans la granulie ou dans les épisodes terminaux, bacillémiques, des tuberculoses, on peut observer des **granulations miliaires**, avec leurs caractères habituels ; elles sont générale-

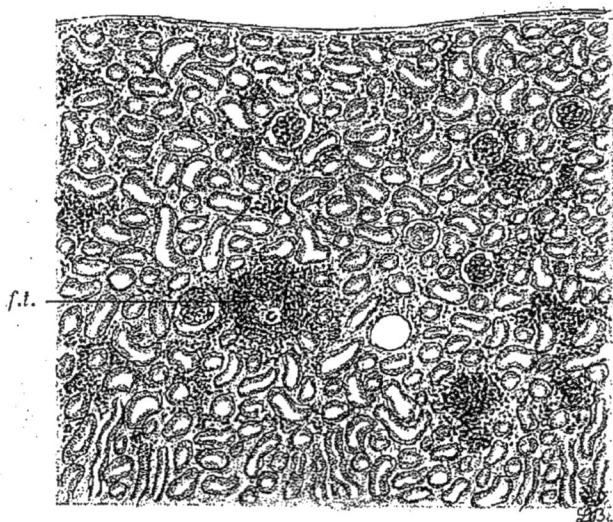

FIG. 80. — *Rein granulique* (faible grossissement).
Aspect analogue à celui des pyélonéphrites simples ; mais les foyers cellulaires tendent à former ici des follicules tuberculeux, quelquefois bien caractérisés, avec cellules géantes : *f. t. (granulations miliaires).*

ment bilatérales, et toujours accompagnées de lésions subaiguës ou aiguës diffuses. Il est souvent difficile d'apercevoir les granulations à l'œil nu. Au microscope, on les trouve sous forme de petits amas folliculaires avec cellules géantes, isolées çà et là dans le tissu ; l'ensemble des coupes, en dehors de ces follicules, ressemble à celui que présentent les pyélonéphrites atténuées. Il faut souvent rechercher attentivement les follicules, et se garder de prendre pour des cellules géantes la section de tubes glandulaires modifiés, qui peuvent leur ressembler beaucoup.

D'autres fois, on trouve à l'autopsie de sujets morts tuberculeux de **petits tubercules** crus, isolés, gros comme des têtes
d'épingles, dans la substance corticale ou plus rarement dans
les pyramides. Ils sont assez apparents à l'œil nu, mais on
doit cependant toujours faire leur examen histologique lorsqu'ils sont isolés, car on trouve quelquefois des petites formations accidentelles ayant les mêmes caractères macroscopiques
(petits fibromes ou petits myomes).

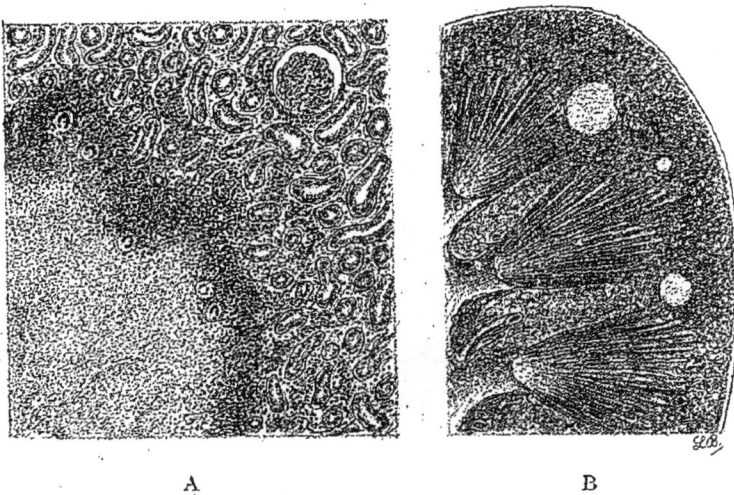

FIG. 81. — *Tubercules du rein.*
A. Coupe vue à un faible grossissement. On voit, à gauche, une partie d'un
tubercule, avec des cellules géantes à la périphérie. Son centre est caséeux.
B. Vue à l'œil nu sur la section d'une partie du rein.

Les **gros tubercules** du rein sont plus rares. Ils peuvent être
très volumineux ; on peut même voir dans un rein des masses
caséeuses occupant le tiers ou la moitié de l'organe. Avec le
temps, elles subissent des évolutions différentes. Souvent elles
se ramollissent, se vident dans les bassinets, constituant des
cavernes. Celles-ci sont souvent infectées secondairement et
suppurent ; il peut aussi s'y former des calculs. Ces reins
ulcérés ressemblent dès lors aux reins abcédés non tuberculeux dont il est difficile quelquefois de les distinguer à l'œil nu.

Une autre éventualité peut se produire : les amas caséeux peuvent s'enkyster et persister à l'état de masses formées de substance blanche, pâteuse, grenue, plus ou moins consistante. Ces amas enkystés, quelque volumineux qu'ils soient, ne

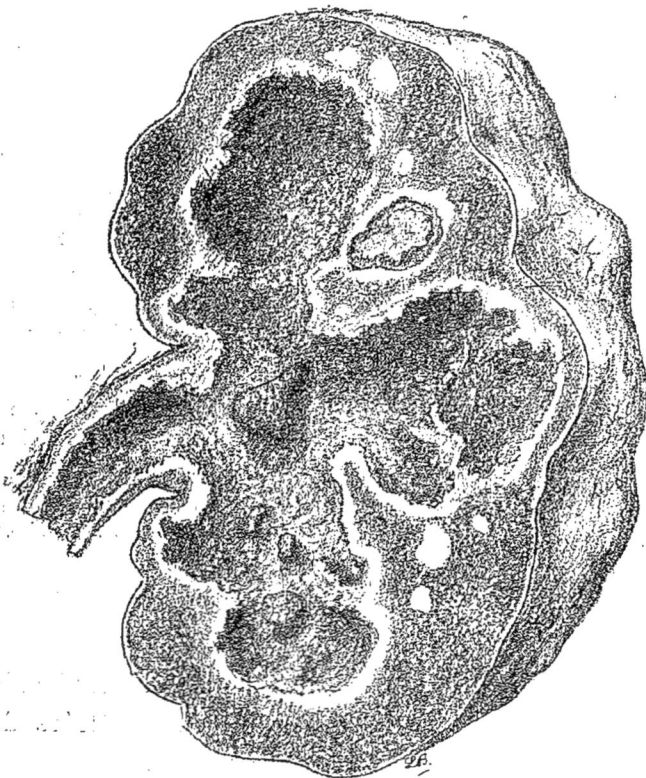

FIG. 82. — *Cavernes tuberculeuses du rein.*

donnent lieu par eux-mêmes à aucun symptôme; mais comme le parenchyme tout autour est fortement scléreux, les malades présentent souvent l'aspect de brightiques, avec tous les signes des néphrites chroniques.

Enfin la transformation caséeuse du rein peut être complète, occuper la totalité de l'organe (**caséification massive**). Si la masse mortifiée s'ulcère et se vide, en suppurant, le rein peut former une seule poche purulente s'ouvrant dans l'uretère ou

restant fermée (PYONÉPHROSE TUBERCULEUSE). Si elle se dessèche
et persiste, le rein se réduit à une masse caséeuse sèche et
ferme entourée de la capsule épaissie.

Dans tous ces cas, les parties caséeuses se montrent au
microscope avec l'aspect habituel des productions nécrosées,

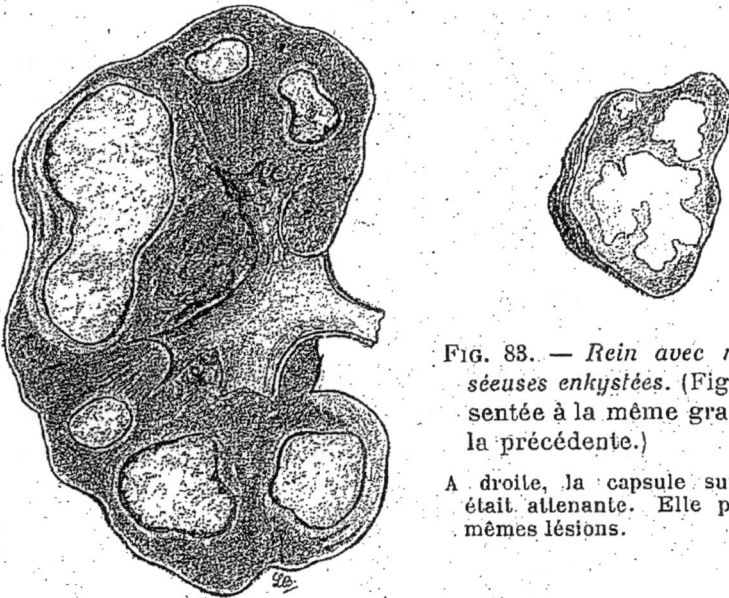

FIG. 83. — *Rein avec masses caséeuses enkystées.* (Figure représentée à la même grandeur que
la précédente.)

A droite, la capsule surrénale qui
était attenante. Elle présente les
mêmes lésions.

tuberculeuses : nappes grenues sans noyaux colorables, entourées de zones inflammatoires scléreuses ou infiltrées de cellules, avec quelquefois des follicules typiques.

Bilatéralité des lésions. — Quelle que soit la forme anatomique de la tuberculose, les deux reins sont généralement
atteints, mais le plus souvent l'un beaucoup moins que l'autre.
Il n'est même pas rare d'observer des lésions paraissant unilatérales. Le rein d'apparence sain est alors augmenté de volume :
il subit une hypertrophie compensatrice. Mais il est de règle
qu'il soit atteint de lésions inflammatoires diffuses, légères,
décelables au microscope, n'évoluant pas nécessairement vers
la tuberculose confirmée et pouvant rester sans retentissement
sur la santé.

Lésions associées des voies génito-urinaires. — L'uretère et la vessie sont fréquemment altérés dans les tuberculoses rénales; leurs parois s'épaississent, leur muqueuse se montre tomenteuse et même caséeuse ; les conduits peuvent s'oblitérer.

Il existe souvent aussi des lésions tuberculeuses du testicule (épididyme), de la prostate, des vésicules séminales.

Ces urétérites, cystites et tuberculoses génitales font souvent penser que l'atteinte du rein a été secondaire et s'est faite par voie ascendante; en réalité, l'infection rénale tuberculeuse se fait *presque toujours* par la voie sanguine.

Résumé. — Si on résume les principales caractéristiques des tuberculoses rénales, on voit que celles-ci sont tout à fait superposables aux pyélonéphrites : elles relèvent d'ailleurs du même processus.

Leur origine sanguine à peu près constante, malgré la fréquence des lésions génito-urinaires associées, leur uni ou bilatéralité, ont été notées au même titre dans les pyélonéphrites ordinaires. Leurs variétés anatomiques sont aussi très homologues. Ainsi nous trouvons dans la tuberculose :

1° Une variété de néphrite diffuse, avec de petits follicules quelquefois visibles à l'œil nu (granulie), souvent seulement au microscope; elle correspond aux pyélonéphrites simples;

2° Une variété avec de petits tubercules ; elle correspond au rein pyohémique;

3° Les types à gros tubercules ou à masses caséeuses : ce sont les homologues des gros abcès, des pyélonéphrites suppurées. Le type extrême est représenté par l'envahissement total du rein : pyonéphrose.

§ 5. — **Syphilis du rein.**

Comme la tuberculose, la syphilis donne lieu très souvent à des *néphrites subaiguës* ou chroniques : celles-ci n'ont aucun caractère spécial permettant de les différencier à l'examen anatomique.

Plus rarement, la syphilis produit des lésions spécifiques (gomme) ; le fait est tout à fait exceptionnel.

§ 6. — Infarctus des reins.

Les infarctus du rein se produisent par le mécanisme habituel, c'est-à-dire par la suppression régionale de la circulation. Il est probable que la grande majorité dépendent d'oblitérations nées sur place, et sont de nature inflammatoire.

Aspect macroscopique. — Les infarctus des reins peuvent être pris comme type des infarctus en général. Ce sont des

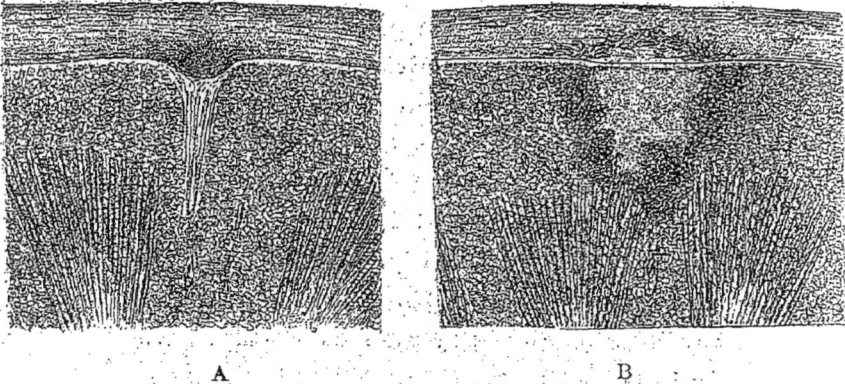

A   B

FIG. 84. — *Infarctus du rein.*
A. Infarctus cicatrisé ; — B. Infarctus récent.

infarctus *blancs,* la partie blanche représentant le territoire ischémié et mort. Autour existe une zone de congestion qui dessine un contour rouge sombre ; cette zone empiète plus ou moins, à la périphérie, sur la partie mortifiée ; aussi quand l'infarctus est très petit, peut-il paraître coloré dans sa totalité ; mais ces différences de couleur n'ont aucun rapport avec l'âge de la lésion.

Ce qui distingue les infarctus anciens, c'est la disparition de

la partie centrale jaunâtre nécrosée, la production, à sa place,
d'une cicatrice fibreuse. Au début, l'infarctus était plus ou
moins triangulaire, avec une base correspondant à la capsule ;
plus tard, sa cicatrice forme une bande grise, disposée perpendiculairement à la capsule, et la rétractant en ce point : l'infarctus devient visible à la surface par une dépression brusque
correspondant à la cicatrice.

Les infarctus sont souvent multiples et quelquefois bilatéraux. Ils s'observent souvent chez les cardiaques, siégeant sur
des reins avec lésions de stase ou de néphrite.

Aspect histologique. — L'étude histologique des infarctus
du rein est simple, mais il est souvent difficile, au microscope,

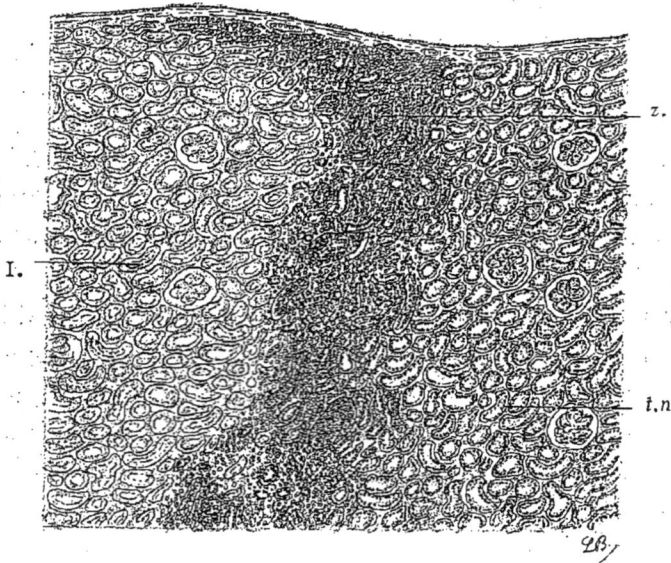

Fig. 85. — *Infarctus récent du rein* (faible grossissement).
t. n., tissu normal ; — I., centre de l'infarctus (zone privée de vie) ; —
z., zone congestive autour de la lésion.

de bien se repérer et de reconnaître dans quelle partie on se
trouve. Dans les infarctus récents, on voit en allant de la
périphérie au centre : 1° le parenchyme sain, ou la capsule ;
2° une zone congestive présentant à un haut degré de la dilata-

tion vasculaire et quelques exsudats cellulaires ; 3° une zone
centrale nécrosée, correspondant à la partie ayant à l'œil nu la
teinte blanche. Ce point montre le tissu du rein avec son
aspect habituel, mais sans aucun élément vivant, c'est-à-dire
sans noyau colorable, sans globule sanguin. Il est quelquefois
difficile, si on ne fait pas la comparaison avec le parenchyme
sain, de reconnaître la valeur de cette zone.

Plus tard cette partie se sclérose, se rétracte et se transforme
en tissu fibrillaire ; celui-ci se développe aux dépens des exsudats de la zone congestive, il encercle la partie mortifiée qui se
rétracte et disparaît lentement.

§7. — Principales lésions des organes génitaux et des voies urinaires.

Les tumeurs de ces appareils présentent, par leur fréquence
et par leur retentissement, une importance anatomique beaucoup plus considérable que les autres lésions. Aussi serons-
nous bref sur ces dernières.

1° Les **voies urinaires** sont fréquemment atteintes d'inflammations simples ou spécifiques, assez souvent associées à
celles des reins. Nous avons dit un mot de celles de l'URETÈRE
précédemment. Celles de l'URÈTHRE sont peu importantes ; on
en néglige cependant trop souvent l'examen au cours des autopsies, où l'on doit chercher surtout à retrouver des rétrécissements, lorsqu'on observe des altérations de la vessie ou des
reins qui s'expliquent mal par ailleurs.

La VESSIE, sous l'influence des inflammations aiguës, microbiennes ou d'origine chimique (caustiques), montre surtout
l'épaississement de sa muqueuse, qui devient tomenteuse,
irrégulière, piquetée de rouge et saignante, phénomènes tenant
à l'infiltration d'exsudats et à l'augmentation circulatoire ; elle
présente même souvent à sa surface de petites plaques blanc
ou gris sale représentant des points de sphacèle superficiel.

Dans ces *cystites aiguës*. le réservoir est généralement rétracté sur lui-même.

Les *cystites chroniques* sont simples ou tuberculeuses. Elles s'accompagnent, outre les lésions variables de la muqueuse, d'épaississement avec induration lardacée de la paroi. On peut voir des tubercules profonds, sur la section, ou superficiels, sur la muqueuse.

Les vessies atteintes de processus inflammatoires chroniques peuvent présenter de l'hyperplasie des fibres musculaires. Celle-ci se localise quelquefois à la face profonde de la paroi vésicale sous forme de bandes de fibres lisses se dessinant en saillie sous la muqueuse : *vessies à colonnes* (1). Souvent au contraire les couches musculaires sont sclérosées, diminuées d'épaisseur; la paroi s'amincit, le réservoir se laisse distendre.

2° Les **voies génitales de l'homme** sont assez fréquemment

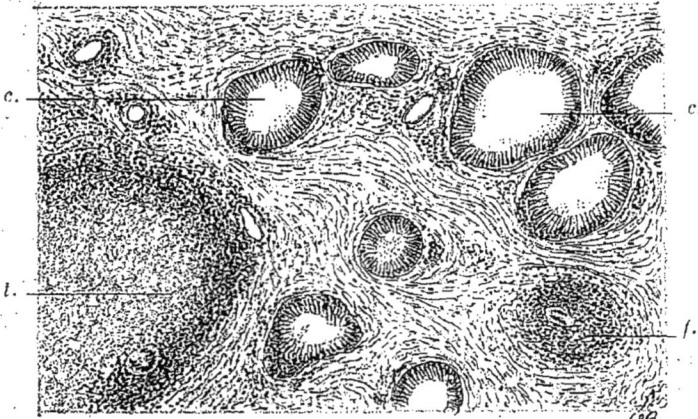

FIG. 86. — *Épididymite tuberculeuse* (grossissement moyen).
c., section des canaux épididymaires; — *f.*, follicule tuberculeux avec cellule géante ; — *t.*, tubercule avec centre caséeux.

atteintes de TUBERCULOSE ; celle-ci se localise quelquefois sur un point limité, mais généralement envahit progressivement

(1) Cet aspect est particulièrement apparent lorsqu'il existe un obstacle en aval : grosse prostate, rétrécissement uréthral.

les divers segments. L'*épididyme* est un lieu d'élection ; on peut y voir des nodules tuberculeux, caséeux ou ramollis, ou au contraire durs et fibreux. Il en est de même au niveau de la prostate et des vésicules séminales.

La SYPHILIS fait plutôt des *gommes du testicule* lui-même.

Les inflammations aiguës simples laissent souvent dans l'épididyme des cicatrices indurées, fibroïdes, produisant souvent à la longue l'atrophie testiculaire (ÉPIDIDYMITE BLENNORRHAGIQUE).

L'atrophie testiculaire avec sclérose se rencontre aussi dans les TESTICULES ECTOPIQUES.

3° Les **organes génitaux de la femme** peuvent montrer des lésions utérines, salpingiennes, ovariennes. Ici encore ce sont les tumeurs qui offrent le plus d'intérêt : les lésions inflammatoires ont, à vrai dire, assez souvent un retentissement marqué sur l'organisme, mais c'est surtout par l'intermédiaire des lésions péritonéales consécutives, qui sont soit localisées au petit bassin, soit diffuses.

Une altération assez fréquente au niveau de l'UTÉRUS est l'*oblitération du col* chez les femmes âgées, avec rétention de produits muqueux ou même purulents dans la cavité du corps. Quant aux *métrites*, leur limitation anatomique est mal précisée par rapport aux tumeurs.

Au niveau des TROMPES, la *salpingite simple* ou *suppurée* (le plus souvent gonococcienne) n'est pas rare. Dans ce dernier cas, le pus s'accumule et distend le canal, qui peut devenir très volumineux. Il se forme des exsudats et des adhérences tout autour.

Il se produit fréquemment, à la suite des inflammations persistantes, des oblitérations ou des dilatations segmentaires, ou des adhérences fixant la trompe en position anormale, source de stérilité.

La *salpingite tuberculeuse* est fréquente, elle aussi. A l'œil nu, elle donne des aspects analogues à ceux des autres salpingites. Au microscope la muqueuse se montre en voie de caséification et de destruction; la paroi, hyperplasiée, épaissie, s'infiltre d'éléments cellulaires et l'on peut y trouver, *mais non toujours*, des follicules tuberculeux bien caractérisés.

FIG. 87. — *Salpingite tuberculeuse* (faible grossissement).
La paroi de la trompe est épaissie, avec des exsudats cellulaires et de l'hyperplasie des faisceaux de fibres lisses (*f. l.*). La muqueuse est presque complètement détruite, caséeuse; — *f.*, follicule tuberculeux bien apparent; — *d.*, débris encore recouvert par l'épithélium. On voit dans la paroi les nombreuses artères flexueuses de la trompe.

Les lésions inflammatoires des OVAIRES ont une grande tendance à former de petits kystes. Nous les rappellerons en étudiant les tumeurs.

III. — AUTRES ORGANES GLANDULAIRES

Les lésions des glandes salivaires ne sont pas extrêmement rares, mais elles ont un intérêt très limité, au moins au point de vue anatomique pur. Les plus fréquentes sont les *parotidites*, qui peuvent être-simples ou suppurées.

Le **pancréas** est aussi quelquefois, dans les infections, le siège d'inflammations diffuses aiguës. Celles-ci entraînent des troubles graves, mais sont mal observées, parce que le parenchyme pancréatique s'altère avec une grande rapidité après la mort et ne peut être que difficilement étudié. On en a décrit cependant trois variétés : la *pancréatite hémorragique* qui montre dans le tissu des infiltrations sanguines; la *pancréatite suppurée*, dont les abcès limités représentent une variété; la *pancréatite gangreneuse.*

Des inflammations lentes produisent des *scléroses pancréatiques.* A l'œil nu, le pancréas se montre dur, semé de tractus fibreux. Lorsque la cirrhose est limitée en un point, à la tête par exemple, il est possible qu'elle simule à l'œil nu un néoplasme.

On peut observer aussi la *lithiase pancréatique :* on trouve des calculs dans les canaux excréteurs qui sont souvent dilatés.

(Voir *les tumeurs et kystes du pancréas.*)

L'étude anatomique des **glandes à sécrétion interne** est encore mal précisée; elle tire surtout son intérêt, à l'heure actuelle, des tumeurs.

Nous signalerons donc à ce propos les faits principaux concernant les *thyroïdes*, le *thymus*, la *pituitaire*, les *surrénales*.

Sein. — Les lésions du sein sont surtout d'origine infectieuse, et peuvent être spécifiques (tuberculose). Ce sont des inflammations de la glande, aiguës ou chroniques. Les *mastites aiguës* simples, observées au cours d'infections générales le plus souvent, produisent une augmentation de volume douloureuse ; on a bien rarement l'occasion de les étudier au point de vue anatomique.

Les *abcès du sein* sont superficiels, lymphangitiques, ou profonds. Ces derniers siègent dans la glande elle-même et sont souvent multiples. Leur foyer peut communiquer avec un foyer sous-aponévrotique (*abcès en bouton de chemise*).

La *tuberculose* du sein, les *mastites chroniques*, les *kystes*, seront étudiés à propos des tumeurs.

CHAPITRE IV

L'APPAREIL CIRCULATOIRE

I. — LE CŒUR ET SES ENVELOPPES

Le cœur est un muscle creux; il contient le sang qu'il est chargé de mettre en mouvement; il est contenu dans la cage thoracique au milieu d'organes mobiles entre lesquels il doit lui-même se mouvoir rythmiquement. Aussi le tissu musculaire qui le constitue, le **myocarde**, est-il limité : du côté de sa cavité par une surface lisse, formée d'une couche fibrillaire mince et souple directement appliquée contre les fibres musculaires, l'**endocarde**; — du côté des organes environnants par une séreuse enveloppante, avec ses deux feuillets et sa mince cavité, le **péricarde**.

Les modifications anatomiques du myocarde, de l'endocarde et du péricarde sont étroitement liées; les lésions de l'une de ces parties retentissent rapidement sur les autres, à cause de leur proximité et de leurs connexions circulatoires. Cependant ce sont là des tissus différents, et les altérations sont souvent prédominantes sur l'un ou l'autre d'entre eux. Aussi les étudie-t-on séparément. Il s'agit surtout de lésions inflammatoires : myocardites, péricardites, endocardites. Disons de suite que les tumeurs du cœur sont exceptionnelles.

A. — MYOCARDE.

§ 1. — Le tissu myocardique.

Le muscle cardiaque est un muscle strié présentant quelques caractères particuliers.

Les coupes histologiques à un grossissement moyen montrent une sorte de carrelage régulier dont chaque élément représente une des fibres musculaires coupées en travers. Lorsque celles-ci sont au contraire sectionnées en biais ou en

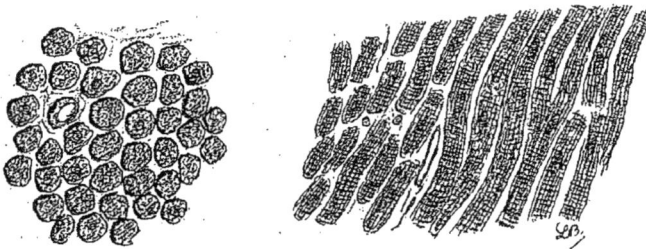

FIG. 88. — *Fibres myocardiques normales, coupées en travers et en long* (fort grossissement).

longueur, elles se dessinent comme des bandelettes à bords parallèles, que la coupe a suivies sur une plus ou moins grande étendue et qui sont régulièrement assemblées au contact dans tout le champ microscopique; on voit facilement dans chaque fibre le dessin de la fibrillation longitudinale, et, à un plus fort grossissement l'aspect moiré de la striation transversale. C'est là grossièrement un aspect commun aux autres tissus musculaires striés : une des différences consiste en ce que, ici, les fibres sont plus fines, une autre en ce qu'elles sont, dans le myocarde, ramifiées et anastomotiques, et que leurs noyaux sont centraux.

Le stroma qui sépare les éléments myocardiques contractiles est très délié, *à peine apparent à l'état normal*, sauf dans les points nodaux des cloisons intermusculaires, où se logent les artérioles, les veinules et les filets nerveux.

Analogie de ce tissu avec celui des parenchymes glandulaires. Nutrition. — Comme on le voit, ces caractères histologiques présentent un certain nombre d'analogies avec ceux des parenchymes glandulaires (foie, rein). Ici aussi le tissu est constitué par une matrice conjonctivo-vasculaire très fine dans laquelle plongent des éléments hautement différenciés, à nutrition très délicate. Aussi serons-nous frappés, dans l'étude pathologique du myocarde comme dans celle du foie ou du rein, par les mêmes caractères généraux des inflammations : rapidité d'apparition de la sclérose dans tous les cas, importance des lésions de nutrition cellulaire dans les processus très aigus et très intenses.

Dissemblance. Évolution du tissu myocardique. — Il y a naturellement entre le myocarde et les tissus glandulaires des points de divergence nombreux. En particulier la cellule active est, ici, beaucoup plus différenciée encore que celle des parenchymes pris comme exemple. Les cellules glandulaires du foie, du rein, quoique très spécialisées, sont susceptibles de rénovation ; ou plus exactement elles peuvent être et elles sont normalement remplacées de temps à autre par de nouveaux éléments qui se différencient comme elles : c'est dire que les tissus hépatique, rénal, etc., présentent normalement des phénomènes actifs d'évolution cellulaire à cycle complet à côté des phénomènes de nutrition ; c'est dire aussi que leurs modifications pathologiques peuvent être des troubles évolutifs aussi bien que nutritifs. Nous avons vu par exemple des néoformations canaliculaires, des productions hyperplasiques du parenchyme, au cours de certaines cirrhoses ; nous avons vu des hypertrophies compensatrices, ou des rénovations des tubes du rein dans les néphrites chroniques. Au reste, les tumeurs typiques de ces organes ne sont pas absolument exceptionnelles.

Au contraire, la cellule myocardique, parfaitement spécialisée, ne peut plus être remplacée normalement par de nouveaux éléments. Le myocarde ne présente pour ainsi dire plus, au cours de la vie extra-utérine, de phénomènes d'évolution dans le sens du *remplacement cellulaire*. Jamais nous ne trouverons non plus, en pratique, de néoformations dans les processus pathologiques au niveau du myocarde.

D'ailleurs la fibre musculaire cardiaque n'est pas formée de cellules juxtaposées; elle constitue un réseau protoplasmique continu dans le myocarde tout entier, réseau formé d'éléments fondus ensemble bout à bout, et dont les noyaux épars çà et là constituent la seule individualisation : nous savons aujourd'hui que les traits d'Eberth ne sont pas des limites cellulaires.

On peut admettre que dans cet immense corps protoplasmique l'usure et la rénovation se font molécule par molécule, puisqu'elles ne se font pas par segments cellulaires distincts. Rapprochons-en ce fait anatomo-pathologique pratique : les hypertrophies cardiaques relèvent de l'augmentation de volume des fibres et non de leur multiplication.

Conception anatomique des troubles fonctionnels myocardiques. — Ce mode de rénovation du réseau contractile myocardique, ne nécessitant pas un mouvement des éléments cellulaires constitutifs, réalise ici une continuité absolument parfaite des phénomènes biologiques, à la fois dans tous les points du tissu, et à tous les instants. Aussi la vie du tissu se manifeste-t-elle à nous, physiologiquement, par une fonction dont la continuité est absolument régulière, si l'on peut dire, à la fois dans l'espace et dans le temps.

Dans le temps, elle cause la propulsion indéfiniment renouvelée de la masse sanguine, c'est-à-dire qu'elle commande la vie de l'organisme total. Dans l'espace, elle conditionne la translation régulière de l'onde contractile d'un point à l'autre du cœur, c'est-à-dire qu'elle commande le rythme.

Aussi, lorsque le réseau musculaire cardiaque est altéré diffusément, la continuité de la fonction est-elle en danger, dans le temps : le cœur s'arrête, temporairement ou de manière définitive. Ainsi surviennent les syncopes, ou la mort, dans certaines myocardites aiguës. Lorsque le muscle est atteint par places, par îlots, serait-ce très profondément, la continuité fonctionnelle est troublée seulement dans l'espace : la translation régulière de la contraction, le rythme normal, est impossible. Ainsi naissent certaines arythmies dans les myocardites chroniques.

Il n'est pas besoin de faire remarquer que ces propositions sont générales et schématiques, ne serait-ce que parce qu'elles ne font pas intervenir les éléments nerveux du cœur.

Nous étudierons l'**inflammation** du tissu myocardique comme nous avons étudié celle des tissus hépatique, rénal, etc.

Mais un fait vient compliquer l'étude du cœur pathologique : non seulement le myocarde présente à considérer des altérations primitives, mais il montre fréquemment encore des modifications secondaires ou associées aux péricardites, aux endocardites ; celles-ci sont mécaniques ou inflammatoires, et entrent en ligne de compte dans l'étude pathologique, aussi bien pour l'anatomie que pour la physiologie. Après les myocardites, nous envisagerons rapidement quelques troubles de nutrition chroniques (**dégénérescence graisseuse**, par exemple) et les lésions grossières de circulation (**infarctus**). Nous laisserons de côté les lésions rares (*tuberculose, syphilis*).

§ 2. — Myocardites.

Myocardites aiguës. — L'inflammation se manifeste, au niveau du myocarde, par la même série de phénomènes que l'on retrouve à propos de tous les tissus. Dans l'inflammation aiguë apparaissent des exsudats cellulaires en quantité variable, dans les intervalles des fibres musculaires ; celles-ci elles-mêmes s'altèrent plus ou moins rapidement, suivant que leur nutrition est plus ou moins vite et profondément troublée. Les altérations de la fibre sont des dégénérescences diverses : état vacuolaire, disparition de la fibrillation, etc.

Les variétés de myocardite tiennent surtout au rapport variable entre les lésions de la fibre et celles du stroma. Dans les cas où les modifications de la fibre sont particulièrement prédominantes, on a pu dire qu'il s'agissait de myocardite parenchymateuse, terme qui est en fait inexact. Mais il existe aussi des myocardites aiguës dites interstitielles : dans ces cas, le stroma présente une infiltration considérable de petites cellules et un épaississement tenant aux exsudats rapidement mêlés de fibrilles (1).

---

(1) L'inflammation est exceptionnellement suppurée. Cependant, on peut observer quelquefois de petits abcès microscopiques dans le myocarde.

Myocardites subaiguës et chroniques. — Dès que l'inflammation a quelque durée, il se produit entre les fibres musculaires des fibrilles de sclérose. Celle-ci refoule les fibres myocardiques, qui peuvent s'atrophier ou disparaître par place, lui cédant le terrain.

La sclérose peut revêtir une topographie et un aspect différents suivant la diffusion ou la localisation relative de l'inflammation qui lui a donné naissance. Ainsi peut-on trouver des

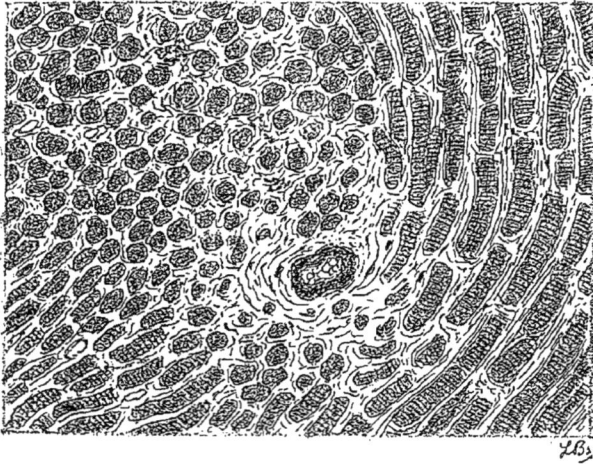

FIG. 89. — *Sclérose diffuse du myocarde* (fort grossissement).
Chaque fibre est entourée de fibrilles scléreuses. A gauche, fibres coupées en travers ; à droite, en longueur ; au centre, artériole oblitérée.

scléroses diffuses, généralement modérément intenses. D'autres fois l'altération se montre sur les coupes sous forme de plaques plus ou moins nombreuses, plus ou moins étendues, à bords festonnés et ramifiés. Il peut exister aussi des altérations des éléments musculaires eux-mêmes.

L'importance de la sclérose dans les myocardites chroniques fait qu'on les confond quelquefois sous le nom de myocardites interstitielles ; mais en fait ce terme est aussi inexact que celui de myocardite parenchymateuse : car l'inflammation n'est pas plus interstitielle qu'elle n'est, d'autres fois, localisée aux cellules.

Modifications à l'œil nu. — Elles sont peu considérables et
doivent être recherchées attentivement. L'inflammation doit
produire des modifications de couleur et de consistance ; ainsi
l'on décrit dans les myocardites aiguës la coloration feuille
morte, l'aspect mou du muscle cardiaque. Mais en pratique
ces aspects n'ont pas grande valeur, parce que le degré de
conservation variable des organes, sur le cadavre, peut pro-

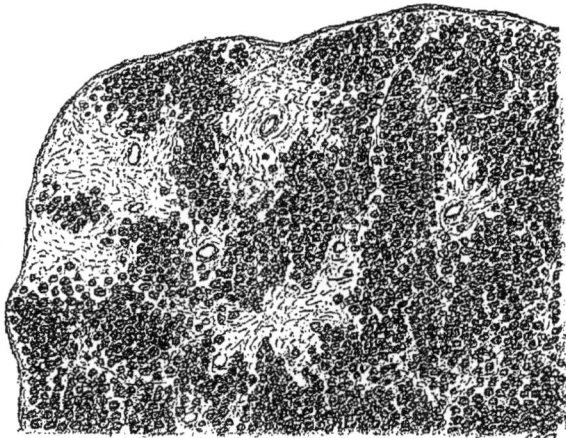

FIG. 90. — *Sclérose en îlots du myocarde* (grossissement moyen).
La figure représente la section transversale d'un fragment de pilier ; l'endocarde en limite les bords supérieur et gauche ; les plaques scléreuses se
dessinent en clair.

duire des variations de couleur ou de densité indépendantes
des lésions. En tout cas, les cavités sont souvent dilatées.

Seules les myocardites chroniques peuvent être bien nettes à
l'œil nu, lorsque la sclérose est assez notable. Dans ces cas, le
muscle est plus dur qu'à l'état normal, et souvent augmenté
d'épaisseur. Sur la surface de section on voit se détacher sur
le fond rouge, charnu, normal, de petites traînées ou étoiles
blanc grisâtre correspondant aux bandes ou îlots de sclérose.
Quand celle-ci est modérée et diffuse, elle est plus difficilement
appréciable.

On doit rechercher la sclérose de préférence en certains

points où elle est presque toujours très confluente : par exemple au sommet des piliers du cœur gauche. Il est fréquent, même avec une myocardite chronique de moyenne intensité, d'observer que les sommets de ces piliers sont blancs, durs, formés de tissu scléreux.

§ 3. — **Troubles de circulation.**

La stase dans le tissu du myocarde peut déterminer un épaississement hyalin de la trame appréciable au microscope ; cet aspect ne doit pas être confondu avec la sclérose diffuse des myocardites véritables. Il est fréquent sur les organes des cardiaques (cœur cardiaque). Il est en tout cas beaucoup moins intéressant à étudier que les modifications plus grossières de la circulation.

Infarctus. — Les grosses oblitérations artérielles, c'est-à-dire celles qui intéressent une coronaire ou une de ses branches importantes, déterminent des infarctus : une partie plus ou moins étendue du myocarde est privée de sang.

Le territoire généralement atteint est situé à la face antérieure, sur le ventricule gauche, au-dessus de la pointe. Lorsque l'infarctus est assez récent, toute cette zone prend à l'œil nu une coloration jaune sale, entourée d'une partie fortement colorée en rouge. A ce niveau le myocarde paraît souvent aminci, parce que les contractions du cœur qui ont persisté quelque temps après la production de l'infarctus amènent une légère distension au niveau de la zone anémiée, moins résistante. Si l'on examine au niveau de l'infarctus la paroi cardiaque, par sa face interne, c'est-à-dire du côté de l'endocarde, on observe des modifications inflammatoires apparentes à l'œil nu, même dans les infarctus récents (1). En cet endroit

(1) On peut aussi observer sur la face péricardique de l'infarctus de petits exsudats fibrineux, indice d'inflammation.

l'endocarde est dépoli et il existe une coagulation du sang des cavités (caillots adhérents). Nous avons étudié, à propos des thromboses, la raison de ces aspects (voir p. 41).

Les infarctus anciens, ceux qui ont permis la survie, présentent des caractères généraux analogues à ceux que l'on observe

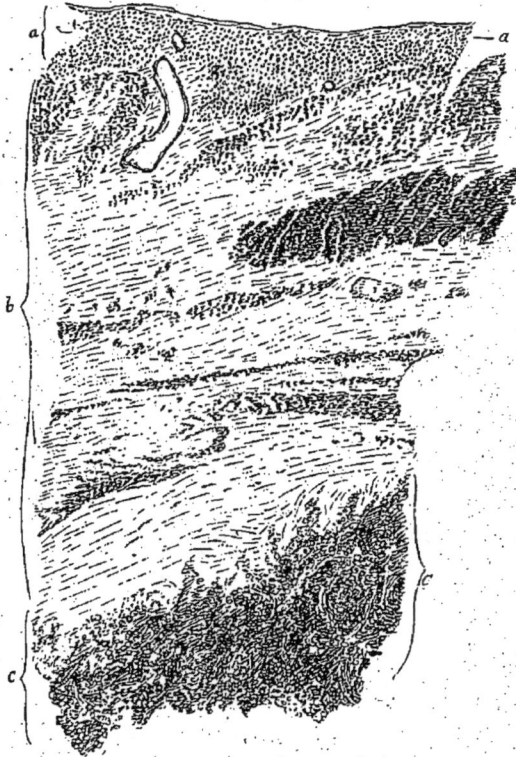

Fig. 91. — *Paroi du ventricule gauche au niveau d'un infarctus ancien* (faible grossissement).

a., péricarde ; — b., myocarde presque complètement transformé en une masse scléreuse ; — c., caillot fibrino-cruorique adhérent.

en pareil cas dans les autres tissus. La zone centrale, privée de sang, s'est nécrosée et résorbée ; elle est remplacée par un tissu fibroïde développé aux dépens des éléments exsudés de la zone périphérique où la vascularisation était exagérée. Dans la masse scléreuse ne se retrouve plus aucun des éléments contractiles de l'organe normal.

Si la lésion était limitée, sa trace est représentée par une petite plaque scléreuse qui peut même être microscopique : on doit même admettre que les myocardites scléreuses en îlots relèvent d'oblitérations artériolaires, d'infarctus minuscules. Dans le cas d'infarctus un peu étendus, la paroi tout entière est transformée à leur niveau en une lame scléreuse ; celle-ci se laisse généralement refouler par le sang de la cavité cardiaque : on appelle par un abus de langage cette lésion **anévrysme du cœur**. Exceptionnellement la plaque scléreuse peut se rompre, comme d'ailleurs aussi l'infarctus récent (**rupture du cœur**).

§ 4. — Lésions de nutrition.

Hypertrophie et atrophie. — On peut observer des augmentations ou des diminutions de volume générales du cœur, soit sous l'influence d'obstacles circulatoires locaux ou éloignés, soit sous l'influence de troubles de la nutrition générale : on peut citer ainsi l'hypertrophie dans les lésions rénales chroniques (cœur de Traube), dans l'athérome aortique très prononcé, l'atrophie dans les états cachectiques ou la sénilité.

Le cœur de Traube montre une hypertrophie étendue à tout l'organe, mais cependant prédominante sur le ventricule gauche, dont la cavité est souvent diminuée de capacité. Dans les lésions aortiques, c'est aussi et plus encore le cœur gauche qui est hypertrophié. Mais dans ce dernier cas l'augmentation totale n'atteint jamais le degré que l'on peut observer dans le cœur rénal (cœurs atteignant 7 à 800 grammes). Dans les affections chroniques du poumon, on observe souvent une augmentation modérée du cœur droit.

Fréquentes aussi sont les hypertrophies localisées à un cœur ou à l'une de ses parties au cours des lésions valvulaires : oreillette gauche dans le rétrécissement mitral; cœur droit dans toutes les malformations cardiaques, etc.

Il faut noter que dans la plupart de ces hypertrophies on trouve entre les fibres musculaires — qui sont augmentées de volume, et non de nombre — quelques exsudats cellulaires ; il est donc probable que ce ne sont pas tout à fait des hypertrophies, au sens exact du mot, mais déjà des acheminements vers l'inflammation : ce dernier processus est alors très caractérisé dans les autres augmentations de volume de nature inflammatoire appelées aussi communément hypertrophies : « hypertrophie » des myocardites chroniques, des symphyses par exemple.

Dilatation. — La dilatation des cavités du cœur, généralisée, ou localisée à l'une d'elles, s'observe fréquemment comme une conséquence des troubles de l'hydraulique cardiaque : dilatation de l'oreillette gauche dans le rétrécissement mitral ; dilatation en gourde du ventricule gauche dans l'insuffisance aortique, etc. ; elle est alors assez souvent associée à l'hypertrophie des mêmes segments. Elle est quelquefois la résultante de l'affaiblissement du tissu myocardique : dilatations des cœurs surmenés, des myocardites aiguës ou chroniques ; dans ce dernier cas, elle est quelquefois accompagnée d'un épaississement de la paroi qui n'est qu'une fausse hypertrophie de nature inflammatoire.

Dégénérescence graisseuse. — La dégénérescence graisseuse est caractérisée par un trouble particulier de la nutrition du tissu musculaire myocardique. Les fibres se remplissent de gouttelettes de graisse qui, en raison de la striation longitudinale et transversale, s'ordonnent en petits grains très fins situés régulièrement les uns à côté des autres et les uns à la suite des autres. En réalité, ces inclusions de graisse se surajoutent au protoplasma de la fibre et n'altèrent pas sa structure, de sorte que cette modification *est plutôt un état gras qu'une dégénérescence véritable.* Mais on a l'habitude de la désigner sous ce nom.

A l'œil nu, le myocarde atteint est plus pâle qu'à l'état normal ; mais, comme nous l'avons dit précédemment, la coloration du myocarde est variable suivant l'état de conservation cadavérique. Pour juger de l'existence de la dégénérescence graisseuse, il vaut mieux se baser sur l'aspect que prend l'endocarde du cœur malade : on voit sous la séreuse une sorte de

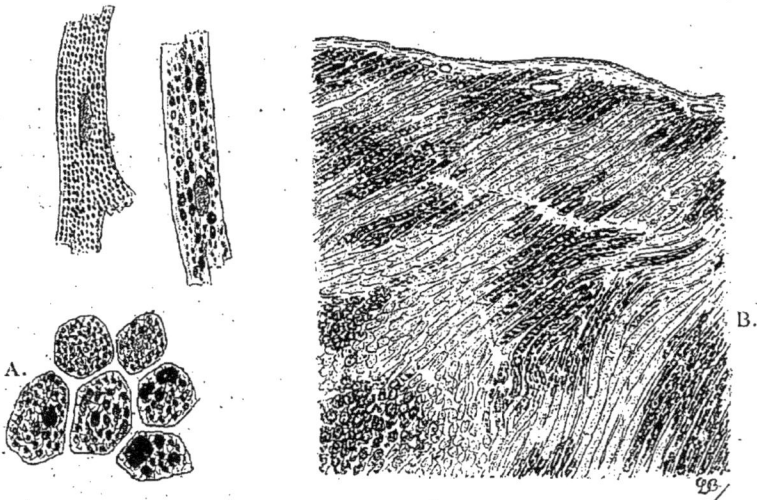

FIG. 92. — *Dégénérescence graisseuse du myocarde* (1).

A. Fibres isolées vues à un fort grossissement. En haut, deux aspects de l'infiltration graisseuse. En bas, aspect sur les coupes en travers.
B. Coupe vue à un grossissement moyen. Zones de parenchyme gras alternant avec des zones saines.

tacheté formant des bigarrures jaunes et rouges très fines qui sont assez caractéristiques de l'état gras. En tout cas, ce n'est pas la plus ou moins grande quantité de graisse apparente macroscopiquement à l'extérieur du cœur qui la décèle. Cet aspect révèle seulement l'état suivant.

Surcharge graisseuse. — La surcharge graisseuse survient chez les obèses, les alcooliques; elle est caractérisée simplement par une augmentation du tissu normal sous-péricardique: augmentation souvent généralisée à toutes les parties adipeuses de l'organisme. Quand cette surcharge cardiaque est très mar-

(1) Coupes traitées par l'acide osmique. Ce réactif colore la graisse en noir et laisse le reste du tissu en gris ou brun pâle.

quée, elle peut pénétrer dans les couches superficielles du myocarde en dissociant ses fibres musculaires. Mais c'est toujours un processus extérieur à ces dernières et non une dégénérescence; c'est donc un état bien distinct de la dégénérescence graisseuse étudiée précédemment.

B. — PÉRICARDE.

Le péricarde peut être atteint de lésions inflammatoires en tout point comparables à celles de la plèvre : péricardites aiguë, fibrineuse, séreuse, hémorragique, suppurée, péricar-

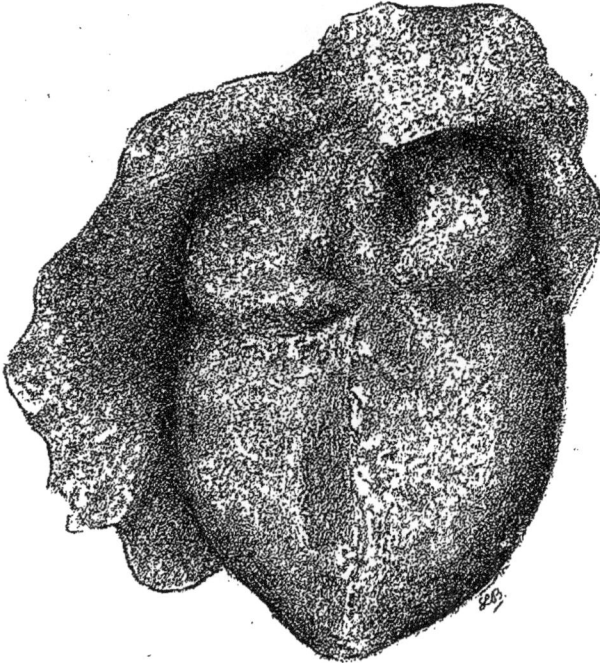

FIG. 93. — *Péricardite aiguë.*

Le péricarde est ouvert, le liquide s'est échappé. On voit les deux feuillets de la séreuse recouverts d'exsudats fibrineux en langue de chat.

dites chroniques, symphyses. Ces inflammations, dans l'immense majorité des cas, se voient dans le rhumatisme, la pneumonie, le mal de Bright, ou bien sont tuberculeuses.

Elles apparaissent, à l'examen, avec les caractères généraux des inflammations des séreuses (voir p. 118 et fig. 14, B). Dans les **inflammations aiguës**, on trouve à l'œil nu tout d'abord le dépoli de la séreuse, puis des exsudats fibrineux plus ou moins régulièrement villeux (on les compare à une langue de chat, ou

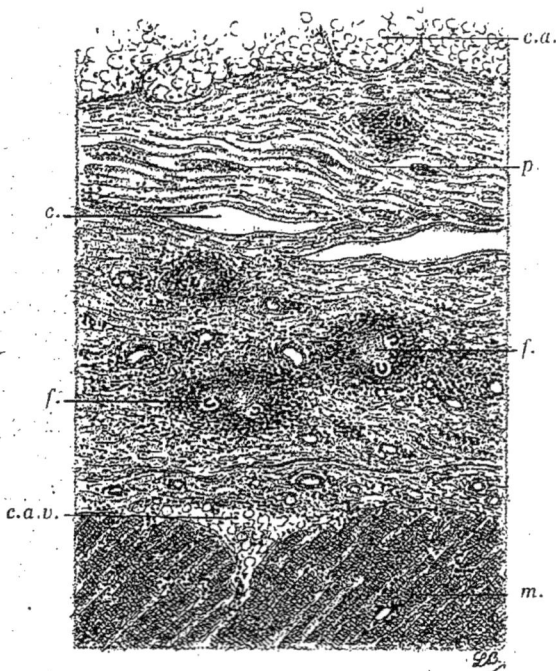

FIG. 94. — *Symphyse du péricarde (tuberculeuse)* (grossissement moyen).
Le feuillet pariétal (*p.*), avec son tissu cellulo-adipeux (*c. a.*), est adhérent. Il
    persiste cependant des restes de la cavité péricardique (*c.*).
f. f., follicules tuberculeux avec cellules géantes dans le feuillet viscéral
    épaissi; — *c. a. v.*; amas adipeux du péricarde viscéral; — *m.*, myocarde.

à des tartines de beurre que l'on aurait accolées puis brusquement séparées). Les lésions au début se localisent de préférence à la base du cœur, à l'origine des gros vaisseaux. L'exsudat liquide peut être plus ou moins abondant et présenter les caractères que nous avons étudiés dans les pleurésies (ex. séreux, hémorragique, purulent).

Il faut se garder de confondre avec les exsudats de la péricardite au début les lésions dites **plaques laiteuses**. Celles-ci s'observent sur les gros cœurs, particulièrement à la face anté- rieure des ventricules, au-devant de la pointe. Elles forment des taches blanc laiteux ; l'aspect lisse et brillant de la séreuse persiste à leur niveau. On ne connaît pas bien leur déterminisme ; en tout cas, elles ne sont pas l'équivalent d'in- flammations ; *elles ne donnent d'ailleurs aucun signe clinique*.

Les péricardites aboutissent souvent à la **symphyse**. La sym- physe peut être totale, partielle ; filamenteuse ou formée d'adhérences épaisses, lardacées.

La **péricardite tuberculeuse** s'accompagne généralement d'exsudats solides très abondants ; on peut y voir à l'œil nu des tubercules, d'autres fois ils ne sont visibles qu'à l'examen microscopique. L'exsudat liquide est variable ; il est assez sou- vent puriforme ou hémorragique. Enfin la symphyse tubercu- leuse est fréquente, et montre souvent des adhérences épaisses, quelquefois avec des parties caséifiées ou des tubercules appa- rents.

Le *myocarde* est toujours altéré au-dessous des péricardites et, dans les formes chroniques, plutôt augmenté de volume, avec souvent dilatation des cavités.

C. — ENDOCARDE.

§ 1. — Caractères généraux des inflammations de l'endocarde.

L'inflammation de l'endocarde en elle-même se réduit à peu de choses au point de vue anatomique ; mais elle est extrême- ment importante par ses conséquences. Elle conduit à un grand nombre de « maladies de cœur ».

L'inflammation est caractérisée ici comme partout par la production d'exsudats liquides ou cellulaires, et par l'augmen- tation de la circulation du tissu. Dans les points qui ne contiennent normalement pas de vaisseaux (valvules), il s'en produit de nouveaux. Quant aux exsudats, ils infiltrent le tissu et se disséminent à sa surface sous forme de petits amas fibrineux, comme nous l'avons vu au niveau des séreuses.

Les exsudats interstitiels produisent un **épaississement** œdémateux, plus tard la **sclérose** des voiles valvulaires, amenant leur épaississement, avec dureté, rétraction et perte de souplesse de leur tissu, phénomènes apparents à l'examen macroscopique. Les exsudats de surface forment de petites

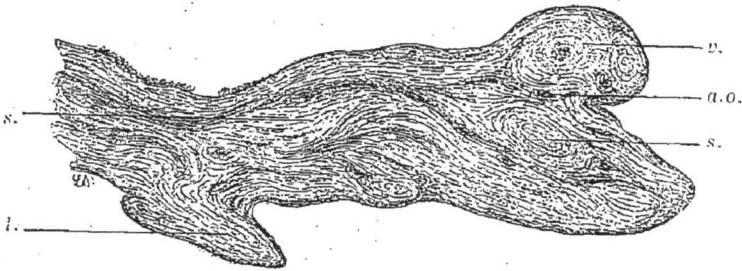

FIG. 95. — *Endocardite chronique de la mitrale; coupe de la grande valve* (faible grossissement) (1).

L'extrémité libre de la valve est à droite. En *l.*, point d'attache d'un tendon; — *v.*, végétation ancienne sclérosée; — *s., s.*, épaississements scléreux de la valve; — *a. o.*, petit vaisseau oblitéré.

végétations plus ou moins granuleuses, molles et friables au début, ultérieurement fermes et résistantes; au niveau des commissures valvulaires, ils déterminent des **soudures** des valves contiguës.

Enfin l'inflammation peut être destructive : il y a de véritables suppurations de l'endocarde. Le pus n'est pas apparent, car il est entraîné par le sang des cavités, mais on rencontre des **ulcérations** plus ou moins étendues, souvent accompagnées de végétations exubérantes (endocardites ulcéreuses, ulcéro-végétantes).

(1) TRIPIER, *Études anatomo-cliniques, Cœur, vaisseaux, poumons* Paris, 1909. G. Steinheil, éditeur.

Ces diverses modifications donnent lieu à des types anatomiques différents suivant leur degré et leur localisation. La

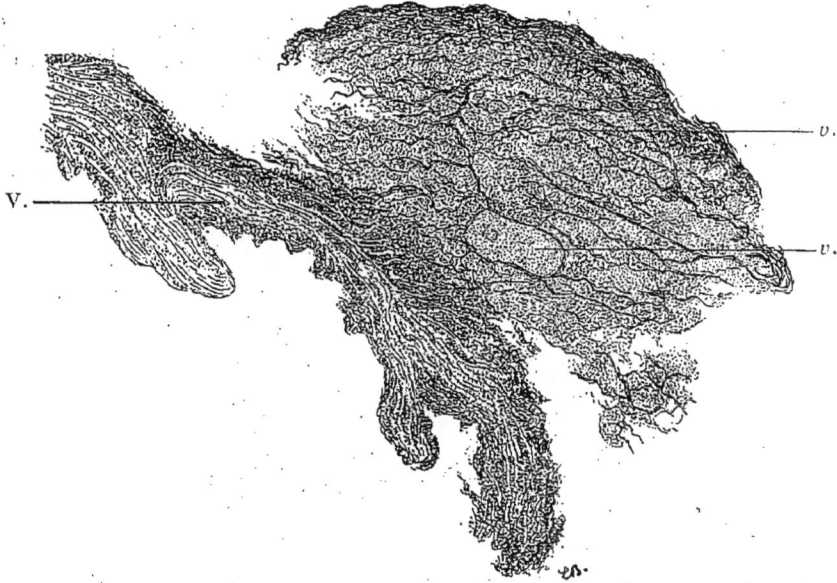

FIG. 96. — *Endocardite ulcéro-végétante de la mitrale.*
Coupe de la grande valve (faible grossissement) (1).

V, tissu de la valve infiltré d'exsudats confluents ; — *v.. v.*, grosse végétation
fibrineuse infiltrée d'exsudats purulents.

localisation sur les appareils valvulaires est la plus fréquente,
et d'ailleurs la plus intéressante. Nous en rappellerons les
principales variétés, examinées à l'œil nu.

§ 2. — Endocardites aiguës simples.

Elles se localisent surtout à la mitrale, ou aux sigmoïdes
aortiques, plus rarement à la tricuspide.

Assez souvent elles atteignent simultanément plusieurs appa-

(1) TRIPIER, *Études anatomo-cliniques. Cœur, vaisseaux, poumons.*
Paris, 1909. G. Steinheil, éditeur.

reils valvulaires, par exemple la mitrale et les nids de pigeons aortiques.

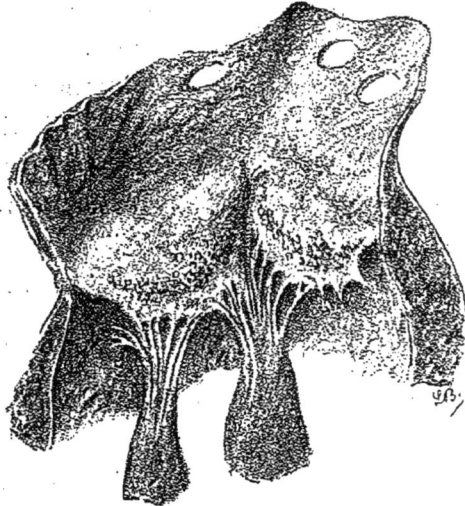

FIG. 97. — *Endocardite aiguë de la mitrale.*

La valvule est ouverte par la commissure externe. On voit la ligne des granulations sur la face auriculaire des deux valves, un peu au-dessus des bords libres.

A la **mitrale**, les lésions sont plus intenses au niveau du

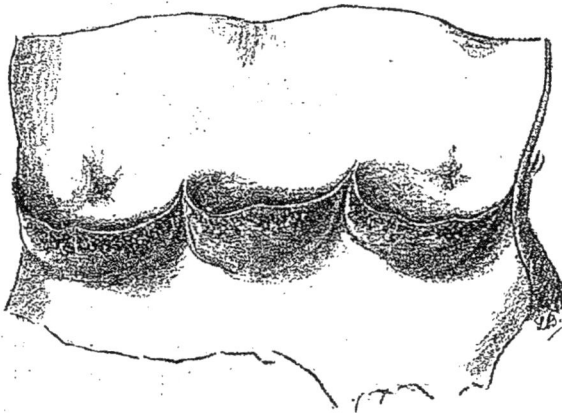

FIG. 98. — *Endocardite aiguë des sigmoïdes aortiques.*

On voit les fines granulations sur la face ventriculaire des valves, un peu au-dessous du bord libre.

bord libre des valves qui sont comme boursouflées, et surtout

un peu au-dessus de ce bord, sur la face auriculaire. On trouve
là avec une très grande fréquence des granulations fines, en
chapelet; cette lésion est de constatation courante aux autopsies de sujets morts avec des infections diverses, et particulièrement aux autopsies de tuberculeux. Mais *ces endocardites
aiguës ne donnent aucun signe clinique net.* Il est probable
que l'endocardite rhumatismale aiguë est analogue.

Au niveau des **valvules aortiques** les lésions sont comparables; la ligne de granulations siège toujours sur la face ventriculaire, un peu en dessous du bord libre des sigmoïdes.

§ 3. — Endocardites ulcéreuses.

Les endocardites ulcéreuses sont toujours le produit d'une
infection générale dont on peut souvent trouver l'origine ou la

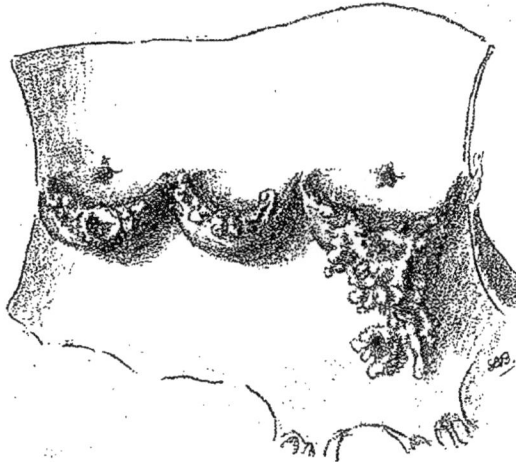

FIG. 99. — *Endocardite ulcéreuse et végétante des sigmoïdes aortiques.*
Lésions très intenses sur la valve droite, se propageant au-dessous
vers la mitrale.

porte d'entrée : lésions génitales, infections pulmonaires,
cutanées, buccales, amygdaliennes, etc. Dans la règle, elles se
montrent toujours sur des valvules antérieurement atteintes et

présentant des lésions d'endocardite ancienne. Elles s'accompagnent souvent de lésions infectieuses secondaires des autres organes, que l'on trouve à l'autopsie sous forme de bronchopneumonie, d'infarctus septiques des organes, etc.

L'aspect de l'endocardite ulcéreuse elle-même est très variable; c'est généralement sur la mitrale, sur l'aorte, quelquefois sur la tricuspide que l'on trouve ses lésions sous forme de végétations plus ou moins exubérantes et d'ulcérations. Il se produit ainsi des déformations variées des voiles valvulaires ou de l'ensemble de la valve : des rétractions, des perforations, quelquefois le décollement du tissu des valvules, à l'intérieur desquelles le sang s'accumule (**anévrysmes valvulaires**).

§ 4. — Endocardites chroniques.

Les endocardites chroniques ont naturellement la même localisation habituelle que les endocardites aiguës.

a) **Endocardite mitrale chronique**. — L'endocardite mitrale chronique produit l'épaississement et la rétraction des valves, avec perte de souplesse, induration et quelquefois aspect nacré. Généralement cet aspect est particulièrement sensible sur la grande valve. Il se poursuit sur les tendons qui sont raccourcis, et sur les piliers qui paraissent fibreux. L'appareil valvulaire ainsi altéré peut, pendant la vie, devenir *insuffisant;* c'est-à-dire qu'il ne peut plus fermer l'orifice auriculo-ventriculaire au moment de la systole, et permet le reflux du ventricule à l'oreillette. On peut grossièrement s'en rendre compte sur le cadavre par l'épreuve de l'eau, en remplissant la cavité ventriculaire et en reproduisant la contraction avec une main enserrant la pointe du cœur.

Mais le plus souvent la lésion chronique produit une soudure des deux valves au niveau de leurs commissures; l'orifice auriculo-ventriculaire est *rétréci;* vues par l'oreillette, les valves ainsi altérées donnent l'aspect bien connu qu'on a comparé à celui des paupières enflammées dans la blépharite chronique. Le RÉTRÉCISSEMENT MITRAL, lésion anatomique ainsi réalisée,

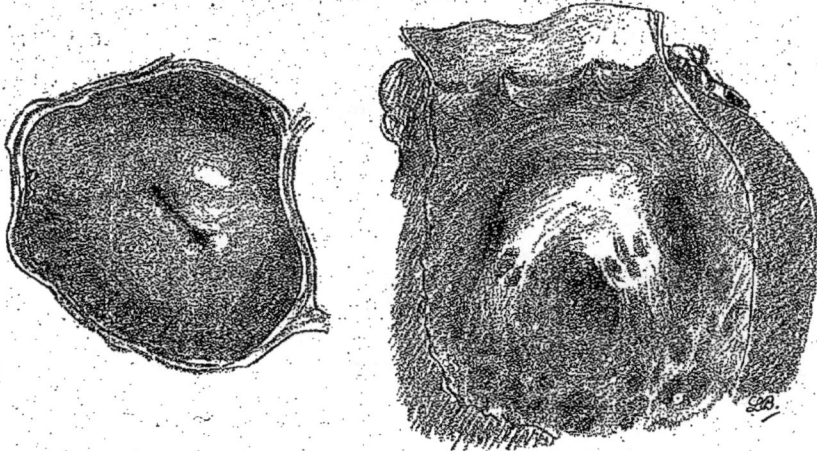

FIG. 100. — *Endocardite chronique de la valvule mitrale.*
A gauche, orifice mitral vu par l'oreillette. Valves soudées et scléreuses, orifice rétréci.
A droite, ventricule gauche ouvert par l'aorte. On voit la grande valve, ses piliers et cordages épaissis, scléreux, rétractés.

produit pendant la vie des perturbations auxquelles s'associent généralement celles signalées précédemment de l'INSUFFISANCE, trouble dynamique.

Rétrécissement mitral pur. — Quelquefois l'endocardite mitrale chronique ne détermine pas pendant la vie d'insuffisance valvulaire. La lésion produit le trouble morbide dit rétrécissement mitral pur. Mais généralement celui-ci relève d'une inflammation particulière, très lente, déformant la valvule en entonnoir, avec un aspect lisse spécial, que l'on peut supposer être quelquefois le produit d'une malformation ou d'une endocardite congénitale. De fait, les rétrécissements mitraux purs s'observent souvent chez de jeunes sujets à parents tuberculeux ou syphilitiques, et nous savons avec certitude que la tuberculose au moins peut produire des endocardites très lentes, à début non apparent, et sans lésions élémentaires spécifiques (tuberculose dite inflammatoire). Il est possible aussi que de telles altérations soient d'ordre dystrophique.

b) **Endocardite de la valvule aortique.** — Sur les valves aortiques, l'endocardite chronique produit des modifications analogues à celles que nous avons vues à la mitrale. La perte de souplesse des sigmoïdes, leur épaississement, sont généralement associés à la soudure des commissures ; ces lésions ont pour conséquence le rétrécissement de l'orifice, que l'on peut constater anatomiquement. Mais généralement aussi la sclérose

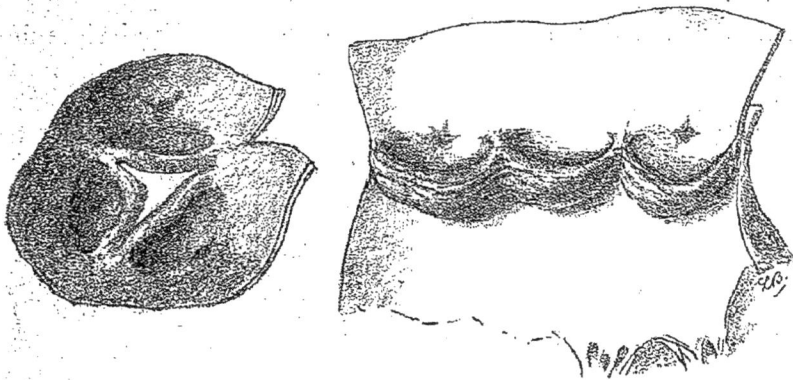

FIG. 101. — *Endocardite chronique des sigmoïdes aortiques.*
Épaississement des valves et soudure de leurs commissures. A gauche, la valvule vue par-dessus avant l'incision ; on voit là très nettement la soudure des commissures et le mécanisme du rétrécissement. Cas très typique.

des voiles valvulaires les empêche de s'affronter par leur bord lors de leur chute diastolique : aussi l'insuffisance aortique accompagne-t-elle dans la très grande majorité des cas le trouble de rétrécissement. Elle n'est en tout cas pas isolée : il est bien entendu que cette proposition n'a trait qu'aux lésions d'endocardite. Nous allons voir que d'autres modifications, avec d'autres conséquences, peuvent s'observer sous l'influence de processus pathologiques différents.

§ 5. — Lésions des valvules d'origine artérielle.

L'appareil valvulaire de l'aorte présente fréquemment des lésions dont l'intérêt pathologique est analogue aux précédentes. Ce ne sont cependant plus des endocardites, ce sont des lésions tenant à des processus artériels, aortiques : athéromc, aortite syphilitique. Nous devons cependant les rapprocher des lésions précédentes à cause de l'analogie de leurs conséquences.

a) **Syphilis.** — Les plaques gélatiniformes de la syphilis (voir p. 238) s'étendent fréquemment de l'aorte à l'appareil sigmoïdien. Elles produisent généralement l'épaississement

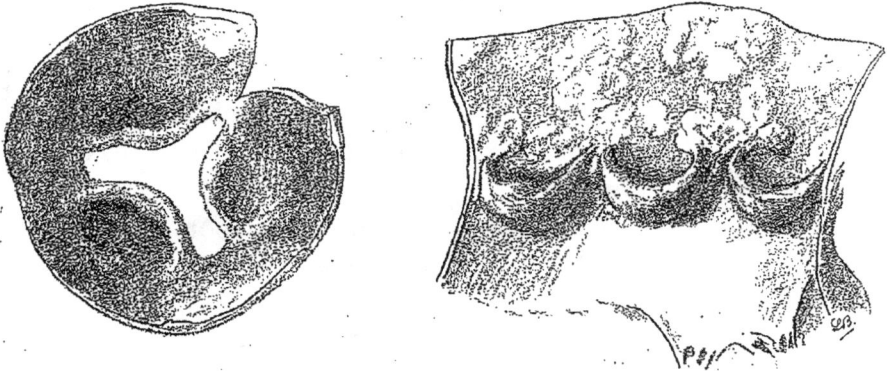

FIG. 102. — *Lésions des sigmoïdes aortiques par aortite syphilitique.*
Épaississement des valves ; plaques gélatiniformes aortiques descendant sur la valvule et écartant les commissures. Cet écartement est très apparent lorsqu'on regarde l'appareil aortique par-dessus avant de l'inciser (figure de gauche); le mécanisme de l'insuffisance prédominante est très net. Cas très typique.

des voiles valvulaires, qui deviennent boursouflés, blanchâtres ; mais surtout, c'est là un fait plus caractéristique, elles se glissent entre les commissures des valves et en écartent les insertions. Aussi cette lésion produit-elle électivement l'*insuffisance aortique pure* ou au moins *l'insuffisance prédominante*.

b) **Athérome.** — L'athérome avec ses plaques jaunes et ses dépôts calcaires (voir p. 235) s'étend fréquemment aussi au niveau des valvules du cœur gauche. A l'appareil aortique il se montre sous forme de petits nodules calcifiés, logés dans le creux des nids de pigeon ; quand ces nodules sont volumineux, ils peuvent par leur présence rétrécir la lumière de l'orifice valvulaire (*rétrécissement aortique*). Mais ils laissent les valves assez souples et capables de s'affronter. Aussi est-il exceptionnel que l'athérome produise l'insuffisance de l'orifice. On prend dans beaucoup de cas pour de l'athérome des épaississements endocarditiques anciens devenus très durs et s'étant infiltrés secondairement de sels calcaires (TRIPIER).

L'athérome atteint aussi assez fréquemment l'orifice auriculo-ventriculaire gauche. En effet, la face externe de la grande valve de la mitrale continue directement la paroi aortique. L'athérome s'y localise sous la forme de cette petite plaque jaune, si apparente sur la face aortique de la valve au cours de la plupart des autopsies : lésion banale ne produisant au fond aucune modification appréciable du tissu, et d'ailleurs pas de troubles pathologiques (1).

Enfin, on peut trouver assez souvent des dépôts calcaires athéromateux, dans l'angle dièdre formé par la petite valve mitrale et la paroi ventriculaire. L'athérome n'y détermine aucune modification de l'appareil valvulaire.

---

(1) Il est classique d'attribuer à l'athérome un certain nombre de lésions mitrales (maladie mitrale, rétrécissement mitral des athéromateux). L'étude critique de ces faits montre qu'il s'agit en réalité, au point de vue anatomo-pathologique, d'altérations *endocarditiques*, avec calcifications secondaires (Voir TRIPIER, *Études anatomo-cliniques*).

Tableau des principales lésions des appareils valvulaires aortique et mitral

PROCESSUS	SIÈGE	CONSÉQUENCES ANATOMIQUES	CONSÉQUENCES PATHOLOGIQUES	ASSOCIATIONS
Endocardite (sclérose).	V. Mitrale.	Adhérence des commissures (orifice rétréci). Rigidité et rétraction de l'appareil valvulaire.	R. pur. I. et R. combinés. I. pure plus rare.	Souvent lésions associées des deux orifices valvulaires.
	V. Aortique.	id.	I. et R. combinés. R. pur : rare. I. pure : pas.	
Athérome.	V. Mitrale.	Nodules sous la petite valve, ou petite plaque sur la grande. Pas de modification sensible de l'appareil valvulaire lui-même.	Néant (voir la note de la page 229).	Association constante avec athérome de l'aorte.
	V. Aortique.	Nodules au fond des nids de pigeon, sans lésion notable des valves, mais les tenant quelquefois écartées de la paroi.	Néant ou quelquefois R. aortique pur.	
Syphilis (plaques gélatiniformes).	V. Aortique.	Désinsertion des commissures. Valves épaissies.	I. aortique pure ou prédominante.	Association fréquente avec lésions de l'aorte. Aortites, anévrysmes.

Rapport des lésions valvulaires et des cardiopathies. Lésions secondaires et associées du myocarde. — L'endocardite ou les autres lésions localisées sur les appareils valvulaires peuvent donc, dans les conditions que nous venons de rappeler, produire des déformations anatomiques orificielles (rétrécissement) ou des troubles dans le jeu des valves (insuffisance).

Au total, les *lésions valvulaires* produisent des *cardiopathies*. Mais ces deux termes ne sont pas du tout synonymes : beaucoup de cardiopathies existent sans lésions valvulaires (myocardites chroniques par exemple); ils ne sont même pas toujours en corrélation immédiate : un certain nombre de lésions valvulaires existent sans qu'il y ait cardiopathie véritable (par exemple certains rétrécissements de la mitrale). Il faut donc autre chose que la lésion orificielle; quels sont donc ces intermédiaires nécessaires?

LÉSIONS SECONDAIRES. — Les perturbations de l'hydraulique cardiaque, résultant de la déformation anatomique, produisent peu à peu des **lésions secondaires**, au niveau des cavités cardiaques et de leurs parois. La simple continuation de la vie du tissu myocardique, manifestée par sa contraction, en présence des conditions hydrauliques nouvelles conduit à une hypertrophie des parois, associée souvent à une dilatation, en certains points du cœur : ces modifications se trouvent être dès lors compensatrices. Ainsi se voient la dilatation avec hypertrophie de l'oreillette gauche dans le rétrécissement mitral, la dilatation en gourde avec hypertrophie du ventricule gauche dans l'insuffisance aortique, etc.

LÉSIONS ASSOCIÉES. — Les lésions secondaires ainsi constituées ne suffisent pas encore, avec les déformations orificielles, pour produire la cardiopathie. Dans certains cas les sujets qui en sont porteurs ne présentent aucun trouble : on dit en pareil cas que la lésion valvulaire est bien compensée. En réalité, dans ces cas, l'adaptation du cœur aux conditions anormales, et peut-être aussi l'adaptation de l'organisme, empêchent toute manifestation morbide, parce qu'il n'apparaît pas un autre facteur, qui est constitué par les **lésions associées**.

Celles-ci sont les lésions inflammatoires du myocarde qui se sont développées parallèlement à l'inflammation endocarditique, ou péricardique. Qu'une endocardite mitrale, produite très lentement comme dans certains rétrécissements purs, reste isolée à l'endocarde : le cœur s'adaptera à sa tâche nouvelle par l'intermédiaire des modifications secondaires des cavités; il n'y aura pas cardiopathie véritable. Qu'une autre endocardite — et c'est généralement le cas pour les endocardites intenses du rhumatisme aigu — s'accompagne de lésions myocardiques associées, le cœur présentera, outre les déformations compensatrices, une *hypertrophie inflammatoire* lente, une hypertrophie de myocardite, et la cardiopathie sera constituée. De même des poussées inflammatoires, au cours d'une endocardite ancienne, précipiteront le cours de la maladie : l'asystolie relève souvent d'une telle pathogénie.

Ainsi, dans le cas des lésions valvulaires, trois facteurs entrent en jeu dans l'établissement de la cardiopathie et dans la production des symptômes : le trouble valvulaire, les déformations secondaires et l'hypertrophie inflammatoire du myocarde.

D. — MALFORMATIONS CONGÉNITALES.

Les malformations congénitales du cœur se rencontrent assez fréquemment, surtout chez les jeunes sujets. Leur étude anatomique est trop étroitement liée à l'étude du développement pour que nous puissions l'entreprendre ici. Ces lésions consistent essentiellement en perforations anormales des cloisons, étroitesse ou même oblitération de certains troncs vasculaires (**rétrécissement pulmonaire** surtout), mauvais abouchement de ces troncs dans les cavités, etc. Un fait capital à retenir dans leur histoire anatomique est l'**hypertrophie du cœur droit**, phénomène à peu près constant.

II. — LES VAISSEAUX

§ 1. — Lésions des petits vaisseaux.

Ces lésions sont extrêmement fréquentes, mais elles s'associent à celles des tissus environnants et ne peuvent guère en être séparées. Dans l'inflammation, il existe toujours des altérations vasculaires; l'endartérite des artérioles, allant souvent jusqu'à leur oblitération, y est à peu près constante (1).

L'endartérite est la manifestation la plus apparente de l'inflammation des parois artérielles.

Les tuniques artérielles sont au nombre de trois : tunique externe ou adventice; tunique moyenne ou musculo-élastique; tunique interne ou endartère. La *tunique externe* est la seule qui contienne des vaisseaux nourriciers (vasa vasorum). La *tunique moyenne* est celle qui est la plus caractéristique au point de vue de la catégorie de l'artère. Dans les vaisseaux

---

(1) On peut même admettre que le phénomène causal du processus inflammatoire est, au point de vue anatomique, une altération des petits vaisseaux. De très fines oblitérations sont produites par des embolies microbiennes, par une tuméfaction de l'endothélium sous l'influence des produits toxiques, etc. La circulation autour de ces oblitérations microscopiques est exagérée par compensation, comme cela est la règle autour de tous les points où le cours du sang est arrêté. C'est cette exagération collatérale qui devient la plus apparente et qui est le premier phénomène appréciable de l'inflammation (voir p. 45).

de moyen et de petit calibre, elle est presque uniquement musculaire (fibres lisses transversales). Dans les gros troncs (aorte pulmonaire), elle est surtout élastique (voir p.suiv.). La *tunique interne* est la plus intéressante au point de vue des lésions. C'est sur elle que celles-ci retentissent en premier lieu ou du moins le plus apparemment (suiv. p.suiv., pour l'aorte).

Sur une petite artère la couche moyenne est nettement limitée en dedans par une lame fortement festonnée et réfrin-

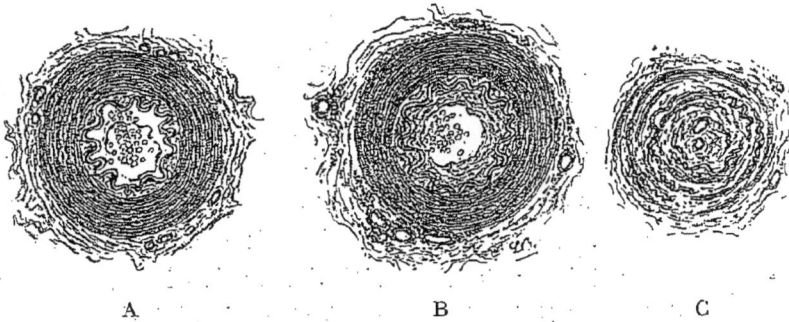

FIG. 103. — *Coupes d'artérioles* (fort grossissement).
A. Artère normale ; — B. Artère avec endartérite ; — C. Artère anciennement oblitérée.

gente, à double contour : la *limitante élastique interne*. Au dedans de cette lame est l'endartère, normalement très mince, et, plus en dedans encore, la lumière vasculaire. L'endartérite est caractérisée particulièrement par l'épaississement de cette tunique interne. On reconnaît donc cette lésion toutes les fois que l'on voit, en dedans de la limitante élastique, une couche un peu épaisse, tendant à rétrécir la lumière ; dans les cas d'oblitération, elle l'obture entièrement.

La syphilis produit fréquemment de telles lésions sur les artères de moyen calibre. Nous les rappellerons plus loin.

Il faut remarquer qu'on trouve assez souvent sur les coupes microscopiques du sang dans les lumières vasculaires, même artérielles. Quelquefois ce sang est en partie coagulé, contient à la fois des globules rouges et de la fibrine. Il ne faut pas en conclure que le vaisseau était oblitéré (voir p. 40 et suiv.) (1).

§ 2. — Aorte.

Nous limiterons l'étude des lésions des gros vaisseaux à celles de l'aorte ; ce sont de beaucoup les plus fréquentes et ce sont celles qui ont le retentissement pathologique le plus net.

Les trois tuniques de l'aorte, bien apparentes à l'état normal, sont : — l'externe (*adventice*), qui contient les vaisseaux nourri-

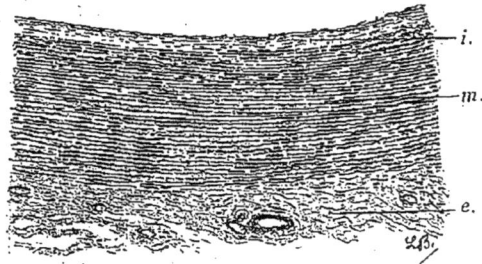

FIG. 104. — *Aorte normale. Coupe de la paroi* (grossissement moyen). *i.*, tunique interne ; — *m.*, moyenne avec ses lames élastiques en noir ; — *e.*, tunique externe avec la section de vasa vasorum.

ciers ; — la moyenne, tunique musculo-élastique épaisse, paraissant constituée surtout par ses lames élastiques, lames réfringentes, disposées bien parallèlement en un dessin régulier ; — l'interne, petite couche de tissu fibrillaire mince en dedans de la moyenne, limitée vers la lumière par l'endothélium (qui n'est pour ainsi dire pas apparent sur les coupes).

Athérome. — Les deux tuniques les plus internes ne contiennent pas de vaisseaux ; la nutrition s'y fait par la diapé-

(1) Les veines présentent aussi des lésions, généralement inflammatoires ; elles sont quelquefois occupées par des caillots adhérents (*thrombose*) avec inflammation pariétale : hyperplasie des couches musculaires lisses ou sclérose (*phlébite*).

dèse ou l'infiltration de sucs au départ des vasa vasorum contenus dans l'adventice ; les points les plus mal partagés dans la paroi aortique au point de vue de la nutrition seront les plus éloignés de ces vaisseaux, c'est-à-dire les plus près de la lumière aortique. Mais les couches tout à fait profondes, c'est-à-dire la tunique interne, sont peut-être en partie nourries par le sang contenu dans la cavité de l'aorte, de sorte que le véri-

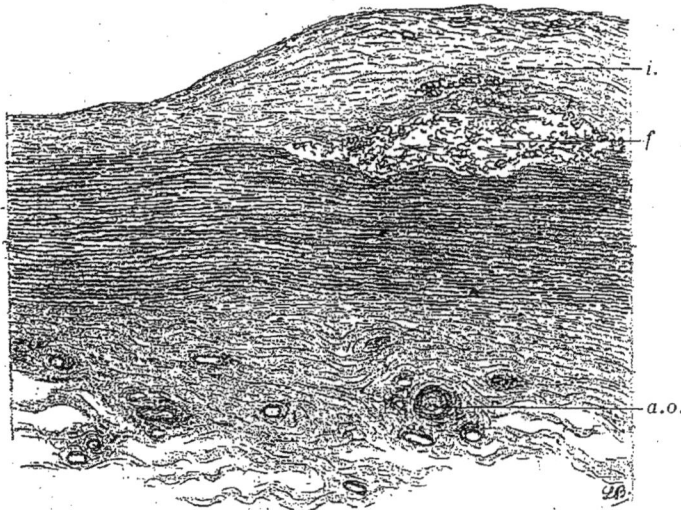

FIG. 105. — *Athérome aortique* (grossissement moyen).

f., foyer athéromateux entre la tunique moyenne et l'interne (*i*.). Cette dernière est, à ce niveau, fortement épaissie et surélevée ; — *a.*, *o*., artériole oblitérée dans l'adventice.

table point faible est la partie située entre l'interne et la moyenne.

Si les petits vaisseaux nourriciers qui sont contenus dans la tunique externe sont le siège d'inflammations, d'oblitérations, il se produira un trouble de la nutrition des parois particulièrement sensible en ce point faible, et là apparaîtront des lésions de dégénérescence. C'est ce qui se passe dans l'athérome, qui se présente ainsi comme une altération à la fois inflammatoire (tunique externe : endartérite des vasa vasorum) et dégénérative (foyers de la tunique interne et moyenne).

Les **foyers athéromateux** sont donc situés à la limite de la couche élastique et de l'endartère; ils ont sur les coupes une forme lenticulaire, et contiennent des produits de dégénération cellulaire, des cristaux d'acide gras. Au-dessus, l'endartère est épaissi et soulevé.

A l'œil nu, le foyer est apparent par la face interne du vaisseau; à son niveau, l'endartère forme une élévation plane, de couleur jaune, à cause de la présence des cristaux gras (**plaque jaune**). Ces plaques sont généralement multiples. Elles siègent en premier lieu au niveau des coudures vasculaires (au niveau de la crosse par exemple); elles sont quelquefois confluentes et s'étendent sur tout ou partie de l'aorte thoracique abdominale. Nous avons vu précédemment qu'elles pouvaient atteindre la grande valve de la mitrale et même l'angle de la petite.

Les plaques athéromateuses s'observent aussi sur les artères plus petites (radiale, temporale, artères de la base du cerveau, etc.). Sur les coronaires il est très fréquent de trouver de l'athérome, non à l'embouchure même, mais à 10 ou 15 millimètres, au niveau où le vaisseau se coude à angle droit pour filer à la surface du myocarde.

Lorsque l'athérome est ancien, il se dépose dans son foyer des sels calcaires qui rendent les plaques dures et cassantes (**plaques calcaires**) et les petites artères atteintes rigides comme des *tuyaux de pipe*. Au niveau de l'aorte la souplesse et l'élasticité normales disparaissent.

Plus tard les plaques s'ulcèrent: l'épaississement de l'endartère au-dessus du foyer se soulève, une fissure se produit, et le contenu de la lésion (**bouillie athéromateuse**) peut être déversé dans la lumière; le sang infiltre le foyer donnant à l'œil nu une teinte rouge sombre ou noir à la plaque.

Dans les cas d'athérome aortique très confluent, on observe un mélange de plaques jaunes, de plaques calcaires et de foyers ulcérés, formant un véritable **pavage**.

Aortites. — L'athérome est une lésion mixte, inflammatoire et dégénérative. Mais il existe aussi des lésions inflammatoires de toute la paroi, les *aortites*, dont le type est représenté par la lésion très fréquente de l'aortite syphilitique.

Ici toutes les tuniques sont atteintes par le processus inflammatoire qui sème dans leur épaisseur des exsudats surtout cellulaires. Mais ceux-ci n'apparaissent dans la moyenne et dans l'interne que par la *néoformation de capillaires* qui envahissent ces deux tuniques. L'apparition des nouveaux vaisseaux et des exsudats cellulaires s'accompagne assez vite,

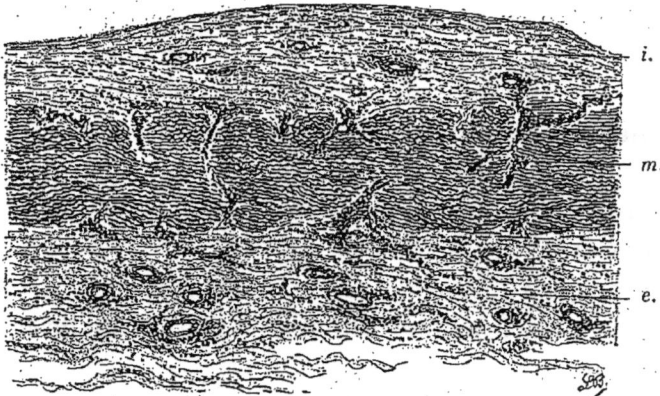

FIG. 106. — *Aortite syphilitique* (grossissement moyen).

i., tunique interne épaissie, vascularisée et infiltrée, formant la plaque gélatiniforme; — *m.*, moyenne traversée par des capillaires entourés d'exsudats cellulaires; — *e.*, tunique externe.

comme on le sait, de sclérose qui dissocie les lames élastiques.

Au niveau de la tunique interne ces productions ont pour résultat une augmentation locale d'épaisseur, de sorte que le caractère le plus apparent à l'œil nu est la production à la face interne de l'aorte de boursouflures limitées qui ressemblent un peu aux plaques jaunes de l'athérome, mais qui sont plus blanches; elles ont une teinte de porcelaine et, bien qu'elles soient fermes, un aspect gélatiniforme, d'où leur nom de **plaques gélatiniformes**.

On peut trouver des lésions histologiques des parois aortiques analogues à celles de l'aortite syphilitique dans d'autres inflammations (aortites diverses), mais elles sont infiniment plus rares. Encore plus exceptionnelles sont les **aortites suppurées**.

Les plaques gélatiniformes, comme l'athérome, sont sur l'aorte plus ou moins confluentes; nous avons vu, en étudiant les lésions de la valvule sigmoïde, qu'elles descendaient fréquemment sur les voiles valvulaires de l'orifice aortique en produisant des déformations spéciales (voir p. 228).

Elles ont en outre une prédilection très marquée pour l'orifice des vaisseaux collatéraux (coronaires, carotides, tronc brachio-céphalique, etc.), et une grande tendance à rétrécir, par leur saillie, ces embouchures vasculaires. Ce sont elles, et non les plaques athéromateuses, qui produisent le rétrécissement ou l'oblitération des coronaires à leur origine, conduisant aux troubles de l'angine de poitrine et aux lésions de l'infarctus du myocarde (voir p. 213).

Les plaques gélatiniformes sont souvent mêlées à des plaques d'athérome et quelquefois difficiles à distinguer de celles-ci sans le secours du microscope.

Anévrysmes. — Nous avons vu dans l'aortite syphilitique les exsudats inflammatoires infiltrer les diverses tuniques; l'infiltration et l'épaississement de l'interne produisent le soulèvement, appréciable à l'œil nu, de la plaque gélatiniforme. Dans la tunique moyenne, l'apparition des vaisseaux, des exsudats et de la sclérose ne donne pas lieu à des modifications macroscopiques appréciables, mais elle a des conséquences extrêmement importantes. En effet, cette tunique, qui rend normalement l'aorte souple et résistante, se trouve morcelée par la pénétration des vaisseaux néoformés, des cellules inflammatoires et de la sclérose; elle en perd ses qualités physiologiques, et quand les lésions sont assez intenses sur un point pour détruire complètement les lames élastiques, l'aorte peut se laisser distendre : c'est ainsi que se produisent les anévrysmes.

La **structure** de la paroi des anévrysmes est donc simple;

elle est formée de lames fibreuses représentant les tuniques
internes et externes plus ou moins soudées, la tunique moyenne
ayant disparu à peu près complètement. Mais les aspects
macroscopiques des anévrysmes sont plus variés. Ils se présentent comme des dilatations *fusiformes* de l'aorte, quand
la lésion est diffuse et peu intense; ou au contraire comme de
véritables *sacs* communiquant avec la lumière vasculaire par

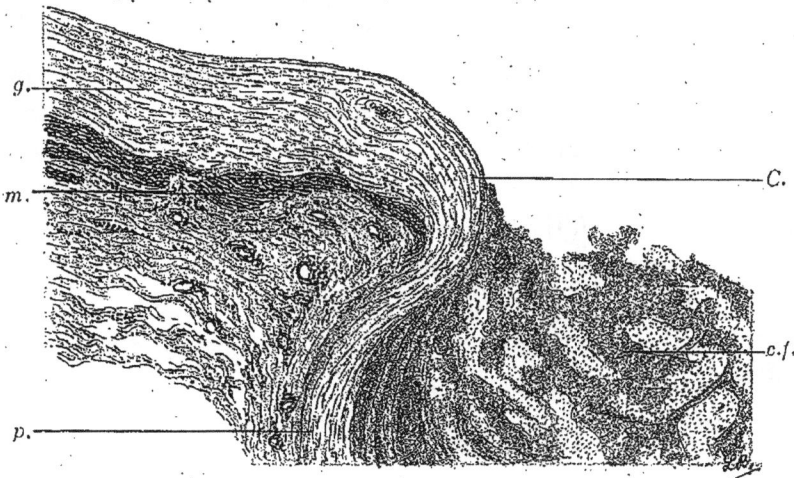

FIG. 107. — *Paroi d'anévrysme aortique au niveau du collet*
(grossissement moyen).

C., collet, formé par la saillie d'une plaque gélatiniforme (*g*.); — *m*., moyenne
dissociée, disparaissant complètement au niveau du collet; — *c. f*., caillot
fibrino-cruorique dans la cavité anévrysmale; — *p*., paroi de l'anévrysme.

un orifice plus ou moins grand entouré d'un *collet* : le collet
est généralement formé par la saillie d'une plaque gélatiniforme. Quand l'anévrysme est sacciforme, il est généralement
rempli plus ou moins complètement par des *caillots* d'abord
fibrino-cruoriques, plus tard uniquement fibrineux, qui arrivent à s'organiser et à faire corps avec la paroi sous la forme
de couches grisâtres feuilletées.

Le **siège et le volume** des anévrysmes sont extrêmement
variables, les plus fréquents s'observent au niveau de la crosse
avec le volume d'une mandarine ou d'un poing.

Leur étude doit aussi tenir compte des lésions secondaires qu'ils produisent au niveau du cœur ou des organes voisins. C'est ainsi que les anévrysmes compriment et altèrent les nerfs, les bronches; ils s'accompagnent souvent aussi de lésions pleuro-pulmonaires : pleurésie, tuberculose, lésions pneumoniques bâtardes, inflammations associées à de l'atélectasie, particulièrement du côté dont la bronche se trouve comprimée par l'anévrysme. On peut observer aussi des fissures ou des ouvertures qui font communiquer l'anévrysme avec les organes voisins. Il faut noter que l'anévrysme, dont les parois sont le siège d'un processus inflammatoire, et qui est sous tension, non seulement comprime les tissus voisins, mais leur communique un état inflammatoire qui aboutit à leur destruction. C'est ainsi qu'il peut éroder et détruire les os avec lesquels il est en contact (vertèbres, sternum, etc.).

Quant au cœur lui-même, il peut être le siège d'altérations valvulaires concomitantes et particulièrement de lésions des valvules aortiques, avec toutes leurs conséquences. Mais ces altérations sont tout à fait contingentes et lorsqu'elles n'existent pas, le cœur n'est jamais augmenté de volume, ce qui est extrêmement important pour le diagnostic de l'anévrysme.

§ 3. — Artérites syphilitiques.

Non seulement la syphilis s'attaque à l'aorte en y produisant l'inflammation visible à l'œil nu sous l'aspect des plaques gélatiniformes (voir p. 238), non seulement elle atteint les très petits vaisseaux au niveau des tissus présentant des lésions syphilitiques, mais encore elle frappe souvent les artères de moyen calibre par un processus comparable à celui de l'aortite; l'épaississement de l'endartère, la plaque gélatiniforme si l'on veut, conduit rapidement à l'oblitération. Nous avons rappelé précédemment l'oblitération possible des coronaires;

celle des *artères de la base du cerveau* est fréquente et produit
des ramollissements (voir p. 265) ; mais on peut observer de

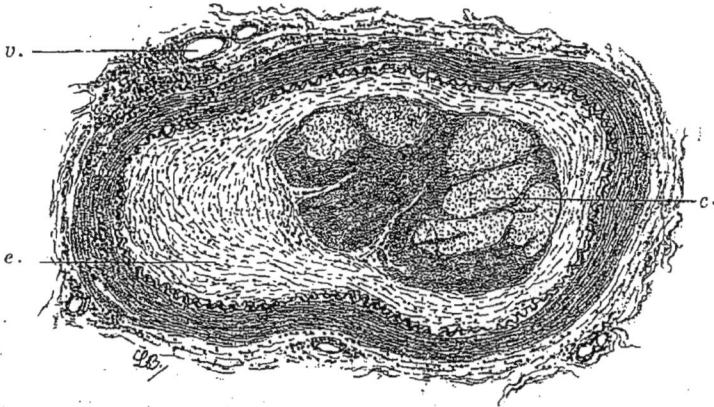

FIG. 108. — *Artérite syphilitique d'un vaisseau de moyen calibre*
(grossissement moyen).

Épaississement de l'endartère (*e.*) et infiltration d'exsudats dans toutes les
tuniques. Caillot fibrinocruorique adhérent (*c.*) oblitérant la lumière ; — *v.*, vaisseaux de l'adventice.

telles lésions dans tous les vaisseaux. Il en est de même des
anévrysmes, qui, pour être fréquemment aortiques, peuvent
s'observer aussi sur d'autres artères.

III. — SYSTÈME LYMPHATIQUE

L'étude du système lymphatique se résume dans ses grandes lignes à l'examen des GANGLIONS. Il existe bien des altérations des troncs ; elles sont surtout d'ordre néoplasique et seront étudiées plus loin, ou bien sont surtout intéressantes au point de vue symptomatique (lymphangites).

Les ganglions peuvent être le siège d'infiltrations par les poussières charbonneuses. C'est ainsi que les glandes thoraciques sont souvent fortement pigmentées de noir, anthracosiques. L'anthracose est toujours associée à une sclérose plus ou moins intense.

Les inflammations aiguës des ganglions (adénites simples) sont caractérisées au microscope par la vascularisation exagérée et de nombreux exsudats de petites cellules; celles-ci se confondent avec les éléments du tissu adénoïde ganglionnaire, et rendent moins apparent sur la coupe le dessin normal des follicules. Cette infiltration cause une augmentation de volume du petit organe ; il prend aussi une coloration plus rose, quelquefois avec un petit piqueté hémorragique. Fréquemment le processus envahit le tissu cellulo-adipeux voisin, le ganglion est plongé dans une gangue enflammée (péri-adénite).

Dans l'adénite suppurée, il se forme au sein des exsudats cellulaires, et par leur confluence, de petits *abcès ganglionnaires*. La péri-adénite est plus marquée ; ces abcès peuvent s'ouvrir les uns dans les autres, dans les tissus voisins, et fréquemment à la peau.

La **sclérose** des ganglions est fréquente ; ces petits organe: deviennent durs et manifestement fibreux soit à l'œil nu, soi: au microscope.

La **tuberculose** est fréquente ; elle se développe ici suivan: son processus habituel.

A un faible degré, l'aspect histologique est comparable à celui de l'adénite simple, mais avec çà et là des follicules caractéristiques dont le centre est en voie de caséification. A l'œil nu, la glande est grosse, blanchâtre, avec de petits *tubercules* jaunâtres souvent visibles seulement à la loupe. Dans d'autres cas, ces tubercules sont plus gros, ont le volume d'une lentille, d'un pois. Ils se dessinent surtout très nettement sur la coupe des ganglions infiltrés d'anthracose.

A un stade plus avancé le ganglion peut être complètement *caséeux ;* la masse caséeuse peut subir dès lors deux évolutions : elle se dessèche, s'entoure d'une coque fibreuse et persiste ainsi indéfiniment ; ou bien elle se ramollit, suppure, et peut s'ouvrir dans un conduit voisin (*cavernes ganglionnaires*), ce qui peut arriver par exemple pour les ganglions voisins des bronches.

La **syphilis** donne aussi des altérations ganglionnaires dès les premières périodes de l'infection : augmentations de volume dus à un état inflammatoire subaigu (ganglions du chancre). Plus tard, elle peut produire encore des hypertrophies ganglionnaires et de véritables *gommes*.

IV. — RATE

Les modifications pathologiques du *sang* consistent soit en variations de nombre et de structure des cellules blanches ou rouges, soit en altérations du sérum. L'étude de la cytologie hématique, comme celle du sérum, est trop intimement liée aux autres procédés d'exploration clinique et à la pathologie pour qu'elle puisse en être distraite et entreprise ici.

Pour le même motif, nous laisserons de côté l'étude de la *moelle osseuse*, et nous serons très bref sur la pathologie de la rate, nous bornant à rappeler ses modifications macroscopiques importantes.

Hypertrophies spléniques. — Les augmentations et diminutions de volume de la rate sont très fréquentes, et couramment désignées sous le nom d'*hypertrophie* et d'*atrophie*. Ce sont là des termes plus commodes à cause de leur concision, et l'habitude les a consacrés. Mais ils sont en réalité presque toujours inexacts, parce que l'augmentation ou la diminution de volume de la rate sont ordinairement liées à des lésions inflammatoires, et non à des hypertrophies ou des atrophies simples.

On observe de grosses rates dans les *cirrhoses*, la *syphilis infantile*; et à un degré encore plus marqué dans le *paludisme*, la *leucémie*, la *lymphadénie*, certains *ictères*. Dans tous ces cas, outre les modifications cytologiques, il y a généralement de l'inflammation avec augmentation des travées fibreuses de l'organe. A la surface ce dernier processus se décèle par l'inflammation de la capsule, **périsplénite**.

La périsplénite se caractérise par la présence sur l'organe de plaques blanchâtres, souvent d'aspect cartilaginiforme. Ces plaques sont plus ou moins nombreuses. A la coupe elles sont résistantes, mais on voit sur la surface de section à l'œil nu qu'elles n'intéressent que l'enveloppe de la rate. Il existe souvent aussi des adhérences péritonéales à l'entour; ce sont là des lésions extrêmement banales.

On observe aussi des grosses rates, mais molles et quelquefois même diffluentes dans les septicémies, particulièrement dans la *fièvre typhoïde*, les *endocardites infectieuses*, etc. Dans ces maladies, l'augmentation, appréciable à l'examen clinique, constitue même un indice sémiologique important.

Lésions propres. — La rate peut aussi devenir volumineuse par la production dans son tissu d'infarctus, de tubercules, par sa dégénérescence amyloïde ou par sa transformation néoplasique. Les **infarctus** sont quelquefois rouges, le plus souvent, comme dans le rein, ils sont blanc crémeux au centre, rouge noir à la périphérie. La **tuberculose de la rate** est exceptionnelle, à titre primitif; mais il n'est pas très rare de trouver dans le parenchyme splénique soit des granulations miliaires confluentes, fines et difficiles à voir, dans la granulie, — soit des petits tubercules isolés chez les phtisiques.

La **rate amyloïde** est quelquefois très volumineuse, dure, lardacée. Le plus souvent l'hypertrophie est modérée; sur la pulpe splénique sont semés de petits points très confluents, blanc grisâtre, hyalins, comparables à des grains de tapioca cuit, ou de sagou (*rate sagou*). Au microscope, l'amyloïde se décèle par ses réactions histochimiques habituelles.

Nous signalerons les néoplasmes plus loin ; quant aux abcès spléniques, ils sont exceptionnels.

Atrophies spléniques. — La rate est petite chez les *cancéreux*, les *tuberculeux* chroniques (sauf le cas où elle présente elle-même des tubercules); petite aussi, ratatinée et sclérosée chez le *vieillard*.

CHAPITRE V

LE SYSTÈME NERVEUX

Caractères généraux des tissus nerveux et de leurs lésions.
— Il n'est rien qui se résume aussi simplement, aussi schématiquement que le système nerveux ; il n'est rien qui ne soit, cependant, dans l'application, d'une étude aussi complexe et aussi décevante.

a) **Résumé du système nerveux.** — Le système nerveux est composé de masses centrales : l'encéphale et la moelle (centres nerveux), et de leurs prolongements, ramifiés dans tout le corps (nerfs). Toutes ces parties sont entourées comme d'une capsule protectrice par des couches conjonctives ; celles-ci forment autour des nerfs leurs gaines enveloppantes ; autour des centres ce sont les sacs concentriques des **méninges**, avec les espaces lamelliformes qui les séparent, remplis de **liquide céphalo-rachidien** (1).

(1) ORGANES DES SENS. — Le système nerveux comporte aussi des appareils au niveau desquels les terminaisons nerveuses, protégées par des dispositifs dépendant d'autres tissus, se mettent en contact réceptif avec le monde extérieur. Ce sont les *organes des sens*. Leur structure est extrêmement délicate ; leurs lésions sont très particulières, et ne peuvent être séparées des connaissances anatomiques spéciales à chacun d'eux, ni de leurs conséquences fonctionnelles. L'ensemble de ces faits appartient au domaine de la spécialité ; nous laisserons donc de côté tout ce qui a trait à ces organes.

Histologiquement, les éléments des tissus nerveux se réduisent à trois, si l'on ne tient pas compte des vaisseaux et des cloisons fibreuses.

1° Les CELLULES NERVEUSES proprement dites sont des corps cellulaires fortement différenciés; leurs caractères généraux sont d'émettre des *prolongements* ramifiés autour d'eux, et de contenir dans leur protoplasma des substances que colorent électi-

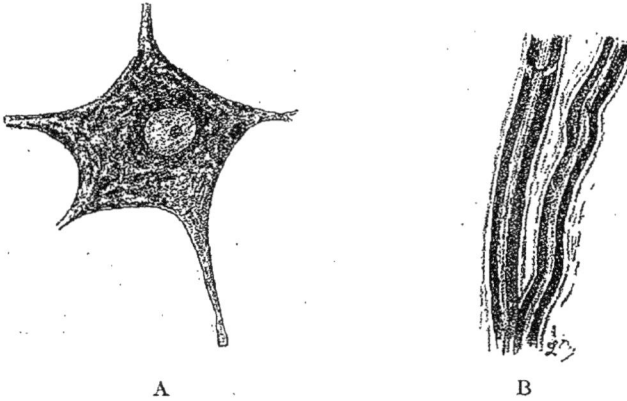

A   B

FIG. 109. — *Cellules et fibres nerveuses normales* (fort grossissement).

A. Un type de cellule normale. Noyau clair avec nucléole très apparent. Protoplasma avec corpuscules chromatophiles bien colorés. Prolongements protoplasmiques, dont on ne voit que le début. Le plus long correspond à un cylindre-axe.
B. Deux fibres d'un nerf traitées par l'acide osmique. La gaine de myéline en noir, le cylindre-axe en blanc.

vement certains réactifs histochimiques (substance *chromatophile*).

2° Les FIBRES NERVEUSES sont formées essentiellement d'un filament fin, dit *cylindraxe*. Ces fibres sont quelquefois extrêmement longues et peuvent s'étendre sur de grandes distances d'un point à un autre de l'appareil nerveux. Lorsqu'elles se réunissent en faisceaux, soit dans l'encéphale, la moelle ou les nerfs, elles s'entourent chacune d'une gaine contenant souvent un corps gras particulier, isolant, la *myéline*.

3° La NÉVROGLIE constitue le stroma des masses nerveuses centrales; elle est formée de cellules ramifiées, les *cellules né-*

vrogliques. Elle est au tissu nerveux central ce que le stroma conjonctivo-vasculaire des parenchymes est au rein, au foie, etc. Les nerfs n'ont pas de névroglie, mais leur gaine fibreuse envoie dans leur intérieur des lames secondaires qui les fasciculent et les soutiennent.

Ces éléments du tissu nerveux sont différemment groupés suivant les points. Les *nerfs* contiennent uniquement des fibres; mais sur leur trajet se montrent çà et là de petits îlots cellulaires (*ganglions* rachidiens, ganglions viscéraux sympathiques). Les centres renferment à la fois des cellules, des fibres et de la névroglie ; en certains points les cellules sont nombreuses, formant des couches ou des noyaux, dont la coloration est grise (*substance grise* de l'écorce cérébrale, des cornes médullaires, etc.) ; en d'autres endroits les fibres existent seules, formant par exemple le centre ovale du cerveau, les cordons de la moelle. Ces points sont blancs, avec un éclat gras, ce qui tient à la présence de la myéline autour de chaque fibre : *substance blanche*.

b) **Simplicité apparente du système nerveux : le neurone.** — On admet que les fibres sont chacune en rapport de continuité avec un corps cellulaire : chaque cylindraxe, si long qu'il soit, serait issu d'une cellule et ferait corps avec elle. Cet ensemble qui constitue le *neurone* (1) représenterait l'appareil élémentaire jouant apparemment dans le système nerveux le rôle capital. La cellule serait un centre nutritif et dynamique, la fibre ayant un rôle de conduction, soit de ce centre à une autre cellule au voisinage de laquelle elle se terminerait, soit de ce centre à un tissu de l'organisme.

La NUTRITION de la fibre et celle de la cellule sont étroitement liées; si l'on coupe la fibre en un point, sa partie périphérique périt; si le corps cellulaire est détruit, la fibre tout entière dispa-

_____

(1) Cette conception est discutée depuis quelques années, mais qu'elle soit anatomiquement vraie, ou non, elle reste exacte dans ses grandes lignes, au point de vue biologique.

raît : c'est la *dégénérescence descendante, ou wallérienne ;* elle *descend,* c'est-à-dire suit le sens supposé de l'influx nerveux de la cellule à l'extrémité de la fibre. Mais il faut ajouter aussi que le phénomène inverse existe, quoiqu'à un moindre degré : les lésions de la fibre produisent des modifications rétrogrades jusque dans le corps cellulaire (*dégénérescence ascendante, rétrograde*).

Les LÉSIONS générales du neurone sont connues, et assez simples ; au niveau du corps cellulaire ce sont des modifications révélées surtout par les réactifs histo-chimiques, et dont le plus

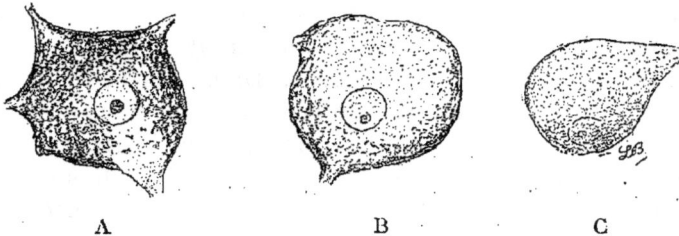

A   B   C

FIG. 110. — *Cellules nerveuses à divers stades d'altération* (fort grossissement).

A. Chromatolyse périnucléaire. Les grains chromatophiles se fondent et disparaissent.
B. État globuleux avec chromatolyse à peu près complète.
C. Altération encore plus avancée. Noyau en voie de disparition.

étudié est le phénomène de *chromatolyse ;* au niveau de la fibre ce sont des « dégénérescences » soit de la fibre elle-même (*dégénérescence cylindraxile*), soit de ses gaines (*dégénérescence péri-axile*).

    c) **Complexité réelle. Architecture du système nerveux.** — Dès qu'on veut appliquer ces données générales, surgissent des difficultés extrêmes, soit que l'on veuille les utiliser pour l'étude anatomique, soit qu'on veuille les prendre pour base de la pathologie. Ces difficultés tiennent principalement à l'architecture extrêmement complexe et décevante des appareils nerveux, et à l'impuissance de notre esprit à embrasser clairement ce que nous en connaissons.

    ARCHITECTURE GÉNÉRALE. — En effet, le système nerveux n'est

pas constitué par la réunion en un plan univoque des éléments précédemment énumérés; il ne forme pas un organe.

Par les ramifications des nerfs, et par leurs petits centres ganglionnaires, il se répand pour ainsi dire dans l'organisme tout entier ; bien plus, dans ses parties centrales (moelle, encéphale), il constitue lui-même à nouveau tout un organisme. Les neurones s'assemblent en chaînes successives, se mettent en relation d'une part avec les nerfs et entre eux d'autre part. Les corps cellulaires se groupent en amas ayant chacun des relations propres, et ces amas se situent les uns au-dessus des autres en une certaine hiérarchie. Les voies de conduction nerveuses présentent ainsi des relais multiples et des liaisons de plus en plus complexes.

Dans la *moelle* s'étagent des colonnes de substance grise, apparaissant, sur les sections transversales, sous la forme des cornes antérieures et postérieures. Dans ces centres se groupent des cellules en relation de réception et de projection avec les tissus de l'organisme. Plus haut, dans le *tissu cérébral*, se retrouvent des noyaux de structure analogue reliés aux centres médullaires, aux nerfs craniens, aux nerfs périphériques aussi, et aux organes des sens. Ils se composent d'éléments dont les connexions cylindraxiles sont extrêmement variées : centres réflexes supérieurs, centres de la circulation, de la respiration, etc. Dans le *cervelet* sont placés aussi des noyaux et des masses grises de surface (écorce) dont les liaisons sont encore plus complexes. L'*écorce cérébrale* enfin est formée de nappes cellulaires à types différents, à structure et à connexions encore confuses.

SYSTÈMES. —Ces diverses parties, par leurs éléments, obéissent aux lois de la physiologie générale; mais par leurs relations entre elles ou avec des tissus déterminés de l'organisme, elles acquièrent chacune une valeur physiologique spéciale. Les amas de substance grise, contenant des cellules confluentes, deviennent des centres; les faisceaux de fibres constituent des cordons systématisés. Tel ensemble de voies et relais (voie sensitive, voie motrice), tel ensemble de noyaux (cornes antérieures de la moelle, groupes nucléaires de la base de l'encéphale, etc.) constituent des **systèmes**.

Ces systèmes, qui ont chacun une individualité physiologique propre (1), ont nécessairement aussi une certaine autonomie au

(1) En réalité, la spécificité des centres et des organes de conduction nerveuse est loin d'être absolue; il se fait à chaque instant des

point de vue biologique. Des rapports de nutrition étroits unissent cellule et fibre parfois sur de grandes distances; fait qui nous a déjà été manifesté par les dégénérescences ascendantes et descendantes.

Ces rapports s'exercent aussi de neurone à neurone, dans une même chaîne : il y a là l'indice d'une individualisation biologique des systèmes de neurone. Chacune de leurs parties reste bien soumise aux conditions de nutrition régionales des segments qu'ils traversent, mais ils subissent en plus ces influences qui règnent d'un bout à l'autre du neurone ou de la chaîne, au delà des segments et des régions traversées. Il y a là comme une *solidarité* de certains éléments les uns par rapport aux autres, sur de grandes étendues.

Développement. — La complexité de l'appareil nerveux se dessine peu à peu au cours du développement; elle ne se fait pas au hasard, mais d'après un plan précis que commandent des conditions encore inconnues.

Mais notons que la complication n'est pas seulement structurale, elle est aussi macroscopique. Ainsi l'encéphale, pendant les phases embryonnaires, se divise et se subdivise en lobules, qui s'enchevêtrent les uns autour des autres; les lobes moyen et postérieurs forment le cervelet, les masses du tronc cérébral, le bulbe; mais le lobe antérieur, secondairement divisé en deux parties (les deux hémisphères), s'infléchit en arrière en s'enroulant autour du tronc cérébral. Il entraîne avec lui la pie-mère et les toiles choroïdiennes, embrouillant comme à plaisir, par des flexions et des adhérences secondaires, les ventricules et les différentes formations situées à leur entour.

Particularités anatomo-pathologiques. — La continuité des fibres nerveuses, parfois sur de très grands espaces, leur dépendance des corps cellulaires, l'assemblage de ces fibres et de ces corps en systèmes, et, en général, les diverses particularités que nous venons de signaler compliquent l'aspect des lésions en paraissant quelquefois les soustraire aux lois de l'anatomie générale.

Il convient d'analyser brièvement ces éléments de la complexité anatomo-pathologique.

Lésions régionales et lésions systématiques. — Les phénomènes de la vie normale, dans les tissus nerveux comme au niveau des autres tissus, sont sous la dépendance des condi-

suppléances de l'un à l'autre, ce qui complique étrangement la physiologie et aussi la pathologie nerveuse.

tions régionales de la circulation : tel segment de la moelle, tel tronçon de nerf, reçoivent le sang d'une artériole déterminée : aussi ces points peuvent-ils être soumis à des influences pathologiques qui causeront une **lésion régionale**, segmentaire.

Mais nous avons vu précédemment que les systèmes de neurone ont une certaine individualisation fonctionnelle et biologique, quelles que soient les régions qu'ils traversent. Aussi peuvent-ils être atteints sur toute leur étendue par une même cause morbide, à l'exclusion de toute modification régionale : ainsi se produisent des **lésions systématiques**. Par exemple tel ensemble de centres nucléaires de la base de l'encéphale sera atteint électivement : *polio-encéphalites*; telle chaîne de neurones sensitifs subira une altération progressive, limitée à son système : *tabes*.

En réalité, ces lésions systématiques ne sont probablement qu'une apparence, comme nous le verrons dans un instant. Mais il n'en reste pas moins vrai que de telles altérations forment un groupe particulier au système nerveux.

LÉSIONS SECONDAIRES. — La solidarité des éléments du système nerveux, les uns par rapport aux autres, conduit à des phénomènes pathologiques particuliers.

Telle fibrille nerveuse pénétrant dans un *muscle* par le trajet d'un *nerf* dépendra d'une cellule des cornes antérieures de la *moelle*; telle fibre d'un cordon blanc de la *moelle* sera née d'une cellule pyramidale de l'écorce du *cerveau* : elle aura appartenu successivement aux régions du cortex, du centre ovale, du tronc cérébral, du bulbe, de la moelle. Supposons détruite la cellule des cornes antérieures, ou la cellule corticale, nous verrons s'altérer le prolongement musculaire ou la fibrille du cordon : la lésion médullaire dans le premier cas aura entraîné une lésion du nerf, la lésion cérébrale, dans le second, une lésion de la moelle.

Ce sont là simplement de beaux cas particuliers de ce que nous avons signalé en étudiant l'anatomie pathologique générale, sous le nom de **lésions secondaires** (voir p. 24).

Ici ces lésions sont extrêmement importantes. Elles donnent souvent lieu à un retentissement éloigné des altérations, produisant des lésions complexes.

Voici, par exemple, le segment de la moelle, le tronçon nerveux cités tout à l'heure; ils contiennent des éléments appartenant à des systèmes très différents : ce sont dans la moelle des centres moteurs en continuité avec des nerfs musculaires, des faisceaux de fibres en relation avec l'écorce cérébrale, etc.; dans le nerf, des filets nerveux d'origine et de valeur différente. Une lésion régionale de la moelle produira donc, en plus de l'altération sur place, des lésions secondaires soit en dessus, soit en dessous; une modification segmentaire du tronc nerveux aura, au delà du foyer atteint, un retentissement sur un muscle, sur les centres, suivant la nature des fibres du nerf.

Il peut même arriver que l'altération primitive passe inaperçue à côté des lésions secondaires qui ont pris un développement énorme. Ainsi dans le tabes, nous voyons surtout une sclérose très apparente localisée aux cordons postérieurs de la moelle, c'est-à-dire au neurone de la voie sensitive. C'est là une lésion qui a paru longtemps élective d'emblée, et que nous avons citée tout à l'heure comme exemple de lésion systématisée. En réalité, elle est probablement simplement secondaire, dépendant par exemple d'une méningite atténuée qui a lésé les racines postérieures (1).

Il est probable que toutes les lésions systématisées doivent s'expliquer ainsi. Le fait est acquis tout au moins pour certaines d'entre elles, par exemple pour quelques polio-encéphalites.

LOCALISATION DES LÉSIONS. — Un autre point important dans l'anatomie pathologique nerveuse est la localisation des lésions primitives, soit au point de vue de leur diffusion, soit au point de vue de leur siège précis, au cas de lésions limitées, dites en foyer. L'architecture du système nerveux, ses étages, ses centres, ses cordons blancs, ayant une individualité biologque et physiologique, oblige à tenir compte de la topographie des lésions, pour en comprendre le retentissement secondaire. Ce n'est, en effet, ni l'étendue, ni la nature, ni les caractères des lésions primaires qui commandent les altérations secondaires si importantes signalées précédemment (2), c'est seulement leur localisation.

Tel petit foyer hémorragique de la capsule interne cause des lésions étendues jusque dans la moelle, et au-delà, dans les nerfs et les autres tissus de l'organisme. Il est au contraire des inflammations étendues de l'écorce qui ne déterminent aucune modification secondaire importante. Il est aussi des lésions fines encore à peine soupçonnées, qui commandent, par leur siège, des altérations diffuses de tissus éloignés, comme par

(1) Cette lésion originelle du tabes est encore discutée.
(2) Même remarque pour le retentissement symptomatique.

exemple des troubles trophiques cutanés (sclérodermie), des modifications musculaires (maladie de Parkinson), etc. L'anatomie pathologique est ici à ses frontières, elle n'est plus qu'un intermédiaire encore insaisissable entre des causes morbides complexes, d'une part, et d'autre part des manifestations symptomatiques importantes (chorées, épilepsie dite essentielle, hystérie, etc.).

FRAGILITÉ DU TISSU NERVEUX. — D'autres facteurs interviennent pour donner aux lésions nerveuses des caractères spéciaux. La nutrition du tissu est extrêmement délicate. Elle est assurée par une circulation très riche et très fine, que protègent, dans les centres, des dispositifs particuliers : présence du liquide céphalo-rachidien, de gaines péri-vasculaires, de larges sinus veineux méningés. Aussi les perturbations d'ordre vasculaire ont-elles un retentissement considérable, rapide et durable. Le tissu nerveux est le tissu de l'organisme qui souffre et périt le plus vite par l'arrêt de la circulation : les phénomènes de **dégénérescence cellulaire**, de **nécrose**, plus ou moins étendus, se rencontrent dans la plupart des lésions, à titre accessoire ou prédominant.

Bien plus, des modifications dégénératives électives des cellules, en dehors de toute autre altération apparente, peuvent survenir dans presque toutes les altérations du sang (intoxications) et produire des troubles pathologiques considérables. Ces dernières lésions sont encore, en raison de leur finesse et des difficultés de leur étude, fort mal connues.

ASSOCIATION DES LÉSIONS DU TISSU ET DE SES ENVELOPPES. — Les rapports étroits des tissus nerveux et de leurs enveloppes, leur nutrition commune, les lient intimement ; les lésions des uns et des autres s'associent et s'entremêlent fréquemment.

Nous avons vu un fait analogue à propos des organes entourés de membranes séreuses ; encore dans ces organes la circulation est-elle généralement assurée par de gros vaisseaux pénétrant directement le parenchyme par le hile (poumon); dans les centres nerveux et dans les nerfs elle se fait tout entière par l'intermédiaire des enveloppes : vaisseaux pie-mériens, vaisseaux de la gaine des nerfs. Aussi le retentissement des lésions est-il ici encore beaucoup plus marqué, ce qui complique l'étude anatomo-pathologique. Nous verrons par exemple que les inflammations des méninges se lient par des degrés insensibles aux inflammations des centres; la plupart de ces dernières sont en réalité des méningo-encéphalites ou des méningo-myélites.

LIMITATION DE L'ÉTUDE MACROSCOPIQUE. — Il faut noter enfin que l'étude macroscopique des lésions nerveuses est extrêmement limitée. En dehors des altérations grossières et un peu étendues (méningites, hémorragies importantes, ramollissement, etc.), l'étude microscopique est toujours prépondérante. Ce fait oblige à une technique spéciale et délicate, quelquefois à des artifices pour analyser tel ou tel élément. Il y a là un élément de complication considérable.

En résumé, les altérations anatomiques du système nerveux sont subordonnées aux lois générales de l'anatomie pathologique, mais doivent tenir compte de certaines particularités.

Nous étudierons :

1° Les troubles **circulatoires** grossiers paraissant primitifs : hémorragies méningées et des centres, ramollissements.

2° Les **lésions inflammatoires non systématisées**, en les examinant au niveau des méninges, de l'encéphale, de la moelle.

3° Les **lésions systématisées** ou paraissant telles.

I. — TROUBLES CIRCULATOIRES

Au niveau du système nerveux comme au niveau des autres tissus, les modifications vasculaires font partie intégrante de tous les processus pathologiques, et particulièrement de l'inflammation ; mais il est des lésions qui paraissent dépendre plus immédiatement d'un trouble circulatoire grossier : ce sont les hémorragies et les ramollissements.

L'une et l'autre de ces altérations peuvent exister à titre accessoire, ou surajoutée à d'autres lésions ; nous les signalerons chemin faisant. Nous ne décrirons ici que les hémorragies ou les ramollissements paraissant exister à titre isolé.

§ 1. — Hémorragies méningées.

a) **Division des méninges normales et de leurs hémorragies.** — Les méninges forment autour des centres nerveux des feuillets à assises multiples que l'on divise en trois couches : 1° la **dure-mère**, la plus externe, membrane résistante à tissu dense ; 2° la **pie-mère**, membrane molle, très vasculaire, maintenant immédiatement le tissu nerveux, et lui fournissant ses vaisseaux ; 3° entre elles deux l'arachnoïde, sorte de séreuse mince dont un feuillet est appliqué contre la dure-mère, l'autre contre la pie-mère. En outre, des espaces, disposés un peu différemment suivant qu'il s'agit de l'encéphale ou de la moelle, séparent ces membranes.

AU NIVEAU DE L'ENCÉPHALE, on trouve en allant de dehors en dedans :

a) *La dure-mère.* — Elle est accolée à la boîte osseuse sans qu'il y ait d'interstice normal. Elle peut cependant s'en séparer dans certains états pathologiques, ou être détachée par les manœuvres d'exploration au cours d'une opération ou d'une

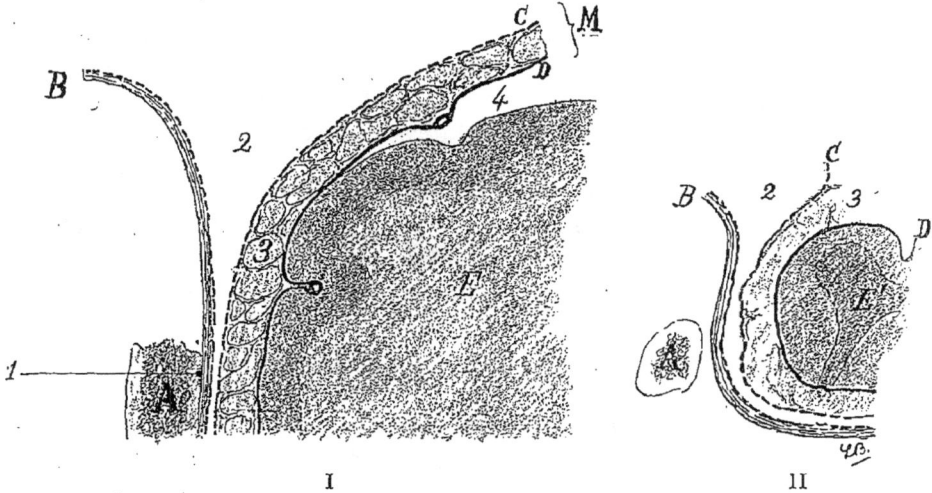

FIG. 111. — *Schéma de la disposition des méninges vues en coupes.*
I. — Au niveau de l'encéphale.

A, paroi osseuse ; — B, dure-mère incisée et rejetée de côté et revêtue intérieurement de l'endothélium constituant le feuillet arachnoïdien pariétal (en pointillé); — C, arachnoïde viscérale (en pointillé); — D, pie-mère ; — E, masse du tissu nerveux; — 1, ligne décollable entre la dure-mère et l'os; — 2, cavité naturelle arachnoïdienne; — 3, espaces cloisonnés sous-arachnoïdiens ; — 4, espace décollable sous pie-mérien ; M, ensemble constituant la méningite molle.

II. — Au niveau de la moelle. Mêmes lettres. Ici la dure-mère est séparée de l'os, la pie-mère adhérente à la moelle.

autopsie. Ainsi, lorsqu'on a enlevé la calotte osseuse de la voûte cranienne, on aperçoit la masse encéphalique renfermée dans le sac fibreux de la dure-mère qui s'est séparée de l'os.

Si on ouvre ce sac, on s'aperçoit que sa face interne n'est pas adhérente aux plans sous-jacents; elle est lisse et brillante, parce qu'elle est recouverte par le vernis endothélial qui est quelquefois considéré comme formant un feuillet externe à la séreuse arachnoïdienne.

b) *La cavité arachnoïdienne.* — On se trouve alors dans la cavité arachnoïdienne. Cette cavité naturelle, formant un espace mince, presque virtuel, tout autour de la masse nerveuse, permet, en rejetant la dure-mère de part et d'autre de l'incision, de découvrir l'encéphale; elle permet ensuite d'enlever celui-ci en bloc, à mesure qu'on sectionne les nerfs et les vaisseaux qui partent de sa face inférieure pour pénétrer dans la base du crâne.

c) *Le feuillet viscéral de l'arachnoïde.* — De quelque côté qu'on examine alors l'encéphale libéré, on le voit revêtu encore de membranes molles, dont la plus superficielle, demi-transparente, est le feuillet viscéral de l'arachnoïde : on voit passer celui-ci comme un pont au-dessus des dépressions de la base du cerveau, et au-dessus des circonvolutions.

d) *Les espaces sous-arachnoïdiens.* — Il existe donc, au-dessous du feuillet précédent, des espaces. Ceux-ci forment, tout autour des centres nerveux, une cavité plus ou moins aplatie ; mais cette cavité ne constitue pas un espace libre permettant d'enlever le feuillet arachnoïdien pour en libérer l'encéphale, comme on l'avait libéré de la dure-mère; elle est cloisonnée de nombreux tractus unissant l'arachnoïde au feuillet suivant.

e) *La pie-mère.* — En effet, si on veut dénuder la masse nerveuse, on est obligé d'enlever aussi la dernière membrane, la pie-mère, le plan de séparation facile se trouvant entre elle et le tissu nerveux. Dans les manipulations, on détache donc habituellement tout ensemble pie-mère, arachnoïde et espaces sous-arachnoïdiens avec le liquide qu'ils contiennent.

Au niveau de la moelle l'aspect est un peu différent. On trouve après avoir ouvert le canal rachidien :

a) Le sac fibreux de la *dure-mère.* Ici *ce sac n'est pas adhérent au canal osseux*; il en est séparé par un tissu cellulo-graisseux qui se déchire spontanément; il n'est donc pas besoin, comme au crâne, de le décoller de l'os.

Ce sac dure-mérien contient aussi, appliqué contre sa face interne, le feuillet pariétal de l'arachnoïde.

b) La dure-mère incisée est rejetée par côté ; on se trouve donc, comme au niveau de l'encéphale, dans la *cavité arachnoïdienne.*

c) La moelle apparaît alors, mais elle est encore recouverte par le *feuillet viscéral arachnoïdien*, mince lame celluleuse transparente qui n'attire guère l'attention que lorsqu'elle est infiltrée çà et là de petites écailles calcaires, comme cela se produit assez fréquemment.

d) Au-dessous de cette lame est l'*espace sous-arachnoïdien.* Ici il n'est pas cloisonné comme au niveau de l'encéphale, il fournit un plan de clivage naturel.

e) Au contraire la *pie-mère est solidement accolée contre le tissu nerveux* et ne peut en être détachée.

Ainsi les méninges se disposent en formant naturellement des groupes de la façon suivante :

1° La dure-mère et le feuillet pariétal arachnoïdien. Cet ensemble constitue la **méninge dure** ;

2° Le feuillet viscéral de l'arachnoïde, les espaces sous-arachnoïdiens et la pie-mère. Cet ensemble constitue la **méninge molle**.

Au niveau de la moelle la méninge molle ne forme pas un groupe facile à isoler. La pie-mère adhère intimement à la substance nerveuse.

* *

Les hémorragies qui se produisent au niveau des méninges dépendent soit de la rupture d'un vaisseau assez gros (traumatisme, exceptionnellement rupture d'anévrysmes des artères de la base), soit de lésions de petits canaux. Ce dernier cas est de beaucoup le plus fréquent dans les **hémorragies spontanées**.

Le sang peut se collecter dans un des espaces qui séparent les feuillets, soit que ces espaces constituent des cavités naturelles (espaces arachnoïdien, sous-arachnoïdien), soit que le sang les produise en décollant des parties normalement adhérentes (espaces sus-dure-mériens, sous-pie-mériens).

Les hémorragies des méninges médullaires (**hématorachis**) sont plus rares et moins intéressantes que celles qui se produisent dans la boîte cranienne : aussi ne parlerons-nous que de ces dernières. Il ne faut pas oublier cependant que celles-ci modifient souvent le liquide céphalo-rachidien jusque dans les espaces rachidiens et peuvent ainsi être décelées par la ponction lombaire.

b) **Hémorragies des méninges craniennes.** — Les deux variétés les plus fréquentes sont les hémorragies traumatiques et
la pachyméningite hémorragique. Elles sont aussi différentes
par leur aspect que par leurs causes.

L'**hémorragie traumatique** se produit très généralement en

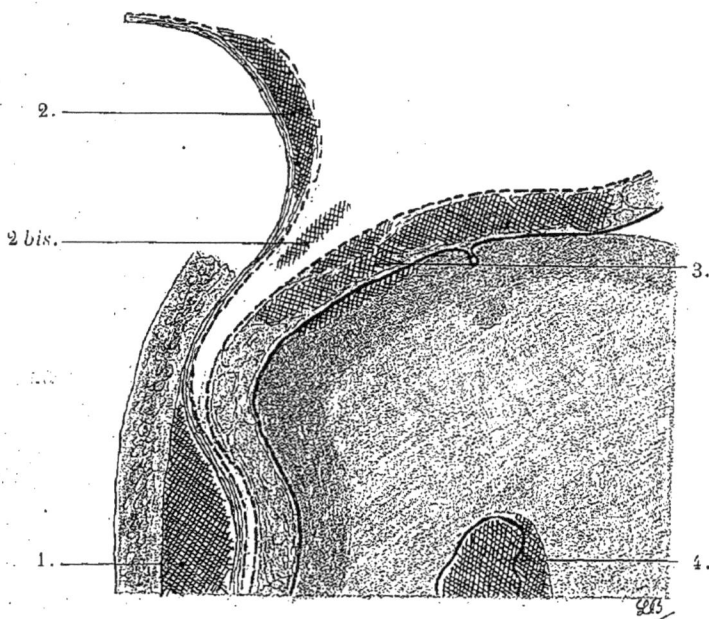

FIG. 112. — *Schéma des principales hémorragies des méninges
encéphaliques.*

hémorragie extra ou sus-dure-mérienne (*hémorragies traumatiques*); — 2, hémorragie sous-dure-mérienne (*pachyméningite hémorragique*) ; — 2 *bis*, variétés rares d'hémorragies intra-arachnoïdiennes; — 3, hémorragies sous-arachnoïdiennes, avec leurs diverses dispositions; — 4, hémorragie ventriculaire.

dehors de la dure-mère, entre elle et l'os dont elle la décolle ;
on la voit par exemple dans des fractures avec plaies de la méninge moyenne, des sinus. Après ablation de la calotte
cranienne, on trouve *immédiatement* l'épanchement : il est
généralement limité à la région pariétale dans laquelle la méninge est assez facilement décollable, formant là un caillot en
galette. Il comprime plus ou moins le cerveau sous-jacent,
recouvert de ses enveloppes (fig. 112, 1).

La **pachyméningite hémorragique** se produit spontanément, particulièrement chez les alcooliques anciens ; l'hémorragie se forme lentement et progressivement. On trouve à l'autopsie, *au-dessous* de la dure-mère épaissie, c'est-à-dire entre elle et la méninge molle, un gâteau aplati de sang coagulé : mais il est adhérent à la face interne de la dure-mère, entremêlé de minces lames fibrineuses, nées de la méninge ; l'épanchement sanguin est manifestement secondaire à l'inflammation méningée (voir p. 276, fig. 122). Il siège généralement à la convexité d'un hémisphère (fig. 112, 2).

Il peut exister beaucoup d'autres variétés d'hémorragies méningées, qui se distinguent suivant le siège de l'épanchement. Elles se résument ainsi, en allant de dehors en dedans.

1. **Hémorragies extra ou sus-dure-mériennes.** — C'est généralement l'hémorragie traumatique décrite précédemment.

2. **Hémorragies sous-dure-mériennes ou intra-arachnoïdiennes** (1). — C'est l'hématome de la dure-mère, la pachyméningite hémorragique (voir ci-dessus). Quelquefois, mais très exceptionnellement, d'autres hémorragies se développent dans la cavité séreuse naturelle, entre les deux feuillets arachnoïdiens. Celles-ci sont exceptionnelles. Étiologie: nouveau-nés ; contusions ; anévrysmes des artères de la base ; maladies infectieuses (fig. 112, 2bis).

3. **Hémorragies sous-arachnoïdiennes.** — Celles-ci s'épanchent en des places quelconques des méninges molles sans qu'on puisse distinguer leurs variétés : dans la cavité sous-arachnoïdienne, dans la pie-mère, entre celle-ci et le cerveau. *Elles sont relativement fréquentes* : maladies infectieuses, paralysie. générale, démences, lésions de l'écorce cérébrale (fig. 112, 3).

4. **Hémorragies ventriculaires.** — Presque toujours produites par une hémorragie cérébrale ayant fait irruption dans les ventricules (fig. 112, 4).

(1) Ces hémorragies sont dites quelquefois *sus-arachnoïdiennes*, les auteurs modernes n'admettant plus l'existence de la séreuse formée de deux feuillets, mais décrivant seulement une lame arachnoïdienne représentée par son ancien feuillet viscéral.

§ 2. — Hémorragies et ramollissements encéphaliques.

a) **Hémorragie cérébrale.** — L'hémorragie cérébrale n'est pas rare. Elle se présente anatomiquement avec des caractères variables suivant son siège, son intensité, son évolution.

SIÈGE. — Le lieu d'élection est dans la profondeur des hémisphères, à la face externe du noyau lenticulaire, au niveau de cette branche de l'artère lenticulo-striée que CHARCOT

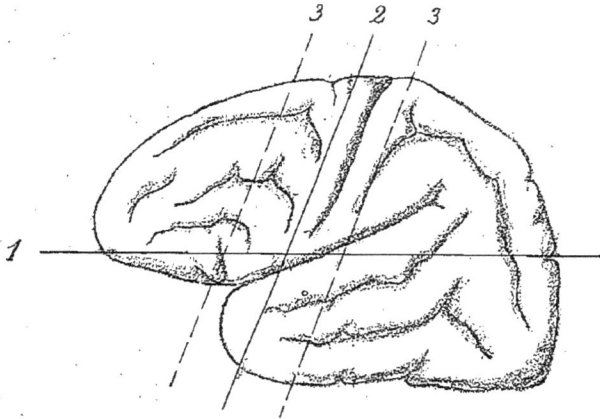

FIG. 113. — *Schéma des tracés d'incision habituels du cerveau.*
1, coupe de Flechsig; — 2, coupe frontale de Pitres; — 3, 3, coupes analogues à la précédente.

a appelée l'artère de l'hémorragie cérébrale. Mais on peut observer des hémorragies en bien d'autres points, en plein centre ovale, ou à la périphérie des circonvolutions. Cette dernière variété se confond avec le ramollissement rouge.

INTENSITÉ. — L'intensité de l'hémorragie est variable; mais elle produit toujours une dilacération du tissu nerveux, et le sang forme un foyer au niveau duquel il se coagule généralement. Dans certains cas, ce foyer est réduit, gros comme un pois, une noisette; il est généralement plus volumineux (noix)

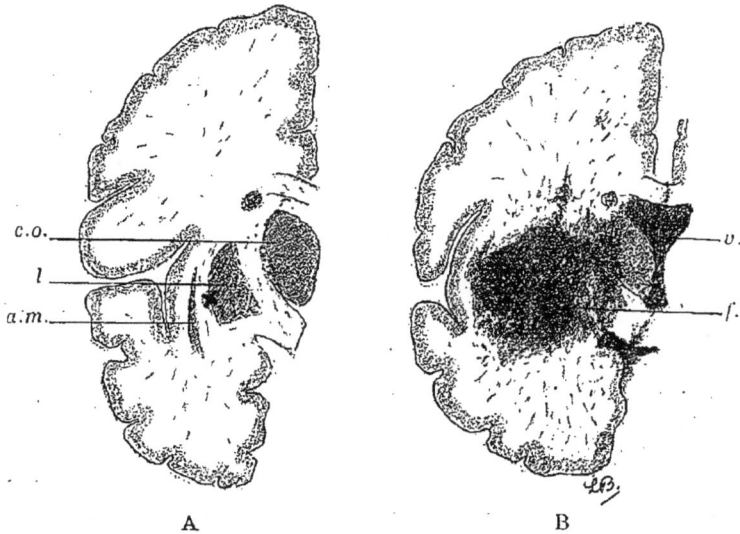

Fig. 114. — *Hémorragie cérébrale, vue sur une coupe de Pitres*
(v. le schéma précédent).

A, aspect de cette coupe sur un cerveau normal; — *c. o.*, couche optique; —
l, noyau lenticulaire. Entre les deux, la capsule interne; — *a. m.*, avant-mur. La croix indique le siège habituel des hémorragies.
B, gros foyer hémorragique ayant dilacéré et refoulé le tissu (*f.*) et envahi les
ventricules (*v.*).

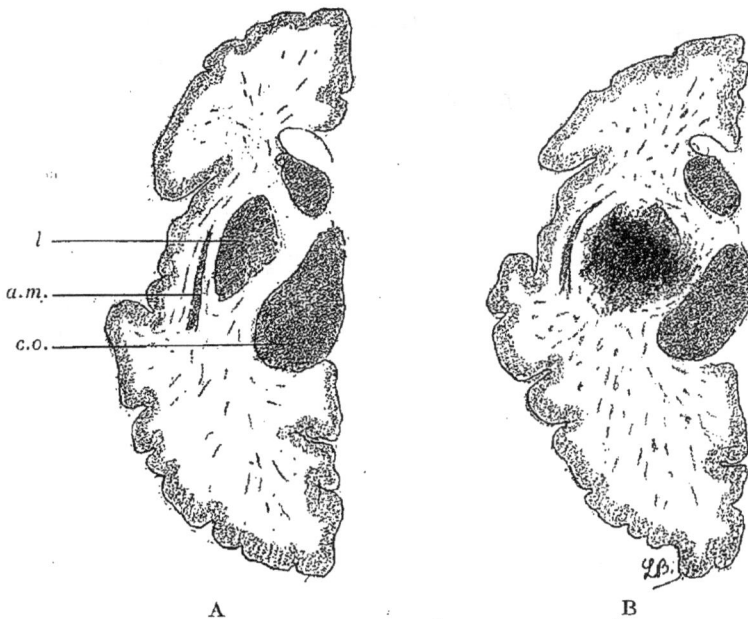

Fig. 115. — *Autre exemple d'hémorragie cérébrale, vue sur une coupe
de Flechsig.*

A, aspect de la coupe sur un cerveau normal (même légende que dans la
figure précédente).
B, foyer hémorragique. Même siège que la figure précédente, mais plus
limité.

arrondi, refoulant la substance cérébrale autour de lui. Parfois il est très étendu, occupe une grande partie de l'hémisphère, comprime les tissus autour de lui : avant la section du cerveau le lobe se montre augmenté de volume, avec ses circonvolutions aplaties. Souvent le sang fuse dans les ventricules, et quelquefois même y fait irruption brusquement.

ÉVOLUTION. — Le foyer hémorragique, lorsqu'il n'est pas trop abondant, peut s'enkyster et se résorber peu à peu ; il forme une cavité à bords légèrement anfractueux, à contenu jaune brun. Beaucoup plus tard, ses parois se rapprochent et le liquide qui l'occupe peut devenir clair, mais la surface reste imbibée de pigments d'origine hématique et garde une teinte ocreuse (1).

b) **Hémorragies des autres parties de l'encéphale.** — On peut observer des foyers hémorragiques généralement petits, quelquefois minuscules, dans les autres parties de l'encéphale : cervelet, bulbe, protubérance, etc.

c) **Ramollissement cérébral.** — Ce qu'on appelle ramollissement, dans les centres nerveux, n'est autre chose qu'un infarctus, avec les caractères pathogéniques et anatomiques de tous les infarctus des autres viscères. Mais la friabilité particulière des tissus nerveux, leur forte proportion en matières grasses, fait que la zone privée de sang se « ramollit » extrêmement vite.

Comme les hémorragies, les ramollissements présentent un grand nombre de variétés.

SIÈGE. — Les ramollissements siègent peut-être, comme les

---

(1) Nous avons vu précédemment quelles étaient les artères généralement atteintes. On admet depuis les travaux classiques de BOUCHARD que ce sont de petits anévrysmes miliaires qui donnent lieu, par leur rupture, aux hémorragies. Il est probable qu'un grand nombre d'hémorragies cérébrales sont liées à des phénomènes inflammatoires.

hémorragies, plus fréquemment dans les parties profondes des hémisphères ; mais ils sont là souvent difficiles à distinguer des foyers hémorragiques. Aussi les formes **corticales** sont-elles les mieux caractérisées. Elles intéressent soit uniquement la substance grise de l'écorce, soit la substance grise et les couches superficielles du centre ovale. L'étendue en surface est extrêmement variable ; il y a de petits ramollissements limités, ou au contraire des ramollissements étendus à tout ou partie de la face d'un hémisphère.

Aspect. — Généralement la zone atteinte est affaissée, et à son niveau la méninge molle adhère au tissu sous-jacent qu'elle entraîne lorsqu'on veut la décoller. Le tissu est mou, demi-liquide, de teinte blanc sale (**ramollissement blanc**) ou jaune (**ramollissement jaune**). Dans ce dernier cas, qui correspond à une évolution plus ancienne, le tissu est un peu plus ferme.

Il existe aussi des ramollissements infiltrés de sang (**ramollissement rouge**).

Lorsque la lésion siège dans la profondeur, le foyer forme un amas mal limité dans la substance cérébrale ; sa teinte est blanche, jaune sale, ou quelquefois hémorragique ; la densité du tissu est considérablement diminuée à son niveau.

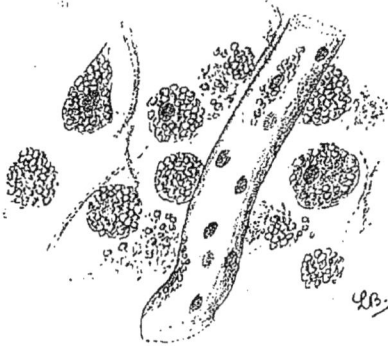

FIG. 116. — *Corpuscules de Glügge* (fort grossissement).

La figure montre aussi un capillaire dont quelques cellules endothéliales ont également des granulations graisseuses.

Un petit fragment du tissu ramolli porté sous le microscope montre un très grand nombre de grosses cellules globuleuses, à noyau mal coloré, et dont le protoplasma renferme d'innombrables gouttelettes d'aspect gras. Ce sont les **corpuscules de Glügge**.

ÉVOLUTION. — Le foyer de ramollissement peut subir une évolution analogue au foyer d'hémorragie. A la longue, il peut former lorsqu'il est central une cavité remplie de liquide séreux, très analogue à l'une de ces multiples petites pertes de substance décrites par P. MARIE sous le nom de lacunes de désintégration. Quand il est en surface, le foyer se déprime, se dessèche, la méninge restant adhérente.

Les foyers de ramollissement sont souvent multiples.

ORIGINE ET NATURE. — La cause de l'obstruction vasculaire ayant déterminé le ramollissement peut être soit une embolie, soit une oblitération produite sur place par thrombose : la syphilis fournit assez souvent des endocardites oblitérantes, cause de ramollissement (1).

d) **Autres ramollissements.** — Il peut exister aussi des foyers de ramollissement plus ou moins limités dans les autres parties de l'encéphale : cervelet, bulbe, protubérance, etc.

§ 3. — Hémorragies et ramollissements médullaires.

Les hémorragies et les ramollissements, au niveau de la moelle, se confondent avec ses inflammations. Il peut bien exister des ramollissements par compression vasculaire, par exemple sous l'influence de tumeurs ou d'autres productions comprimant la moelle ; il peut exister encore de l'endartérite ou des embolies d'une artère spinale, mais ces faits se distinguent malaisément des processus inflammatoires.

Il en est de même des hémorragies, si l'on met à part les hémorragies en foyer, l'hématomyélie.

(1) Il est probable qu'un certain nombre tout au moins de ramollissements sont d'origine inflammatoire, et déterminés par des oblitérations vasculaires fines multiples. L'ancienne conception, qui confondait le ramollissement et l'encéphalite, a peut-être été trop complètement abandonnée à la suite des travaux de VIRCHOW sur l'embolie.

L'hématomyélie montre généralement plusieurs petits foyers sanguins limités, dans l'intérieur de la moelle. Plus rarement, il n'y a qu'un seul foyer allongé. Le siège de prédilection est la substance grise au voisinage du canal épendymaire. Des scléroses ou la syringomyélie peuvent être la conséquence de l'hémorragie intra-médullaire.

II. — LÉSIONS INFLAMMATOIRES
NON SYSTÉMATISÉES

§ 1. — Méningites.

A. — Caractères généraux.

La dure-mère est formée de lames fibreuses assez peu vascularisées. Au contraire, la pie-mère est parcourue de nombreux vaisseaux, dont on voit à l'œil nu le riche réseau à la surface de l'encéphale ou de la moelle une fois qu'on a libéré les masses nerveuses du sac dural ; mais nous avons vu précédemment que, surtout au niveau du cerveau, la pie-mère était inséparable de l'arachnoïde et des espaces sous-arachnoïdiens, cet ensemble formant la méninge molle. On a souvent l'occasion d'examiner ce groupe au microscope sur les coupes des centres nerveux auxquels on le laisse adhérer ; il se montre formé de réseaux fibrillaires, condensés au niveau des feuillets arachnoïdiens et pie-mériens ; on y trouve de nombreuses lumières vasculaires, et, à la face profonde, on voit çà et là des artérioles ou des veinules plonger dans les couches superficielles du tissu nerveux.

La riche vascularisation de la méninge molle doit nous faire penser, à priori, que c'est elle qui sera surtout le siège des inflammations. De fait, les inflammations de ce groupe, dites **leptoméningites**, *comprennent l'immense majorité des ménin-*

giles aiguës, qui sont essentiellement les méningites primitives. Au contraire, les inflammations de la dure-mère, les
pachyméningites, *sont beaucoup plus souvent secondaires :*
soit à des lésions externes, telles que les lésions des enveloppes
osseuses, soit à des lésions de la méninge molle; à ce dernier
titre, la dure-mère n'est généralement intéressée dans les
méningites primitives que lorsque celles-ci deviennent chroniques. Nous étudierons donc surtout ici l'inflammation de la
méninge molle.

Le processus se montre avec ses caractères habituels : augmentation de la vascularisation, production d'exsudats cellulaires et liquides. *Il ne faut jamais oublier que ces exsudats se
font surtout au sein même de la méninge molle, dont l'ensemble avec ses lacunes sous-arachnoïdiennes, forme un véritable tissu.*

Les **exsudats liquides** s'épanchent donc dans les mailles
de ce tissu ; c'est là surtout qu'est normalement contenu le

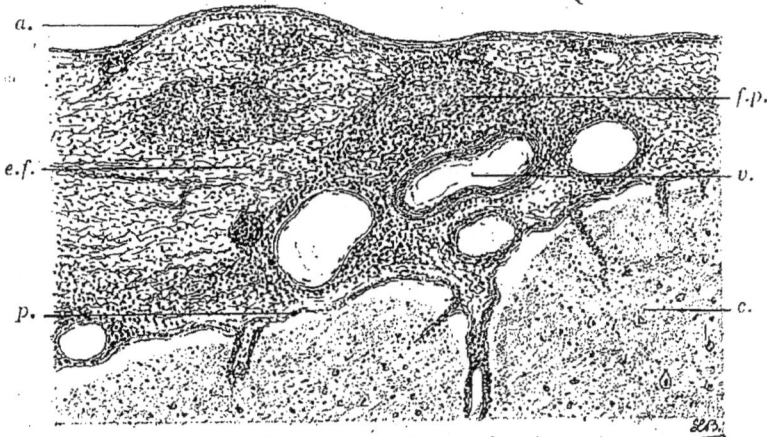

Fig. 117. — *Méningite suppurée* (coupe vue à grossissement moyen).

a, feuillet arachnoïdien; — p, feuillet pie-mérien. Entre les deux, le tissu de la
méninge molle est infiltré de fibrine fibrillaire (e. f.) ou de foyers cellulaires à
centre nécrosé (f. p.); — v, vaisseaux; — c, tissu cérébral avec quelques exsudats cellulaires.

liquide céphalo-rachidien, aussi ce liquide s'augmente-t-il et se
modifie-t-il par tous ces exsudats. Ceux-ci peuvent être, d'ail-

leurs, simplement séreux, ou hémorragiques, ou purulents. C'est leur mélange avec le liquide normal que l'on recueille par la ponction lombaire.

Les **exsudats cellulaires** se mêlent aux précédents ; ils sont essentiellement constitués par des leucocytes, mono ou poly-nucléaires suivant les cas. On les voit sur les coupes infiltrer les mailles de la méninge, en s'accumulant surtout en man-chons autour des petits vaisseaux ; on les retrouve en exami-nant le liquide céphalo-rachidien extrait par la rachicentèse (*examen cytologique*). Dans les inflammations suppurées, ils présentent des modifications dégénératives.

La *fibrine* se montre souvent aussi dans l'exsudat liquide, et emprisonne dans ses mailles les cellules exsudées.

Ces altérations se propagent généralement à la couche su-perficielle du tissu nerveux sous-jacent : les exsudats cellu-laires y accompagnent les vaisseaux de pénétration. Les cellules nerveuses montrent consécutivement des modifications di-verses.

A l'œil nu, le phénomène souvent le plus apparent est la congestion vasculaire ; on note aussi la distension du tissu méningé par les liquides, que l'on trouve aussi quelquefois très abondants dans les ventricules. Les exsudats purulents peuvent se voir à la surface externe de la méninge molle, c'est-à-dire tout à fait à la périphérie du cerveau, par exemple, lorsque celui-ci est débarrassé de la dure-mère ; mais la plu-part sont contenus dans le tissu même de la membrane, dans les espaces sous-arachnoïdiens ; ils forment des amas parais-sant faire corps avec l'encéphale entouré de la méninge molle, et sont surtout abondants là où les espaces sont plus profonds ; ils dessinent ainsi des traînées le long des circonvolutions, ou des plaques à la base de l'encéphale : autour des pédoncules, à l'entrée des vallées sylviennes, etc.

Nous allons retrouver, à propos des variétés de méningites, ces termes élémentaires : exsudat liquide, fibrineux, cellulaire, dans un rapport et avec des qualités variables.

B. — MÉNINGITES AIGUES ET SUBAIGUES CRANIENNES.

Méningites aiguës simples. — Elles sont rapidement *sup-purées*, ou du moins nous connaissons mal les *méningites séreuses*, que seule l'exploration du liquide céphalo-rachidien sur le vivant nous permet d'étudier depuis quelques années.

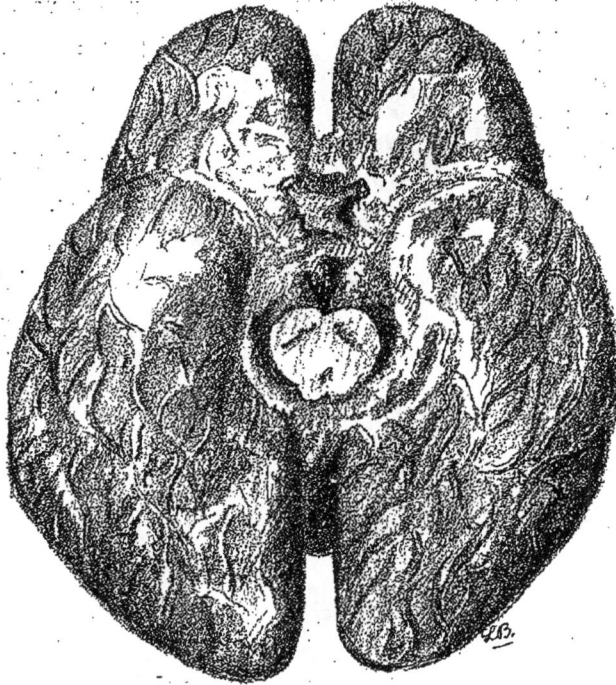

FIG. 118. — *Méningite suppurée.*
Le cerveau est vu par sa face inférieure, encore revêtu de la méninge molle. On voit la dilatation vasculaire et les plaques d'exsudats purulents.

On trouve donc à l'ouverture du crâne la séreuse fortement vascularisée, légèrement épaissie, d'aspect louche. Des plaques verdâtres sillonnent les circonvolutions ou les carrefours de la base à la surface de la séreuse, et surtout dans son intérieur. Elles sont grenues, friables. Le tissu est imbibé de sérosité louche ou de pus franchement liquide.

Les lésions sont souvent diffuses, siégeant aussi bien à la convexité qu'à la partie inférieure (méningite suppurée de la convexité) ; quelquefois elles se localisent plutôt à la base ou vers le cervelet (méningites otogènes).

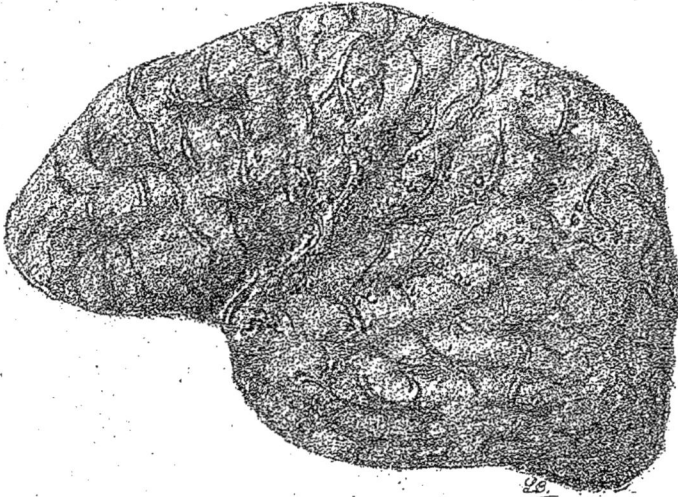

FIG. 119. — *Méningite tuberculeuse.*
Le cerveau est vu par côté. Dilatation des vaisseaux pie-mériens et bouquets de granulations sur leur trajet.

Méningite tuberculeuse. — Dans les méningites tubercu-

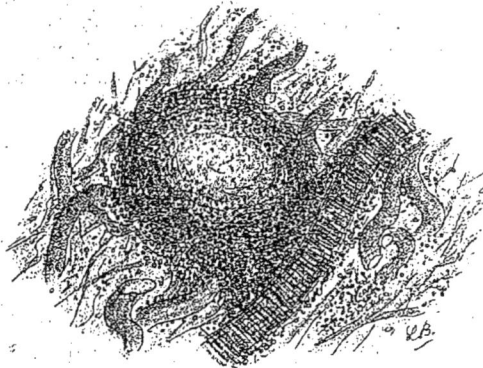

FIG. 120. — *Méningite tuberculeuse.*
Une granulation vue au microscope sur la méninge, en coupe optique, au voisinage d'une petite artère (faible grossissement).

leuses l'exsudat liquide est généralement très abondant et reste

souvent clair. La méninge est un peu épaissie, opaline, distendue par le liquide ; les exsudats fibrineux sont souvent discrets et localisés autour des vaisseaux. Enfin il se développe
dans le sein du tissu des foyers cellulaires confluents prenant
les caractères histologiques et macroscopiques des granulations tuberculeuses.

Il existe plusieurs variétés de méningites tuberculeuses.

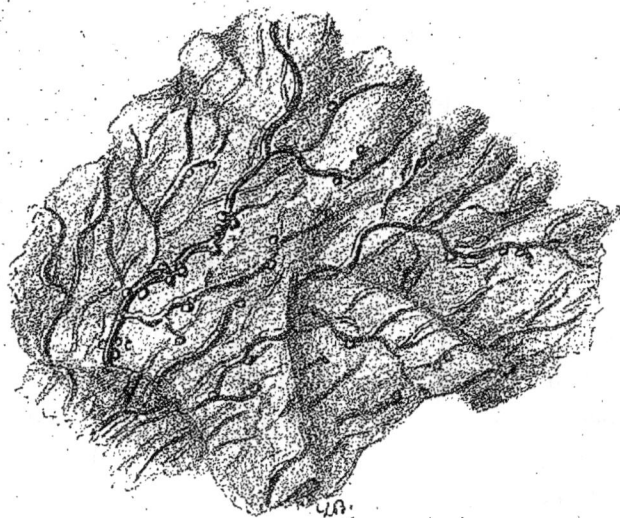

FIG. 121. — *Méningite granulique.*
Un fragment de méninge enlevé et examiné sous l'eau, à l'œil nu.
Granulations très discrètes le long des vaisseaux.

Certaines sont **très aiguës**, montrent un liquide clair très
abondant, et des granulations extrêmement fines très difficiles
à voir : il faut les chercher le long des vaisseaux. Quelquefois
on ne retrouve que quelques granulations, sous forme de très
petits points blancs, en prenant la précaution d'examiner les
méninges sous l'eau après les avoir isolées du cerveau.

D'autres variétés présentent un épaississement apparent de
la membrane, qui, au microscope, est infiltrée de petites cellules et de fins réseaux fibrillaires de fibrine. On trouve souvent
dans ce cas des tubercules très apparents à l'œil nu, en

grappes le long des vaisseaux, et des exsudats fibrineux en lames minces à la base de l'encéphale. Cette forme réalise l'aspect classique de la méningite tuberculeuse, **méningite de la base.**

Dans certains cas le liquide, toujours clair, est extraordinairement abondant et distend fortement les ventricules (**forme hydrocéphalique**).

C. — MÉNINGITES AIGUES RACHIDIENNES.

Il est rarement question des méningites rachidiennes aiguës ; cependant l'inflammation se produit aussi fréquemment peut-être à leur niveau qu'au niveau de l'encéphale. Mais la pie-mère médullaire est étroitement accolée au tissu nerveux, tandis qu'au niveau de l'encéphale elle en est relativement distincte. Il s'ensuit que les inflammations rachidiennes *primitives* intéressent immédiatement, et d'une manière beaucoup plus intense le tissu nerveux sous-jacent. Ce sont des méningomyélites, dont l'étude est confondue avec celle des myélites véritables.

Par contre, il existe des inflammations rachidiennes *secondaires* : dans la plupart des méningites cérébrales, le liquide céphalo-rachidien est altéré même au niveau de la moelle et quelquefois la séreuse est elle-même le siège de phénomènes inflammatoires ; à l'œil nu, ceux-ci apparaissent surtout par la congestion vasculaire et quelquefois par de petits exsudats de surface.

Dans la méningite tuberculeuse, principalement celle de l'adulte, il n'est pas rare de trouver sur la pie-mère rachidienne de petits tubercules.

Enfin dans quelques cas la méningite rachidienne a un développement aussi marqué que la méningite cranienne : **méningites cérébro-spinales.** On peut voir alors des exsudats purulents abondants recouvrir la moelle comme ils recouvrent l'encéphale.

D. — MÉNINGITES CHRONIQUES.

L'inflammation chronique des méninges peut intéresser aussi bien l'ensemble constitué par la méninge molle que la méninge dure, c'est-à-dire que ce peuvent être des leptoméningites aussi bien que des pachyméningites. Souvent celles-ci et celles-là sont associées, les membranes étant devenues adhérentes. Ces méningites sont caractérisées histologiquement par l'épaississement scléreux des membranes, qui sont infiltrées encore d'é-

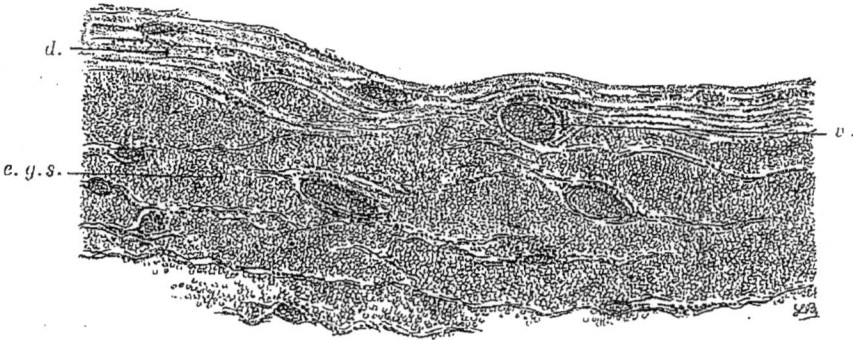

FIG. 122. — *Pachyméningite hémorragique* (grossissement moyen).
d., lames fibroïdes de la dure-mère, épaissies et infiltrées d'exsudats cellulaires; — *v.*, vaisseau; — *e. g. s.*, exsudat hémorragique abondant au milieu de néo-membranes, à la face interne de la dure-mère.

léments cellulaires. A l'œil nu l'épaississement est toujours appréciable et l'on peut noter la soudure des feuillets.

1° Les **pachyméningites**, au niveau de l'encéphale, sont surtout représentées par la pachyméningite hémorragique dont il a été question à propos des hémorragies méningées, et quelquefois par des *pachyméningites syphilitiques*, primitives ou associées à des lésions osseuses.

Au niveau de la moelle, ce sont surtout des lésions secondaires à des altérations des parois osseuses, et généralement plus intenses sur la face externe du sac dural : pachyméningite externe. Le type le plus fréquent est représenté par les lésions consécutives au mal de Pott : la tuberculose du foyer osseux s'étend par voisinage à la méninge, qui s'épaissit et dont la surface externe se transforme en masses caséeuses : c'est la **pachyméningite externe caséeuse.** Souvent cette lésion refoule les méninges molles et la moelle sans les envahir : un grand nombre de troubles nerveux du mal de Pott sont ainsi produits par une compression de la moelle.

Une autre variété de pachyméningite spinale est fournie par l'inflammation hyperplasiante localisée à la moelle cervicale : c'est la **pachyméningite cervicale hypertrophique** dont la nature est encore mal déterminée.

Enfin il peut exister des **pachyméningites spinales syphilitiques,** souvent associées à des lésions osseuses, ou à des altérations de la méninge molle.

2° Les **leptoméningites chroniques,** surtout distinctes au niveau de l'encéphale (pour les mêmes raisons que les méningites aiguës) présentent à l'examen des épaississements généralement localisés en plaques plus ou moins épaisses et plus ou moins résistantes ; celles-ci peuvent siéger en divers points, mais on les rencontre surtout à la base du cerveau où elles compriment et englobent les nerfs craniens à leur émergence.

Elles sont fréquemment de nature *syphilitique* ou tuberculeuse. Dans ce dernier cas elles peuvent contenir des masses caséeuses ou des tubercules (*tubercules des méninges*). Elles s'accompagnent quelquefois d'inflammation de la dure-mère, qui peut être adhérente à la méninge molle altérée.

Une forme atténuée de méningite cranienne chronique, dont la nature et la valeur sont encore très mal connues, est représentée par l'épaississement léger des méninges molles de la convexité : les membranes paraissent opaques, un peu nacrées. Il est probable que cet état est en rapport avec l'*alcoolisme*. On l'observe aussi chez les *aliénés*.

Enfin il est vraisemblable que l'*hydrocéphalie* est, dans beaucoup de cas, tout au moins un vestige de méningite diffuse ; on peut donc la concevoir comme une leptoméningite chronique atténuée.

Toutes ces méningites chroniques s'accompagnent de lésions corticales et sont des types de passage aux processus suivants.

§ 2. — Méningo-encéphalites.

Ces altérations ne sont que des degrés plus marqués du phénomène observé dans toutes les méningites de la méninge molle : l'association des lésions du tissu nerveux aux lésions de la séreuse. Nous avons déjà signalé que la connexion était particulièrement remarquable au point de vue anatomique, au niveau de la moelle, mais, même au niveau de l'encéphale, elle domine l'histoire de beaucoup de lésions nerveuses.

Les MÉNINGO-ENCÉPHALITES AIGUES sont mal connues ; il est probable que beaucoup de faits étudiés sous le nom d'encéphalites hémorragiques — et d'ailleurs eux aussi mal délimités — sont des méningo-encéphalites aux exsudats globulaires abondants, formant un piqueté rouge à la surface du cerveau dont la pie-mère se détache mal.

Il est infiniment probable qu'*un très grand nombre de ramollissements corticaux sont dus à des processus inflammatoires cortico-méningés* et sont ainsi des méningo-encéphalites aiguës avec oblitérations artériolaires multiples. Cette question est encore à l'étude actuellement.

Les MÉNINGO-ENCÉPHALITES CHRONIQUES présentent un type bien connu : la **paralysie générale**. A l'ouverture du crâne, on trouve généralement la dure-mère épaissie : mais c'est surtout la méninge molle qui est altérée ; elle est plus dense que normalement, blanchâtre, souvent opacifiée. *On ne peut la détacher du tissu cérébral* sous-jacent qu'en arrachant de petits fragments de l'écorce. Cette adhérence méningo-encéphalique, qui est en somme le caractère grossier le plus apparent de toutes les inflammations à la fois encéphaliques et méningées, est ici extrêmement net.

Au microscope, on observe une infiltration cellulaire considérable autour des vaisseaux, soit dans la séreuse, soit dans les trajets de pénétration. Il existe aussi des altérations des cellules nerveuses et des fibres, que seules peuvent déceler des méthodes de préparation particulières. Il faut noter enfin qu'on trouve fréquemment dans la paralysie générale des lésions associées de la moelle, particulièrement au niveau des cordons postérieurs.

Outre cette variété très marquée de méningo-encéphalite, on

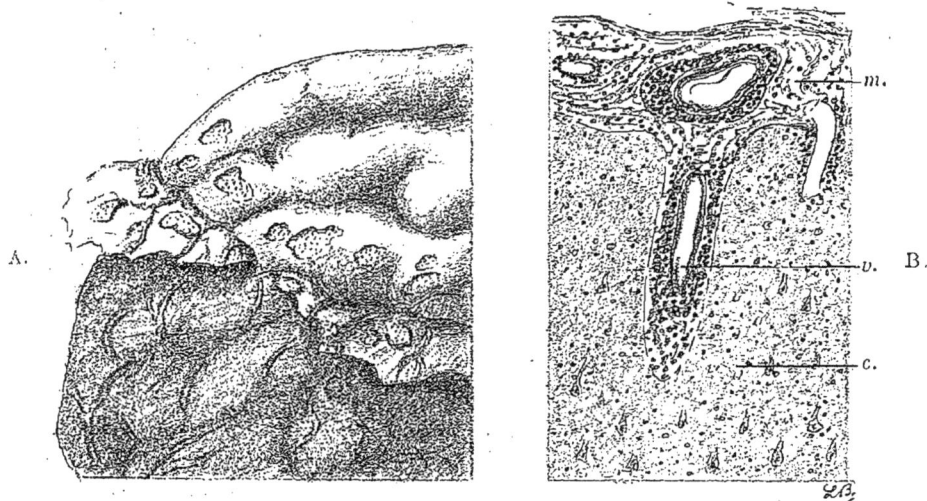

FIG. 123. — *Lésions cérébrales de la paralysie générale.*

A, région frontale vue à l'œil nu. La méninge molle entraîne, lorsqu'on veut la séparer du cerveau, des fragments de substance corticale.
B, coupe vue à un grossissement moyen ; — *m*, tissu de la méninge, infiltré d'exsudats cellulaires. Ceux-ci sont confluents autour des vaisseaux (*v*.) ; — *c*, tissu cérébral contenant aussi des exsudats et présentant des altérations cellulaires, peu visibles à ce grossissement.

doit admettre qu'il existe avec une grande fréquence des **méningo-encéphalites atténuées**, aiguës, subaiguës ou chroniques, qui peuvent être curables ou incurables, par exemple au cours de la *syphilis*. On admet aujourd'hui de plus en plus que l'infection syphilitique frappe souvent les méninges cérébrales ou rachidiennes de façon atténuée, en produisant des symptômes discrets et passagers (céphalées, par exemple) et se décelant par des moyens d'exploration clinique tels que la ponction lombaire (lymphocytose du liquide céphalo-rachidien).

Il est possible aussi qu'il faille classer dans les méningo-encéphalites chroniques un certain nombre de lésions datant de l'enfance ou de l'adolescence et confondues avec les *encéphalites chroniques* et les *scléroses cérébrales,* avec les *porencéphalies.*

§ 3. — Encéphalites.

Si l'on excepte les lésions systématisées, par exemple celles qui atteignent électivement des groupes de noyaux de substance grise (polio-encéphalites; voir p. 288), les encéphalites vraies sont rares.

On peut bien observer des inflammations lentes de nature syphilitique ou tuberculeuse, localisées à certains points de l'encéphale : gommes ou tubercules centraux. Mais ces faits sont exceptionnels si on les compare aux lésions de même nature intéressant les méninges. On peut bien observer aussi des inflammations chroniques diffuses de l'encéphale, mais l'histoire de ces *encéphalites chroniques* est encore bien confuse (1).

Seuls les abcès de l'encéphale se détachent avec une certaine netteté, par leurs caractères et leur fréquence relative. Encore ces encéphalites suppurées sont-elles souvent accompagnées de lésions des méninges.

Abcès encéphaliques. — L'inflammation suppurée du tissu de l'encéphale peut être secondaire à une infection générale : en ce cas les foyers sont souvent multiples. Il faut noter qu'on l'observe avec une fréquence relativement grande à la suite des suppurations pleuro-pulmonaires.

Mais ce sont surtout des suppurations de voisinage qui donnent lieu, quelquefois par l'intermédiaire de *phlébites des sinus,* aux abcès encéphaliques. Les otites constituent la cause la plus fréquente, et l'on a prétendu, sans que le fait soit abso-

---

(1) On les a étudiées surtout chez les enfants, en les divisant en deux grands groupes : les *scléroses atrophiques* et les *scléroses hypertrophiques ou tubéreuses.*

lument certain, que le siège de la suppuration otitique commandait la localisation de l'abcès encéphalique. Quoi qu'il en soit, les plus fréquents siègent dans le cervelet ou dans un des hémisphères.

Il existe souvent à leur niveau de l'inflammation méningée, et celle-ci est même quelquefois généralisée. La partie atteinte est habituellement augmentée de volume et soulevée, qu'il s'agisse d'un hémisphère ou du cervelet ; mais c'est à la section qu'on découvre l'abcès.

Celui-ci forme un foyer de volume variable, rempli de pus ; ses parois sont constituées par du tissu nerveux ramolli, friable, présentant souvent un piqueté hémorragique.

L'abcès peut s'enkyster et le pus se résorber ou se transformer.

§ 4. — Myélites et méningo-myélites.

Les inflammations de la moelle, plus constamment encore que celles de l'encéphale, s'accompagnent de lésions des méninges molles, et quelquefois de tous les feuillets méningés (1). seules les lésions systématisées (poliomyélite, leucomyélite, voir p. 289), peuvent intéresser électivement les éléments nerveux proprement dits, en s'attaquant à un système anatomique spécial. Encore est-il probable que beaucoup sont sous la dépendance de méningites ou méningo-myélites atténuées.

Méningo-myélites aiguës. — L'inflammation aiguë se localise généralement à un segment de la moelle, en l'atteignant dans toute son épaisseur (*myélite transverse*) ou dans un de ses secteurs seulement. Les phénomènes habituels à l'inflammation se retrouvent ici avec leurs caractères généraux et sont bien apparents au microscope : l'augmentation de volume des vais-

(1) Nous engloberons donc toutes ces inflammations sous le nom de méningo-myélites alors même qu'on les appelle souvent plus simplement *myélites*.

seaux se voit soit dans le tissu de la pie-mère, soit dans la moelle elle-même ; autour d'eux se montrent de nombreux ex-sudats cellulaires, soit amassés en manchons périvasculaires, soit répandus diffusément dans le tissu. L'infiltration pie-mé-rienne augmente l'épaisseur normale de cette membrane. Fré-quemment aussi, de fines ruptures vasculaires se produisent. formant de petits foyers hémorragiques ; lorsque ce phénomène

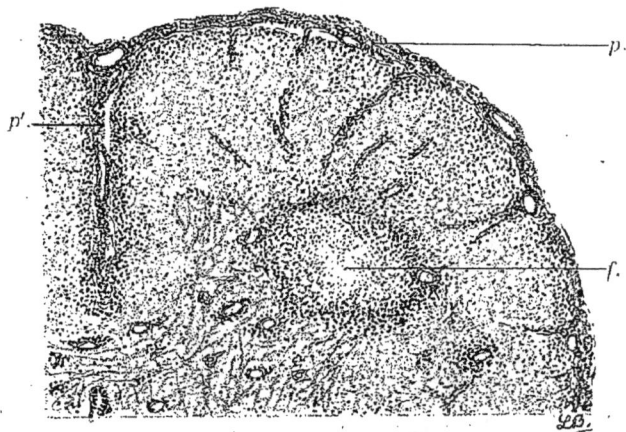

FIG. 124. — *Méningo-myélite aiguë* (faible grossissement).
La coupe représente un quart antérieur de la moelle ; — *p.*, pie-mère infiltrée d'exsudats cellulaires ; — en *p'.* son prolongement dans le sillon antérieur. La moelle présente de nombreuses cellules inflammatoires et en *f.* un petit foyer de nécrose.

est très marqué, il produit la variété dite *myélite hémorragique, myélite apoplectiforme*. Mais il est encore plus commun d'ob-server de petites oblitérations des vaisseaux, déterminant la formation de foyers de nécrose : ceux-ci peuvent être très limités, ou étendus à une grande partie, voire à la totalité du segment médullaire (*forme nécrobiotique*). Il peut se former aussi de petits points *suppurés*.

Les altérations cellulaires sont très intenses et montrent tous les degrés depuis la chromatolyse légère jusqu'à la destruction complète du corps cellulaire.

Si la survie est assez longue, il se produit naturellement, au-dessus et au-dessous du point de méningo-myélite, des altérations secondaires des cordons, ascendantes et descendantes.

A l'œil nu, on ne peut guère constater que l'augmentation de volume, le ramollissement du tissu, et la vascularisation piemérienne exagérée, au niveau du point atteint. Il faut noter que les foyers peuvent être multiples et répandus sur une plus ou moins grande hauteur du cordon médullaire. Ces méningomyélites aiguës s'observent à la suite d'infections générales spontanées, chez l'homme, ou expérimentales, chez l'animal.

La syphilis est une cause fréquente de lésions analogues; il faut y noter l'intensité particulière des lésions vasculaires, produisant des aspects hémorragiques ou nécrobiotiques souvent très marqués.

Méningo-myélites subaiguës et chroniques. — Ici les phénomènes essentiels sont les mêmes ; mais les exsudats cellulaires

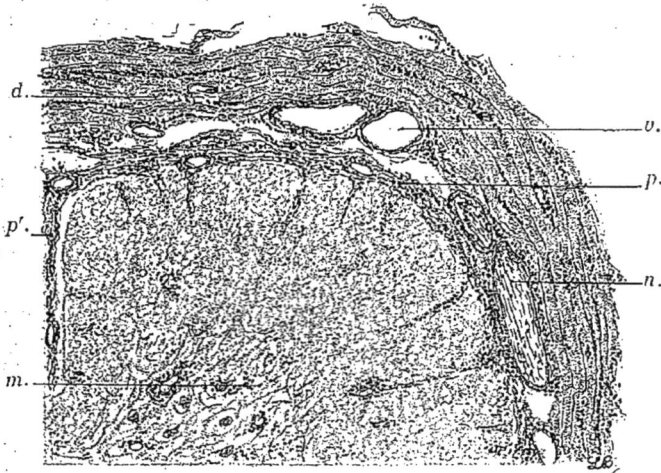

Fig. 125. — *Méningo-myélite chronique* (faible grossissement).
d., dure-mère adhérente et fortement épaissie avec des vaisseaux dilatés (v.); — n., racines nerveuses englobées dans la symphyse; — p., p'., pie-mère et son prolongement dans le sillon antérieur ; — m., moelle.

sont souvent moins abondants, ou plus localisés autour des vaisseaux; l'*épaississement scléreux*, particulièrement net au niveau de la méninge, est beaucoup plus marqué. Il se produit assez souvent des adhérences aux méninges externes, qui sont fréquemment épaissies et enflammées. Il peut exister aussi des points hémorragiques ou des foyers de nécrose.

Ces altérations sont fréquemment **syphilitiques**. En ce cas, on peut observer des points de nécrose ayant les caractères des gommes syphilitiques, mais le fait n'est pas très fréquent, et il est exceptionnel en tout cas que ces productions soient visibles à l'œil nu.

Elles peuvent être enfin **tuberculeuses** et présenter des formations folliculaires, généralement au sein des méninges épaissies. Mais ces méningo-myélites tuberculeuses sont exceptionnelles, au moins à titre de lésions primitives.

Les méningo-myélites de longue durée s'accompagnent de sclérose plus intense ; c'est surtout la syphilis qui est responsable de ces **méningo-myélites scléreuses**, dans lesquelles l'altération principale est la destruction de parties plus ou moins étendues, remplacées par un tissu scléreux sans systématisation. Ici les phénomènes d'exsudation ou de nécrobiose sont réduits au minimum.

A l'étude des méningo-myélites subaiguës et chroniques on peut rattacher la **syringomyélie**. Cette affection est caractérisée surtout par la production de lacunes plus ou moins étendues en hauteur, dans le centre de la moelle. Mais il existe constamment des altérations méningées chroniques ; il est possible qu'il s'agisse là d'une inflammation diffuse produisant par suite de modifications de la circulation un effondrement, puis un îlot lacunaire du centre de la moelle.

La syringomyélie s'accompagne souvent de pachyméningite cervicale hypertrophique.

§ 5. — Syphilis du système nerveux.

A propos de la plupart des lésions précédentes, nous avons dû citer la syphilis comme un des agents étiologiques possibles. L'infection syphilitique est effectivement une cause fréquente d'accidents nerveux ; il est donc utile de résumer les désordres qui peuvent être sous sa dépendance, en signalant surtout ceux que l'on rencontre le plus fréquemment.

a) **Encéphale.** — *Troubles circulatoires.* — Au niveau de l'encéphale ce sont les lésions produisant des troubles circulatoires qui sont les plus fréquents : le **ramollissement par endartérite oblitérante** surtout localisée aux artères de la base. Beaucoup plus rarement, exceptionnellement même, des ruptures vasculaires produisent des hémorragies (plutôt dans les méninges). Les HÉMIPLÉGIES SYPHILITIQUES, L'APHASIE TRANSITOIRE OU DURABLE, sont les manifestations cliniques fréquentes de ces troubles vasculaires.

Méningites. — Les inflammations méningées s'observent souvent aussi. Elles peuvent être aiguës, mais sont plutôt subaiguës ou chroniques. Ainsi la **méningite syphilitique scléreuse**, qui produit l'épaississement de la dure-mère, quelquefois de toutes les méninges, avec adhérence. Elle est souvent localisée par plaques, surtout à la base, et donne des symptômes de localisation par compression ou inflammation secondaire des nerfs craniens (PARALYSIES OCULAIRES par exemple).

Les méninges épaissies peuvent présenter des points de nécrose que l'on appelle *gommes* lorsqu'ils sont localisés, *gommes en nappes* quand ils sont étendus ; ces faits s'observent plutôt dans les formes subaiguës ; ils s'associent aussi parfois aux formes scléreuses (**méningites scléro-gommeuses**).

On peut voir, mais plus rarement (1), des *méningites aiguës*, avec infiltration des membranes, qui contiennent des exsudats cellulaires très abondants. On appelle cette forme, en détournant le terme gomme de son véritable sens, des *méningites gommeuses diffuses.* Elles peuvent être plus ou moins étendues, mais ont encore une prédilection pour la base.

_____

(1) Leur rareté relative, en tant que lésions visibles aux autopsies, tient peut-être à leur curabilité.

Les méningites syphilitiques s'accompagnent avec une grande fréquence de lésions cérébrales, deviennent des **méningo-encépha-lites**. Aussi voit-on souvent apparaître des symptômes céré-braux ; certains donnent des signes de paralysie générale (PSEUDO-PARALYSIE GÉNÉRALE SYPHILITIQUE). Mais il ne faut pas oublier que la méningo-encéphalite de la paralysie générale est aussi d'origine syphilitique.

Encéphalites. — Les encéphalites proprement dites sont exceptionnelles. On a décrit des *encéphalites syphilitiques diffuses, en plaques, des gommes intra-encéphaliques.*

b) **Moelle.** — Au niveau de la moelle nous retrouvons des lésions assez fréquentes dans les **méningites chroniques syphi-litiques**, avec pachyméningite et souvent envahissement de toutes les membranes ; les *gommes* sont assez rares. Rares aussi, au moins au point de vue anatomique, les *méningites aiguës* ; car il est probable que les inflammations méningées diffuses, atténuées et curables, sont fréquentes.

Ce sont surtout des **méningo-myélites** qu'on observe, avec toutes les variétés anatomiques que peut présenter l'inflamma-tion de la moelle et des méninges : aiguë avec foyers nécrobio-tiques ou hémorragiques, chronique avec épaississement méningé, plaques de sclérose diffuses. Ces lésions sont souvent localisées, réalisant les PARAPLÉGIES SYPHILITIQUES.

c) **Lésions disséminées, cérébro-spinales.** — On peut observer aussi des lésions disséminées à tout l'axe nerveux. Il est probable qu'elles sont fréquentes, mais leur étude est encore confuse. Elles peuvent réaliser les aspects cliniques du TABES, de la SCLÉROSE LATÉRALE AMYOTROPHIQUE, de la SCLÉROSE EN PLAQUES, etc.

III. — LÉSIONS SYSTÉMATISÉES

Les tissus nerveux présentent parfois des lésions qui paraissent étroitement limitées à un système anatomique particulier ; aussi ces altérations semblent-elles sortir des lois générales de l'anatomie pathologique. En réalité, il est probable que nous apercevrons clairement un jour la raison d'être de cette distribution si particulière, et qu'elle ne nous apparaîtra plus que comme une fausse systématisation ou comme une systématisation secondaire. Nous avons déjà insisté précédemment sur ces faits (voir pp. 253 et 254).

Ce groupe des lésions systématisées est donc nécessairement artificiel. Nous le conserverons donc cependant, en y comprenant pour plus de commodité les scléroses paraissant électivement névrogliques (la sclérose en plaque par exemple), et les névrites ; un certain nombre de ces dernières constituent des lésions se systématisant sur un ensemble de neurones périphériques. Nous serons très brefs sur toutes ces lésions, parce que leur étude pratique nécessite une technique spéciale et assez compliquée, principalement histologique.

§ 1. — Névrites.

Les lésions des nerfs, si l'on en excepte les tumeurs, sont des dégénérescences, ou des altérations inflammatoires (névrites).

Les dégénérescences sont des altérations secondaires, qui surviennent à la suite de sections nerveuses ou d'altérations des cellules d'origine (voir p. 250). Seules les névrites sont des lésions proprement dites du nerf.

Les NÉVRITES peuvent être *localisées* à un segment d'un nerf, par exemple lorsque celui-ci est au contact d'un foyer inflammatoire. Dans ce cas, il s'agit généralement d'une inflammation de tout le faisceau, c'est-à-dire de ses enveloppes comme de ses tubes nerveux. Aussi existe-t-il généralement une infiltration interstitielle entre les fascicules du nerf, avec ou sans épaississement du tronc nerveux — et plus tard de la sclérose. Les tubes nerveux dégénèrent en deçà et en delà du segment atteint. C'est là une altération dite *névrite interstitielle*.

Les névrites dites médicales, succédant à une intoxication ou à une infection générale, sont des **polynévrites**, c'est-à-dire constituent une lésion systématisée plus ou moins complètement aux neurones périphériques ; d'ailleurs, le corps de ces neurones présente fréquemment des modifications histologiques fines du protoplasma cellulaire (lésions des ganglions, des cornes antérieures de la moelle, etc.). Les filets nerveux eux-mêmes montrent des altérations soit du cylindre-axe (*névrite wallérienne*), soit des gaines du nerf (*névrite périaxile*). Le tissu d'enveloppe peut être hyperplasié et plus ou moins scléreux, l'ensemble fortement augmenté de volume (*névrite hypertrophique*). Quelquefois cet aspect se manifeste par petits îlots le long du ou des nerfs, qui prennent un aspect moniliforme, comme par exemple dans la *névrite lépreuse*.

§ 2. — **Polioencéphalites.**

On appelle polioencéphalites les lésions localisées sur les noyaux gris de la base de l'encéphale. Nous avons déjà fait remarquer précédemment que cette localisation était loin d'être élective, comme on l'avait cru primitivement, et qu'il s'agissait là, somme toute, d'encéphalites à siège basilaire peut-être contingent.

Les lésions consistent en petits foyers inflammatoires quelquefois hémorragiques ou s'accompagnant de points de nécrose. Les cellules des noyaux subissent des altérations progressives.

Les polioencéphalites peuvent être *aiguës* ou *chroniques*. Elles peuvent être diffuses et s'étendre à tous les noyaux du tronc cérébral. Souvent elles sont localisées soit aux noyaux les plus élevés, noyaux des nerfs moteurs de l'œil (**polioencéphalite supérieure**), soit aux noyaux bulbo-protubérantiels (**polioencéphalite inférieure**).

La polioencéphalite supérieure hémorragique aiguë est la *maladie de Wernicke;* la polioencéphalite supérieure chronique correspond aux *ophtalmoplégies nucléaires*.

La polioencéphalite inférieure aiguë est le substratum anatomique des *paralysies bulbaires aiguës.* La polioencéphalite inférieure chronique correspond à la *paralysie labio-glosso-laryngée*.

§ 3. — **Poliomyélites**.

On appelle poliomyélites les lésions localisées à la corne ou aux cornes antérieures de la moelle sur une plus ou moins grande hauteur. Comme pour les polioencéphalites, il ne s'agit là que d'une fausse systématisation. Il est même probable que beaucoup de poliomyélites relèvent d'inflammations méningo-médullaires.

Les poliomyélites peuvent être aiguës ou chroniques. Les mieux étudiées sont les poliomyélites aiguës de l'enfance, les poliomyélites chroniques de l'adulte et la sclérose latérale amyotrophique.

La **poliomyélite aiguë de l'enfant** *(paralysie infantile)* est caractérisée par une inflammation myélitique, au niveau de la corne antérieure, avec exsudats cellulaires, quelquefois points hémorragiques, nécrobiotiques ou suppurés. Généralement, ces lésions forment plusieurs foyers disséminés en hauteur le long de la moelle, le plus souvent au niveau du segment dorso-lombaire.

Elles laissent comme séquelle une atrophie des cornes anté-rieures. Les malades, après guérison, gardent des lésions atro-phiques de certains groupes musculaires du corps, et plus tard fréquemment des déformations des membres.

La **poliomyélite chronique de l'adulte** (*atrophie musculaire progressive d'Aran-Duchenne*) montre une atrophie des cornes antérieures, avec diminution de nombre des cellules, surtout dans la zone du renflement cervical. Il y a aussi de l'atrophie des racines antérieures correspondantes. Les sujets présentent une atrophie musculaire à caractères spéciaux, progressive.

La **sclérose latérale amyotrophique** est une affection parti-culière dont la lésion consiste essentiellement en des alté-rations chroniques de la corne antérieure (lésions et dispari-tion des cellules, sclérose), associées à une sclérose localisée au faisceau pyramidal croisé.

§ 4. — Scléroses systématiques de la moelle.

Les scléroses systématisées de la moelle atteignent des fais-ceaux de fibres appartenant à tel système de conduction spé-cial et occupant tout ou partie de tel cordon médullaire. Les fibres sont altérées sur toute leur étendue.

a) **Sclérose des cordons postérieurs.** — La sclérose des cordons postérieurs se voit surtout en tant que lésion du **tabes**. Elle en est l'altération la plus caractéristique et la plus apparente; lorsqu'elle est intense, elle occupe la plus grande partie des cordons, sur les coupes transversales, où même leur presque totalité. Dès lors, elle peut être vue à l'œil nu sur la surface de section. Normalement, les cordons de la moelle ont la teinte blanche et l'éclat un peu gras de la substance blanche des centres nerveux, caractère dû en grande partie à la présence de la myéline qui entoure les fibres. Lorsque les cordons sont sclérosés, cet aspect blanc disparaît et fait place à une teinte grisâtre. Aussi dans le tabes l'espace qui sépare les

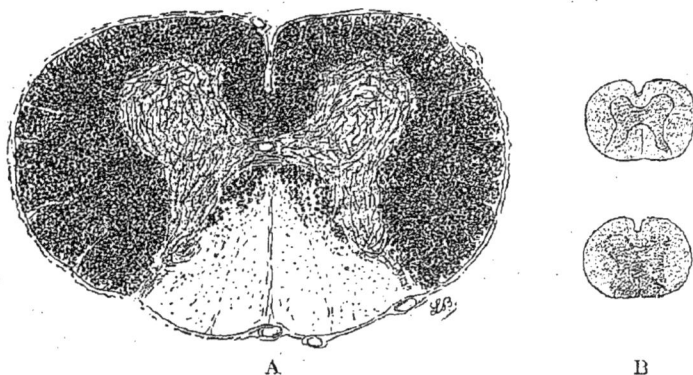

FIG. 126. — *Tabes.*

A, coupe de la moelle dorsale colorée par la méthode de Weigert, vue à un faible grossissement. Les fibres saines en noir, la sclérose en blanc.
B, sections de moelle vues à l'œil nu sans préparation. En haut, moelle normale ; en bas, moelle de tabes ; aspect gris des cordons postérieurs.

cornes postérieures prend-il la même teinte que ces cornes elles-mêmes.

Dans les cas moins marqués, la lésion ne peut être reconnue qu'au microscope. Les coupes étant généralement traitées avec un réactif qui colore les fibres (Weigert), les substances blanche et grise prennent après leur préparation une coloration inverse de la normale : la substance blanche paraît noire, la substance grise au contraire plus pâle. Dans les scléroses des cordons, les parties restent non colorées, parce qu'elles ne contiennent plus de fibres, ou tout au moins plus de myéline.

b) **Scléroses combinées.** — Il existe aussi, mais rarement, des scléroses des cordons antéro-latéraux, et plus fréquemment des *scléroses combinées*, c'est-à-dire des scléroses atteignant à la fois plusieurs cordons. Ces dernières représentent les lésions : 1° de la **maladie de Friedreich** et de quelques affections congénitales s'en rapprochant (*hérédo-ataxie cérébelleuse, paraplégie spasmodique familiale*, etc.); 2° de certaines intoxications (*pellagre, ergotisme*). Elles peuvent s'observer aussi dans l'*anémie pernicieuse* et dans quelques affections médullaires mal déterminées.

c) **Scléroses secondaires.** — Enfin il existe des scléroses systématisées de la moelle, *descendantes* ou *ascendantes*, secondaires à d'autres lésions nerveuses. Elles sont fréquentes et jouent un grand rôle dans la production des symptômes ; telle est par exemple la sclérose descendante des faisceaux pyramidaux survenant à la suite des lésions de l'encéphale localisées aux zones motrices (hémorragies, ramollissement).

§ 5. — Scléroses névrogliques.

Il peut exister, aussi bien dans l'encéphale que dans la moelle, des altérations paraissant surtout constituées par une sclérose névroglique, entourant les éléments nerveux sans les détruire, au moins au début. Ces lésions peuvent être diffuses, et représenter, au niveau du cerveau, par exemple, quelques-unes des altérations classées parmi les encéphalites de l'enfance; d'autres fois elles se localisent sous forme de plaques à bords nettement délimités, disséminées en nombre plus ou moins considérable dans l'axe cérébro-spinal (sclérose en plaques).

Dans la **sclérose en plaques,** qui présente par ses aspects *cliniques* une individualité pathologique assez nette, les plaques sont extrêmement variables comme nombre, comme dimensions, comme siège. On les voit sur la moelle soit à la surface, soit sur les coupes, comme des taches grisâtres, disposées au hasard, et revêtant les formes les plus variées. Elles se retrouvent aussi parfois sur le bulbe, sur et dans le cerveau, le cervelet, etc.

La particularité histologique la plus nette au niveau de la plaque de sclérose est la conservation très longue des cylindre-axes dépourvus de myéline. Il semble qu'il y ait eu une prolifération de la névroglie étouffant les tubes nerveux, détruisant

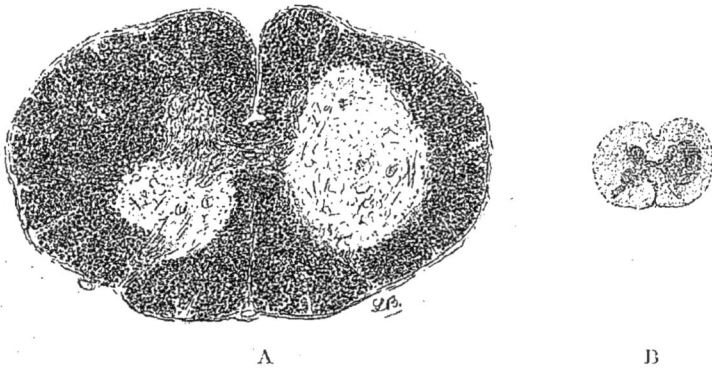

A   B

FIG. 127. — *Sclérose en plaques.*

A, coupe de moelle cervicale (Weigert) vue à un faible grossissement. Une plaque de sclérose à droite, une à gauche. Elles empiètent sur la substance grise.
B, même moelle à l'œil nu sans préparation. Les deux plaques de sclérose en gris.

leur gaine mais non la fibre nerveuse proprement dite ; il semble, en un mot, que l'altération, quelle que soit la variabilité de ses foyers, atteigne électivement la névroglie. Mais il est bien probable qu'elle doit obéir aux lois générales des inflammations et que nous découvrirons un jour par quel processus vrai cette lésion si particulière se rattache aux intoxications et aux infections qui lui donnent naissance. C'est d'ailleurs une affection très rare.

CHAPITRE VI

LE TÉGUMENT CUTANÉ

Les lésions de la peau présentent des variétés extrêmement nombreuses; il ne peut être question ici ni de ces variétés ni de leur classification. De tels faits sont du domaine de la spécialité dermatologique. Nous résumerons seulement les principaux types de lésions, qui sont assez peu nombreux, et nous signalerons quelques exemples principaux.

Le tégument cutané est formé par le tissu épithélial de la peau avec ses dépendances (glandes sudoripares, sébacées, poils, etc.); mais il est doublé en-dessous par une lame de tissu fibreux plus ou moins épaisse, le derme. Une couche sous-jacente cellulo-adipeuse sépare généralement le tégument des organes ou appareils sous-jacents (muscles, os, etc.).

Tous ces plans peuvent être atteints dans les lésions de la peau. Le derme ou le tissu cellulo-adipeux peuvent être lésés en premier et leurs altérations être secondairement propagées à la surface, comme cela se produit par exemple dans les suppurations profondes. Mais dans l'immense majorité des cas les troubles naissent dans le tissu épithélial : parce que celui-ci est exposé directement aux influences extérieures (agents physiques, chimiques, parasites), et aussi parce qu'il est le plus richement vascularisé.

Nous étudierons donc surtout les modifications de ce tissu.

Les lésions de la peau sont de nature *irritative, infectieuse, parasitaire* ; elles peuvent tenir à des *influences nerveuses* (troubles trophiques, sclérodermie, zona, etc.); elles peuvent aussi être produites par des *agents physiques* (traumatismes, brûlures, gelure) ou *chimiques*. Mais de toutes manières elles se manifestent par des troubles circulatoires, nutritifs, ou par des processus inflammatoires; nous ne décrirons donc que ces lésions élémentaires, puis nous les rapporterons à leurs principaux types, sans nous occuper des agents étiologiques.

On peut trouver aussi au niveau de la peau un certain nombre de productions ressemblant à des tumeurs : nous les étudierons à propos de celles-ci bien qu'elles ne soient pas de même nature (nœvi, botryomycose; voir p. 376).

§ 1. — Lésions élémentaires.

Nous avons résumé précédemment les caractères anatomiques et pathologiques généraux du tissu épithélial cutané (voir p. 8 et p. 46). Nous ne rappellerons pas ici ces faits, qui seront supposés connus.

a) **Lésions de nutrition**. — On peut observer au niveau de la peau des **hypertrophies** ou des **atrophies**. On voit par exemple de telles modifications à la suite de lésions nerveuses, — sous l'influence de troubles de la nutrition générale (amincissement de la peau et du tissu cellulo-adipeux chez les cachectiques) — ou enfin consécutivement à des actions physiques.

Mais le plus souvent ces états sont liés à des processus inflammatoires : tel l'épaississement de la peau soumise à des irritations ou une compression prolongée (cors au pied).

Il faut ajouter à ces troubles les **pigmentations** pathologiques. Normalement, les cellules épithéliales, à un certain stade de leur évolution, retiennent dans leur protoplasma des produits pigmentaires. Dans un grand nombre d'états divers, ce phénomène s'exagère (pigmentations cutanées de la gros sesse, par exemple). D'autres fois des particules colorées venues de l'extérieur sont déposés dans le tissu sous-épithélial ou dermique : ce sont les **tatouages**. Dans d'autres cas, des granulations brunes ou noires, venues du sang, se fixent avec la même distribution que les corps étrangers (mélanodermie arsenicale, maladie d'Addison) : ce sont de véritables tatouages d'origine interne.

b) **Troubles circulatoires.** — Des perturbations circulatoires d'origine nerveuse ou toxi-infectieuse peuvent produire des modifications cutanées telles que congestions simples, hémorragies, œdèmes, gangrène.

Les congestions simples déterminent une rougeur exagérée de la peau (*érythèmes*) ; les hémorragies, lorsqu'elles sont fines, donnent (à l'œil nu) un piqueté rouge (*taches purpuriques*) ; lorsqu'elles sont étendues elles produisent des taches rouge noir, qui deviennent rapidement bleu verdâtre, puis jaunes (*ecchymoses*). Au microscope, l'exsudation des globules rouges hors des vaisseaux est visible dans la couche fibrillaire sous-épithéliale.

Souvent ces phénomènes sont associés à un processus inflammatoire.

Des **œdèmes** peuvent être la seule manifestation morbide (œdèmes nerveux) ; cependant ceux-ci se produisent plutôt dans les couches profondes, sous le tégument. Au niveau du tissu cutané lui-même, les modifications œdémateuses sont plus fréquemment de nature inflammatoire, et associées à des exsudats divers (érysipèle).

Des **gangrènes** par oblitérations artérielles massives s'observent au niveau de la peau, mais à titre de lésion accessoire au cours de la mortification de segments de membres (gangrène des extrémités, par exemple). Elles peuvent être aussi produites par le froid (*gelures*) : ces dernières, relevant aussi de troubles circulatoires, intéressent généralement la peau et une épaisseur plus ou moins grande des tissus sous-jacents.

c) **Lésions inflammatoires simples.** — Dans les inflammations légères, souvent passagères, les coupes histologiques montrent des dilatations vasculaires, des exsudats cellulaires assez discrets, des exsudats liquides peu abondants (voir fig. 13, p. 48). Ces phénomènes produisent à l'examen macroscopique la rougeur de la peau (**érythème**) et souvent une légère surélévation plane du tissu (*aspects papuleux*).

Si les exsudats liquides sont très abondants, on a une tension rosée, chaude, du tissu, un véritable œdème **inflammatoire**.

d) **Lésions bulleuses.** — L'inflammation aiguë un peu violente s'accompagne d'un phénomène particulier : la couche d'épithélium stratifié se clive, pour donner asile à des exsu-

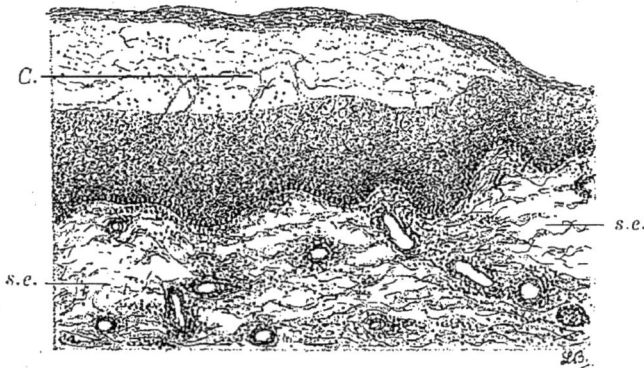

FIG. 128. — *Érysipèle cutané au niveau d'une phlyctène*
(grossissement moyen).

On voit la cavité formée sous les couches superficielles de l'épithélium par des exsudats liquides collectés (C.). Le stroma sous-épithélial a lui aussi un aspect œdémateux (*s. e.*, *s. e.*). Exsudats cellulaires autour des vaisseaux.

dats liquides exubérants. Il se forme une petite bulle qui contient soit un liquide clair (*vésicule*), soit un liquide purulent (*pustule*). Les vésicules étendues produisent des *phlyctènes*, que l'on voit fréquemment apparaître à la suite d'applications caustiques.

e) **Suppurations.** — De véritables petits abcès peuvent se

former dans la peau; mais le plus souvent ils se localisent au
niveau d'un appareil annexé (glandes sudoripares, follicules
pileux), ou bien ils intéressent les tissus sous-jacents au tissu
épithélial.

f) **Ulcérations.** — Des oblitérations vasculaires, minimes
ou un peu importantes peuvent produire au niveau de la peau
des points de nécrose dont l'élimination forme des ulcérations :
à leur niveau la couche épithéliale a disparu, et le fond de la
perte de substance repose sur la couche sous-épithéliale ou sur
le derme. Quand ces phénomènes ont une durée un peu
longue, le tissu au voisinage est fortement sclérosé.

g) **Cicatrices.** — Les lésions destructives, comme celles
qui viennent d'être signalées, les lésions traumatiques (brûlures, plaies, etc.) se cicatrisent par la production d'un tissu
fibrillaire, analogue à celui de certaines scléroses. Mais il faut
remarquer que la partie de la cicatrice exposée à l'air doit toujours être revêtue d'assise épithéliale; autrement son tissu ne
serait pas limité de ce côté, et répandrait constamment des
sécrétions séreuses ou purulentes : c'est ce qui se produit sur
les surfaces ulcérées à de grandes distances, même superficiellement. Ici la reproduction d'une couche épithéliale est très
lente et souvent, en pratique, impossible.

h) **Inflammations chroniques.** — Les inflammations chroniques donnent lieu à des épaississements plus ou moins considérables de la peau, avec induration.

Le tissu épithélial ectodermique normal renouvelle constamment les assises de son épithélium stratifié; c'est dire que le
tissu est orienté pour fournir constamment des cellules de remplacement, et pour leur faire prendre aisément les caractères
et l'ordonnance des cellules épithéliales adultes; en d'autres
termes, un tel tissu a une tendance naturelle à édifier facilement
des formations typiques. Nous retrouverons cette tendance à

propos des tumeurs (Voir p. 367) ; mais elle se manifeste dans tous les processus et particulièrement dans les inflammations soutenues.

Celles-ci, par la production incessante d'exsudats, fournissent des éléments de rénovation peu modifiés en quantité exagérée, en même temps que des matériaux de nutrition surabondants. Elles ne font ainsi qu'exagérer les phénomènes de nutrition et d'évolution normaux du tissu, si l'on ne tient compte que des grandes lignes du processus.

On trouve ainsi, dans la plupart des inflammations chroniques, une couche épithéliale et une trame sous-épithéliale augmentées de volume. La couche épithéliale est hyperplasiée dans toutes ses assises ; les lames cornées sont larges, le stratum granulosum souvent très apparent, le corps muqueux épais, les denticulations de la couche dite génératrice plus marquée. Les denticulations pénètrent plus ou moins profondément dans le stroma sous-jacent, qui envoie entre elles, lui aussi, des prolongements papillaires augmentés de volume. Cet état ressemble tout à fait à certaines tumeurs dites papillomes. Ce sont histologiquement des **aspects papillomateux** (voir fig. 130 et p. 369).

A l'œil nu cette hyperplasie de tout le tissu est apparente par l'épaississement et l'augmentation de densité. Souvent le volume exagéré des couches cornées est très frappant, formant des squames, de véritables amas cornés ou des croûtes.

Les inflammations chroniques peuvent présenter en outre çà et là les multiples variétés ou accidents précédemment signalés (lésions bulleuses, suppurations, ulcérations, cicatrices).

i) **Desquamation**. — La desquamation n'est que l'exagération d'un phénomène normalement peu apparent : la chute des couches superficielles formées par les cellules vieillies, ayant subi l'évolution cornée. Aussi s'observe-t-elle dans toutes les modifications inflammatoires ; à titre de phénomène terminal, à la suite des inflammations aiguës et passagères ; à titre de phénomène associé et permanent dans les inflammations chroniques : nous venons d'en rappeler le mécanisme.

§ 2. — **Localisation des lésions cutanées.**

Les diverses lésions élémentaires précédentes se localisent
différemment soit en surface, soit en profondeur.

a) **Extension en profondeur.** — Les processus inflammatoires un peu intenses ou prolongés, s'étendent généralement aux
tissus sous-jacents et en particulier au derme. On trouve dès lors
dans ce tissu des signes histologiques de l'inflammation : exsudats
cellulaires autour des vaisseaux, endartérite, plus tard sclérose. Les suppurations superficielles peuvent s'y étendre,
comme elles peuvent gagner aussi les troncs lymphatiques à
distance du foyer. Inversement, les inflammations nées primitivement dans les plans profonds (dermites, abcès du tissu
cellulaire, des gaines synoviales) peuvent se propager à la peau.

b) **Localisation en surface.** — 1° Les lésions peuvent être
d'étendue très minime ; elles peuvent se limiter aux petits appareils dépendant de la peau (glandes sébacées, follicules pileux):
ce sont des lésions généralement *folliculaires* ;

2° Elles peuvent aussi se localiser à un petit territoire vasculaire, ou à un grand nombre de ces petits territoires : elles
forment alors de petites surfaces arrondies. Ce sont des *lésions
maculaires* ;

3° Elles se disposent quelquefois sur de grandes étendues
(*lésions diffuses*) soit par l'agglomération des lésions des types
précédents, soit par une modification continue de la peau. La
topographie de ces lésions diffuses est livrée à des conditions
variables, quelquefois en rapport avec une systématisation nerveuse (lésions *segmentaires, en bandes,* etc.).

§ 3. — **Principales lésions cutanées**.

Les divers types habituellement rencontrés tirent une partie de leurs caractères de leurs conditions étiologiques. Au point de vue purement anatomique, leur individualité est formée par un groupement de caractères spéciaux, visant le processus élémentaire et la localisation.

a) **Lésions aiguës et subaiguës.** — Nous pouvons citer comme exemple de lésions simples, les congestions passagères (rougeur des pommettes, par exemple), les œdèmes nerveux. Puis viennent, à la limite des phénomènes inflammatoires, les urticaires : congestion œdémateuse, localisée, passagère.

Les éruptions de la rougeole, de la scarlatine, certains rash varioliques, les taches rosées de la fièvre typhoïde, etc., c'est-à-dire les **exanthèmes infectieux**, sont caractérisés par des lésions d'inflammation atténuée, et se distinguent les unes des autres surtout par leur topographie. Elles desquament après leur disparition.

Les **exanthèmes toxiques**, les exanthèmes médicamenteux, plus fugaces, souvent non desquamant, relient les lésions précédentes aux phénomènes simplement érythémateux : ils sont au seuil de l'inflammation.

Les **éruptions varioliques** servent au contraire de types intermédiaires aux lésions des fièvres éruptives et aux altérations inflammatoires manifestées d'emblée. Avec une topographie maculeuse, elles passent par un stade comparable aux exanthèmes infectieux (macule, papule) puis sont le siège de phénomènes inflammatoires plus intenses accompagnés de clivage de l'épithélium (*vésicules, pustules*). Elles aboutissent ainsi à la suppuration ; la desquamation est remplacée ici par la formation de croûtes, une véritable cicatrisation termine l'évolution. Les éruptions **varicelliques** sont analogues, mais avec des altérations poussées moins loin.

L'**érysipèle** est une lésion violemment inflammatoire d'emblée, dans laquelle l'exsudat liquide, brusque et abondant, produit un état œdémateux aigu très apparent (voir fig. 128). La topographie en est variable, en plaques souvent irrégulières ; les limites en sont nettes, et caractérisées par le brusque soulèvement du tissu (bourrelet).

Les **acnés** sont de petites productions, localisées aux glandes sébacées et pouvant aboutir à de minuscules abcès.

La suppuration est constante enfin et caractéristique dans les **folliculites**, limitées aux glandes sébacées autour des poils, et superficielles ; — les **furoncles**, produisant des destructions également localisées mais plus profondes, avec élimination des parties mortifiées (*bourbillon*) ; — des **anthrax**, agglomération de furoncles confluents.

Les **herpès**, le **zona** sont des lésions vésiculeuses, superficielles ; la dernière revêt souvent une topographie d'origine nerveuse.

b) **Lésions chroniques.** — L'**impétigo** est une inflammation récidivante, avec suppuration superficielle, s'accompagnant de production de croûtes, et plus ou moins étendue.

Les lésions **eczémateuses** revêtent des types divers, soit simplement inflammatoires avec desquamation exagérée, soit œdémateuses avec exsudats séreux abondants.

Dans le **psoriasis**, l'**ichthyose**, la desquamation est considérable, avec des caractères secondaires différents et des lésions inflammatoires sous-jacentes. Les lésions d'origine mécanique (**durillons, cors**) montrent aussi une desquamation abondante, mais ici sous forme de lames épaisses, cornées, assez adhérentes au tissu sous-jacent enflammé et hyperplasié.

Les **verrues** représentent un type parfait d'inflammation chronique, avec des caractères papillomateux qui les rapprochent par l'aspect microscopique de certains néoplasmes.

Les **œdèmes chroniques**, comme les *états éléphantiasiques* ou l'*éléphantiasis vrai*, montrent des phénomènes inflammatoires avec épaississement considérable de toutes les couches du tissu, infiltration de petites cellules et surtout de sérosité. Les œdèmes chroniques d'origine nerveuse ou générale (*œdèmes tropho-névrotiques*, par exemple ; *myxœdèmes*) sont au contraire au seuil des inflammations.

Des ulcérations chroniques s'observent avec des variétés très nombreuses, survenant comme faits accidentels au cours des altérations précédentes, comme complications de lésions plus profondes (**ulcères variqueux**), ou enfin dans les lésions spécifiques que nous allons envisager.

c) **Tuberculose cutanée.** — La tuberculose cutanée peut revêtir des formes bien caractérisées ; mais souvent elle ressemble aux autres processus chroniques. Généralement, on ob-

Fig. 129. — *Tuberculose cutanée* (faible grossissement).

e., couches épithéliales épaissies et irrégulières ; — u , petite ulcération ; — f., f., follicules tuberculeux (celui de droite avec une cellule géante) dans le stroma sous-épithélial ; — a., artère avec endartérite.

serve un mélange de lésions élémentaires. Des zones très hyperplasiées, indurées, épaissies, avec squames, quelquefois papillomateuses ou verruqueuses, avoisinent souvent avec des points ulcérés, des foyers nécrosés, des cicatrices.

Au microscope, les petites cellules qui infiltrent le tissu peuvent former des follicules avec cellules géantes. Mais très souvent, aussi bien dans les lésions comme le **lupus** que dans des altérations d'évolution moins lente, on ne peut trouver ces éléments. Dans tous ces cas, il existe de la sclérose de toutes les couches sous-épithéliales.

Lorsque des oblitérations vasculaires de quelque importance se produisent, on observe des foyers de caséification qui peuvent s'ouvrir à l'extérieur (**gommes tuberculeuses**).

d) **Lèpre**. — La lèpre produit au niveau de la peau des altérations qui ressemblent aux inflammations hyperplasiques chroniques de la tuberculose (*lèpre tuberculeuse*).

e) **Syphilis**. — La syphilis peut frapper la peau à toutes ses périodes. A la phase secondaire, elle détermine fréquemment

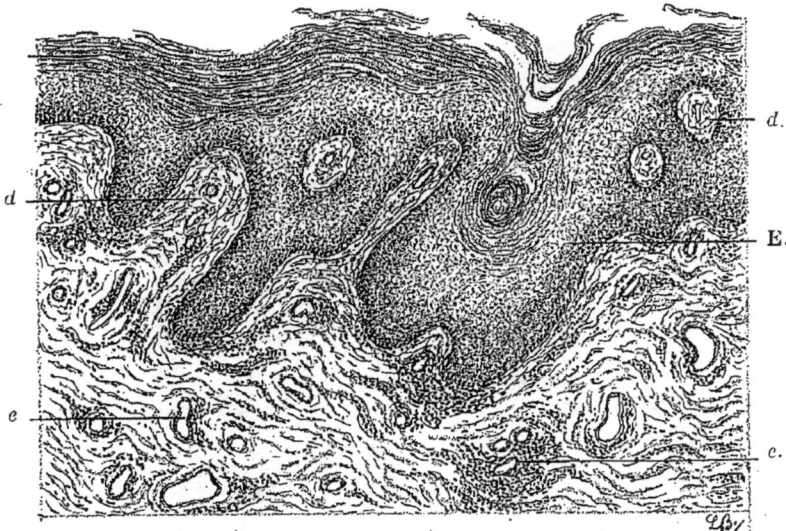

FIG. 130. — *Plaque muqueuse hypertrophique* (grossissement moyen).
Cette coupe représente un beau type d'inflammation chronique ; — E. épithélium hyperplasié ; — *d.*, *d* , denticulations du stroma ; — *e.*, exsudats autour des vaisseaux dans le stroma sous-épithélial.

des lésions d'inflammation aiguë simple, analogues aux exanthèmes (**roséole**) ; plus tard, il devient souvent impossible de distinguer ses lésions de celles de la tuberculose, par l'examen macroscopique ou histologique seuls. Il se produit des altérations inflammatoires chroniques avec hyperplasie *papillomateuse* (**plaques muqueuses** hypertropiques); des *lésions ulcéreuses* et *hypertrophiantes,* ou des **gommes** dans lesquelles le microscope montre les mêmes caractères que dans les produits analogues dus au bacille de Koch. Les infiltrations cellulaires en nodules, les follicules avec cellules géantes se retrouvent parfaitement dans de telles lésions incontestablement syphilitiques. L'atteinte des petits vaisseaux (artérite) est ici très marquée, mais elle l'est beaucoup également dans la tuberculose. Les lésions cutanées syphilitiques sont assez souvent secondaires ou associées à des lésions profondes.

Le **chancre initial**, lui, a un aspect particulier. C'est une altération limitée, dont une coupe totale fournit l'image d'un

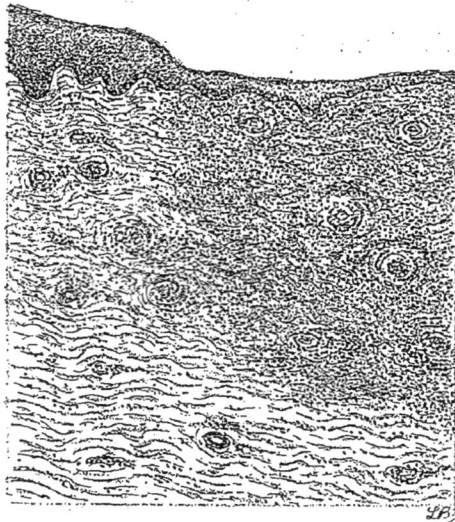

FIG. 131. — *Chancre syphilitique* (faible grossissement).
La coupe ne représente qu'une moitié du nodule formant le chancre (partie droite de la figure). A ce niveau infiltration cellulaire considérable, amincissement de l'épithélium.

nodule hémisphérique accolé sous l'épithélium. Ce nodule est formé d'un amas de cellules qui se sont accumulées lentement et qui ont pu déjà prendre un protoplasma abondant les rapprochant des cellules de l'épithélium. Entre elles, le stroma fibrillaire normal est épaissi ; beaucoup de petits vaisseaux sont altérés. Au-dessus, la couche épithéliale est extrêmement amincie (exulcération), tandis qu'autour de la zone atteinte elle est généralement épaissie.

L'infiltration nodulaire par des éléments stables, formant avec leur stroma un véritable tissu, explique la fermeté toute particulière du chancre quand on l'examine et qu'on le presse entre les doigts.

f) **Sporotrichose**. — Les lésions cutanées de la sporotrichose sont très comparables à celles de la tuberculose ou de la syphilis, dont elles peuvent réaliser divers types. Elles sont d'un diagnostic extrêmement malaisé par le simple examen extérieur, comme par l'étude histologique seule.

Au reste la division de toutes ces altérations est actuellement en voie de remaniement, à l'aide des recherches bactériologiques, humorales ou thérapeutiques.

CHAPITRE VII

L'APPAREIL LOCOMOTEUR

I. — LÉSIONS DES OS

L'étude des lésions traumatiques des os ne peut être entreprise ici ; le siège des fractures, leurs formes, leur étendue, les déformations secondaires qu'elles produisent sont des notions inséparables de l'étude étiologique et symptomatique. Les phénomènes de cicatrisation de l'os (cal) sont très intéressants ; mais eux aussi sont inséparables de l'étude des fractures.

§ 1. — Le tissu osseux à l'état normal.

Structure. — Ce qui frappe tout d'abord à l'examen histologique d'un fragment de tissu osseux, c'est la substance intermédiaire, abondante, et généralement formée de **lamelles** concentriques chargées d'osséine et de sels calcaires. Le caractère le plus remarquable de cette substance est de paraître très réfringente au microscope : de sorte que ses limites sont dessinées par des traits bien accusés alternativement brillants ou noirs, suivant la variation de la mise au point. Elle est creusée de véritables petites cavités denticulées, dont les limites sont naturellement réfringentes elles aussi ; ces cavités (**corpuscules osseux**) contiennent les cellules osseuses.

La disposition de l'ensemble des lamelles est généralement très spéciale ; leur substance compacte ne leur permet pas de se laisser pénétrer facilement par les liquides nutritifs, bien que de minuscules canaux réunissent entre eux les corpuscules où vivent les cellules ; les lamelles ne peuvent donc pas se développer sur de grandes étendues à l'entour des vaisseaux, aussi la substance osseuse est-elle creusée de larges tubes ou échancrures, qui la découpent très irrégulièrement. Il se forme ainsi de véritables espaces libres contenant les vaisseaux, les nerfs et quelques éléments de soutien Ce sont les **canaux de Havers.**

Cette structure correspond au tissu osseux compact tel qu'on le trouve par exemple dans les couches externes d'un os long. Mais généralement dans le centre de l'amas osseux qui

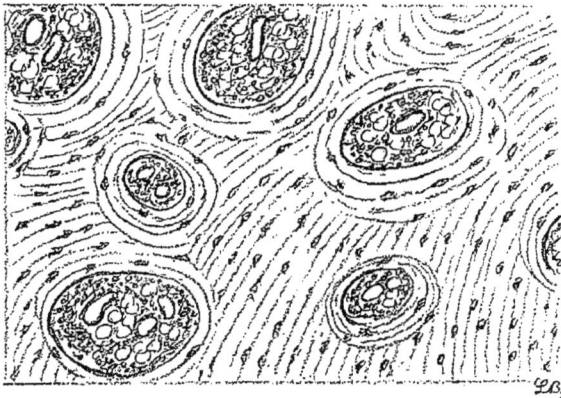

FIG. 132. — *Os normal* (grossissement moyen).

forme un os, le tissu est distribué plus irrégulièrement : là le système des lamelles et des canaux havériens est creusé de larges brèches découpant l'ensemble en tous sens. Les lacunes formées ainsi contiennent des vaisseaux et des nerfs, des éléments fibrillaires formant un stroma très lâche, et des cellules adipeuses. Ce sont là les **espaces médullaires** ; ils sont en communication avec les canaux de Havers qui n'en sont qu'une dépendance.

A l'état normal, et surtout chez les jeunes sujets, les espaces médullaires renferment en outre un tissu différent, formé surtout d'éléments leucocytaires. C'est un tissu qui se réfugie dans les lacunes osseuses où il trouve des espaces pour se développer et qu'on appelle la **moelle osseuse**. Mais il est distinct du tissu osseux proprement dit : sa vitalité s'exprime par une fonction très différente de la fonction osseuse ; elle est essentiellement liée à l'hématopoïèse. Il peut disparaître normalement dans certains os sans que le tissu osseux en souffre. De même, il peut présenter des tumeurs propres, très différentes des tumeurs de l'os (voir p. 468).

Nutrition et évolution. — Le tissu osseux, malgré son aspect macroscopique, est vivant, comme tous les autres tissus. Il présente à ce titre des phénomènes de nutrition et d'évolution incessants. Les premiers n'offrent aucune particularité importante; les seconds se font sous un mode spécial, en raison de la présence de la substance intermédiaire chargée d'osséine et de sels calcaires. Nous avons vu que dans les tissus en général les phénomènes évolutifs normaux comprenaient la rénovation incessante des éléments vieillis, par la néoproduction d'éléments nouveaux, leur utilisation et l'élimination des anciens. Ici ce ne sont pas seulement les cellules qui subissent ce cycle; la substance intermédiaire aussi y participe; c'est aussi une partie vivante qui doit être constamment remaniée pour pouvoir persister avec ses propriétés très spéciales. Dans beaucoup de tissus, comme dans le tissu épithélial qui a été pris précédemment comme exemple, les nouvelles cellules, issues du sang, se modifient lentement, s'accolent à la face profonde des couches épithéliales, tandis que les cellules anciennes deviennent de plus en plus superficielles et tombent à l'extérieur. Aussi la structure en un point microscopique est-elle toujours conservée malgré ce mouvement cellulaire. Ici l'entrée en jeu de la substance intermédiaire très abondante oblige à un remaniement plus grossier, apparent au microscope, sans toutefois que la forme d'ensemble en souffre. La substance intermédiaire ne pouvant desquamer, si l'on peut dire, pour être remplacée au fur et à mesure, elle se résorbe sur place; les sels qui l'imprègnent sont dissous, et il se dépose en même temps, au voisinage, de nouvelles lames de substances osseuses. Il y a ainsi normalement un remaniement véritable des lamelles osseuses avec des points de destruction à côté des points de formation.

Ce phénomène n'a pas un intérêt purement spéculatif ; il permet de comprendre la plupart des phénomènes pathologiques qui se produisent au niveau de l'os. En effet, la moindre modification dans l'apport des éléments nouveaux va modifier ces phénomènes de rénovation, ou même de destruction, normaux. C'est dire que des modifications évolutives sont toujours très apparentes dans le tissu osseux, dans toutes ses lésions, même en dehors des tumeurs.

§ 2. — Ostéoporose. — Ostéomalacie.

Lorsque, par suite de conditions variables, les matériaux d'apport sont diminués ou modifiés, le processus normal d'élimination dépasse le processus de rénovation ; les lamelles osseuses diminuent progressivement aux dépens des lacunes médullaires qui s'agrandissent. Cet état est désigné sous le nom de **raréfaction osseuse**; il est généralement sous la dépendance de phénomènes inflammatoires. Quand il est assez marqué et étendu, il devient appréciable à l'œil nu ; il rend les os moins résistants, faciles à fléchir et surtout friables ; ils se fracturent aisément. A la section, ils prennent un aspect poreux. On appelle cet état *ostéoporose* lorsqu'il est plus ou moins généralisé à plusieurs segments osseux.

Le type le plus fréquent en est l'**ostéoporose sénile**. Ici la diminution des apports est le fait du vieillissement de l'organisme; il n'est au niveau du squelette qu'un cas particulier de l'atrophie des tissus en général chez le vieillard. Mais il est quelquefois beaucoup plus marqué chez certains sujets que chez d'autres, comme cela peut se produire pour tous les phénomènes de sénilité. Il est surtout apparent au niveau des côtes et des vertèbres.

Il peut exister aussi des ostéoporoses d'autre nature, présentant des caractères spéciaux. Ainsi l'**ostéomalacie** montre, elle

aussi en plusieurs endroits du squelette, une diminution des
lamelles osseuses, un certain degré de raréfaction. Mais en
même temps il y a un trouble prédominant dans l'évolution
des matériaux, imprégnant la substance osseuse. Celle-ci paraît
se décalcifier, et les lamelles osseuses persistantes deviennent
molles et d'aspect fibroïde. En même temps une infiltration
cellulaire abondante remplit les cavités médullaires. L'os entier
se montre non pas friable comme dans l'ostéoporose sénile,
mais mou, flexible.

§ 3. — Ostéites.

A. — CARACTÈRES GÉNÉRAUX.

Les inflammations du tissu osseux, les *ostéites*, produites
soit par des infections variables (staphylococcie, fièvre
typhoïde), soit par la tuberculose, la syphilis, l'actinomycose, etc., peuvent se localiser dans l'os lui-même (ostéites
proprement dites) — dans les couches superficielles et le
périoste (**périostites**) — dans la totalité de l'os (ostéomyélites).

Elles présentent toujours les caractères généraux de l'inflammation : vascularisation exagérée, production d'exsudats, et
peuvent en subir les différentes évolutions (suppuration, ulcération, nécrose). Mais ici interviennent des particularités en
rapport avec la structure et les phénomènes spéciaux au tissu
osseux que nous avons rappelés ci-dessus.

a) **Ostéite raréfiante**. — L'ostéite (1) peut être raréfiante.
Les éléments cellulaires exsudés sont plus nombreux qu'à

---

(1) Le terme d'ostéite est pris ici et dans les paragraphes suivants,
dans un sens général; il est considéré comme synonyme d'inflammation du tissu osseux, quel que soit le point atteint. Il n'a donc
pas la même valeur que lorsqu'on l'emploie pour désigner *une* ostéite
particulière : ostéite tuberculeuse, par exemple.

l'état normal, mais ils sont modifiés, et les substances nutritives sont altérées : la rénovation des lamelles osseuses ne se
fait plus, ou se fait mal, en même temps que les lamelles
existantes disparaissent plus vite qu'à l'état normal.

Des parties plus ou moins étendues du tissu osseux peuvent
être remplacées par des éléments cellulaires nombreux, plus
ou moins entremêlés de fibrilles, et contenant des vaisseaux

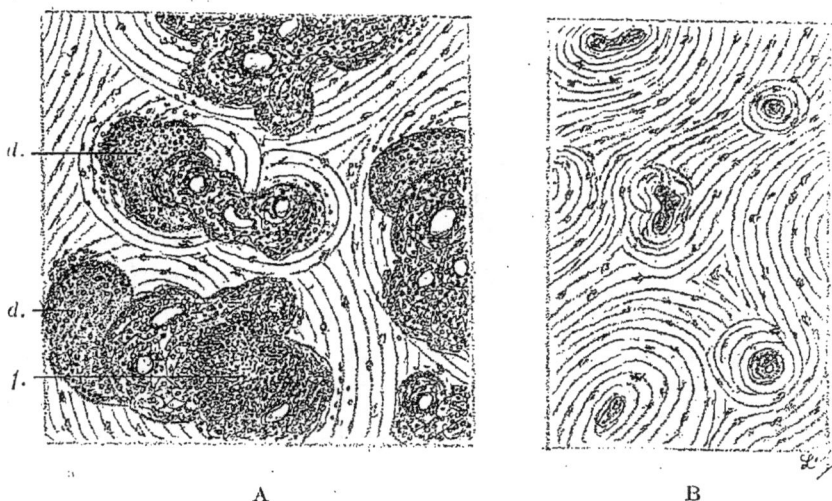

FIG. 133. — *Divers aspects d'ostéite* (grossissement moyen).

A, ostéite raréfiante; — *d., d.,* points de destruction des lamelles osseuses
(*lacunes de Howship*); — *f.,* follicule tuberculeux. Il s'agit ici d'une ostéite
tuberculeuse.

B, ostéite condensante. On voit, en comparant avec la figure précédente, l'épaississement de la substance osseuse et la diminution des canaux médullaires.

néoformés abondants. Dans les ostéites très aiguës ces éléments
sont presque uniquement cellulaires, forment des masses
friables. Ils peuvent subir des phénomènes de nécrose rapide
et former du *pus*. Dans les ostéites plus lentes, au contraire,
cette sorte de tissu d'exsudats se substituant à l'os est plus
compact, le stroma en est plus abondant, l'ensemble forme
des parties plus fermes : comme cela est le cas pour les fongosités de l'ostéite tuberculeuse.

Dans d'autres cas, enfin, la raréfaction des lamelles osseuses ne s'accompagne pas d'exsudats aussi confluents, les points détruits contiennent seulement un tissu lâche; l'aspect est comparable à celui de l'ostéoporose.

b) **Ostéite condensante**. — Au contraire, l'ostéite peut être condensante. Ce phénomène peut se produire sous l'influence des mêmes causes qui produisent l'ostéite raréfiante, mais par l'intermédiaire de conditions secondes mal connues, dont l'une des principales paraît être la lenteur de l'inflammation (1).

Ici, les phénomènes d'apport exagéré, les exsudats, se sont produits plus lentement, plus régulièrement que dans les autres ostéites, et avec des modifications moindres des matériaux nutritifs apportés au tissu. Aussi s'en est-il suivi une véritable hyperplasie, tout comme nous l'avons vue au niveau des lignes épithéliales dans beaucoup d'inflammations chroniques de la peau. Au microscope, un point d'ostéite condensante montrera des lamelles osseuses plus compactes, en couches plus épaisses, avec des lacunes médullaires plus étroites. A l'œil nu, l'éclat blanc particulier à l'os sera encore plus marqué qu'à l'état normal, la dureté du tissu sera encore augmentée : ces points seront dits *éburnés*.

c) **Lésions complexes**. — Il faut signaler qu'il est très fréquent d'observer à la fois les deux phénomènes opposés, condensation et raréfaction, dans des points différents d'un même os atteint d'ostéite ; ou bien ces deux phénomènes peuvent alterner et se suivre au cours d'une même ostéite : les états terminaux peuvent ainsi être extrêmement tourmentés et défier toute description. On peut voir des déformations

_____

(1) Ainsi les ostéites infectieuses, la tuberculose, la syphilis peuvent donner de tels aspects. Mais c'est surtout lorsque ces inflammations sont chroniques qu'elles les produisent. C'est là un bel exemple de la réalité des données que nous avons rappelées en étudiant les conditions des types histologiques en anatomie générale (voir p. 18).

osseuses considérables, à l'œil nu, avec des creux et des saillies anormales.

Les néoproductions osseuses de surfaces, produites par l'inflammation lente, condensante, des couches périphériques, s'appellent des *exostoses*, et peuvent être appréciables sur le vivant.

Séquestres. — Les altérations raréfiantes et destructives peuvent isoler des fragments d'os du reste du tissu. Ces fragments s'appellent des *séquestres*. Quelquefois, ce sont de petits points qui se sont nécrosés en masse à la suite d'oblitérations vasculaires de quelque importance; un véritable sillon d'élimination les a séparés, comme des corps étrangers, du reste du tissu vivant. Mais l'ensemble de leur tissu subsiste, quoique mort, par l'imprégnation calcaire, avec un aspect très dense et dur. Ce peuvent être ainsi de véritables **infarctus des os**.

B. — PRINCIPAUX TYPES.

a). **Ostéomyélites et périostites.** — L'ostéomyélite atteint le plus souvent les os longs, plutôt au voisinage de l'épiphyse. Elle aboutit généralement à la suppuration et à la formation de séquestres. L'inflammation se propage aux tissus proches, et, après une période de gonflement douloureux de l'os, produit des décollements périostiques, l'envahissement des plans voisins, la suppuration des parties molles, l'adhérence à la peau et la fistulisation. Elle se complique souvent d'arthrite suppurée. Toutes les ostéomyélites peuvent passer à l'état chronique, donner lieu à des productions osseuses exubérantes, à des fistules interminables, etc., qui les rendent très difficiles à distinguer de la tuberculose.

Certains agents pathogènes, au lieu de se localiser au début dans le centre de l'os, comme dans les ostéomyélites, et de gagner ensuite les parties superficielles, produisent des lésions des couches externes, au niveau du périoste : ce sont les *périos-*

tites, ou les *ostéo-périostites*. Elles donnent rapidement une tuméfaction en surface, et ont peu de tendance à envahir l'épaisseur de l'os.

b) **Tuberculose osseuse.** — *Caractères généraux.* — La tuberculose osseuse se fixe surtout au niveau des épiphyses, lorsqu'elle siège sur les os longs. Elle peut se manifester par tous les processus que nous avons signalés précédemment, survenant successivement ou simultanément.

Elle peut déterminer des phénomènes de condensation osseuse, ou inversement de raréfaction. Dans ce dernier cas les lamelles osseuses détruites peuvent être remplacées par des exsudats cellulaires très confluents, avec un stroma fibrillaire abondant; l'ensemble formant comme un tissu nouveau, qui, à l'œil nu, donne des masses molles, gris rougeâtre : les *fongosités*. Elles contiennent souvent des points caséeux et des follicules avec cellules géantes (1).

Ces altérations élémentaires sont sujettes à des évolutions variables; l'infiltration tuberculeuse peut être diffuse et s'accompagner de nécrose cellulaire abondante ; l'os paraît imbibé d'une matière grisâtre semi-liquide : c'est l'*infiltration puriforme*. La raréfaction osseuse peut, en certain point, aboutir à l'effondrement du tissu : *cavernes osseuses*. Des parties d'os peuvent être mortifiées en masse, puis se séparer : *séquestre tuberculeux*.

Au contraire, l'inflammation peut être moins aiguë, les points atteints s'isoler (*tubercules enkystés*); dans les formes raréfiantes, la raréfaction peut ne pas s'accompagner de fongosités ou de suppuration, mais au contraire de sclérose : c'est la *carie sèche fibreuse*, dont la nature tuberculeuse est souvent difficile à affirmer histologiquement.

(1) Les destructions osseuses ont été souvent appelées autrefois du nom de *carie*. Le terme de carie tuberculeuse est encore quelquefois employé pour désigner les ostéites tuberculeuses raréfiantes de quelque étendue.

Aspects macroscopiques. — Les ostéites tuberculeuses peuvent se produire sur un seul os, et s'accompagner de désordres locaux assez considérables. Mais assez fréquemment on trouve des points d'**ostéites multiples**, quelquefois extrêmement nombreux ; ils s'observent alors sur les segments les plus variés du squelette. Généralement les foyers tuberculeux produisent une augmentation de volume locale, avec épaississement des tissus voisins et du périoste. Si on sectionne ces points à la scie, on trouve soit un petit nodule blanc jaunâtre dans le tissu osseux (tubercule) avec condensation de l'os tout autour, soit un petit foyer d'infiltration puriforme.

Plus tard, lorsque l'inflammation s'est étendue au périoste celui-ci se décolle, il se forme au-dessous de lui un petit abcès froid. Ce dernier peut acquérir un volume considérable et s'étendre en des points éloignés du foyer primitif ; quand l'os atteint est voisin de la peau, celle-ci s'ulcère, il s'établit une fistule ; un stylet introduit pénètre jusqu'à l'os dénudé.

Lorsque les lésions siègent à la colonne vertébrale (**mal de Pott**), il se produit fréquemment, outre les abcès froids, des lésions tuberculeuses des méninges, particulièrement de la face externe de la dure-mère (pachyméningite externe caséeuse) ; nous les avons signalées précédemment (voir p. 277).

Dans les os longs des membres, les abcès froids ne sont généralement pas aussi importants que dans les ostéites des os profonds (bassin, colonne). Ici l'ulcération à la peau se fait vite, et souvent produit des fistules multiples.

Au niveau de certains os courts (phalanges), la tuberculose se localise souvent sur la diaphyse de l'os, qui se tuméfie et devient fusiforme, son centre étant en état de raréfaction : c'est le **spina ventosa**.

c) **Syphilis.** — La syphilis atteint fréquemment le tissu osseux. Dans la période secondaire, elle produit surtout des lésions inflammatoires superficielles, des *périostites*. Leur évolution est lente et elles sont généralement suivies d'exos toses. Plus tard, l'ostéite syphilitique est plus diffuse; elle peut s'accompagner de petits foyers de nécrose constituant les *gommes* : celles-ci sont sous-périostées, ou siègent au centre même du tissu osseux.

La syphilis a généralement les caractères d'une inflammation lente, où prédominent les modifications dans l'évolution du tissu : — phénomènes de condensation (hyperostoses, épaississement et *état éburné*), — ou de raréfaction (*état vermoulu*, destruction de zones plus ou moins étendues, avec formation de séquestres).

Ces modifications donnent lieu fréquemment à un aspect particulier des tibias, que la syphilis atteint avec une certaine élection : **tibias en lame de sabre, tibias à diaphyse épaissie.**

Les os du crâne sont, aussi, fréquemment touchés; ils peuvent, à la suite de gommes, se perforer. Leurs lésions s'accompagnent souvent d'altérations des méninges, surtout de la dure-mère (pachyméningite).

§ 4. — Accroissement des os. Troubles de développement. Rachitisme. Achondroplasie.

Nous avons signalé, dès le début de ce chapitre, les principales caractéristiques biologiques du tissu osseux ; nous avons rappelé comment un fragment de ce tissu, pour *persister* avec ses qualités propres, devait être nourri et évoluer avec des remaniements incessants.

Mais il y a plus. Pendant une partie assez importante de la vie de l'individu, les masses osseuses du squelette *s'accroissent*; leurs segments se développent en épaisseur et en longueur. Or les qualités physiques du tissu ne lui permettent pas d'augmenter de volume par un accroissement cellulaire diffus. Aussi les os présentent-ils des dispositifs placés d'une part à leur périphérie, et d'autre part (pour les os longs), à leurs extrémités.

Aux extrémités ou, plus exactement, près de chacune d'elles, existe une zone d'accroissement, permettant l'adjonction de

couches nouvelles, c'est-à-dire l'accroissement en longueur :
cette zone est au niveau du **cartilage de conjugaison**.

A la périphérie, c'est sous le périoste que se trouvent les
parties actives, grâce auxquelles se font les dépôts nouveaux
commandant l'accroissement en épaisseur.

Les modifications pathologiques qui atteignent les zones de
développement modifient donc, *non seulement la structure
osseuse en ces points, mais encore l'accroissement de l'os ;* elles
donnent des déformations d'un ordre particulier (croissance
exagérée ou irrégulière, arrêt de croissance), tout comme les
lésions survenues dans les tissus en voie de développement,
chez le fœtus, produisent des difformités.

Des troubles de la nutrition de l'os, pendant la période de
croissance, peuvent provoquer ces déformations ; par exemple
les troubles trophiques dus aux altérations médullaires (**paralysies infantiles**), les modifications généralisées au squelette
dues à des déviations des sécrétions internes (**nanisme, gigan-
tisme**). Des lésions banales (ostéomyélites), chez les jeunes
sujets, peuvent aussi donner des lésions complexes, par l'inflammation osseuse et par le trouble du développement. Enfin
certains processus, probablement inflammatoires, aboutissent
pendant les périodes de croissance à des productions osseuses
hyperplasiques, laissant des saillies plus ou moins apparentes
à la surface de l'os (**exostoses ostéogéniques**).

C'est surtout dans le **rachitisme** qu'on observe des lésions
osseuses complexes, avec modifications histologiques systématisées et définies des zones de croissance. Leurs conséquences
sont des malformations particulières et toujours comparables
à elles-mêmes. L'affection, qui a son origine dans le jeune âge,
se généralise habituellement à un grand nombre de segments
du squelette ; les déformations qui la caractérisent ressortissent
plutôt à l'étude clinique : incurvations des tibias, du sternum,
tuméfaction des extrémités des côtes formant le *chapelet rachi-
tique*, déformations particulières du bassin, etc.

L'achondroplasie est à rapprocher, à certains égards, du rachitisme. Mais tandis que le rachitisme est probablement sous la dépendance de causes infectieuses et d'un processus inflammatoire, l'achondroplasie paraît relever d'une malformation originelle des cartilages de conjugaison. Elle donne aux os un aspect raccourci, les têtes osseuses étant mal formées.

II. — LÉSIONS DES ARTICULATIONS

Les lésions articulaires, si l'on en excepte celles qui sont produites directement par des traumatismes, consistent en inflammations soit aiguës, soit chroniques. La tuberculose est très fréquemment cause de ces arthrites.

Les articulations sont formées, au point de contact de deux *têtes osseuses*, par une cavité mince contenant un liquide filant. Une membrane séreuse, la *synoviale*, doublée d'une lame fibreuse qui fait corps avec elle, la *capsule*, entoure et ferme la cavité, sauf au niveau des surfaces osseuses ; celles-ci sont recouvertes d'une mince couche de *cartilage*. Des ligaments plus ou moins différenciés renforcent la capsule, en allant d'un os à l'autre.

Les phénomènes inflammatoires se développent généralement dans les articulations comme au niveau des séreuses ; les exsudats liquides sont très abondants et distendent le sac synovial. Ils sont séreux, séro-fibrineux, hématiques, purulents : et leur qualité détermine le qualificatif qui est appliqué à l'arthrite (arthrite séreuse, suppurée, etc.). Il se produit aussi dès l'origine une injection vasculaire exagérée de la capsule ; et des exsudats cellulaires infiltrent son tissu. Le cartilage, qui ne contient normalement aucun vaisseau, ne participe pas aux phénomènes inflammatoires ; il s'altère secondairement au contact des exsudats pathologiques, ou bien il est modifié par l'inflammation associée des têtes osseuses, dont il n'est qu'une dépendance.

En effet certaines arthrites s'accompagnent de lésions de l'os, ou même plus souvent encore sont consécutives à l'inflammation de ce tissu. Ce sont, au point de vue de la pathologie générale, des **ostéo-arthrites**, les autres étant des **synovites**.

L'évolution des phénomènes inflammatoires est naturellement variable.

Les tissus voisins ou les bourses séreuses voisines peuvent être envahies par le processus (*périarthrite*), la suppuration peut s'y étendre et atteindre la peau (fistules des arthrites tuberculeuses).

La cessation des phénomènes inflammatoires peut se faire complètement et aboutir à la *restitutio ad integrum*. Mais les lésions peuvent persister; les têtes osseuses peuvent se souder ou tout au moins être maintenues en contact sans mobilité possible par l'épaississement et la sclérose des tissus articulaires (**ankylose**); elles peuvent se déformer, présenter de l'ostéite condensante ou raréfiante, être le siège d'exostoses...

Il faut noter, en tout cas, la constance de la sclérose, de l'atrophie des tissus péri-articulaires et des muscles du voisinage dès que les arthrites ont quelque durée.

a) **Arthrites aiguës.** — Les arthrites aiguës sont d'origine infectieuse ou toxi-infectieuse; elles peuvent être dues à une septicémie ou une intoxication; en pareil cas, elles sont souvent *multiples*. Ainsi des arthrites aiguës simples constituent les localisations fréquentes de la septicémie blennorrhagique, du rhumatisme; des arthrites suppurées, celles des diverses pyohémies. On peut les voir au contraire *localisées* à un seul article, ce qui est plutôt le cas des ostéo-arthrites (ostéo-arthrites tuberculeuses par exemple).

Elles peuvent présenter toutes les variétés signalées précédemment. A l'examen macroscopique, on note la vascularisation de la synoviale, sa distension par le liquide exsudé, et les diverses qualités de ce liquide; on peut trouver de la fibrine concrétée. Le cartilage prend souvent un aspect dépoli, finement grenu, il s'amincit, et peut disparaître, surtout dans les arthrites suppurées. On note aussi les lésions osseuses dans les ostéo-arthrites.

b) **Arthrites chroniques.** — Les arthrites chroniques sont caractérisées surtout par l'atteinte et l'érosion des têtes osseuses, la diminution du cartilage qui devient velouté (état velvétique) ou qui disparaît. L'article perd ses qualités normales, il se produit un jeu exagéré des segments osseux ou au contraire leur ankylose.

Le liquide articulaire est généralement augmenté, même dans la forme dénommée **arthrite sèche.** Des fragments des tissus voisins, ou du cartilage, peuvent se libérer dans la cavité articulaire (**corps étrangers articulaires**).

D'autres fois les lésions de l'os sont prédominantes ; on observe de l'augmentation de volume et des déformations des têtes osseuses, comme cela est le cas par exemple dans les arthrites du **rhumatisme chronique.**

Les arthrites d'origine nerveuse montrent souvent des phénomènes de résorption osseuse, d'atrophie, ou au contraire d'hypertrophie, avec des signes d'inflammation très modérés. La déformation de l'article devient souvent considérable, et sa fonction est très altérée. On les appelle des arthropathies : **arthropathie tabétique,** par exemple.

c) **Arthrites tuberculeuses.** — La tuberculose peut produire de véritables inflammations de la séreuse, des SYNOVITES TUBERCULEUSES. Celles-ci sont quelquefois très aiguës, avec des granulations miliaires, d'autres fois aiguës sans granulations apparentes, ou enfin chroniques. La première éventualité (**granulie articulaire**) est très rare ; la seconde est au contraire fréquente, et donne le tableau clinique du rhumatisme articulaire aigu (**rhumatisme tuberculeux**). Ces deux variétés se comportent comme les arthrites septicémiques, c'est-à-dire qu'elles sont généralement multiples.

La troisième variété, formée par les synovites chroniques, se présente souvent avec les caractères d'une inflammation banale. Elle représente une bonne part des **hydarthroses chroniques.**

Quelquefois elle montre dans l'exsudat liquide articulaire un grand nombre de petits grains blancs, anhystes (*grains riziformes*) (1).

Mais le plus souvent la tuberculose se localise sur les articulations sous forme d'OSTÉO-ARTHRITES. Dans ce cas, l'infection tuberculeuse se comporte comme les infections articulaires banales consécutives aux ostéites ou ostéomyélites, c'est-à-dire qu'elle siège généralement sur une seule jointure.

Les tissus mous de l'articulation s'infiltrent d'éléments inflammatoires, présentent des points caséeux avec follicules typiques. Ils s'épaississent, prolifèrent, formant des masses grises ou gris rosé (*fongosités*) qui envahissent l'articulation et les parties voisines. Les têtes osseuses contiennent des points d'ostéite ; elles deviennent volumineuses. Des masses tuberculeuses les infiltrent, s'étendent aux tissus avoisinants.

L'ensemble produit une augmentation de volume avec déformation de l'aspect normal, au niveau de la jointure (**tumeur blanche**). La suppuration s'établit, il se produit des fistules.

La tuberculose peut encore donner des **arthrites sèches** avec carie osseuse.

d) **Syphilis**. — La syphilis peut produire diverses sortes de lésions articulaires, les unes aiguës, les autres chroniques, soit du type synovite (hydarthrose syphilitique), soit du type ostéo-arthrite. Mais la délimitation de ces lésions est à peu près impossible au point de vue anatomique.

e) **Goutte**. — La goutte se localise électivement au niveau des jointures et y détermine souvent des lésions chroniques. Celles-ci sont assez particulières : le cartilage contient des dépôts calcaires et des cristaux d'urate de soude. Il devient irrégulier, prend une dureté anormale et un aspect crayeux.

(1) On trouve surtout cet aspect à grains riziformes dans les *inflammations tuberculeuses des gaines synoviales*, qui, d'ailleurs, présentent des caractères anatomiques superposables à ceux des arthrites.

III. — LÉSIONS DES MUSCLES

Les muscles striés, dont il sera seulement question ici, peuvent être le siège de phénomènes inflammatoires (*myosites*). Ils peuvent présenter aussi des lésions de dégénérescence : celles-ci sont produites, soit par le fait des processus inflammatoires qui modifient la nutrition des fibres, soit par la cessation de la circulation, amenant la nécrose du tissu.

Dégénérescences. — Les fibres musculaires montrent toutes les variétés de dégénérescences que l'on observe dans le proto-

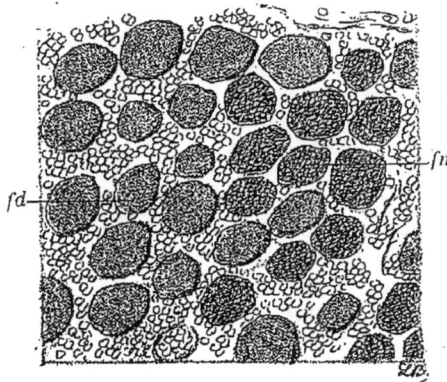

Fig. 134. — *Fibres striées, sur le bord d'un infarctus musculaire* (fort grossissement).

On voit les fibres coupées en travers ; les unes sont normales (*fn*), les autres en dégénérescence cireuse (*fd*). Infiltration de globules sanguins entre elles.

plasma des autres cellules de l'organisme: dégénérescence graisseuse, granuleuse, pigmentaire, etc. ; la première est surtout intéressante à étudier au niveau du muscle cardiaque (voir p. 216).

Mais les fibres sont atteintes quelquefois par une altération particulière dite **dégénérescence vitreuse ou de Zenker**. Elle donne un aspect homogène, vitreux, à la fibre atteinte, qui se colore en masse par les réactifs.

Ces dégénérescences sont généralement le produit de phénomènes inflammatoires ; on les observe sur des fibres isolées ou des amas de fibres. L'arrêt de la circulation sur un territoire musculaire déterminant un **infarctus** (1), conduit aussi à des dégénérescences : — elles sont massives, avec mort de tout le tissu dans la zone centrale privée de sang, qui apparaît blanche à l'œil nu ; — elles sont isolées et souvent avec le type de Zenker sur les limites, là où l'exagération circulatoire produit des phénomènes ressortissant à l'inflammation.

Atrophies musculaires. Myopathies. — La dégénérescence des

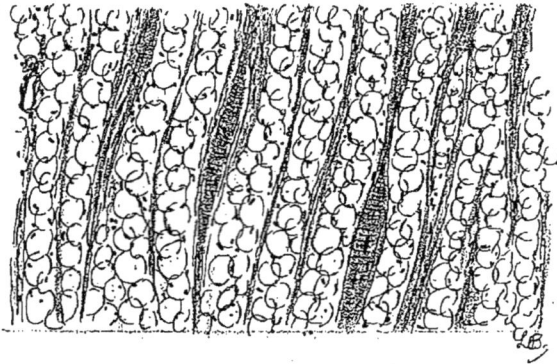

Fig. 135. — *Atrophie musculaire* (fort grossissement).
La coupe est faite dans le sens longitudinal On voit les fibres amincies ou remplacées par des colonnes de cellules adipeuses.

fibres peut conduire à leur disparition ; elles sont dès lors remplacées par des bandelettes d'aspect fibreux ou par du tissu cellulo-adipeux. Le muscle atteint, lorsque la lésion est assez

(1) On peut en voir par exemple dans les muscles abdominaux des typhiques ayant présenté des hémorragies intestinales.

diffuse, devient dans le premier cas très aminci, grisâtre ; dans le second, il peut garder son volume normal, en prenant une teinte jaune et une mollesse particulière. De toute façon il perd son pouvoir contractile et son élasticité.

Ces phénomènes sont englobés sous le nom d'*atrophies musculaires* ou *amyotrophies* ; ils s'observent par exemple dans les atrophies d'origine articulaire, ou par section nerveuse, ou, avec diverses variétés, dans les atrophies par lésion médullaire (*amyotrophies myélopathiques*).

Dans certains cas peuvent exister des lésions des muscles plus ou moins étendues, souvent progressives, dont l'origine est mal connue, et dans lesquelles on n'observe pas de lésions nerveuses grossières. Ce sont les *myopathies*. Dans ces maladies, les muscles peuvent présenter une des variétés d'atrophie rappelée ci-dessus ; quelquefois, malgré la disparition des fibres remplacées par du tissu adipeux, les masses musculaires sont augmentées de volume (*myopathies pseudo-hypertrophiques*). La topographie des muscles atteints dans les atrophies progressives ou les myopathies ne peut être séparée de leur étude clinique.

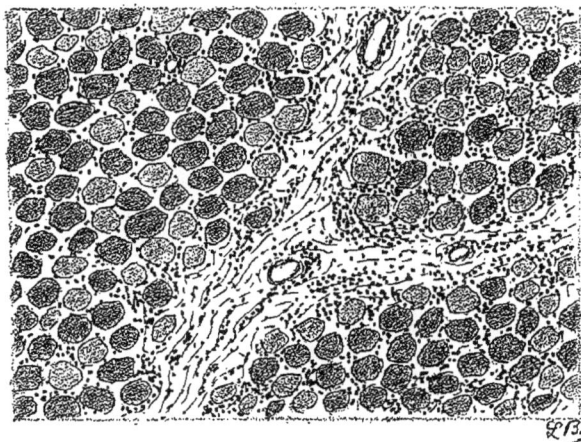

FIG. 136. — *Myosite aiguë* (grossissement moyen).
Faisceaux de fibres musculaires coupés en travers ; exsudats cellulaires interstitiels abondants ; un certain nombre de fibres en dégénérescence.

Myosites. — Indépendamment des faits particuliers que nous venons de signaler, le tissu musculaire peut présenter — généralement par l'extension d'inflammation de voisinage — des lésions ayant les traits ordinaires des inflammations : exsudats cellulaires, dégénérescences et disparition secondaire des fibres, sclérose, etc.

Ces myosites peuvent être de nature infectieuse banale, ou tuberculeuses, syphilitiques.

Il faut noter la fréquence relative de l'envahissement du tissu musculaire par des **parasites** (*échinocoque*, *trichine*, etc.).

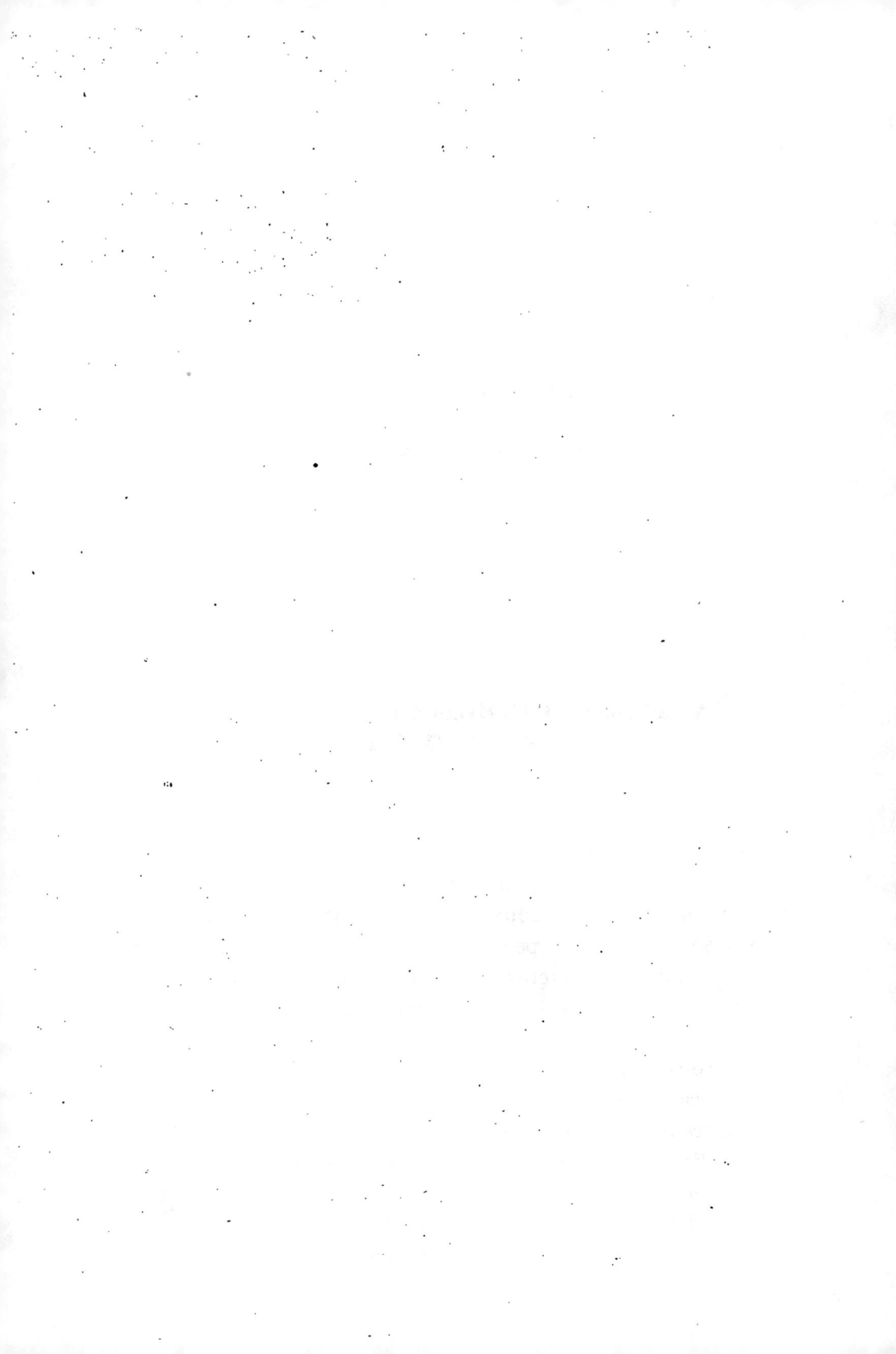

TROISIÈME PARTIE

LES TUMEURS

CHAPITRE PREMIER

ANATOMIE PATHOLOGIQUE GÉNÉRALE DES TUMEURS

Nous ne connaissons pas la cause des tumeurs. Il y a beaucoup de probabilités pour qu'elle soit parasitaire, ou microbienne, mais nous ne pouvons rien affirmer encore à cet égard. Nous soupçonnons cependant que cette cause est univoque pour toutes les productions que nous réunissons dans ce cadre, parce que ces productions présentent des caractères communs que nous trouvons réunis sur chacune d'elles et que nous ne retrouvons jamais ensemble à propos des autres lésions.

Les caractères qui font l'unité du groupement ne sont malheureusement pas tous d'ordre anatomique, ils sont anatomo-cliniques ; c'est dire qu'*il est impossible de donner une définition anatomique pratique*, dans laquelle on puisse trouver les éléments de différenciation macroscopique ou histologique des lésions du groupe tumeur.

La réalité de cette proposition apparaîtra lorsque nous aurons passé en revue un certain nombre de cas particuliers. Mais dès maintenant, elle ne saurait nous étonner, parce que nous savons que les tumeurs, comme les autres modifications des tissus, obéissent à cette loi générale : les produits pathologiques ne sont que des déviations des états normaux.

On sait, depuis longtemps déjà, que les tumeurs sont formées de tissus analogues à ceux de l'économie (*loi de Müller*) ; mais de plus en plus on reconnaît qu'il y a une série de transitions insensibles entre les tissus normaux, les inflammations et les tumeurs. Celles-ci présentent des aspects anatomiques extrêmement variés, non seulement suivant les tissus où elles se développent, mais aussi suivant une foule de circonstances que nous ne pouvons que soupçonner.

Nous ne devons pas pour cela morceler l'étude des tumeurs ; car, si elles n'ont pas des caractères anatomiques spécifiques par eux-mêmes, elles ont des qualités évolutives très spéciales; celles-ci tiennent surtout à ce fait que la cause des lésions est ici persistante, ou agit comme si elle était persistante. Nous devons donc, actuellement tout au moins, conserver ce groupement ; on lui donne aujourd'hui des limites plus restreintes qu'autrefois. Le terme de **tumeur** (1) était pris il y a une trentaine d'années dans un sens grossier, pour désigner les augmentations de volume localisées des tissus ou des organes. Certaines productions parasitaires ou microbiennes entraient dans ce cadre (tubercules, gommes, kystes hydatiques) ; nous le restreignons actuellement à ce groupe de lésions *dont la cause est inconnue* : et qui se caractérisent : essentiellement **par une néoproduction de tissu, avec accroissement continuel,** *ou tout au moins, avec persistance, sans tendance à la guérison, — accessoirement par une augmentation de volume locale, ou une infiltration du tissu préexistant, quelquefois par une colonisation à distance (généralisation).*

Il faut retenir, en tout cas, ce caractère commun à toutes les tumeurs : *persistance, sans tendance à la guérison.* Mais

---

(1) Le mot **néoplasme** est à peu près synonyme de tumeur. Nous emploierons en tout cas indifféremment l'un ou l'autre. Le terme de **cancer** désigne plus particulièrement cette classe de néoplasmes ayant de la tendance à s'accroître rapidement ou à se généraliser. Nous l'emploierons ainsi pour désigner les **tumeurs malignes.**

c'est là une notion qui ne ressort pas de l'examen anatomique brutal; elle implique un raisonnement, et ne se décèle anatomiquement que par des indices variables suivant les cas particuliers (1).

*
* *

Pour comprendre les variétés principales des tumeurs, nous exposerons en premier lieu les lois générales que l'on peut déduire de leur étude.

(1) D'ailleurs ce caractère n'est lui-même pas absolument spécifique des tumeurs. Il peut arriver que des causes différentes (tuberculose, syphilis) agissent dans certains cas d'une façon analogue : elles produisent alors des lésions très comparables, et dont le diagnostic anatomique seul devient impossible.

I. — STRUCTURE ET ÉVOLUTION
DES TUMEURS EN GÉNÉRAL

L'observation clinique nous apprend que les tumeurs débutent par une petite lésion souvent insignifiante : petit nodule dans le sein par exemple, petite croûte sur la peau. Cette lésion augmente plus ou moins rapidement de volume sur place, soit en restant isolée du tissu voisin, soit en y projetant des prolongements, de véritables racines rendant sa délimitation impossible. Fréquemment les néoplasmes de surface s'ulcèrent, et par là peuvent diminuer de volume. Enfin, on peut voir apparaître dans les autres organes des petites tumeurs ayant les caractères de la tumeur mère : noyaux secondaires. Ce fait constitue la généralisation.

Suivons rapidement au microscope ces diverses évolutions : nous chercherons à en tirer des lois générales sur l'histogénèse, la structure et le développement.

§ 1. — Histogénèse et structure.

· *a*) **Tumeurs typiques, atypiques et métatypiques.** — Nous ne connaissons pas les phénomènes initiaux du développement des tumeurs; nous sommes obligés de nous livrer à cet égard à des hypothèses. Nous prendrons la plus simple :

tout se passe comme si l'exposé suivant était l'expression certaine de la réalité.

Voici un tissu quelconque formé de cellules à activité déterminée et d'un stroma fibrillaire contenant des vaisseaux nourriciers. Nous savons que, pendant toute sa vie, ce tissu se nourrit et se régénère incessamment, à mesure que ses éléments vieillissent et meurent. Nous savons aussi qu'il se régénère, qu'il évolue toujours dans un sens identique à lui-même (évolution normale) : ainsi une muqueuse restera toujours une muqueuse; ses cellules resteront toujours disposées, par rapport au stroma, en revêtement épithélial et en glandules, malgré leur rénovation individuelle incessante.

La cause inconnue qui produit les tumeurs agit surtout sur cette rénovation des éléments, par là sur l'évolution du tissu, qui reste bien nourri. Mais les conditions biologiques qui obligeaient le tissu à évoluer normalement suivant un plan déterminé, persisteront plus ou moins; malgré leur exubérance anormale, les éléments nouveaux tendront toujours à prendre les caractères individuels ou topographiques qui caractérisaient le sens normal, c'est-à-dire à former un épithélium, des glandules, etc.

TUMEURS TYPIQUES. — Si l'exubérance des éléments d'apport se produit avec une certaine lenteur, ils pourront se plier aux conditions biologiques normales; les nouvelles productions se présenteront avec les caractères habituels du tissu. Dans le cas pris en exemple, les cellules prendront l'aspect de cellules épithéliales glandulaires, et se grouperont les unes par rapport aux autres, et par rapport au stroma, de manière à former des glandules : celles-ci ne ressembleront pas absolument aux glandes normales; elles pourront être irrégulières, plus volumineuses ou plus petites, etc., mais l'ordonnance épithéliale autour d'une lumière sera conservée : une tumeur ainsi constituée s'appellera une **tumeur typique** : dans ce cas particulier une *tumeur épithéliale glandulaire typique*.

TUMEURS ATYPIQUES. — Si au contraire l'exubérance se produit d'une manière très rapide, si l'apport des nouveaux éléments dépasse les possibilités d'utilisation du tissu (1), ces nouveaux éléments ne pourront pas s'adapter au plan normal, ils prendront quelquefois l'aspect individuel des cellules actives du tissu, par exemple l'aspect de cellules épithéliales ; d'autres fois ils resteront tels qu'ils sont sortis des vaisseaux, mais de toutes façons ils ne s'*ordonneront* plus. Ils s'accumuleront au hasard en amas plus ou moins irréguliers, en bandes ou en boyaux. Il se produira bien autour d'eux un stroma fibrillaire comme il s'en produit dans les tissus normaux, mais ces diverses parties, cellules et éléments de soutien, n'auront pas la possibilité de s'ordonner régulièrement les unes par rapport aux autres.

On se trouvera dès lors en présence d'un tissu pathologique constitué par un stroma infiltré ou rempli de cellules, en présence duquel on ne pourra reconnaître de prime abord le tissu qui lui aura donné naissance (2); on aura affaire à une **tumeur atypique.**

EXEMPLES. — Jetons les yeux sur une tumeur typique de la muqueuse gastrique (adénome) (fig. 137). Nous verrons la muqueuse présenter en un point un soulèvement, ce qui constitue la tumeur. Ce soulèvement a la constitution d'une muqueuse qui serait anormalement développée; elle présente des glandes volumineuses, irrégulières ; mais en somme elle est ordonnée dans le sens d'une muqueuse normale.

Observons au contraire une tumeur atypique du même tissu (cancer diffus, voir fig. 138). Nous verrons une figure histologique qui ne rappelle plus l'estomac normal; elle montre un stroma

(1) Ces possibilités d'utilisation sont variables pour chaque tissu ; elles dépendent des conditions de nutrition et de circulation qui peuvent elles-mêmes varier sur un même objet : ce qui rend la question extrèmement complexe.

(2) Dans certains cas même l'exubérance est telle, la production de cellules nouvelles est si abondante, si rapide, qu'il n'y a presque plus de production de stroma ; on se trouve en présence d'un tissu composé presque exclusivement d'éléments cellulaires.

fibrillaire parsemé de cellules en assez grand nombre. Ces cellules ont encore, individuellement, le caractère épithélial (c'est un phénomène accessoire), mais elles n'ont plus la disposition — par rapport au stroma ou par rapport à elles-mêmes — qui caractérise les lignes épithéliales glandulaires.

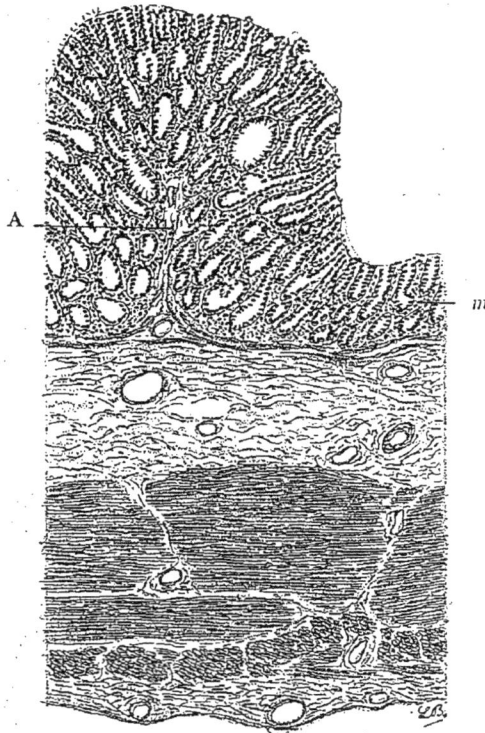

FIG. 137. — *Tumeur typique de la muqueuse gastrique*
(faible grossissement).

On voit la coupe de toute la paroi gastrique; la muqueuse seule est altérée; elle présente en A. la néoproduction typique constituant la tumeur. En *m*. muqueuse normale.

La comparaison de ces deux coupes nous fait comprendre pourquoi il est impossible de trouver une définition anatomique univoque des tumeurs : voici deux lésions que nous devons classer toutes deux, pour divers motifs, dans le même groupe « tumeur »; elles sont l'une et l'autre développées sur le même tissu : elles n'ont cependant aucun caractère structural commun. En réalité, toutes deux sont constituées par une

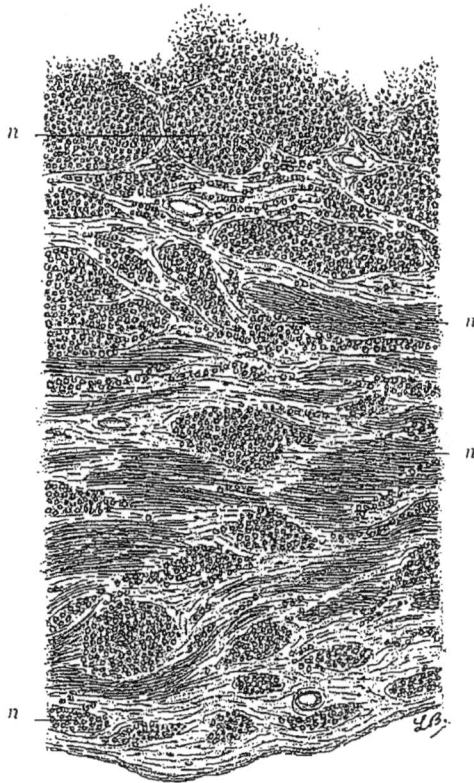

FIG. 138. — *Tumeur atypique de la muqueuse gastrique : cancer* (faible grossissement).

La coupe intéresse toute la paroi, mais les parties superficielles sont ulcérées. Les néoproductions (*n, n*) sont représentées par des cellules et un stroma sans ordonnance, infiltrant toutes les tuniques de l'estomac, jusque sous le péritoine.

néoformation de tissu, mais nous ne pouvons nous en rendre compte que par le raisonnement et par des comparaisons.

Remarque pratique. — Les tumeurs typiques peuvent différer du tissu normal plus que n'en diffère l'adénome gastrique pris comme exemple. On a coutume de conserver le terme de typique pour désigner les productions dans lesquelles est conservé le caractère structural majeur du tissu en cause. Il suffit de connaître, pour chaque tissu, ce caractère. Pour le tissu épithélial glandulaire, il est représenté par l'ordonnance, en lignes épithéliales continues, des cellules différenciées, un pôle de chaque élément regardant la lumière glandulaire, l'autre s'adossant au stroma.

En conséquence, toutes les fois que dans une tumeur glandulaire la néoproduction montrera des cellules épithéliales ordonnées en lignes continues autour d'une lumière, on dira qu'il s'agit d'une tumeur *typique* : peu importe que ces formations soient anormales comme nombre, comme forme, comme volume, comme situation, comme orientation ; les lumières glandulaires peuvent être très grandes ou au contraire minuscules, closes ou ouvertes à l'extérieur. Tous ces caractères ne sont que secondaires. Ainsi la tumeur figurée p. 385 est encore une tumeur typique.

Inversement, sera *atypique* toute tumeur ne présentant pas cette caractéristique essentielle du tissu ou de la variété de tissu : alors même que les cellules auraient gardé, *individuellement*, les aspects habituels des cellules différenciées.

TUMEURS MÉTATYPIQUES. — Entre les deux classes de tumeurs, typiques et atypiques, existent une infinité de formes de transition. Il y a ainsi, pour un tissu déterminé, quantité de productions néoplasiques qui par places conservent des aspects typiques, et par d'autres sont franchement atypiques. Ces formes sont très fréquentes, et se rapprochent plus ou moins de l'une des deux variétés précédentes; on ne peut cependant les rattacher franchement à l'une ou à l'autre : on les appelle **métatypiques**.

b) **Lois de l'histogénèse.** — 1. Les tumeurs métatypiques sont extrêmement importantes à considérer, parce qu'elles marquent que le passage est insensible des néoplasmes typiques aux néoplasmes atypiques. Elles nous démontrent que les néoproductions constituant les tumeurs *tendent à se soumettre au plan normal du tissu qui leur a donné naissance* ; du moins autant que le permettent les caractères de chaque tissu (voir p. 19) et les conditions d'application encore inconnues de la cause des tumeurs.

Cette loi n'est pas pour nous étonner. Nous avons vu qu'elle dominait toute l'anatomie pathologique générale.

2. Il y a plus. Même lorsque les tumeurs se montrent sous la forme atypique, elles gardent quelque chose du tissu sur lequel elles sont nées. Souvent, les cellules qui les forment conservent individuellement, malgré le désarroi où elles se trouvent, les caractères des cellules différenciées du tissu nor-

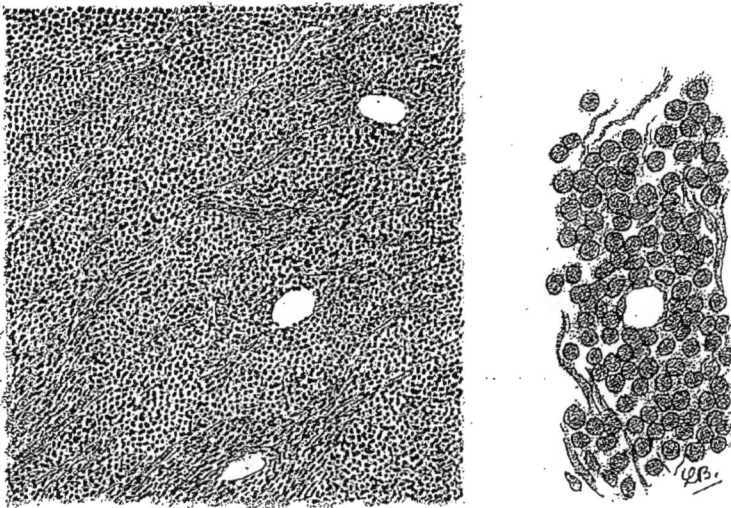

FIG. 139. — *Tumeur très atypique du tissu fibreux : sarcome globo-cellulaire*
(à gauche, faible, à droite, fort grossissement).
Petites cellules très confluente avec un stroma à peine apparent.

mal : nous l'avons rappelé précédemment à propos de la tumeur atypique de l'estomac prise en exemple. Mais, même lorsque le caractère atypique est poussé au plus haut degré, lorsque le tissu néoformé ne présente plus que des éléments d'aspect indifférent, de petites cellules rondes ou allongées, lorsque le diagnostic histologique de l'origine est devenu à peu près impossible, il persiste encore des caractères biologiques dominant l'évolution de la tumeur (1).

(1) Ces caractères sont naturellement d'une appréciation très délicate, et ne permettent pas toujours, en l'état de nos connaissances, une différenciation certaine.

Voici par exemple une coupe de tumeur très atypique, développée aux dépens d'un tissu fibreux. Elle apparaît, au microscope, comme formée uniquement de petites cellules rondes, sans stroma important; elle provient d'un néoplasme malin du triangle de Scarpa.

Voici une autre tumeur développée aux dépens du tissu musculaire strié (rhabdomyome). Elle ressemble tout à fait à la précédente : à tel point que les auteurs qui classent les tumeurs en se basant uniquement sur les caractères histologiques l'appelle-

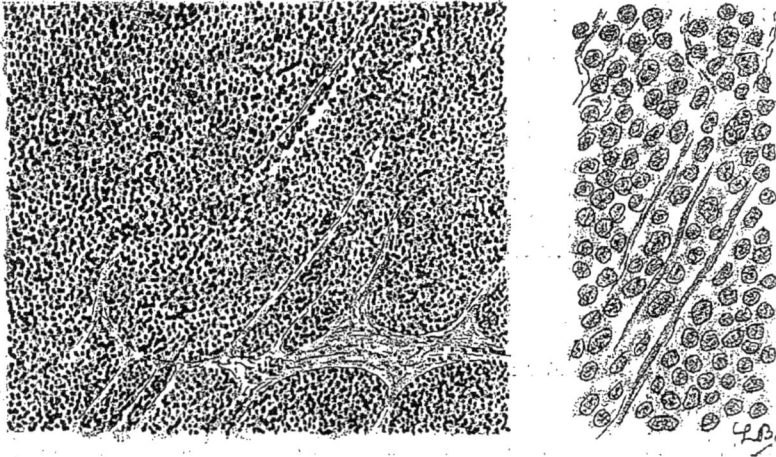

Fig. 140. — *Tumeur (atypique) du tissu musculaire strié.*
Aspect histologique très analogue à celui de la tumeur précédente (fig. 139); un point examiné au fort grossissement (à droite) montre cependant quelques différences (cellules d'aspect épithélioïde).

raient du même nom que la précédente : un « sarcome ». Cependant ces deux tumeurs ont une manière de vivre, de s'accroître, différente de l'une à l'autre, et commune aux tumeurs de leur groupe; c'est parce qu'elles proviennent de tissus différents, ayant des caractères biologiques différents. Au reste, l'examen histologique arrive à déceler des dissemblances entre les deux, mais seulement par l'observation approfondie, souvent sur des coupes faites en différents points.

Ces faits sont une confirmation d'une autre loi dont la démonstration s'appuie sur des arguments qui ne peuvent être développés ici : *toute tumeur, quels que soient ses caractères atypiques, est toujours de même nature que son tissu d'origine* (TRIPIER).

c) **Résumé**. — Il faut retenir de ces considérations :

1° Au point de vue de la *structure histologique, les tumeurs doivent être classées en* **tumeurs typiques**, **atypiques** et **métatypiques**.

2° Au point de vue de leur *histogénèse*, elles obéissent à deux lois très générales :

I. — *Les tumeurs d'un tissu tendent toujours à se conformer au plan normal de ce tissu, c'est-à-dire à être typiques,* dans la mesure où la rapidité de la néoproduction et les capacités évolutives du tissu le permettent.

II. — Même lorsqu'elles sont atypiques, *elles sont toujours de même nature que leur tissu d'origine.*

§ 2. — Accroissement des tumeurs.

a) **Divers modes d'accroissement**. — Nous avons montré précédemment comment un tissu déterminé donne naissance à une tumeur, et comment celle-ci revêt un des aspects typique, atypique ou métatypique. Elle s'accroît ensuite progressivement, par la production de nouveaux éléments ; mais *quels que soient ses caractères de structure*, elle peut s'accroître suivant deux modes différents, et avec une rapidité plus ou moins grande.

1° ACCROISSEMENT AUTONOME. — Les examens macroscopique et microscopique nous montrent que certaines tumeurs — sans que nous puissions en saisir la raison — se développent en refoulant les parties saines, au voisinage du point atteint. Lorsqu'elles se produisent au centre d'un organe, elles s'entourent ainsi d'une sorte de **capsule** ; lorsqu'elles sont nées sur un tissu de revêtement, elles se développent en surface.

De telles tumeurs peuvent produire des troubles secondaires dans les parties voisines, par exemple des troubles d'origine circulatoire en comprimant des vaisseaux ; mais elles ne les détruisent pas en se substituant à elles : elles se développent par autonomie.

2° ACCROISSEMENT PAR ENVAHISSEMENT. — D'autres tumeurs s'accroissent en envahissant les tissus voisins et en prenant la place de ceux-ci. Dans la figure 138, par exemple, on voit le néoplasme (atypique dans ce cas) formé de cellules réunies en amas irréguliers dans un stroma fibrillaire. Ce néoplasme gagne les parties avoisinantes, les infiltre et se substitue à elles. Dans cet exemple, on voit la destruction et la pénétration des couches musculaires lisses.

L'infiltration peut souvent se déceler à l'œil nu : elle se traduit grossièrement par ce fait que le néoplasme paraît intimement mêlé au tissu dont on ne peut le séparer. Quelquefois elle a une représentation macroscopique encore plus précise ; on voit de véritables prolongements irradier autour de la tumeur ; c'est ce que l'on appelle, dans les cancers du sein par exemple, les *racines du cancer*. La diffusion peut aussi se faire en suivant les vaisseaux, les nerfs, les lymphatiques.

L'infiltration existe souvent à l'entour des tumeurs, même sans être appréciable à l'examen ; aussi, lorsque celles-ci ont été enlevées sur le vivant, le néoplasme peut continuer à se développer dans la plaie ou la cicatrice et continuer à vivre et à s'accroître : ce fait constitue la **récidive**.

Enfin les tumeurs peuvent s'étendre par simple contact aux tissus qui les touchent. Ce sont de véritables **greffes**, comme on peut en voir par exemple d'un feuillet à l'autre d'une séreuse.

De pareilles tumeurs peuvent aussi se développer dans des organes éloignés du lieu d'origine. Elles forment ainsi des *noyaux secondaires*, plus ou moins distants de la *tumeur primitive*, et plus ou moins volumineux par rapport à celle-ci. C'est le phénomène de la **généralisation** (voir p. 356).

La structure des noyaux de généralisation est variable ; mais quel que soit le tissu sur lequel se développent ceux-ci, ils gardent les caractères de la tumeur primitive. Ils peuvent être typiques, atypiques, métatypiques ; généralement ils dévient plus fortement vers la tendance atypique que le foyer primitif ; mais de toutes façons ils *restent de même nature* que celui-ci.

Les voies par lesquelles se font les généralisations sont les

FIG. 141. — *Noyau de généralisation d'une tumeur gastrique dans le foie* (faible grossiss^t).

Le nodule, développé dans ce cas sous une forme atypique, se voit, en partie, à gauche et en haut de la figure. Autour, tissu hépatique d'aspect normal.

vaisseaux sanguins ou lymphatiques. Généralement, on ne peut pas saisir le lien matériel entre le néoplasme primitif et ses foyers secondaires. Cependant on voit quelquefois l'envahissement des troncs lymphatiques, à la périphérie du nodule primitif, jusqu'aux ganglions envahis. A ce titre, les généralisations ganglionnaires ne sont souvent que des *extensions* des néoplasmes à leur voisinage (1).

b) **Modifications secondaires.** — Les tissus qui constituent

_____

(1) Quant au mécanisme même des généralisations, à leur pathogénie, elle est encore extrêmement mal connue et confuse.

les tumeurs comportent naturellement des vaisseaux, qui se développent avec les néoformations. Celles-ci peuvent donc subir, comme les autres parties de l'organisme, des modifications d'ordre circulatoire. Ainsi des oblitérations vasculaires peuvent déterminer des phénomènes de *nécrose* plus ou moins limités, et dans les tumeurs superficielles, des *ulcérations*.

Par contre, on n'observe pas, au niveau des néoplasmes, des cicatrisations vraies, en raison de la continuation persistante du processus.

c) **Résumé**. — On peut résumer ces considérations relatives à l'accroissement des tumeurs, en des propositions générales :

1° Les tumeurs *s'accroissent* plus ou moins rapidement; elles peuvent s'accroître de deux manières : *par autonomie* ou *par envahissement* ;

2° En dehors de ce fait, *elles restent soumises aux mêmes lois de nutrition que les tissus normaux.*

II. — APPLICATIONS PRATIQUES

§ 1. — Classification des tumeurs.

Ce que nous avons conclu précédemment au sujet de l'origine des tumeurs (voir p. 340) nous oblige à les classer *par tissus.* C'est là une classification simple, qui a le mérite de ne nécessiter aucun effort de mémoire inutile. Il suffit de se rappeler quels sont les principaux tissus de l'organisme (voir p. 10). Cette manière d'envisager les tumeurs présente aussi l'avantage de les réunir en groupements naturels, puisque l'évolution des tumeurs, qui constitue leur caractéristique essentielle, est commandée en grande partie par les conditions biologiques spéciales à chaque tissu. Nous dirons donc simplement qu'il y a des tumeurs du tissu épithélial (avec ses différentes variétés), des tumeurs du tissu fibreux, osseux, lymphatique, musculaire, etc.

§ 2. — Pronostic. Bénignité et malignité.

Nous avons omis volontairement jusqu'ici de parler de bénignité et de malignité. Cependant l'on emploie couramment ces termes, même dans les études anatomiques.

En fait, ils ont surtout une valeur clinique. L'observation nous apprend que certaines tumeurs donnent lieu, *par elles-mêmes* (1) à des troubles graves qui conduisent à la mort, tandis que d'autres sont bien supportées. Les premières sont dites **malignes**, les autres **bénignes**.

Il faut analyser ces faits et les rapporter aux considérations purement anatomiques précédentes.

a) **Deux modes de bénignité et de malignité.** — Une tumeur peut être maligne parce qu'elle *envahit* les tissus et les organes voisins, ou se généralise en des points éloignés. Elle peut être maligne aussi parce qu'elle se développe *avec rapidité,* et récidive après son ablation. C'est-à-dire que l'étude de la malignité fait intervenir des notions d'espace et de temps. Les tumeurs bénignes, au contraire, n'envahissent pas ni ne s'accroissent rapidement.

Nous devons utiliser les données que nous avons acquises concernant l'histogénèse et le développement pour rapporter la malignité et la bénignité à des caractères anatomiques.

b) **Caractères anatomiques de la malignité et de la bénignité.** — 1° Ce que nous avons dit précédemment sur l'accroissement des tumeurs peut nous fournir des données sur la malignité dans l'espace. Les néoplasmes se développant par autonomie ne présentent pas le caractère malin ; au contraire, ceux qui s'accroissent par envahissement, en infiltrant les tissus voisins, en les détruisant, ont cette malignité. *Dans ce sens, les termes de malin et de bénin peuvent se superposer aux deux types anatomiques d'accroissement des néoplasmes.*

Il y a là un caractère que nous pouvons assez souvent apprécier à l'œil nu et aussi à l'examen microscopique, à condition

---

(1) Cette restriction est nécessaire, parce que des tumeurs qui sont *par elles-mêmes* bénignes peuvent produire indirectement des troubles graves, par exemple si elles se développent en un point du corps où leur seule présence amène des perturbations dans le fonctionnement d'organes essentiels. Ainsi une tumeur bénigne du tissu musculaire lisse, si elle est située sur l'utérus et si elle comprime les uretères peut conduire à la mort par urémie.

d'observer les limites de la tumeur. Ainsi nous rechercherons, — quelle que soit la variété de structure d'une tumeur, quel que soit le tissu qui lui a donné naissance, — si les néoformations s'infiltrent dans les tissus différents du voisinage ou si au contraire elles restent cantonnées et limitées dans le tissu originel ; nous aurons acquis une donnée importante.

2° Mais nous ne pouvons apprécier aussi simplement la *rapidité* avec laquelle un néoplasme se développe, c'est-à-dire les autres conditions de la malignité. Certaines tumeurs s'accroissent très vite, on peut les voir se développer de semaine en semaine, sur le vivant. D'autres, au contraire, augmentent très lentement, et se modifient peu suivant les années. Or, ces différentes éventualités ne sont pas subordonnées à la manière dont l'accroissement se produit : certains néoplasmes se développent sur place extrêmement vite.

Ici, comme partout, les notions de temps ne peuvent être acquises, par le seul examen anatomique, qu'à l'aide d'opérations de raisonnement. Nous pouvons en approcher en utilisant les lois de l'histogénèse résumées plus haut.

Nous avons vu que lorsque les éléments d'apport dans un tissu se produisent en grande abondance et avec une grande rapidité, ils n'ont plus le temps d'être utilisés comme à l'état normal : ce qui conduit à des néoproductions atypiques. Il semble donc que l'on pourrait considérer les tumeurs typiques comme des tumeurs lentement produites, les atypiques comme rapidement développées ; c'est-à-dire que les premières auraient une certaine bénignité dans le temps, les secondes étant malignes. Ceci n'est malheureusement pas tout à fait exact.

En effet les caractères terminaux typiques ou atypiques ne tiennent pas uniquement à la rapidité plus ou moins grande ; ils tiennent aussi aux caractères particuliers de chaque tissu. Certains ont des possibilités de développement normal très rapide, ils donnent plus facilement que d'autres des productions typiques, quelles que soient la quantité et la rapidité des matériaux d'apport, et quelle qu'en soit la cause.

Ces tissus sont ceux qui se rénovent constamment à l'état normal ; ils sont placés dans des conditions biologiques telles que leur rénovation est naturellement facile. Les processus pathologiques qui les atteignent, exagérant cette manière d'être normale, aboutissent à des néoformations typiques : les inflammations simples peuvent produire ce résultat, à condition qu'elles soient prolongées. Nous avons déjà noté ce fait à propos de la peau (voir p. 298). Les tumeurs de ces tissus auront donc une tendance particulière à être typiques.

Nous pouvons prendre comme exemple le **tissu musculaire lisse.** C'est un tissu qui s'hypertrophie normalement avec faci-

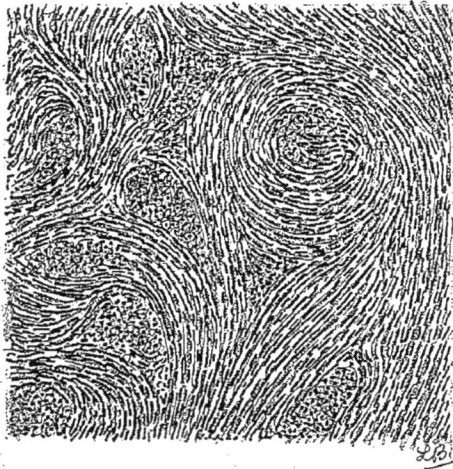

Fig. 142. — *Myome malin* (faible grossissement).

Tumeur du tissu musculaire lisse développée rapidement. (La figure a été dessinée sur un noyau de généralisation hépatique.) Cependant l'aspect est resté très typique (comparer avec la fig. 201) ; la néoproduction est constituée par des fibres cellules analogues à celles du tissu normal.

lité (dans l'utérus, par ex.) qui s'hyperplasie aisément au cours des inflammations. Atteint par la cause qui produit les tumeurs, il donnera des productions ayant *généralement* les caractères du tissu normal, quelle que soit la rapidité d'évolution. De fait, les tumeurs du tissu musculaire lisse sont souvent des tumeurs assez typiques ou au moins métatypiques, quelle que soit leur malignité. Il en est de même pour celles des tissus épithéliaux malpighiens.

Au contraire, les tissus dont la rénovation est normalement

difficile produisent plus aisément des néoformations atypiques.
Ceux qui sont constitués par des éléments très différenciés,
ayant exigé un développement lent et complexe, entrent dans
cette catégorie : par exemple le tissu musculaire strié, le tissu
nerveux. Tout se passe comme si l'exubérance du tissu frappé
de tumeur ne pouvait aboutir à former des éléments ou des
groupements exigeant une longue maturation.

On ne doit donc pas faire des termes typiques et atypiques
les synonymes absolus de bénin et de malin. Mais il reste vrai
que, *pour un tissu déterminé*, plus une tumeur sera atypique.
plus il y aura de probabilités pour son développement rapide,
par conséquent pour *cette sorte de malignité*. Il reste vrai aussi
en général que *les tumeurs atypiques sont des tumeurs malignes, et que les tumeurs très typiques sont bénignes.*

c) **Résumé**. — En résumé, la malignité d'une tumeur peut
être *une malignité d'extension* (et de généralisation) ; celle-ci
n'a pas de rapports immédiats avec la structure histologique :
elle peut être appréciée par l'observation anatomique des limites
du néoplasme.

Il existe aussi une *malignité de rapidité* (et de récidive) ;
celle-ci, dans une certaine mesure, a des rapports avec la structure typique ou atypique : elle peut être appréciée en utilisant
ces détails de structure, mais en tenant compte des habitudes
biologiques du tissu originel.

§ 3. — Caractères macroscopiques.

Les modifications imprimées aux tissus par les néoplasmes
sont apparentes à l'œil nu par des changements de forme, de
couleur, de volume, de consistance, etc.; ces données sont variables à propos de chaque variété de tumeur. Mais les caractères macroscopiques tiennent aussi à la constitution des néoformations.

a) **Forme générale**. — La topographie et la forme générale sont très variables. Il faut noter cependant que, dans les tissus de revêtement (peau, muqueuses), les tumeurs se présentent à l'œil nu comme des *élévations*, des saillies plus ou moins tomenteuses ; souvent dans ces cas les tumeurs s'ulcèrent en totalité ou en partie, forment des *dépressions* qui peuvent même aller jusqu'à simuler des ulcères simples.

Dans les tissus compacts (sein, foie), les néoplasmes prennent l'aspect de *nodosités* arrondies ou irrégulières ; elles sont développées dans la profondeur, mais peuvent arriver à atteindre la surface, et dès lors à s'ulcérer. Les tumeurs se développant par autonomie sont généralement arrondies ou lobulées, peuvent se distinguer et s'énucléer du tissu ambiant ; celles qui s'accroissent par infiltration ne peuvent être délimitées des parties voisines qu'elles épaississent et rendent indurées, ou dans lesquelles elles envoient de véritables racines.

b) **Consistance**. — La consistance varie suivant la constitu-

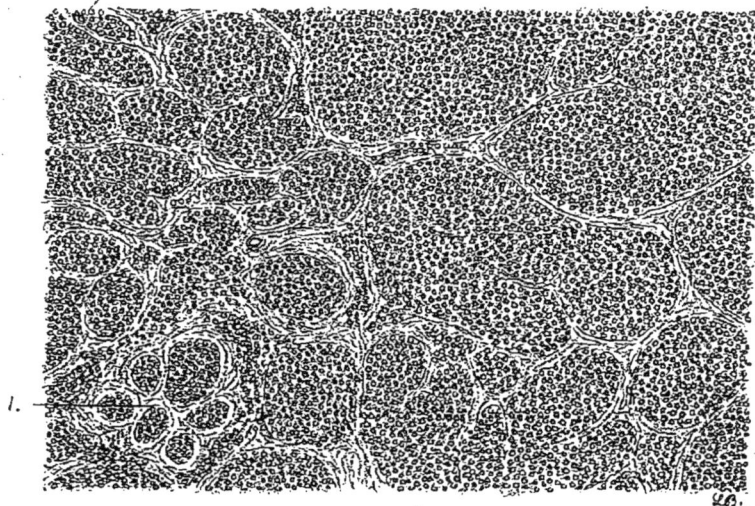

FIG. 143. — *Tumeur atypique d'aspect encéphaloïde* (faible grossissement). Stroma peu abondant. Cellules très confluentes. Il s'agit ici d'un cancer du sein.

tion même de la tumeur, en tenant compte de celle du tissu qui

tissu caverneux rempli de sang : on les qualifie de **télangiecta-siques**. Ici encore ce qualificatif ne préjuge en aucune manière de la nature ou de l'origine.

Enfin certaines tumeurs prennent des teintes tout à fait par-ticulières : les *tumeurs mélaniques*, dans lesquelles un pigment noir est répandu en grande abondance, ont une coloration brune ou même franchement noir foncé ; elles constituent une classe très spéciale.

III. — COMPLICATIONS A L'ÉTUDE DES TUMEURS

L'étude des tumeurs en particulier serait relativement simple, dans la pratique, s'il suffisait de faire l'application des données précédentes. Il serait facile, ainsi, de connaître les néoplasmes, et de les séparer des autres produits pathologiques ; d'apprendre leurs diverses variétés et de les distinguer entre elles. Mais la réalité est beaucoup plus complexe ; souvent, à l'amphithéâtre, ou même au laboratoire, il faut une expérience assez considérable pour décider de l'existence d'une tumeur, ou pour préciser sa nature, son origine, etc.

Les faits qui sont responsables de cette complication sont multiples, et d'ordre très différent. Il faut cependant connaître les principaux avant d'aborder l'exposé des néoplasmes en particulier.

En premier lieu, il faut noter l'existence de productions pathologiques qui sont, par leurs caractères anatomiques, au seuil même du groupe tumeur : à ce titre, elles pourraient être confondues. En second lieu, les positions variables des néoplasmes sur l'organisme peuvent rendre très délicate la distinction des variétés entre elles, soit qu'une tumeur primitive naisse sur un organe où sont confondus des tissus différents ; soit que des noyaux secondaires se répandent en diverses régions.

Nous étudierons donc dans leurs grandes lignes ces éventualités. Ajoutons que la terminologie, en matière de tumeurs, est fort touffue et souvent imprécise : elle rend le travail encore

lui a donné naissance. Ainsi un adénome gastrique (tumeur typique, bénigne) a la consistance comme aussi l'aspect général de la muqueuse normale.

Une tumeur atypique, maligne, dans laquelle les cellules seront très abondantes et le stroma très peu développé, aura la tenue des tissus surtout cellulaires, à cohésion faible : elle sera molle, friable ; sur la surface de section s'écoulera un suc laiteux formé d'éléments cellulaires déhiscents (suc cancéreux).

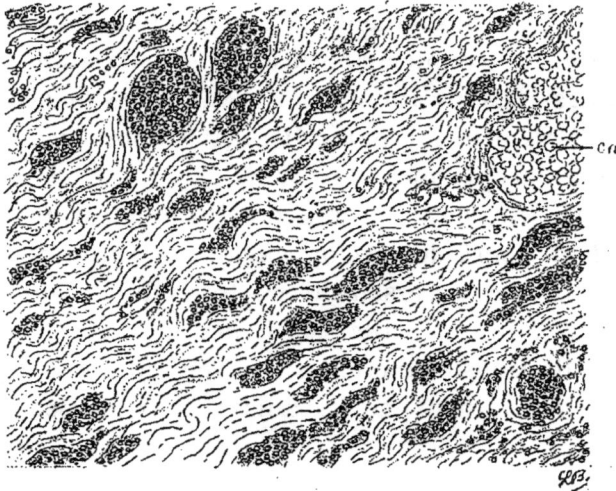

FIG. 144. — *Tumeur atypique d'aspect squirrheux* (faible **grossissement**).
A l'inverse de la figure précédente, celle-ci montre un grand développement du stroma par rapport aux éléments cellulaires. Il s'agit ici aussi d'un cancer du sein.

Une pareille tumeur s'appelle un **encéphaloïde**; mais il est bien entendu que ce terme s'applique à un aspect contingent, et ne préjuge ni de l'origine, ni de la nature du néoplasme.

Au contraire une tumeur atypique du même tissu, si son stroma est très développé par rapport au nombre des cellules, aura une grande cohésion, comme toutes les parties formées surtout de fibrilles. Elle sera ferme, même dure, criant sous le couteau, tout comme s'il s'agissait d'une masse scléreuse. C'est là ce qu'on appelle un **squirrhe** : il convient de lui appliquer la même remarque qu'au terme encéphaloïde. Il est inutile d'ajouter qu'il y a une infinité de types de transition entre ces deux états.

c) **Volume**. — L'augmentation de volume peut être considérable ou très minime. Elle tient, dans une certaine mesure, à l'âge des tumeurs. Mais, toutes choses égales, les tumeurs très cellulaires, à tendance encéphaloïde, sont généralement exubérantes, celles à tendance squirrheuse, petites ; il y a même des néoplasmes qui donnent une certaine rétraction, ce qui peut faire croire au premier abord à une cicatrisation (*squirrhes atrophiques*). Les ulcérations, les phénomènes de nécrose suivis de résorption, peuvent naturellement diminuer de beaucoup la masse des néoplasmes.

Le volume des noyaux de généralisation est très variable, suivant leur degré de développement ; mais il faut noter qu'il n'a aucun rapport nécessaire avec celui de la tumeur primitive ; celle-ci peut être très petite, squirrheuse, ratatinée, et donner des généralisations exubérantes. Souvent au contraire des encéphaloïdes volumineux ne produisent pas ou peu de noyaux secondaires.

d) **Coloration**. — La coloration varie comme les autres caractères, suivant le tissu atteint, suivant la constitution même du néoplasme, et suivant sa vascularisation. On peut dire d'une manière générale que la teinte est le plus souvent grise ou gris rosé, les tumeurs squirrheuses ayant une tendance à être plus grises, les encéphaloïdes à être plus blanches à cause de l'abondance des éléments cellulaires. Souvent de petites hémorragies interstitielles donnent par place un piqueté rouge. L'abondance des vaisseaux eux-mêmes peut donner des teintes d'ensemble rouges ou rosées ; les polypes muqueux, par exemple, les gliomes, tumeurs finement et abondamment vascularisées, ont cette coloration. D'autres néoplasmes présentent un tel développement de leurs vaisseaux, qu'ils paraissent formés d'un

plus ardu pour les débutants. Nous passerons donc rapidement en revue les principaux termes employés.

§ 1. — Productions pathologiques à la limite du domaine des tumeurs.

On peut trouver sur l'organisme un certain nombre de productions ayant, anatomiquement, de nombreux points de ressemblance avec les néoplasmes, et cependant distinctes de ces derniers.

a) **Tumeurs inflammatoires.** — Nous avons déjà signalé que des inflammations soutenues produisent parfois des lésions très analogues aux tumeurs par leur aspect histologique ou macroscopique ; quelquefois même elles ne peuvent être distinguées par les seules données anatomiques. On voit assez souvent ce fait avec la tuberculose, la syphilis, ou même avec des inflammations d'autre nature. Il peut se produire sous leur influence des hyperplasies de tissus, de véritables néoproductions ayant par leur structure histologique beaucoup de traits communs avec les tumeurs. Nous avons noté le fait en passant pour la peau (voir p. 299). Il existe plus fréquemment encore des modifications de l'aspect macroscopique des organes ou des tissus qui peuvent faire penser, de prime abord, au néoplasme, alors qu'il s'agit simplement d'inflammation ; on appelle ces lésions, par un abus de langage, des *tumeurs inflammatoires*. On peut citer comme exemple les tuberculoses hypertrophiques de l'intestin (voir p. 140) certaines altérations des glandes mammaires (voir p. 416), etc. Quelquefois, la confusion avec les tumeurs vraies ne peut être évitée qu'en utilisant des données étiologiques ou l'évolution sur le malade, c'est-à-dire en somme avec l'aide de la clinique. D'autres fois ce sont les recherches bactériologiques qui permettent de distinguer ces productions des néoplasmes vrais.

b) **Malformations.** — D'autres productions pathologiques sont au seuil des tumeurs : ce sont les *malformations.* Elles s'en rapprochent par des caractères macroscopiques surtout, mais ne sont pas soumises aux mêmes lois générales. Nous ne pouvons ici en démontrer les différences, mais celles-ci sont suffisantes pour qu'on les sépare des tumeurs vraies. Nous en signalerons simplement les principales variétés à propos des divers organes.

§ 2. — Siège des tumeurs sur l'organisme.

a) **Tumeurs des organes.** — Nous avons dit précédemment que les différentes tumeurs devaient être groupées par *tissus,* mais pour avoir sur les tumeurs des notions réelles, il faut tenir compte aussi de la réunion des tissus en organes (voir p. 3), et de la position des néoproductions sur ceux-ci.

1° Certains organes sont constitués essentiellement par un seul tissu (les glandes, les os, par exemple); ils ne présenteront naturellement que des tumeurs de ce tissu. Ainsi le foie, formé d'un tissu épithélial glandulaire, ne produira que des tumeurs épithéliales glandulaires.

D'autres organes sont composés de plusieurs tissus parmi lesquels cependant l'un d'eux occupe une plaque prépondérante. L'immense majorité des tumeurs de l'organe prendront naissance sur lui, et auront les caractères des tumeurs de ce tissu. Ainsi le tube digestif comprend des muscles lisses, des amas lymphoïdes, mais surtout un tissu épithélial glandulaire dont l'activité est très marquée : les tumeurs qui se développeront primitivement sur l'estomac, par exemple, seront très exceptionnellement des tumeurs du tissu musculaire lisse, du tissu lymphatique, et presque toujours des néoplasmes de la muqueuse, c'est-à-dire des tumeurs épithéliales glandulaires.

2° Il est enfin des organes ou des appareils réunissant plu-

sieurs tissus à activité bien développée : ils pourront présenter
des tumeurs des uns ou des autres. C'est le cas pour certains
organes génitaux, pour le système nerveux. Par exemple, l'utérus possède, à la surface de sa cavité, une muqueuse, et sa paroi
est formée de couches musculaires lisses. Ces deux tissus
jouent chacun de leur côté un rôle capital. On pourra voir, sur
l'utérus, des tumeurs épithéliales, de la muqueuse, et des
tumeurs musculaires lisses, de la paroi. De même, l'encéphale
pourra donner naissance à des tumeurs du tissu nerveux proprement dit, et, par ses enveloppes, à des néoplasmes de la
série fibreuse.

Il y a donc là un élément de complexité très important ; une
fois les néoproductions développées, elles empiètent plus ou
moins sur les parties voisines, et dépassent sur l'organe considéré les limites du tissu originel.

b) **Généralisations et tumeurs multiples.** — L'enchevê-
trement des tissus, normal sur certaines parties de l'organisme, n'est pas le seul fait qui produise le chevauchement des
tumeurs, et qui complique leur étude structurale. L'existence
des généralisations concourt à augmenter cette complexité
naturelle. Nous avons vu qu'une tumeur, née primitivement
sur un tissu, appartenant par conséquent à une classe déterminée, peut coloniser sur des tissus différents en formant des
noyaux secondaires. Nous avons vu aussi que ces noyaux
secondaires continuaient à posséder les caractères tissulaires
du noyau primitif.

On peut donc trouver, sur un point quelconque, à titre de
noyau de généralisation, une néoproduction d'un tissu différent ; dans les cas où la tumeur primitive est difficile à
retrouver, soit parce qu'elle est de petites dimensions, soit
parce qu'elle a été enlevée chirurgicalement (cancer du sein, par
exemple), soit parce qu'elle est cachée (tumeurs de la prostate,
de l'amygdale, de la muqueuse nasale, petites tumeurs thyroïdiennes, etc.), les noyaux secondaires peuvent être pris pour

le nodule primitif, et paraître d'une structure paradoxale (1).

Ces faits nécessitent une expérience considérable dans l'étude des phénomènes de généralisation. Il faut en tout cas en connaître les principales lois.

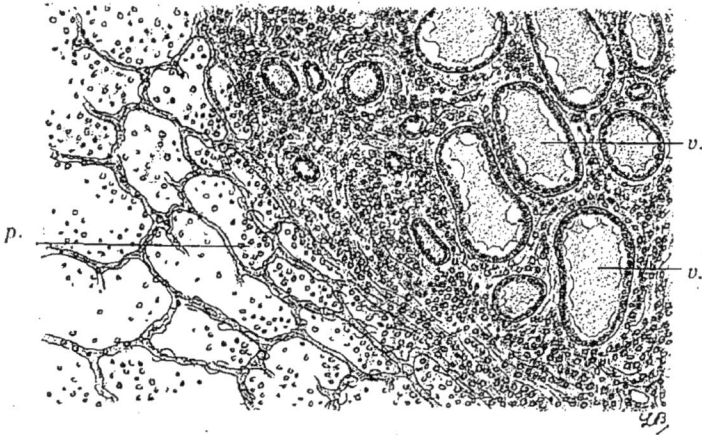

FIG. 145. — *Noyau de généralisation d'une tumeur thyroïdienne dans le poumon* (grossissement moyen).

Le nodule est à droite ; il montre des vésicules thyroïdiennes remplies de colloïde (*v.*, *v.*). A gauche alvéoles pulmonaires (*p.*) (comp. les fig. 174 et suiv.)

1° *Les tumeurs qui se généralisent sont des tumeurs ayant le caractère malin dans leur noyau primitif;* la généralisation constitue d'ailleurs, par elle-même, un caractère de malignité. Cette loi souffre cependant de très rares exceptions (voir p. 422, tumeurs du corps thyroïde).

2° *Certaines parmi les tumeurs malignes ont une tendance*

_____

(1) Il est même des cas où la nature exacte de la tumeur devient très malaisée à reconnaître. Il arrive par exemple que l'on observe sur le même sujet des néoplasmes de l'estomac et de l'ovaire ; ces deux organes peuvent produire tous deux des tumeurs glandulaires. Si, à l'examen histologique, on ne leur trouve pas une structure un peu typique, il devient impossible de décider si la production appartient, en réalité, à l'un ou à l'autre des deux organes où elle se serait développée primitivement, ou bien si l'on a affaire à deux tumeurs distinctes nées simultanément sur les deux tissus.

particulière à la généralisation. On ne peut les connaître que par l'habitude, et en étudiant chaque type en particulier. On peut noter cependant que les néoplasmes de la peau fournissent rarement des noyaux secondaires; de même les tumeurs du tissu fibreux : celles-ci, lorsqu'elles sont malignes, ayant, *plutôt*, une grande tendance à la récidive. Au contraire, les néoplasmes des tissus glandulaires viscéraux ont une certaine propension à se généraliser (tumeurs du tube digestif).

L'ulcération des cancers paraît favoriser la colonisation à distance. Le volume, au contraire, n'entre pas en ligne de compte.

3° Les noyaux secondaires peuvent se développer en tous points de l'organisme; mais *les organes le plus souvent atteints par la généralisation sont ceux qui donnent le plus rarement lieu à des tumeurs primitives.* Cette proposition est naturellement très schématique. On peut constater cependant que les organes suivants. où l'on trouve le plus fréquemment des noyaux secondaires, présentent bien rarement des tumeurs primitives. Ce sont par ordre de fréquence décroissante des généralisations :

Les ganglions (1);

Le foie ;

Les poumons ;

La rate, etc.

Inversement, les tumeurs primitives sont extrêmement fréquentes sur :

Le sein ;

L'estomac;

La peau, etc.

Les tumeurs secondaires y sont tout à fait exceptionnelles.

4° *Les tumeurs malignes de certains tissus ont une grande*

---

(1) En réalité, les tumeurs primitives du tissu ganglionnaire ne sont pas exceptionnelles; mais nous avons vu que les généralisations ganglionnaires si fréquentes ne sont souvent que des extensions des néoplasmes par continuité.

tendance à se généraliser dans d'autres points plus ou moins éloignés du même tissu. Ces tissus sont ceux qui s'étendent en différents points de l'organisme pour former des systèmes : le système nerveux, le système musculaire, osseux, lymphatique, à certains égards, la peau, etc. Ainsi verra-t-on les tumeurs d'un os, d'un nerf, etc., proliférer souvent par des petits noyaux nombreux sur d'autres os, d'autres nerfs, etc. On peut penser, dans ces cas, que les multiples foyers sont produits simultanément ; mais il paraît plus probable, pour divers motifs, qu'il s'agit véritablement là d'une généralisation. En tout cas, le fait en lui-même est indéniable et très frappant.

5° *Il peut coexister plusieurs tumeurs sur un même organisme, sans que l'une soit une généralisation de l'autre.*

Ces faits constituent les **tumeurs multiples.** Ils sont *exceptionnels pour le cas de plusieurs tumeurs malignes;* très fréquents, au contraire, pour la coexistence d'une tumeur maligne avec des productions bénignes, ou pour celle de plusieurs tumeurs bénignes. Ainsi observe-t-on assez souvent des papillomes cutanés chez les cancéreux ; ou encore des myomes de l'utérus, etc.

§ 3. — Terminologie.

Un dernier motif, d'un ordre très différent, complique encore l'étude des tumeurs pour les débutants : c'est que la terminologie est imprécise. Les désignations ont été souvent basées sur des connaissances encore incomplètes, et, de ce chef, ont une valeur très inégale. Elles continuent cependant à être appliquées, et il faut les utiliser pour ne pas créer inutilement de nouveaux termes, dans une étude qui est encore loin d'être parfaite.

Depuis assez longtemps déjà on emploie la désinence **ome** pour les productions néoplasiques. Un *épithéliome* est une tumeur épithéliale ; *ostéome* s'applique au tissu osseux, etc. En général, les termes finissant par ces lettres désignent des tumeurs vraies ; mais on a quelquefois abusé de cette manière de faire : on dit par exemple tuberculome, syphilome, en parlant de produits tuberculeux, syphilitiques, ayant l'aspect néoplasique, mais n'en étant pas cependant. On a même poussé aux dernières limites cet abus de langage : on a créé des embryomes, des criomes, etc. ; ces termes n'ont plus aucune valeur scientifique.

Il est impossible d'apprendre par cœur toutes les dénominations concernant les tumeurs, avant d'étudier celles-ci dans le détail. Voici cependant une sorte de lexique des principales ; elles y sont placées avec la signification la plus généralement admise.

1° *Dénominations en rapport avec la nature des tumeurs.*

a) Tumeurs épithéliales.

Épithéliomes. — Terme général désignant toutes les *tumeurs malignes du tissu épithélial*, quelle que soit leur structure (typique ou atypique); quelle que soit la variété (tissu épithélial glandulaire, de revêtement). On ajoute donc des qualificatifs : **Épithéliome glandulaire** (ou **ectodermique**, etc.), **typique** (ou **atypique, métatypique**).

Papillome. — Terme limité à la désignation des *tumeurs typiques du tissu épithélial ectodermique*. **Papillome cutané**, pour la peau; **papillome muqueux**, pour les muqueuses du type ectodermique (bouche, pharynx, œsophage, vagin, urèthre, vessie, etc.). Tumeurs très généralement bénignes.

Adénome. — Terme limité à la désignation des *tumeurs typiques du tissu épithélial glandulaire*. Tumeurs très généralement bénignes; on dit cependant **adénome malin**, **adénome destructif** pour certains épithéliomes à structure très typique.

b) Tissu fibreux.

Fibrome. — *Tumeur typique.* Bénigne.
Sarcome. — *Tumeur atypique.* Maligne.

c) Tissu lymphatique ou adénoïde.

Lymphosarcome et **lymphadénome.**

d) Tissu adipeux.

Lipome.

e) Tissu osseux et cartilagineux.

Chondrome ou **enchondrome.** — *Tumeur typique formée surtout de cartilage.*
Ostéome. — *Tumeur typique formée surtout d'os.*
Ostéosarcome. — *Tumeurs plus ou moins atypiques.* Malignes.

f) Tissus musculaires.

Léiomyomes ou plus simplement **myomes.** — Tumeurs du *tissu musculaire lisse.*
Rhabdomyomes. — Tumeurs du *tissu musculaire strié.*

g) Tissu nerveux.

Névromes. — Tumeurs des *nerfs.*
Gliomes. — Tumeurs des *centres nerveux.*

Il existe beaucoup d'autres dénominations particulières qui seront indiquées le cas échéant. Par exemple, **myélomes** (voir p. 468), **psammomes** (voir p. 512), **myxomes** (voir p. 451).

2° Dénominations sans rapport avec la nature de la tumeur.

Celles-ci sont anciennes et sont encore employées pour désigner des aspects histologiques ou macroscopiques indépendants de la nature des néoplasmes. Elles ont donc une valeur restreinte. Nous avons indiqué précédemment le sens des termes **tumeur, néoplasme, cancer**: plus loin celui des qualificatifs **encéphaloïde, squirrhe** (p. 350), **télangiectasique** (p. 352).

Le mot **carcinome** désigne, histologiquement, une tumeur dans laquelle les éléments cellulaires sont réunis en amas compacts plus ou moins arrondis. On emploie aussi quelquefois dans le même sens l'adjectif *carcinoïde*. Ces termes n'ont aucune valeur au point de vue de la nature même des tumeurs auxquelles on les applique.

Enfin nous devons rappeler que le mot *dégénérescence* est souvent employé pour désigner l'évolution maligne d'une tumeur qui était jusque-là bénigne, et par extension pour désigner l'apparition d'une tumeur maligne sur un tissu. Cet emploi peut prêter à confusion; une dégénérescence est en réalité un phénomène indépendant du processus néoplasique (voir p. 28).

*
* *

Pour plus de simplicité, nous exposerons de la façon suivante l'étude des tumeurs en particulier.

1° Dans un premier chapitre nous réunirons les divers organes que le tissu épithélial forme à lui seul ou dans lesquels il est prépondérant; ces organes ne présentant guère, à titre primitif, que des *tumeurs épithéliales*. Ce sont les faits dont la connaissance est la plus aisée.

2° Un second chapitre nous permettra de passer en revue les *tumeurs des tissus non épithéliaux*, dont les formes sont d'une étude plus complexe. Ces tissus ne se constituant pas en organes distincts, mais formant des appareils entiers, la connaissance de leurs néoplasmes n'a pas besoin d'être faite par région. On peut étudier dans leur ensemble les tumeurs des muscles, puis du tissu fibreux, etc.

3° C'est seulement dans les chapitres suivants que nous entreprendrons de parcourir les néoplasmes des organes donnant lieu fréquemment à plusieurs espèces de tumeurs : *organes génito-urinaires* (tumeurs épithéliales, tumeurs musculaires) ; — *sys-*

tème nerveux (tumeurs du tissu nerveux, des méninges). Ces néoplasmes sont d'une connaissance extrêmement difficile, et, d'ailleurs, encore bien mal précisée.

A propos de chaque organe ou appareil, nous nous étendrons surtout sur les tumeurs primitives, en nous contentant d'indiquer les particularités principales des noyaux secondaires d'autres néoplasmes venus se fixer sur eux.

CHAPITRE II

TUMEURS DES TISSUS ÉPITHÉLIAUX : PEAU, TUBE DIGESTIF, GLANDES ET VOIES RESPIRATOIRES

Divisions. — Les tumeurs du tissu épithélial sont celles que l'on rencontre avec la plus grande fréquence et qui fournissent les plus riches variétés. Elles peuvent naître sur tous les organes ou appareils contenant ce tissu à l'état normal : c'est-à-dire la **peau**, le **tube digestif**, les **glandes**, les **voies respiratoires**, les **organes génitaux** ; nous étudierons donc successivement les néoplasmes de ces divers systèmes, en laissant cependant de côté pour l'instant ceux du dernier : parce que les organes génitaux donnent naissance fréquemment à d'autres tumeurs dont l'étude ne peut en être séparée. Quant au **systéme nerveux**, formé d'un tissu épithélial très modifié, il donne des néoplasmes assez complexes pour devoir être étudiés isolément.

Toutes les tumeurs épithéliales ont des dispositions structurales communes, tenant aux caractères généraux des tissus épithéliaux ; elles ont des variétés correspondant aux variétés normales du tissu ; dans chacune de ces classes elles se présentent enfin suivant des types nombreux avec des déviations de structure, une malignité ou une bénignité spéciales, etc.

Caractères généraux. — Tous les tissus épithéliaux sont

formés de cellules ayant une certaine différenciation, et d'un stroma vasculo-connectif. Leur caractéristique générale est tirée d'une part de l'ordonnance, d'autre part des caractères individuels des cellules différenciées. Celles-ci sont ordonnées, entre elles et par rapport au stroma, en *lignes continues*: prises individuellement, elles se composent d'un *protoplasma abondant*, souvent granuleux, et d'un *noyau volumineux*, qui se colore faiblement par les réactifs, mais qui est serti par une ligne nette vivement colorée, et dans lequel les éléments chromatiques sont bien visibles. Cet aspect, qui correspond aux

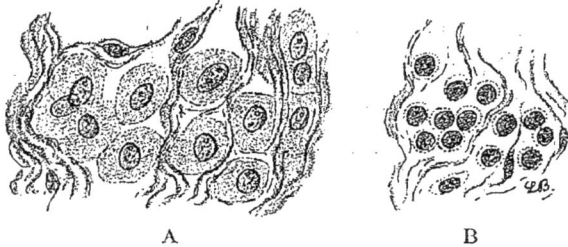

A   B

FIG. 146.

A. Cellules ayant le caractère épithélial, prises dans un épithéliome atypique. On voit les éléments avec leur protoplasma abondant et leur gros noyau clair, disséminés entre les fibrilles du stroma (fort grossissement).

B. Cellules non différenciées, comme on les voit dans les inflammations ou dans les tumeurs très atypiques (même grossissement).

cellules adultes du tissu, est assez rapidement réalisé par les éléments de remplacement.

Toutes les **tumeurs typiques** de tous les tissus épithéliaux présenteront donc ces caractères généraux. Quant aux **tumeurs atypiques**, elles seront quelquefois formées, avec un stroma variable, de cellules petites et sans différenciation, mais c'est là l'exception. Le plus souvent, bien que l'on ne retrouve plus dans les néoplasmes atypiques, l'*ordonnance* du tissu normal, les éléments y montrent encore *individuellement*, les caractères des cellules épithéliales (1).

(1) Cet aspect n'est pas absolument spécifique; il a cependant en pratique une certaine valeur pour le diagnostic des tumeurs épithéliales et des autres classes de néoplasmes.

Les variétés de tumeurs correspondent aux différentes variétés du tissu épithélial : tissu épithélial de revêtement, tissu épithélial glandulaire, avec leurs sous-variétés. Chacune possède aussi des caractéristiques générales que nous résumerons au fur et à mesure.

Plan. — La complexité de structure du tissu, comme de ses tumeurs, étant croissante, — des tissus de revêtement aux glandes conglobées, — nous étudierons en premier lieu les néoplasmes les plus simples, ceux de la *peau*. L'étude des *tumeurs du tube digestif*, dont les formations épithéliales sont à la fois bordantes et glandulaires, nous servira d'intermédiaire entre les épithéliums de revêtement et ceux de sécrétion proprement dits. Dans ceux-ci, les *tumeurs du sein* nous serviront de préface aux néoplasmes des *parenchymes glandulaires*. Puis nous résumerons les tumeurs des *voies respiratoires*.

I. — TUMEURS DE LA PEAU

Le revêtement cutané est formé de plusieurs plans différents, dont le plus superficiel est de nature épithéliale (voir p. 294). Aussi peut-on observer à la surface du corps des tumeurs développées dans ces diverses couches. Mais les néoplasmes des tissus profonds, derme, tissu cellulo-adipeux sous-cutané, sont exceptionnels : ce sont des fibromes, sarcomes, lipomes (voir p. 465). Exceptionnelles aussi les tumeurs développées dans les petits amas de fibres musculaires lisses (myomes, voir p. 464) contenus dans la peau.

On peut voir aussi au niveau du tégument des noyaux de généralisation cutanés ou sous-cutanés d'une tumeur dont le siège est plus ou moins éloigné (par exemple généralisation à l'ombilic d'un cancer gastrique) : mais ces *tumeurs secondaires* sont rares, elles aussi.

Au contraire, les **tumeurs primitives** nées dans le tissu épithélial de la peau sont fréquentes, probablement parce que c'est ce tissu qui est ici le plus actif ; nous les envisagerons seules.

§ 1. — Caractères du tissu normal.

Le tissu épithélial cutané est un **tissu de revêtement ecto- dermique**. Ici les lignes de cellules actives, différenciées chacune dans le sens de la cellule épithéliale, sont ordonnées en une couche continue de surface sur le stroma vasculo-connectif : caractère commun à tous les tissus de *revêtement*. Elles sont en plusieurs assises (épithélium stratifié, malpighien) ; l'assise la plus jeune est au contact du stroma ; elle est formée de cellules plus petites, plus colorées, moins différenciées, formant la ligne de la couche dite génératrice : caractères communs à tous les tissus épithéliaux de revêtement *ectodermiques*. Les couches superficielles subissent l'évolution cornée : caractère particulier au tissu épithélial de revêtement, ectodermique, qui forme la *peau* ; au contraire, le tissu ectodermique de certaines muqueuses se distingue par l'absence de la couche cornée. Il faut noter en outre que les assises épithéliales cutanées sont disposées sur le stroma en une série de vallonnements très fins, qui, sur les coupes, dessinent des saillies régulières alternativement formées par l'épithélium et par le stroma : ces dernières s'appellent les papilles.

Le caractère général de structure à retenir pour comprendre les tumeurs de la peau est la *disposition régulière des cellules épithéliales en une couche stratifiée : les plus jeunes (couche génératrice) sont contiguës au stroma vasculo-connectif, les plus âgées s'en éloignent progressivement pour former des assises à éléments de plus en plus volumineux, puis de plus en plus aplatis, jusqu'aux couches cornées*. Celles-ci se trouvent ainsi les plus distantes de la matrice vasculo-connective.

§ 2. — Structure des tumeurs. Formes histologiques.

a) **Formes très typiques. — Papillomes.** — Les tumeurs les plus typiques de la peau montrent sur les coupes histologiques tous les caractères du tissu normal. Elles paraissent simplement constituées par un épithélium très exubérant : les assises sont beaucoup plus épaisses qu'à l'état normal et il se produit à la surface des cellules lamelleuses en beaucoup plus grande quantité ; dans les parties profondes les saillies interpapillaires s'exagèrent : elles deviennent des prolongements irréguliers obligeant la couche génératrice à dessiner des sinuosités plus ou moins profondes. Bien entendu, la couche vasculo-connective sous-épithéliale est aussi augmentée, et produit de véritables papilles exubérantes entre les denticulations des couches malpighiennes. Aussi appelle-t-on ces tumeurs des *papillomes* (1), et l'on donne le nom de *papillomateuses* aux lésions qui, distinctes par d'autres points, présentent ce caractère. Nous avons vu par exemple en étu-

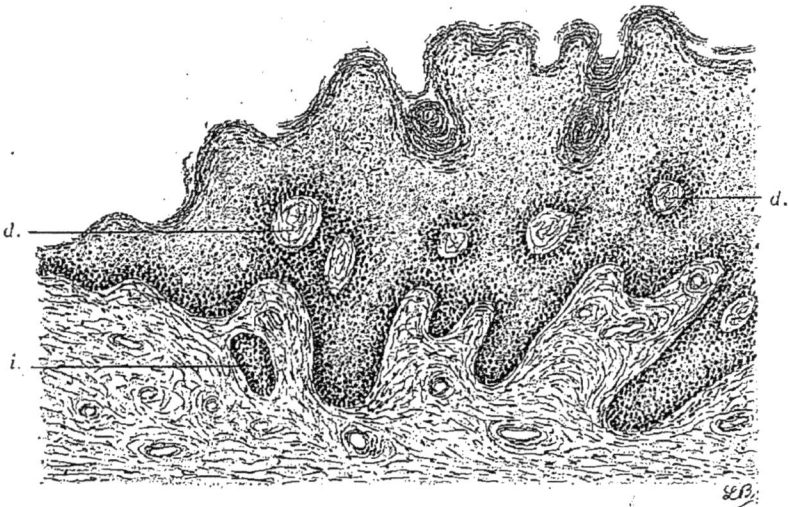

Fig. 147. — *Papillome cutané* (grossissement moyen).

On voit l'exubérance des couches épithéliales ; de petits ilots malpighiens peuvent, immédiatement sous la surface, être coupés en travers, entourés de stroma (*i.*). Inversement des denticulations papillaires du stroma se voient çà et là incluses au sein des assises épithéliales (*d.*, *d.*). Comparez les fig. 129 et 130.

diant les inflammations de la peau que celles-ci pouvaient réaliser de tels aspects (voir p. 299).

Dans le cas particulier, ces papillomes sont des **papillomes cutanés**; ce qualificatif est nécessaire, car il existe des papillomes des muqueuses (voir fig. 192 et p. 443).

(1) Les papillomes ont été souvent classés dans une catégorie spéciale dite : tumeurs formées de plusieurs tissus ; comme si elles étaient formées à la fois par une néoproduction de tissu fibreux et de tissu épithélial. Cette compréhension est tout au moins inutilement compliquée.

b) **Formes typiques envahissantes : épithéliomes à globes cornés**. — Des tumeurs de structure *analogue* peuvent présenter des néoformations plus abondantes, plus hâtives si l'on peut dire, se développant davantage dans la profondeur, pouvant envahir les tissus voisins. Ce dernier fait nous indique déjà qu'elles sont malignes : ce sont donc des *épithéliomes*.

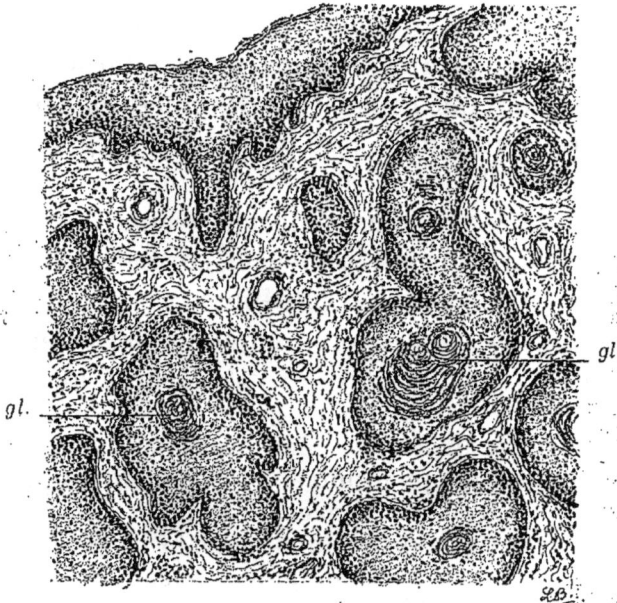

FIG. 148. — *Épithéliome à globes cornés* (grossissement moyen).
Lobules à structure malpighienne au sein d'un stroma moyennement abondant; quelques-uns présentent des globes cornés (*gl.*, *gl*).

Malgré cette exubérance, elles gardent encore les caractères essentiels du tissu épithélial cutané. Sur une coupe (voir fig. 148), nous voyons des néoformations non plus en continuité avec l'épithélium normal, mais plus ou moins isolées dans la profondeur, et plus ou moins distantes des couches superficielles. Cependant chacune d'elles présente encore les caractères résumés plus haut de l'épithélium ectodermique cutané. Elles sont limitées à la périphérie, — c'est-à-dire dans les points le plus près des vaisseaux, — par une ligne de cellules jeunes, bien colorées, petites, très serrées, analogues à celles de la couche génératrice normale. En s'éloignant du stroma, en pénétrant vers le centre des néoformations, on voit ces éléments devenir plus volumineux, puis aplatis, enfin lamelleux et cornés, tout comme cela se passe dans la peau normale. Mais ici les productions ne limitent plus une surface; elles forment des amas profonds; les cellules les plus anciennes se trouvent donc au centre, tandis que dans l'épithélium sain elles sont situées à l'air libre où elles desquament. Ici elles restent incluses au centre des noyaux et y forment des amas arrondis, feuilletés, que l'on appelle des *globes épidermiques*, et dans le cas particulier de la peau des **globes cornés.**

Tous ces noyaux ayant ainsi l'ordonnance malpighienne bien caractérisée sont inclus dans un stroma qui n'est autre chose que la matrice sous-épithéliale normale qui s'est développée en même temps que l'épithélium.

Ces tumeurs, qui sont encore typiques, représentent l'épithéliome cutané typique, dit encore épithéliome à **globes cornés.**

Remarque. — La disposition des amas épithéliaux dans le stroma n'est soumise apparemment à aucune loi, et ne correspond pas à des formes déterminées. Cependant, on a coutume de désigner les variétés de disposition, suivant l'aspect arrondi ou allongé des néoproductions malpighiennes, sous le nom d'**épithéliome lolulé,** ou d'**é. tubulé.** Souvent les deux aspects sont réunis sur la même tumeur (**é. polymorphe**), mais la forme lobulée est plus fréquente dans l'épithéliome à globes cornés, tandis qu'on trouve plus souvent le type tubulé dans les formes ci-dessous.

c) **Formes métatypiques. — Épithéliomes métatypiques.** — Assez fréquemment les tumeurs de la peau fournissent des figures un peu moins typiques. On y retrouve la même disposition des amas épithéliaux en boyaux, en lobules, mais sans que l'évolution des cellules formant ces masses soit aussi caractérisée. Il y a fréquemment encore autour de chacune une couche génératrice, puis au centre des éléments plus volumineux, mais il n'y a plus de globes cornés. Ce sont encore des épithéliomes, mais des épithéliomes métatypiques.

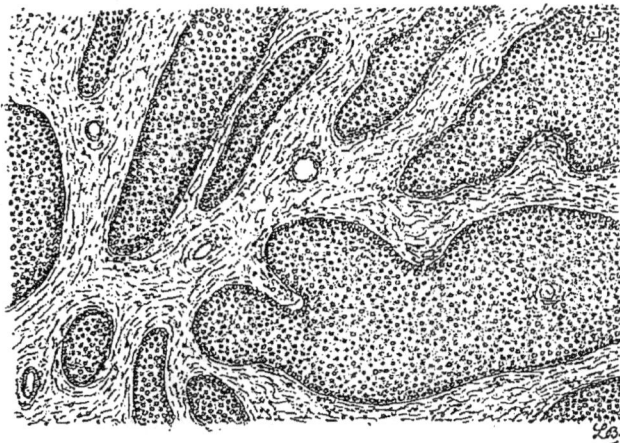

FIG. 149. — *Épithéliome métatypique de la peau* (grossissement moyen).

Point pris dans les parties profondes. On voit les amas malpighiens lobulés et tubulés encore limités par une ligne « génératrice », mais leur structure est moins typique que ceux de là figure précédente.

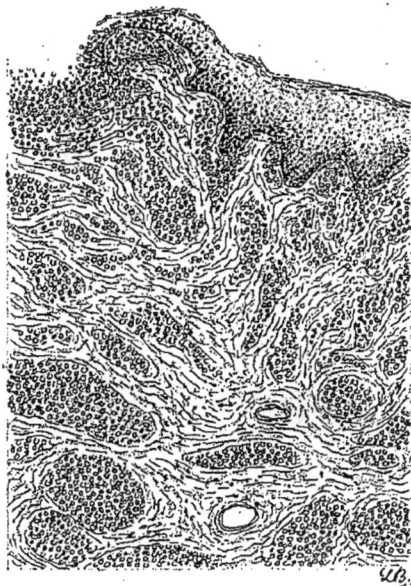

FIG. 150. — *Épithéliome atypique de la peau* (grossissement moyen).

Infiltration atypique en boyaux ou amas irréguliers dans les plans profonds. A la partie supérieure, la surface de la tumeur formée par l'épithélium cutané, exubérant à droite, ulcéré à gauche.

d) **Formes atypiques. — Épithéliomes diffus.** — D'autres fois, l'évolution du néoplasme est encore plus rapide ; les éléments néoformés. ne s'ordonnent plus suivant le plan malpighien ; ils se disposent, dans un stroma plus ou moins abondant, en files irrégulières, ou en amas, mais sans que la place de chacun d'eux paraisse commandée autrement que par le hasard. Les cellules, prises individuellement, montrent encore l'aspect de cellules épithéliales, bien qu'elles soient souvent petites.

Ce sont des tumeurs atypiques, des *épithéliomes diffus*.

e) **Formes très atypiques. — Tumeurs mélaniques. —**

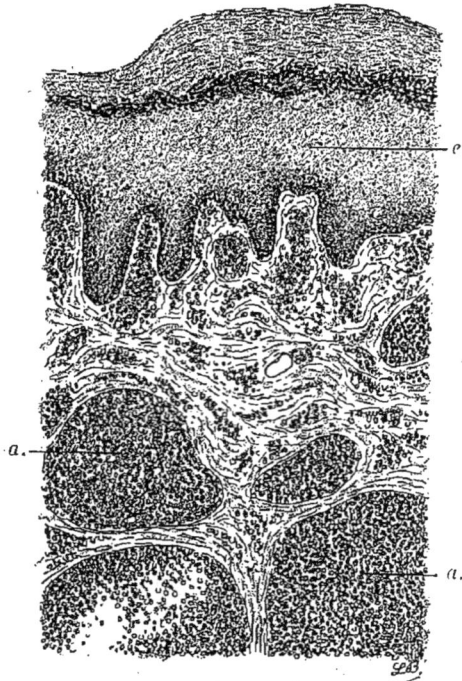

Fig. 151. — *Épithéliome mélanique de la peau* (grossissement moyen). A la surface, l'épithélium cutané (*e.*) fortement épaissi et pigmenté. Au-dessous infiltration carcinomateuse, les îlots de cellules infiltrées ou en amas alvéolaires (*a.*) montrant une pigmentation diffuse.

Enfin d'autres tumeurs ne présentent même plus les caractères cellulaires des éléments épithéliaux; elles sont formées d'un stroma et de cellules petites, arrondies ou quelquefois allongées, réunies au hasard en amas variables. Il n'y a plus là aucun caractère permettant de retrouver l'origine épithéliale : on connaît celle-ci par des constatations détournées.

Les coupes sont généralement infiltrées d'une pigmentation noire, ou ont au moins une teinte enfumée : ce sont les *tumeurs mélaniques*. On les appelle quelquefois sarcomes, parce que leurs cellules sont nombreuses, petites ; mais ce terme prête à confusion ; il est préférable de le réserver pour les tumeurs malignes du tissu fibreux ; or les tumeurs mélaniques sont d'origine épithéliale, ce sont en réalité des épithéliomes.

§ 3. — Évolution. — Types macroscopiques.

Les **papillomes** représentent une forme bien distincte; ils se développent lentement, uniquement en surface, comme l'examen histologique nous a permis de le constater déjà. Ce sont des tumeurs bénignes. Mais ils peuvent quelquefois se transformer insensiblement, et se mettre à s'accroître par envahissement, en devenant de véritables épithéliomes.

A l'œil nu, ce sont de petites élevures souvent en choux-fleur, recouvertes de couches cornées épaisses; ils ressemblent à certains produits inflammatoires (voir p. 299).

Les **épithéliomes** s'accroissent, comme le montrent les figures histologiques, en envahissant dans la profondeur les tissus sous-jacents (derme, couches musculaires, os, etc.) et en les détruisant ; ce sont des *cancers*. Leur surface s'ulcère fréquemment, donne de petites hémorragies et se recouvre de croûtes, de sorte qu'ils ressemblent aux lésions inflammatoires chroniques de la peau (syphilis, tuberculose). Leur développement dans les tissus voisins, surtout dans les formes typiques, à globes cornés, est souvent *très lent* : la malignité est relativement restreinte; les tumeurs de ce groupe sont souvent désignées sous le nom de cancroïdes.

Les variétés atypiques peuvent être plus malignes, et détruire plus rapidement les tissus en profondeur : l'épithéliome est dit alors *térébrant*, mais en général tous ces épithéliomes cutanés sont moins malins que les formes analogues des muqueuses ectodermiques (langue, œsophage, col utérin, etc.).

Ils peuvent se généraliser ; mais si l'extension aux ganglions de la région est fréquente, la production de noyaux secondaires dans les viscères est rare.

Les **tumeurs mélaniques** ont au contraire une très grande rapidité d'évolution, une tendance très marquée à se généraliser, et souvent en d'autres points de la peau. Elles sont extrêmement malignes.

*
* *

Autres tumeurs du tissu épithélial cutané. — Les productions néoplasiques de la peau ne se présentent pas toujours avec des caractères aussi tranchés que les types décrits précédemment. Le tissu épithélial cutané présente normalement des formations secondaires, *glandes sébacées et sudoripares*, qui sont des modifications dans le sens glandulaire. Ceci explique que l'on trouve quelquefois des tumeurs ayant les aspects généraux de celles que nous avons rappelées précédemment, mais avec quelques caractères des tumeurs épithéliales glandulaires ; on peut les rapporter, suivant les cas, tantôt à l'un tantôt à l'autre des deux types de glandes cutanées normales : **adénomes** ou **épithéliomes sébacés** ; ou **sudoripares**.

Il faut signaler les néoproductions kystiques qui se développent aux dépens des glandes sébacées et qui constituent les **kystes sébacés**, les loupes. La paroi du kyste est formée d'un épithélium malpighien refoulé, revêtant intérieurement une assise vasculo-connective également refoulée ; le centre est rempli d'une masse amorphe ou grenue, jaunâtre, onctueuse, plus ou moins sèche, produite par les cellules de la paroi.

Productions cutanées souvent confondues avec les tumeurs.

— Nous avons signalé précédemment que des lésions inflammatoires pouvaient simuler des néoplasmes. Quelques-unes
sont très particulières et souvent confondues dans le groupe des
tumeurs, comme par exemple le **botryomycome**. C'est un produit
inflammatoire en forme de petite verrue ou de petit nodule pé-
diculé. On retrouve au microscope tous les indices d'un processus inflammatoire chronique ; fréquemment l'épithélium est
ulcéré à son niveau et le tissu sous-jacent, hyperplasié, fait une
sorte de hernie, sur les coupes, au travers de la perte de substance épithéliale.

D'autres lésions se montrent comme de petites saillies très vascularisées rouges ou violacées : ce sont les **angiomes** cutanés ou
sous-cutanés. Elles sont quelquefois d'origine congénitale, et
sont de minuscules malformations ; d'autres se développent chez
le vieillard et sont constituées par un tissu de sclérose très riche
en vaisseaux ; leur interprétation est difficile, en tout cas, elles ne
se comportent pas comme des tumeurs.

II. — TUMEURS DU TUBE DIGESTIF

Dans toute son étendue le tube digestif est composé d'un tissu épithélial de surface, recouvrant des tissus variés : muscles striés de la langue, amas lymphatiques, parois osseuses de la bouche et du pharynx, muscles lisses, tissu adénoïde de l'œsophage, de l'estomac et de l'intestin. Aussi peut-on voir dans les différents segments du conduit des néoplasmes de nature diverse : par exemple à la bouche des *tumeurs osseuses*; de petits *myomes* dans l'estomac, l'œsophage, l'intestin, des *lymphadénomes* de l'amygdale ou du tube gastro-intestinal. Mais, si l'on met à part les lymphadénomes amygdaliens, qui se présentent avec les caractères généraux des tumeurs du tissu lymphatique (voir p. 467) ; — les ostéosarcomes des maxillaires, qui appartiennent plus au massif facial qu'aux voies digestives, on s'aperçoit que toutes ces tumeurs sont exceptionnelles si on les compare à celles du tissu épithélial.

Il faut faire la même remarque pour les *noyaux secondaires* qui peuvent, venant de tumeurs non digestives, se fixer sur le tube digestif : elles sont tout à fait exceptionnelles. Nous n'étudierons donc que les tumeurs épithéliales, les **tumeurs primitives des muqueuses digestives**, qui sont, elles, très fréquentes.

Il faut les envisager segment par segment, parce qu'elles ont un intérêt régional et aussi parce que les différentes parties de

la muqueuse des voies digestives ont des caractères particuliers, commandant des variétés de structure importantes :
nous savons que le tissu épithélial digestif reste de bout en
bout un tissu de revêtement, mais qu'il prend en outre suivant
ses portions des caractères glandulaires, de plus en plus marqués : cette tendance devient prédominante au niveau de l'estomac et de l'intestin et contribue à caractériser les néoplasmes
de ces régions.

A. — BOUCHE.

Les parois de la bouche sont revêtues d'une muqueuse du
type ectodermique, c'est-à-dire ayant une structure très analogue à celle de la peau, sauf l'évolution cornée des cellules
superficielles, qui n'existe pas ici.

C'est encore là un tissu surtout de revêtement; il présente
cependant déjà une *tendance sécrétoire*; le tissu cutané n'avait
que des éléments glandulaires peu importants.; le tissu épithélial de la bouche (comme celui du pharynx) montre des
glandules muqueuses abondantes, soit disséminées, soit groupées en organes annexes (glandes salivaires). En outre, le
stroma sous-épithélial, comme l'épithélium lui-même, est
plus mou, moins sec, pénétré davantage par des produits
liquides.

Les tumeurs des PAROIS BUCCALES, bien que constituées
encore par des néoformations à tendance malpighienne, analogues à celles de la peau, sont souvent plus atypiques (nous
verrons que les tumeurs des tissus glandulaires ont cette tendance); leurs cellules et leur stroma paraissent imbibés de
sucs, ce qui leur donne souvent un aspect hyalin, une structure lâche assez particulière. Quelquefois des îlots de stroma,
arrondis, se trouvant inclus au milieu des amas de cellules
épithéliales néoformées, prennent l'apparence de boules hyalines; donnant l'aspect que l'on a appelé **tumeurs à corps ovi-
formes**.

Les tumeurs des parois buccales ont généralement une tendance plus grande que celles de la peau à se développer assez vite, leur malignité est généralement plus considérable.

Au niveau de LA LANGUE la muqueuse se rapproche plus complètement, par ses caractères, du tissu épithélial cutané. Aussi y observe-t-on des tumeurs très voisines, comme structure et comme évolution, des néoplasmes de la peau. Elles tendent cependant à être d'un développement plus rapide et plus pénétrant.

On trouve ainsi des **papillomes** de la langue ; ou des **cancers**, représentés par des *épithéliomes typiques* (avec ou sans globes), par des *épithéliomes méta* ou *atypiques*. On sait combien ces produits s'ulcèrent vite et saignent facilement, quelquefois abondamment.

Les tumeurs des GENCIVES sont généralement toutes englobées, quelles que soient leur nature et leur évolution, sous le nom très général d'**épulis**. Quelques épulis sont de nature fibreuse, bénignes ou malignes, ou d'origine périostique. D'autres sont de véritables épithéliomes. D'autres sont des tumeurs de l'os ; beaucoup enfin sont des productions inflammatoires spéciales : **épulis à myéloplaxes** (voir p. 476).

Les tumeurs des LÈVRES les plus fréquentes sont développées aux dépens du tissu épithélial et sont le plus souvent de véritables **cancroïdes** cutanés.

Les tumeurs des GLANDES ANNEXES seront signalées à propos des néoplasmes glandulaires (voir p. 433).

B. — ŒSOPHAGE.

Comme la bouche et le pharynx, l'œsophage est encore un lieu de passage, plutôt qu'un segment où les aliments se modifient. Comme celle de la bouche, la muqueuse œsophagienne est encore formée par un tissu épithélial du type ectodermique ou malpighien ; mais elle a aussi une orientation sécrétoire déjà apparente ; ses tumeurs montreront des types

de passage entre les néoplasmes épithéliaux ectodermiques
tégumentaires (type tumeurs de la peau) et les néoplasmes
épithéliaux endodermiques (type tumeurs de l'estomac).

Les tumeurs bénignes de l'œsophage sont exceptionnelles ;
elles sont du type *papillome*.

§ 1. — Structure des cancers de l'œsophage.
Formes histologiques.

Les néoformations, dans les cancers œsophagiens, se font
dans le tissu muqueux et sous-muqueux, puis envahissent les
couches musculaires. Elles peuvent présenter à leur surface
des couches malpighiennes papillomateuses, plus ou moins
continues avec les masses épithéliomateuses sous-jacentes ;
mais dans l'immense majorité des cas, les parties superficielles
ont disparu ; il ne reste qu'une ulcération reposant sur les
tuniques profondes du conduit, et dont les bords et le fond
sont infiltrées de productions épithéliales.

La structure du tissu néoplasique peut revêtir trois aspects
principaux :

1° La tumeur est **typique** : elle est formée de productions
polymorphes, lobulées ou tubulées, ayant chacune l'ordonnance malpighienne bien caractérisée, avec même parfois des
globes. Ces cas sont rares.

2° Plus souvent l'aspect est **métatypique** : on trouve çà et là
des nappes de cellules encore ordonnées entre elles, et en
d'autres points des infiltrations cellulaires diffuses. Cette
variété est beaucoup plus fréquente.

3° Enfin on trouve d'autres fois des formes tout à fait **atypiques**, ressemblant aux tumeurs atypiques *glandulaires* (estomac, intestin); ici, dans un stroma irrégulier, les cellules
épithéliales sont diffusément répandues, ou bien elles se
tassent, — devenant irrégulières par pression réciproque, —

dans des alvéoles plus ou moins volumineux. C'est un *aspect carcinomateux*; mais il faut bien noter que cet aspect est tout à fait contingent, et ne réalise pas une ordonnance particulière; il est facile de constater que les éléments accumulés dans les

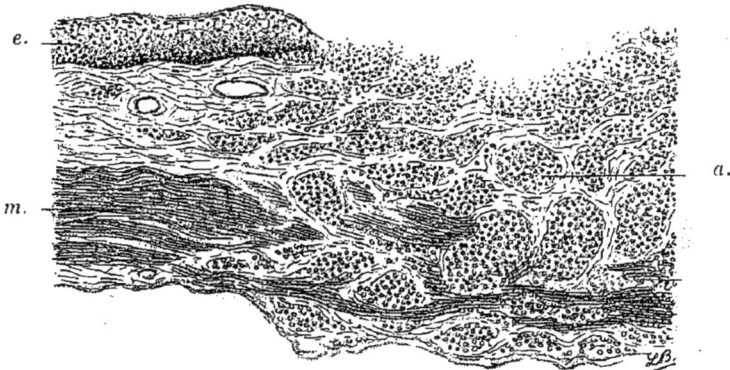

FIG. 152. — *Épithéliome atypique de l'œsophage* (faible grossissement).
Le néoplasme, avec l'infiltration cellulaire atypique, à disposition alvéolaire (*a.*), occupe la plus grande partie du dessin. Il est ulcéré à la surface. A gauche les tuniques normales de l'œsophage, avec l'épithélium malpighien de surface (*e.*) et les couches musculaires (*m.*).

alvéoles du stroma sont tous de même aspect, sans liaison entre eux, et qu'il n'y a pas de l'un à l'autre une cohésion, une disposition hiérarchique, comme celle qui caractérise les lobules malpighiens de la périphérie au centre quand les tumeurs sont typiques.

§ 2. — **Évolution. — Caractères macroscopiques.**

Les épithéliomes œsophagiens prennent aussi, des cancers glandulaires, une certaine tendance à se développer rapidement, à être vite *pénétrants*. Ils détruisent rapidement la paroi, la perforent; il n'est pas rare de les voir envahir par continuité les organes voisins et surtout la trachée : ils y pénètrent souvent en un point limité, au niveau duquel ils forment, sur la muqueuse respiratoire, un petit champignon. Par là ils donnent souvent lieu, comme complication, à des broncho-pneumonies bâtardes, avec points nécrosés et suppurés.

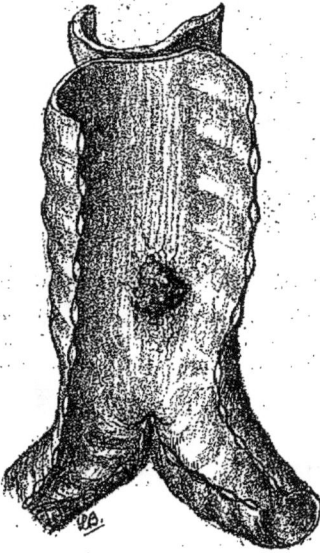

FIG. 153. — *Pénétration d'un cancer de l'œsophage dans la trachée.*

La trachée est ouverte par son bord antérieur. On voit le bourgeonnement du cancer œsophagien qui a traversé la paroi postérieure et fait saillie dans la lumière trachéale.

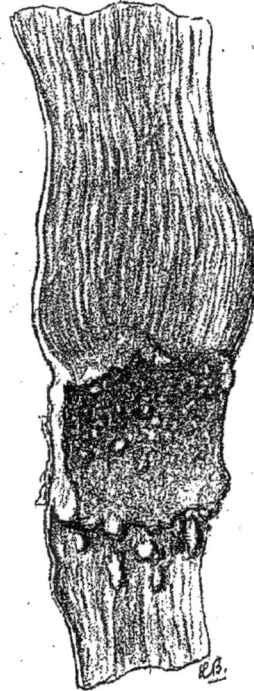

FIG. 154. — *Cancer de l'œsophage.*

L'œsophage est ouvert longitudinalement. Le cancer forme une plaque ulcérée occupant toute la circonférence.

Cependant les cancers de l'œsophage sont généralement *de petit volume* ; probablement parce qu'ils *s'ulcèrent vite*, et aussi parce qu'ils entraînent vite la mort des malades, en raison du trouble physiologique qu'ils produisent. Ils sont en effet *sténosants.*

Ils apparaissent, après l'ouverture du conduit, comme une lésion circulaire, ou plus souvent comme une plaque indurée, ulcérée, à bords blanchâtres ; la paroi est épaissie au-dessous, et adhérente aux organes voisins. Ils siègent surtout au tiers supérieur, ou à la partie inférieure. Les formes typiques sont plus sèches, plus dures, moins exubérantes, avec de petits grains perlés visibles à l'œil nu : elles se rapprochent des cancroïdes cutanés ; les métatypiques et atypiques sont habituellement plus bourgeonnantes, plus saignantes, plus envahissantes, plus molles ; lorsqu'elles sont très atypiques et carcinomateuses, elles peuvent prendre dans une certaine mesure l'aspect encéphaloïde ; elles se rapprochent de certaines variétés de tumeurs gastriques.

Toutes ces tumeurs peuvent donner lieu à des **généralisations** : foie, poumon, quelquefois cœur ; elles ne sont pas constantes, probablement en raison de la survie assez limitée ; mais les *ganglions* voisins sont généralement envahis.

C. — ESTOMAC (1).

§ 1. — Structure. — Variétés histologiques.

a) **Formes très typiques. — Adénomes.** — Les tumeurs les plus typiques de l'estomac sont les *adénomes* ; ceux-ci paraissent constitués simplement par une élévation de la muqueuse, dont toutes les parties sont augmentées : les glandes sont exubérantes, volumineuses et irrégulières ; le stroma qui les sépare, épais et très vascularisé ; la musculaire muqueuse est hyperplasiée.

Ces formations sont à la muqueuse gastrique normale ce

(1) Voir p. 128 le résumé des caractères histologiques normaux.

que sont les papillomes au tissu épithélial ectodermique. Elles

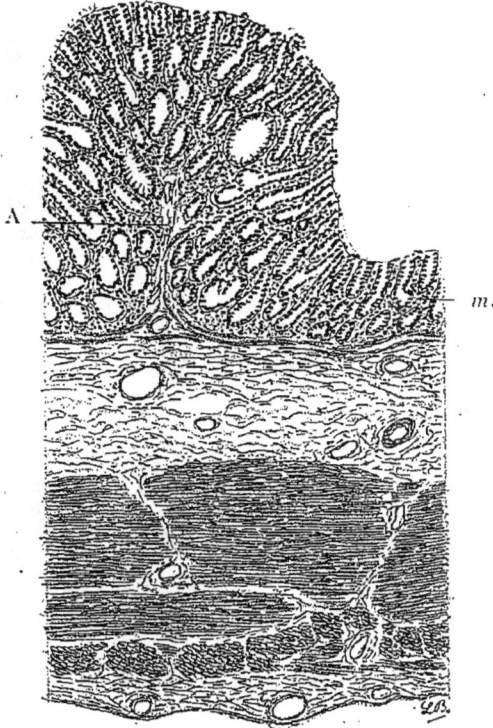

FIG. 155. — *Adénome gastrique* (faible grossissement).
On voit le soulèvement de la muqueuse formé par des néoproductions typiques
(A) ; *m.*, muqueuse normale.

sont toutes de surface, et n'envahissent pas les tissus sous-
jacents.

b) **Formes typiques envahissantes.** — **Epithéliomes
typiques.** — Il est cependant des néoplasmes envahissants,
des *cancers*, qui gardent l'aspect typique : ce seront des *épithéliomes typiques*. On voit ici, au-dessous d'une muqueuse
exubérante, quelquefois ulcérée, des néoproductions infiltrant
la sous-muqueuse, puis les couches musculaires, et même la
séreuse. Elles sont typiques, c'est-à-dire qu'elles montrent —

des cellules épithéliales au stroma — l'ordonnance caractéristique du tissu normal : ce tissu est un tissu de revêtement à caractères glandulaires, c'est-à-dire que ses cellules épithéliales sont disposées, par rapport à son stroma, en *lignes continues orientées autour d'une lumière :* les néoproductions typiques, dans quelque tunique qu'elles s'infiltrent, se montreront comme des chaînes de cellules contiguës, limitant des lumières irrégulières : par place volumineuses, par place très petites ou même virtuelles. Mais partout les éléments épithéliaux ont chacun des côtés plans adjacents à ceux des voisins, un pôle orienté vers le stroma, un autre vers la cavité glandulaire néoformée (1).

c) **Formes métatypiques. — Épithéliomes métatypiques.** — Les formes métatypiques sont beaucoup plus fréquentes que les précédentes. Au niveau de la peau nous avions vu que les tumeurs malignes restaient souvent très typiques ; dans tous les tissus glandulaires, au contraire, ce

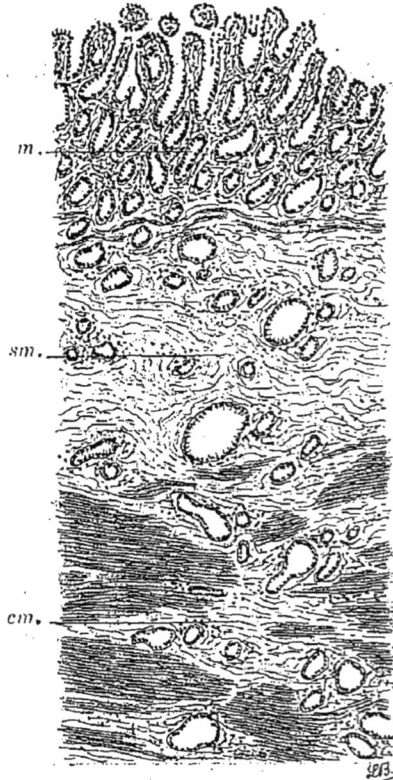

FIG. 156. — *Épithéliome typique de l'estomac* (faible grossissement).

La muqueuse est exubérante (*m.*) ; au-dessous d'elle les néoformations typiques, dessinant des lumières glandulaires entourés d'un épithélium régulier pénètrent la sous-muqueuse (*sm.*) et les couches musculaires (*cm.*). Le dessin ne montre que les parties superficielles des couches musculaires.

(1) Malgré que ces formations ne soient pas aussi régulières que celles des adénomes, on emploie quelquefois, pour désigner les épithéliomes typiques, le terme *adénome destructif* ou *adénome malin*.

caractère se perd rapidement. C'est le cas pour les néoplasmes gastriques.

Ici encore on trouve sur les coupes une infiltration plus ou moins profonde des diverses tuniques, mais les néoproductions sont souvent diffuses, formées de cellules à caractère

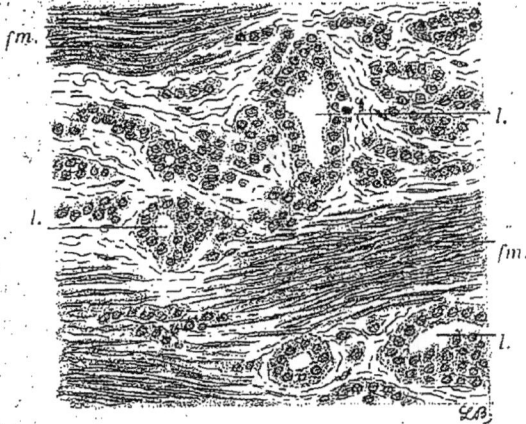

FIG. 157. — *Épithéliome métatypique de l'estomac* (fort grossissement).
Point pris dans la profondeur au niveau des couches musculaires (*fm.*) envahies. Dans le stroma fibrillaire se dessinent des amas de cellules épithéliales s'ordonnant par place autour d'une lumière (*l.*, *l.*).

épithélial, isolées, ou réunies au hasard en groupes, en files, en boyaux irréguliers; çà et là elles se réunissent en petits cercles rappelant la tendance glandulaire, et dessinant des lumières imparfaites ou irrégulières. C'est l'*épithéliome méta-typique.*

d) **Formes atypiques.** — **Épithéliomes atypiques.** — Les formes franchement atypiques sont aussi fréquemment rencontrées. Ici la tumeur est encore constituée par un stroma et des cellules ayant individuellement le caractère de cellules épithéliales; mais celles-ci ne sont plus, entre elles ou vis-à-vis du stroma, dans un rapport défini rappelant les caractéristiques du tissu glandulaire. Elles sont semées au hasard.

Cependant elles peuvent se grouper de différentes façons. Dans les formes **diffuses, infiltrées,** elles sont plus ou moins isolées, ou amassées en files de quelques éléments, sans ordonnance particulière. Dans les formes dites **carcinomateuses,** elles sont groupées en amas dans des loges creusées

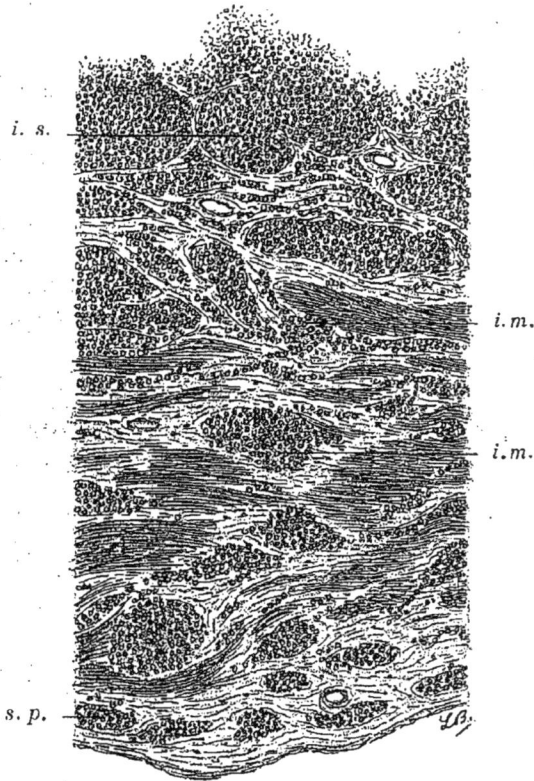

FIG. 158. — *Épithéliome atypique de l'estomac* (faible grossissement).
La tumeur est ulcérée. On voit les îlots de cellules épithéliales, sans ordonnance, soit immédiatement sous la surface ulcérée (*i.s.*), soit dans les couches musculaires dissociées (*i.m*).

dans le stroma : on appelle quelquefois ces loges des alvéoles (alvéoles du cancer), mais ce n'est pas là une formation ayant une valeur spéciale, ce sont des groupements tout à fait contingents, qu'on peut observer dans toutes sortes de tumeurs atypiques de tissus différents, et dans lesquels les éléments n'ont aucune ordonnance.

Les amas cellulaires peuvent être plus ou moins étendus par rapport au stroma ; quelquefois ce dernier est très délié, les alvéoles formant d'immenses cavités pleines de cellules : aspects **encéphaloïdes** (1). Au contraire, le stroma peut être très épais : forme **squirrheuse**. Enfin on peut trouver tous les intermédiaires.

En face de ces formes atypiques qui ne présentent plus aucun caractère structural du tissu épithélial, il ne paraît pas évident, au premier abord, que l'on ait affaire à des tumeurs épithéliales. Il a fallu longtemps pour rapporter ces néoproductions à leur origine véritable : il y a une trentaine d'années seulement que WALDEYER démontra leur nature vraie, épithéliale. Cependant, dans la plupart des cas, on peut, en examinant les cellules à un fort grossissement, leur reconnaître des caractères épithéliaux, comme il a été rappelé plus haut.

e) **Formes très atypiques.** — **Épithéliomes à petites cellules.** — **Linite plastique.** — Il existe encore des formes plus atypiques, dont le diagnostic devient très difficile, et dont la nature est même encore discutée à l'heure actuelle par quelques auteurs.

Dans certains cas, les néoproductions cellulaires sont onstituées par des *cellules très petites*, n'ayant plus elle-même l'aspect d'éléments épithéliaux ; elles infiltrent le tissu en détruisant les tuniques, et ressemblent, de prime abord, à des productions inflammatoires. Ce n'est que par la comparaison de nombreux cas, par l'étude des variétés intermédiaires, par l'évolution, qu'on a pu se rendre compte qu'il s'agissait là vraiment de tumeurs, et de tumeurs du tissu épithélial. Ce sont les **épithéliomes à petites cellules.** Souvent ces petites cellules ont un aspect clair, brillant, un peu particulier, tenant aux caractères du tissu glandulaire où elles se produisent. Elles sont naturellement accompagnées par un

(1) Le noyau de généralisation d'un cancer gastrique représenté sur la figure 141, présente cet aspect encéphaloïde.

stroma qui dissocie et épaissit les tuniques de l'organe.

Dans d'autres formes les néoproductions se développent lentement, de manière diffuse, avec un stroma fibrillaire hyalin très abondant et des cellules petites et isolées. C'est le plus souvent la sous-muqueuse qui est la plus épaissie : aussi a-t-on cru longtemps qu'il s'agissait là d'un produit inflammatoire qui se serait caractérisé surtout par la *sclérose sous-muqueuse hypertrophique* : c'est la forme dite **linite plastique** de *Brinton* (Voir fig. 159).

f) **Variétés colloïdes des épithéliomes gastriques.** — On appelle **cancers colloïdes** des tumeurs dans lesquelles existe en abondance une substance hyaline, filante, dite colloïde (1).

Ce phénomène donne, à l'œil nu comme au microscope, un aspect très particulier. Il constitue cependant un caractère secondaire que l'on peut observer sur toutes les formes de tumeurs précédentes, et d'ailleurs dans toutes les classes de tumeurs des tissus épithéliaux

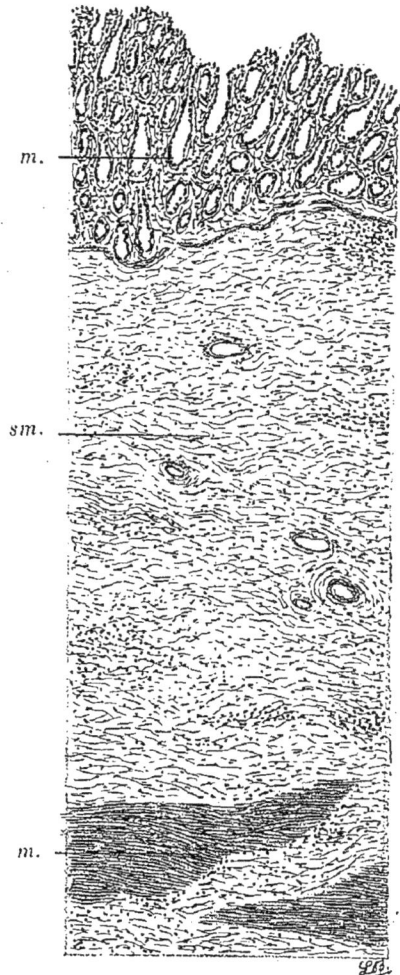

FIG. 159. — *Linite plastique* (faible grossissement).

m., muqueuse ; — *sm.*, sous-muqueuse ; — *m.*, couches musculaires infiltrées de petites cellules.
La figure n'intéresse que les parties superficielles de la paroi, très épaissie.

_____

(1) On désigne souvent cet état sous le nom de « dégénérescence » colloïde. Mais il ne s'agit pas là d'une dégénérescence véritable.

plus ou moins sécrétoires : on peut observer des cancers colloïdes dans toute la longueur du tube digestif, au niveau de la
vésicule biliaire, du sein, etc. Mais les plus fréquents se voient
au niveau de l'estomac ou de l'intestin.

La substance colloïde est contenue surtout dans les cellules
et paraît un produit de sécrétion. Elle rend les éléments volu,
mineux, les distend en une boule claire, le protoplasma des-

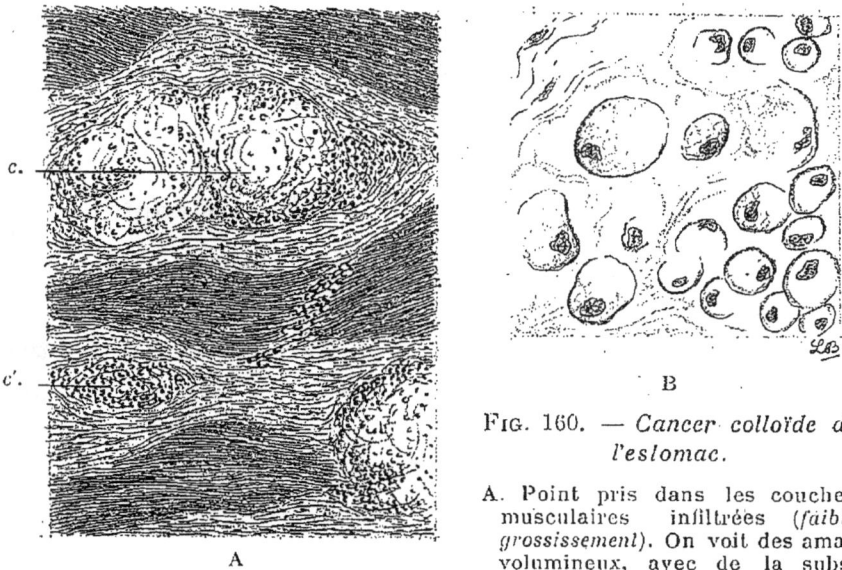

Fig. 160. — *Cancer colloïde de
l'estomac.*

A. Point pris dans les couches
musculaires infiltrées (*faible
grossissement*). On voit des amas
volumineux, avec de la substance colloïde abondante (*c.*) ; —
d'autres plus petits, surtout cellulaires, mais déjà colloïdes (*c''*).
B. Aspect des cellules et de la substance colloïde à un fort grossissement.

sinant tout autour un simple croissant. Mais elle existe aussi
dans le stroma, autour des cellules, et donne aux préparations
un aspect hyalin et brillant particulier. Quand les cellules sont
réunies en amas, la substance colloïde est souvent abondante à
leur niveau, et forme comme des lacs dans lesquels subsistent
les cellules ou des débris cellulaires, avec des filaments fibrillaires appartenant au stroma. Cette disposition donne souvent
aux tumeurs, au microscope, un aspect alvéolaire.

On peut voir des *épithéliomes colloïdes typiques* : ici les cellules, surchargées de substance colloïde, forment des revêtements encore réguliers autour de lumières larges remplies du même liquide ; mais ils sont plus souvent *métatypiques* ou *atypiques* ; on peut même voir des *cancers à petites cellules* dans lesquelles chaque élément contient une minuscule gouttelette colloïde, le stroma prenant simplement l'aspect hyalin, sans que la matière colloïde s'y réunisse en alvéoles apparents.

Tous ces épithéliomes colloïdes sont généralement très envahissants et montrent sur les coupes des néoproductions souvent infiltrées jusque sous la séreuse.

§ 2. — Évolution et caractères macroscopiques.

a) **Adénomes gastriques.** — Les adénomes évoluent très lentement et ne se développent qu'en surface ; ce sont des tumeurs bénignes. Cependant elles peuvent être le point de départ ultérieur de véritables épithéliomes.

Elles se présentent à l'œil nu quelquefois comme des formations polypeuses, mais beaucoup plus souvent comme de simples soulèvements. Il faut se garder de les confondre avec les simples plis qui peuvent se voir normalement sur la muqueuse, après l'ouverture de l'estomac sur le cadavre : il suffit d'étirer légèrement la paroi pour faire disparaître les plis, tandis que cette manœuvre ne modifie pas sensiblement l'élévation due à l'adénome. Sur une section on constate que la saillie est due à l'épaississement de la tunique muqueuse.

Souvent ces adénomes sont multiples, d'où le nom de **poly-adénomes gastriques.**

b) **Cancers.** — Les cancers (épithéliomes typiques, méta et atypiques) s'accroissent en s'infiltrant dans les tuniques sous-jacentes, comme on peut le voir sur les coupes histologiques. Ils ont un développement plus ou moins rapide ; ils peuvent traverser complètement la paroi et apparaître sur la face péritonéale : cette éventualité est rare, et plus spéciale aux variétés colloïdes, mais généralement les couches extérieures de l'organe (séreuse) s'épaississent, deviennent blanches et opaques et adhèrent aux organes voisins au niveau de la tumeur.

L'ulcération est pour ainsi dire constante; elle est souvent la source d'*hémorragies* et peut aboutir à la perforation de l'organe.

Enfin les cancers gastriques se généralisent très fréquemment. Les *ganglions* voisins sont constamment envahis, gros, blanchâtres ; le *foie* est très souvent le siège de noyaux secondaires, qui peuvent être très volumineux (voir 141, 180 et 181 *f.*).

Les TYPES MACROSCOPIQUES tiennent à la constitution même des tumeurs, mais aussi à leur rapidité de développement et à leur siège sur l'organe. Les formes typiques sont en général de dimensions plus limitées que les atypiques ; elles ont une consistance plus dense, avec une certaine cohésion du tissu, elles s'ulcèrent moins rapidement. Mais il n'est pas toujours possible par le seul examen à l'œil nu de prévoir quelle sera la structure intime.

Certains cancers ont une exubérance très marquée : ils sont volumineux, très bourgeonnants, blanchâtres ; sur l'estomac ouvert ils se montrent sous forme d'une plaque surélevée, à bords lobulés, débordant fortement sur la muqueuse ; le centre de la plaque, ulcérée, forme souvent une partie relativement déprimée. Les ganglions sont très volumineux et ont aussi un aspect blanc sale. Les généralisations sont fréquentes et volumineuses : ainsi le foie peut contenir de gros noyaux en choux-fleur, blancs, souvent semés d'un piqueté hémorragique. A la section de la tumeur ou des ganglions il s'écoule par le raclage un suc laiteux et sur la surface de coupe le tissu de la tumeur paraît friable. Ces formes sont des encéphaloïdes, à structure atypique.

Beaucoup plus exceptionnellement s'observent des formes

squirrheuses, formant des plaques plus fermes, plus limitées, avec une tendance à la rétraction.

Il arrive quelquefois que, dans des tumeurs à évolution lente, se produisent des phénomènes de nécrose avec ulcération et élimination massives ; il persiste un véritable ulcère gastrique dont les bords seuls présentent le caractère néoplasique (**ulcéro-cancer**). On admet quelquefois qu'il s'agit là d'ulcères simples secondairement envahis ; mais il faut plutôt les considérer comme des néoplasmes ulcérés à lente évolution. Très souvent ils ressemblent tout à fait, à l'œil nu, à la lésion dite *ulcère simple* et l'examen histologique est nécessaire pour reconnaître leur véritable nature ; elle reste ignorée dans beaucoup de cas.

La **linite plastique** a un aspect tout à fait spécial. La paroi de l'estomac paraît simplement épaissie dans les points atteints, avec une fermeté exagérée, donnant la sensation du carton mouillé. La section montre l'épaississement de toutes les couches, mais surtout de la sous-muqueuse, avec un éclat gris un peu brillant. L'organe peut être atteint diffusément, sur une grande étendue, ou même en totalité. Il est rétracté et peut même être réduit à un simple tube : quelquefois cependant, quand la linite est limitée au pylore, l'estomac peut, comme dans les autres cancers pyloriques, être dilaté.

Les **cancers colloïdes** sont assez souvent exubérants, et surtout ils ont une grande tendance à diffuser au travers des parois jusque sous la séreuse : ils peuvent même se greffer dans le péritoine. Les sections macroscopiques montrent l'aspect brillant et hyalin du tissu, très épaissi ; ceci peut faire reconnaître à l'œil nu la variété colloïde.

Le SIÈGE des cancers gastriques est variable. Le pylore est pris dans plus de la moitié des cas ; en réalité, les **cancers du pylore** sont des cancers *pré-pyloriques*. Ils sont assez fréquemment annulaires, et déterminent plus ou moins rapidement le rétrécissement de l'orifice ; mais il n'est pas besoin pour cela que le conduit soit plus ou moins oblitéré par la tumeur ; le

simple épaississement des parois pyloriques produit la rigidité
du canal et amène un rétrécissement physiologique. Comme

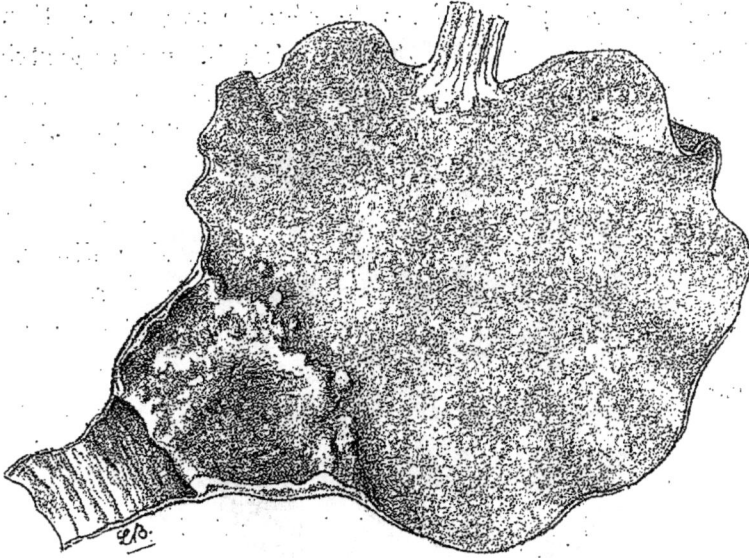

Fig. 161. — *Cancer de l'estomac.*
L'estomac est ouvert le long de la grande courbure. Le cancer, ulcéré, est pré-
pylorique. Duodénum à gauche; œsophage à droite en haut.

fréquence viennent ensuite les tumeurs de la petite courbure,
puis plus rarement celles du cardia et de la grande courbure.

D. — INTESTIN (1).

§ 1. — Structure des tumeurs de l'intestin.
Formes histologiques.

Les tumeurs intestinales peuvent avoir une structure extrêmement *typique*, et rester limitées à la muqueuse elle-même;

(1) Voir p. 136, le résumé des caractères histologiques normaux.

ce sont de véritables **adénomes** comme ceux que l'on observe sur l'estomac.

Les **épithéliomes** eux-mêmes peuvent être *typiques*, malgré le développement des néoproductions dans les tissus profonds. Ce cas est particulièrement fréquent au niveau du rectum où

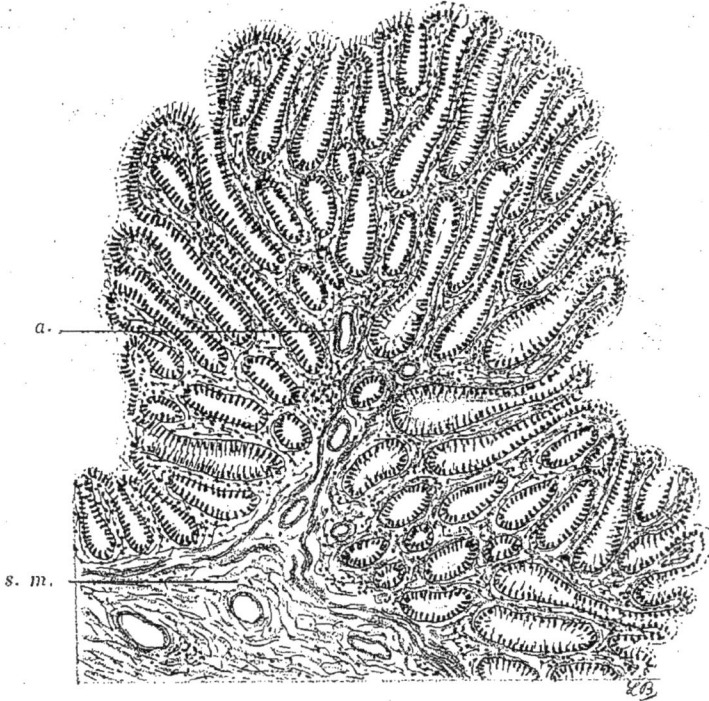

Fig. 162. — *Adénome du rectum* (grossissement moyen).
Saillie de la muqueuse formée par des néoproductions typiques à épithélium cylindrique et centrée par un axe conjonctivo-vasculaire (*a.*); — *s. m.*, sous-muqueuse.

l'on trouve des formations glandulaires plus ou moins irrégulières, mais bien dessinées, envahissant les diverses tuniques. Il faut noter que ces épithéliomes typiques du rectum se présentent souvent avec des cellules cylindriques très élevées. Ils sont plus fréquents à ce niveau qu'ils ne l'étaient au niveau de l'estomac, où les variétés méta et atypiques prédominaient.

Les épithéliomes *méta* ou *atypiques* ne sont cependant pas rares ; ils revêtent, comme au niveau de l'estomac, des aspects diffus ou alvéolaires. Enfin, il peut exister ici aussi des tumeurs extrêmement atypiques, à petites cellules, ou avec une structure analogue à celle de la *linite*.

Les variétés *colloïdes*, avec les mêmes caractères que les cancers colloïdes de l'estomac, se retrouvent aussi sur l'intestin. On y voit aussi des variétés *mucoïdes*. L'aspect mucoïde est

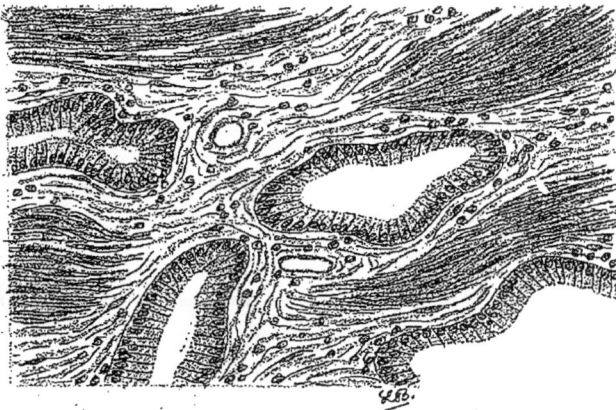

FIG. 163. — *Épithéliome typique du rectum* (fort grossissement).
Point pris dans les couches musculaires envahies. On voit les néoformations glandulaires à épithélium cylindrique élevé, entourées d'un stroma fibrillaire.

caractérisé par ce fait que les cellules prennent les caractères des cellules muqueuses normales qui forment quelques éléments des glandes de l'iléon, et la totalité de ceux des glandes du gros intestin. Ces cellules sécrètent un mucus abondant qui est retenu dans la lumière des néoformations cancéreuses. Bien qu'on appelle quelquefois ce phénomène dégénérescence mucoïde, ce n'est, comme l'état colloïde, qu'une variété d'évolution des éléments et non une dégénérescence véritable. Les cancers à aspects mucoïdes se voient plutôt sur le gros intestin, qui présente normalement un grand nombre de cellules muqueuses.

§ 2. — Évolution. Caractères et formes macroscopiques.

a) **Tumeurs bénignes.** — Les tumeurs bénignes, les adénomes prennent souvent l'aspect *polypeux* ; elles sont surtout fréquentes au rectum. Elles s'y développent sous forme de masses superficielles, molles, saignant facilement, souvent pédiculées. Tels sont par exemple les **polypes du rectum.**

b) **Cancers.** — Les cancers (épithéliomes typiques, méta et atypiques, colloïdes, mucoïdes, etc.), s'étendent comme ceux des autres muqueuses digestives en pénétrant la sous-muqueuse puis les couches musculaires, etc. A la périphérie du noyau principal, ils s'infiltrent souvent en pénétrant au-dessous de la muqueuse : quelquefois ils produisent ainsi de petites colonies secondaires que l'on voit à l'œil nu disséminées autour de la tumeur, et qui en paraissent distinctes, à la surface interne de l'intestin.

Les tumeurs intestinales comme celles de l'estomac se **généralisent** assez rapidement aux ganglions, puis au foie, etc. Comme elles aussi, elles ont une grande tendance à l'**ulcération** et à la production de **rétrécissement.** Enfin elles peuvent se perforer et s'ouvrir soit dans le péritoine, soit dans l'un des organes voisins.

Le VOLUME et la CONSISTANCE sont variables ; on peut voir des tumeurs *encéphaloïdes*, bourgeonnantes, molles et volumineuses, ou des tumeurs à stroma fibroïde abondant, d'aspect *squirrheux*. Ces dernières sont plus fréquentes à l'intestin qu'à l'estomac ; elles ont ici un certain intérêt pratique parce que, par leur dureté, par la rétraction qu'elles produisent, elles conduisent à des *rétrécissements* de formes particulières.

Les variétés infiltrantes et scléreuses du type *linite* ne sont pas extrêmement rares, et s'étendent quelquefois sur des

segments assez considérables, en les transformant en un tube
à lumière étroite, à parois épaisses et fermes.

VARIÉTÉS RÉGIONALES. — Le cancer du duodénum est souvent
un cancer sténosant ; il siège soit au-dessus, soit au-dessous de
l'ampoule de Vater : ces variétés ont surtout une importance au
point de vue des signes cliniques, la première donnant des

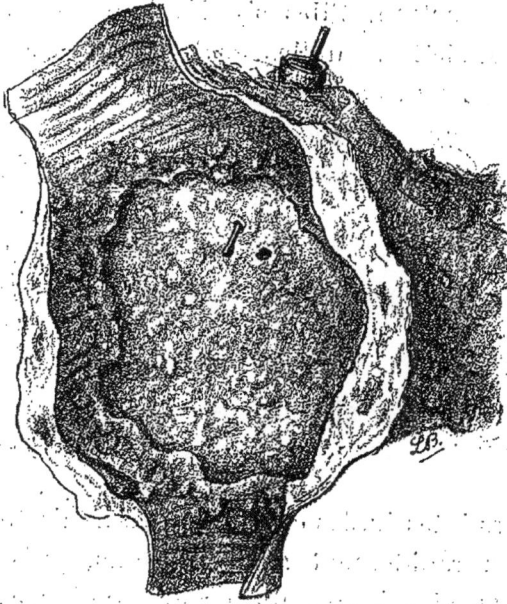

FIG. 164. — Cancer du duodénum.

Il s'agit d'un cancer périvatérien largement ulcéré. Le cholédoque, dans lequel
est introduit un stylet, s'ouvre en pleine ulcération. A côté, orifice du canal
de Wirsung ; à droite, tête du pancréas.

symptômes de rétrécissement pylorique, la seconde des troubles plus vagues de lésion intestinale. Il est aussi une variété
périvatérienne, et des formes qui paraissent localisées à l'ampoule de Vater ; ces dernières ont généralement des dimensions
extrêmement réduites (voir p. 432).

Lorsque ces tumeurs intéressent la région vatérienne et sont
ulcérées, elles envahissent souvent la tête du pancréas et le
cholédoque, par contiguïté. Il devient dès lors extrêmement

difficile, souvent même impossible de les distinguer à l'œil nu des cancers cholédociens ou pancréatiques lorsque ceux-ci ont atteint la paroi intestinale et se sont ulcérés. Leur origine exacte ne peut même pas toujours être déterminée au microscope, lorsque les néoproductions sont atypiques : parce que les cancers du pancréas ou du cholédoque sont aussi des cancers glandulaires.

Si l'on met à part les tumeurs duodénales, les tumeurs de l'*intestin grêle* sont exceptionnelles.

Fréquentes au contraire sont celles du gros intestin, mais surtout du **cæcum**, de l'**anse sigmoïde**, et encore plus du **rectum**. Ces dernières tumeurs peuvent être les polypes déjà signalés, ou des cancers ; ceux-ci s'ulcèrent à peu près fatalement, mais cependant donnent lieu presque toujours à des phénomènes de *rétrécissement* ; ils envahissent souvent les parties avoisinantes, peuvent englober tous les organes du petit bassin.

Quand ces tumeurs siègent très bas, leur structure peut se rapprocher de celle des tumeurs du type ectodermique.

Il est fréquent que les cancers du gros intestin, et particulièrement ceux du cæcum et du rectum, soient difficiles à distinguer à l'œil nu de lésions non-néoplasiques. Nous avons rappelé dans un chapitre précédent (p. 140) que la *tuberculose du cæcum* prenait souvent un aspect pseudo-néoplasique, à l'œil nu. De même les rétrécissements du rectum peuvent être produits par la tuberculose, la syphilis, ou d'autres inflammations. Le diagnostic ne peut souvent être fait qu'au microscope, et il est quelquefois fort délicat.

III. — TUMEURS DU SEIN

Les tumeurs du sein constituent un objet d'étude extrêmement important. Elles vont nous montrer des types de néoplasmes du tissu épithélial glandulaire un peu plus complexes que ceux que nous avons étudiés jusqu'ici.

Ce sont des lésions extrêmement fréquentes; en raison de leur situation, elles sont bien observées; elles sont enfin fréquemment enlevées chirurgicalement et soumises à l'examen anatomique : on demande souvent aux histologistes, à leur propos, des indications sur leur type et leur malignité. Elles doivent donc nous arrêter pour tous ces motifs.

Nous laisserons de côté les néoplasmes développés aux dépens des masses adipeuses périlobulaires (*lipomes*), ou des tissus aponévrotiques de voisinages (*tumeurs de la série fibreuse*), ou du tissu épithélial ectodermique qui revêt la peau de la glande *cancroïdes : maladie de Paget*) : toutes ces productions sont exceptionnelles, et ne peuvent entrer en ligne de compte avec les tumeurs de la glande elle-même, du tissu glandulaire (1).

Nous ne nous occuperons pas non plus des productions *secondaires*, venues d'une tumeur éloignée et se fixant sur le sein. Elles ne s'observent pour ainsi dire jamais. Il ne sera donc question ici que des tumeurs généralement rencontrées, c'est-à-dire les **tumeurs primitives des tissus glandulaires** (2).

----

(1) De même il faut signaler seulement la possibilité de *tumeurs du sein à stroma chondroïde ou ossiforme*, véritables raretés, mal classées, et analogues comme structure à certains néoplasmes du tissu osseux.
(2) Nous n'envisagerons que les tumeurs chez la femme. *Chez*

§ 1. — Caractères du tissu glandulaire du sein.
Ses modifications périodiques.

Le tissu glandulaire du sein, formant des lobules plongés, sous la peau, entre des lames de tissu cellulo-adipeux, présente une particularité très remarquable : il a, pendant la vie de l'organisme, de longues phases de nutrition ralentie, correspondant à des périodes de non-fonctionnement, et des moments d'activité, ceux-ci relativement courts (lactation) ; enfin il subit à un certain moment une atrophie définitive. Ses caractères se modifient pendant ces différentes phases.

État de repos. — Pendant toute la vie génitale de la femme, en dehors de la parturition, la glande est au repos ; elle n'est

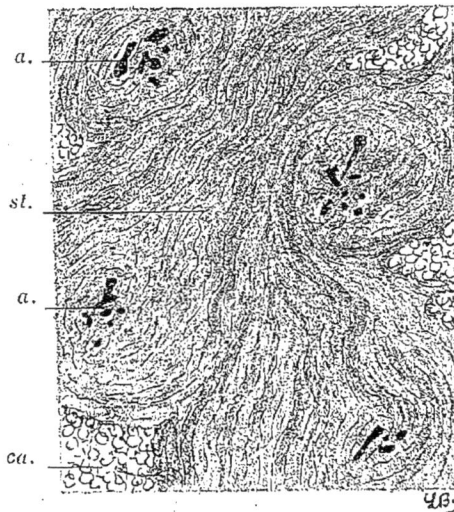

FIG. 165. — *Sein normal chez une jeune fille* (faible grossissement).
a., acini, de volume réduit, groupés en lobules ; — *st.*, stroma très exubérant ; — *ca.*, tissu cellulo-adipeux.

pas atrophiée véritablement, mais la nutrition du tissu s'y fait

l'homme, les rudiments glandulaires peuvent donner naissance aussi à des néoplasmes qui ont généralement les caractères d'épithéliomes glandulaires plus ou moins atypiques. Ils sont rares.

dans un sens spécial, donnant un grand développement aux parties intercalaires, qui constituent le stroma ; au contraire les éléments épithéliaux y sont peu développés, ne se renouvellent presque pas, sont à l'état de latence. Ce fait n'échappe pas aux lois générales de la vie des tissus ; les cellules différenciées constituant les éléments d'activité, les tissus normalement les plus inactifs contiennent des substances intermédiaires très développées par rapport aux cellules.

Voici par exemple une coupe du tissu mammaire chez une jeune fille ; on y voit les *acini* groupés en *lobules*, suivant l'ordonnance habituelle de la glande ; mais ces acini sont sans lumière, comme comprimés ; ils se réunissent dans chaque lobule en petits bouquets grêles. Ces lobules eux-mêmes paraissent rares parce qu'ils sont séparés par de grandes étendues d'un stroma à fibres épaisses, hyalines, bien nourries, gorgées de sucs. Ce tissu est bien vivant, mais en état d'activité faible.

État d'activité. — Survienne une grossesse, préparant l'al-

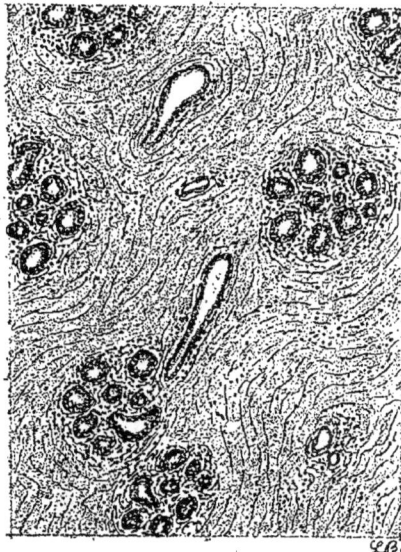

FIG. 166. — *Sein normal pendant la lactation* (même grossissement que la figure précédente).

Les acini sont beaucoup plus volumineux, entourés de nombreuses cellules. Le stroma, moins abondant, contient aussi de nombreux éléments cellulaires. Deux canaux galactophores vers le centre de la figure.

laitement, et l'allaitement lui-même. Des conditions que nous ignorons modifient la nutrition du tissu, changent ce plan de latence. Le stroma diminue, fond, si l'on peut dire, tandis que les cellules épithéliales prennent un développement considérable; leur vie s'accélère, elles absorbent des sucs et en sécrètent, et se renouvellent activement. La sécrétion se prépare, puis se manifeste franchement.

Sur une coupe du tissu, pendant cette phase, nous trouvons des acini volumineux, à lumière bien apparente. Les cellules épithéliales qui les forment sont grosses, chargées de gouttelettes grasses et de substances salines et tombent en partie dans la cavité glandulaire qui devient large. Les conduits excréteurs (*canaux galactophores*) sont très apparents. De nombreuses petites cellules de remplacement se pressent au voisinage des acini, dans tous les lobules. Le stroma interlobulaire est devenu plus lâche, plus fibrillaire, il contient aussi de nombreuses cellules exsudées des vaisseaux, disséminées çà et là.

Unité du tissu mammaire. — Dans ces deux périodes existe ainsi un véritable balancement entre le stroma d'une part et les cellules épithéliales ordonnées en acini, d'autre part. Ces deux groupes font partie intégrante du tissu mammaire ; grâce à leur complicité, ce tissu glandulaire particulier peut passer à plusieurs reprises d'une période à l'autre, sans se détruire et sans être obligé de renaître ; il est prêt, à chaque instant, à entrer en période d'activité, ou à en sortir.

Le stroma fibroïde, ici, quel que soit son développement, ne peut donc être envisagé indépendamment des glandules, auxquelles il est lié ; il ne doit pas être considéré comme un tissu spécial, qui serait du tissu fibreux. Cette conception nous donnera la clef des apparences multiples que revêtent les tumeurs du sein, malgré leur origine dans un même tissu.

Sénilité de la glande. — Une autre démonstration de cette unité biologique est l'évolution sénile de la glande. Cette vieillesse est distincte de la sénilité générale de l'organisme. C'est l'état dans lequel se trouve la glande lorsqu'elle a renoncé définitivement à ses propriétés actives, quel que soit l'âge de l'individu et l'état de ses autres organes. Elle apparaît, chez les sujets où le fonctionnement a été normal, au moment de la ménopause ; beaucoup plus tôt, ou même congénitalement, chez d'autres.

Quelle est la constitution de ce tissu sénile définitivement inactif ? Si le stroma que nous avons trouvé en abondance chez la femme jeune était un tissu fibreux ayant les propriétés du tissu fibreux, en un mot distinct des éléments glandulaires, nous retrouverions ce tissu extrêmement développé lorsque la glande est au repos définitif ; c'est lui qui étoufferait irrémédiablement les parties sécrétantes. Or il n'en est rien. Il disparaît avec

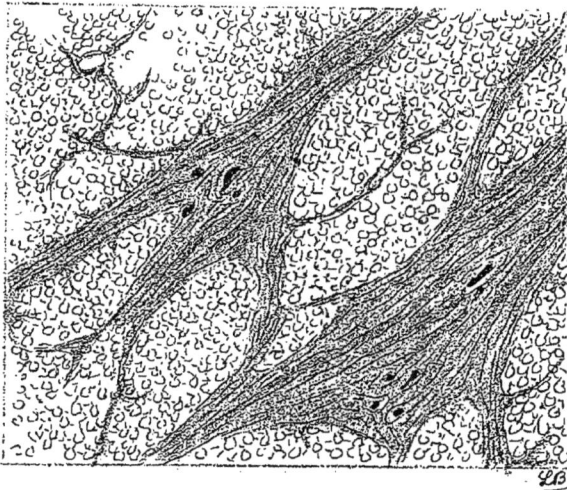

FIG. 167. — *Sein normal à l'état de sénilité* (faible grossissement).
Prédominance du tissu cellulo-adipeux aux dépens du tissu glandulaire représenté par un stroma peu abondant et des acini très réduits.

les éléments glandulaires lorsque l'activité sécrétoire se perd. L'atrophie de la glande sénile se produit par le ratatinement de l'ensemble, stroma et acini, au profit d'un tissu cette fois *différent, le tissu fibro-cellulaire adipeux*, qui envahit le sein.

Variations de structure des tumeurs. — Le tissu mammaire est donc composé par la réunion d'éléments glandulaires et d'un stroma, qui tous deux en font partie intégrante. Si l'on excepte la période de sénilité, pendant laquelle le tissu devient, pour ainsi dire, inexistant, on constate que la glande peut se présenter suivant deux aspects différents, et également normaux, suivant qu'elle ou non est dans une phase de repos. Cette donnée d'anatomie générale est importante pour comprendre les néoplasmes du sein.

Il ne faut pas en déduire seulement que la structure générale des tumeurs différera lorsqu'elles se seront développées pendant l'une ou l'autre de ces deux phases : ce fait est exact, mais d'importance pratique restreinte, parce que les périodes d'activité du sein sont d'assez courte durée, et que les tumeurs produites à ce moment sont en conséquence peu fréquentes.

Il faut en retenir surtout que, suivant des conditions de nutrition que nous ignorons, le tissu mammaire peut présenter *normalement* une proportion extrêmement variable du stroma et des éléments glandulaires. Les néoplasmes, dont les caractères sont liés ici comme ailleurs, aux caractères biologiques du tissu normal, nous présenteront aussi des types dans ce sens, suivant des conditions de nutrition encore inconnues: Chez les uns l'hyperplasie portera surtout sur le stroma, chez les autres sur l'épithélium. Nous n'aurons pas besoin pour tout cela de supposer que ces types constituent des tumeurs de nature différente, fibreuses, épithéliales, ou mixtes (fibromes, adénomes, adéno-fibromes). Ces divisions, d'ailleurs, ne concordent pas avec le simple examen des faits, en raison des multiples types de transition qui existent d'une forme à l'autre.

§ 2. — Structure des tumeurs du sein.
Formes histologiques.

Lorsque l'on peut examiner indistinctement pendant une assez longue période de grandes séries de tumeurs du sein enlevées chirurgicalement, comme cela se pratique dans quelques centres hospitaliers, on ramène vite, au point de vue de la structure, toutes les variétés à quelques types fréquents.

A. — FORMES TYPIQUES. — ADÉNOMES.

a) **Type à épithélium prédominant.** — Dans ce cas le néoplasme produit un développement intense des *éléments* *glandulaires.* Les figures histologiques sont à comparer à celles du sein en lactation. Les acini sont bien développés, avec des cellules hautes, une lumière apparente, des éléments de rénovation nombreux à l'entour. Ces acini sont générale-

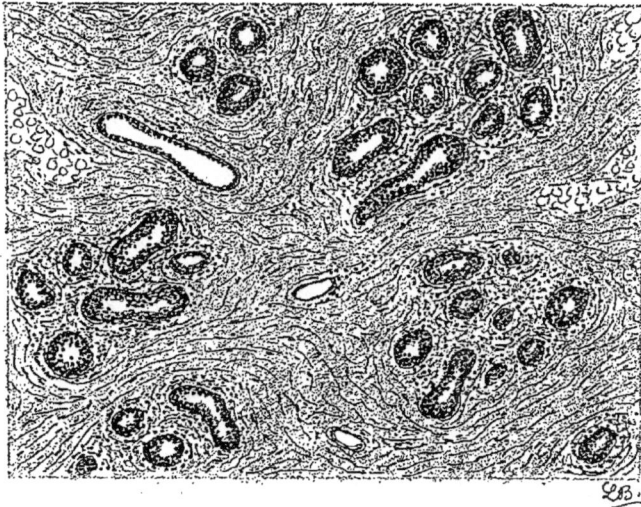

FIG. 168. — *Adénome du sein* (grossissement moyen).
Type à épithélium prédominant. Acini bien développés, rappelant l'aspect du sein en lactation.

ment réunis en lobules comme dans le sein normal, cependant un peu moins régulièrement,

C'est là une tumeur typique, qui mérite, comme toutes celles des tissus glandulaires, le nom d'adénome.

b) **Type à stroma prédominant.** — Ici c'est surtout le *stroma* qui a pris un grand développement ; il forme des nappes étendues de fibres larges, hyalines, peu chargées en cellules, comme dans la glande pendant ses périodes de latence. Mais l'épithélium lui aussi montre des indices de son activité, quoique à un moindre degré ; il forme des acini plus volumineux et plus irréguliers qu'à l'état normal, allongés, à lumière effacée, comme comprimés, souvent disséminés ou mal ordonnés en groupes lobulaires.

Ce sont ces formes que l'on désigne quelquefois sous le nom de *fibro-adénome* ou de *fibrome* simple, comme s'il s'agissait de tumeurs du tissu fibreux, accompagnées d'une hyperplasie des éléments glandulaires qui serait produite par une « réac-

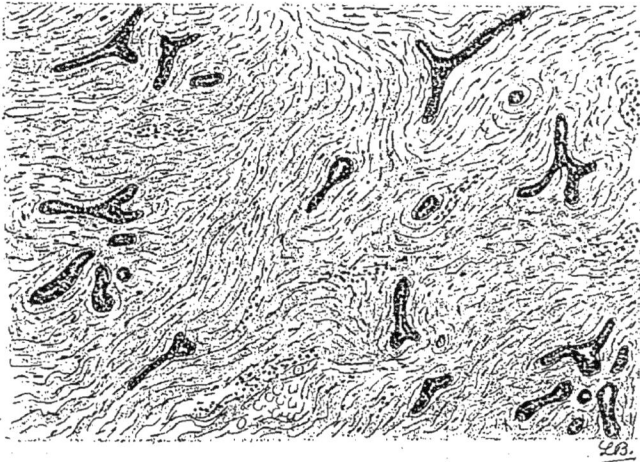

Fig. 169. — *Adénome du sein* (grossissement moyen).
Type à stroma prédominant, dit fibrome ou fibroadénome.

tion » hypothétique. En réalité, ce sont encore des tumeurs typiques d'un tissu glandulaire, c'est-à-dire véritablement des **adénomes**. D'ailleurs, il existe toutes les formes de transition entre ce type et le précédent, et nous allons voir qu'ils se confondent encore dans les variétés suivantes.

c) **Variétés**. — Quel que soit le type d'adénome, il peut présenter des variations histologiques secondaires : tendance kystique, végétante, exubérante.

Adénomes kystiques. — La tendance kystique se manifeste par la production de véritables cavités : la néoproduction épithéliale se développe en revêtements étendus autour de cavités arrondies ou allongées, quelquefois assez grandes pour être vues à l'œil nu. Ce phénomène peut se produire aussi bien sur des adénomes à stroma abondant que sur ceux de l'autre type.

Quels que soient ces types, on dit, lorsque les kystes sont appréciables à l'examen macroscopique, qu'on a affaire à un

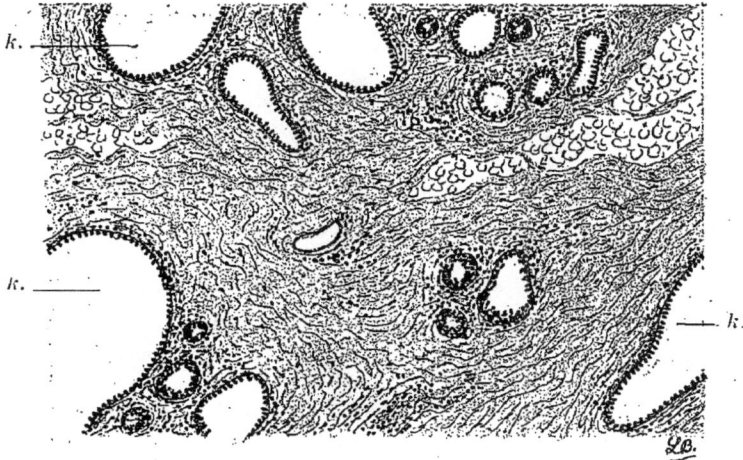

FIG. 170. — *Adénome du sein à tendance kystique* (grossissement moyen).
Aspect adénomateux analogue à celui de la fig. 168 avec tendance des néoproductions à former des cavités kystiques (k.,k.).

adénome kystique; adénome à tendance kystique dans les cas contraires.

Adénomes végétants. — Une autre variation peut s'observer sous forme de **tendance végétante**.

Les éléments glandulaires se développent activement, tandis que le stroma prolifère, sous forme de saillies soulevant l'épithélium. Ce phénomène peut se produire aussi dans les différents types d'adénomes. Lorsqu'il est très intense, il donne des figures assez caractéristiques ; les acini deviennent très allongés, comme étirés, ou ramifiés, au-dessus d'un stroma saillant, bourgeonnant : formes dites *adéno-fibrome végétant* (1). La même tendance peut s'associer avec la tendance

(1) Ce terme a été formé parce que l'on supposait que le stroma participant au bourgeonnement, était un tissu fibreux indépendant des éléments glandulaires. On se représentait la tumeur comme produite à la fois par la néoproduction glandulaire (adénome) et par la tumeur fibreuse (fibrome).

kystique : les saillies du stroma forment des végétations recouvertes d'épithélium dans l'intérieur des cavités kystiques. Cet

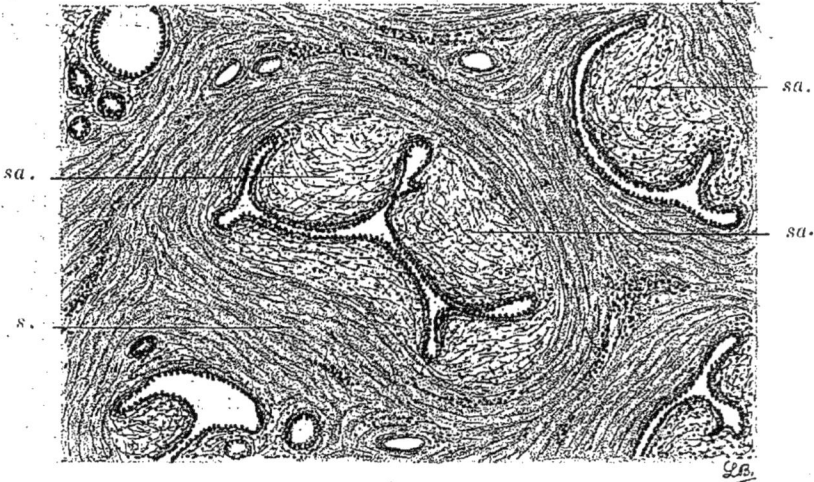

FIG. 171. — *Adénome du sein à tendance végétante* (grossissement moyen).
Aspect analogue à celui de la fig. 169 mais avec une tendance végétante du stroma (*s*.), qui dessine des saillies soulevant l'épithélium. Ces saillies (*sa*) sont formées par un tissu jeune, avec de nombreuses cellules. Comparez la fig. 219.

aspect est réalisé au maximum dans les formes où les kystes sont très volumineux, donnant les variétés dites dendritiques.

Adénomes exubérants. — Toutes les tumeurs typiques du sein peuvent, à un moment donné, prendre un **développement rapide**, tout en gardant leurs caractères généraux. Les éléments de rénovation deviennent très nombreux. Les acini se remplissent de cellules, leur lumière peut disparaître ; plusieurs peuvent paraître confluents et soudés entre eux, leur ensemble formant des masses épithéliales conservant encore l'ordonnance lobulaire, et l'aspect général du tissu sain. Ce sont là des formes qui, au point de vue structural, servent de transition aux tumeurs méta et atypiques (1).

(1) Ce phénomène peut aussi se produire avec les variétés kystiques et végétantes. Dans ce dernier cas, on emploie quelquefois, au lieu

B. — FORMES MÉTA ET ATYPIQUES. — ÉPITHÉLIOMES.

Ces formes vont toutes nous présenter des caractères histologiques de malignité : ce sont des **épithéliomes**, les *cancers du sein*.

Dans les tumeurs du tube digestif nous avons vu que certaines tumeurs malignes conservaient le caractère typique ; c'étaient des adénomes malins, ou, si l'on préfère, des épithéliomes typiques. Ici nous n'en trouvons guère d'analogues ; les épithéliomes sont presque toujours méta ou atypiques. C'est un cas particulier d'une loi assez générale : les caractères typiques se perdent d'autant plus rapidement que le tissu a une tendance sécrétoire plus exclusive. La peau, qui était un tissu presque uniquement de revêtement, nous a montré la persistance des caractères typiques même dans beaucoup des formes envahissantes ; la muqueuse gastro-intestinale, qui est encore, dans une certaine mesure, une membrane limitante, nous a encore fourni quelques rares variétés typiques, lorsque ses tumeurs s'accroissaient par infiltration ; au niveau du sein, les néoformations typiques sont réduites à celles qui ont un développement autonome (1). Nous le verrons encore dans les parenchymes glandulaires comme le foie, le pancréas, etc.

a) **Formes métatypiques.** — **Épithéliomes métatypiques**. — Dans ces formes, la caractéristique du tissu normal, formé d'acini à épithélium bien limité, réunis en

---

du terme adéno-fibrome végétant, celui de *adéno-sarcome*, le mot sarcome désignant la néoproduction fibreuse maligne qui est supposée associée à la néoproduction adénomateuse ; le terme est en réalité aussi inexact que celui d'adéno-fibrome.

(1) Il existe cependant, mais très rarement, des cancers du sein, c'est-à-dire des tumeurs à développement envahissant, épithéliomes, qui sont constitués par des néoformations alvéolaires revêtues régulièrement d'un épithélium bien limité ; on les appelle quelquefois des *épithéliomes canaliculaires*, comme s'ils étaient exclusivement développés aux dépens des canaux galactophores. C'est là une interprétation. Ils paraissent simplement représenter, au sein, les formes homologues des épithéliomes typiques que nous avons rencontrés plus fréquemment au niveau de l'estomac, du rectum, etc.

lobules, ne se retrouve plus. Mais la disposition rappelle encore, par certains points, l'état normal.

On voit ainsi des tumeurs donnant les figures suivantes : un stroma formé de fibres denses, et des cellules épithéliales confluentes, réunies en amas arrondis dont le centre contient une masse granuleuse, produit de sécrétion : il y a là encore une ébauche de l'orientation glandulaire (voir fig. 172).

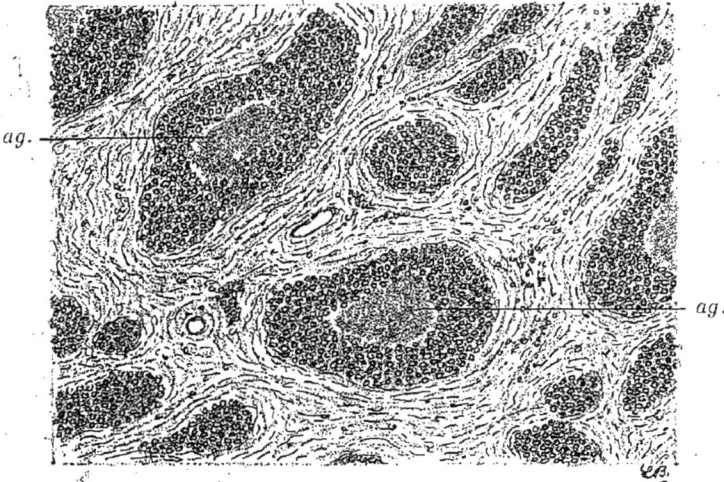

FIG. 172.— *Épithéliome métatypique du sein* (grossissement moyen).
Variété montrant, dans un stroma moyennement développé, des îlots cellulaires dont le centre contient par places des amas granuleux (*ag.*).

D'autres fois les cellules épithéliales sont amassées en boyaux absolument pleins, sans aucune substance de sécrétion visible : mais ces boyaux rappellent par place l'ordonnance qu'ont, dans le tissu sain, les acini en lobules.

Ces tumeurs se rencontrent assez fréquemment ; elles s'accroissent par envahissement, ce sont des **épithéliomes métatypiques.**

b) **Formes atypiques. — Épithéliomes atypiques.** — Ces formes sont très fréquentes aussi. Elles montrent des cellules ayant conservé individuellement le caractère épithélial, répandues sans aucune ordonnance dans un stroma variable. Elles peuvent être, comme dans les tumeurs atypiques des autres organes, isolées en petits boyaux minces, courts et nombreux, ou réunies sans ordre en gros amas. Nous avons vu des figures analogues dans les cancers gastriques par exemple, et nous avons déjà noté que l'abondance du stroma par rapport aux cellules, ou inversement, donnait lieu aux variétés *encéphaloïdes* ou *squirrheuses* (voir les fig. 143 et 144) ; nous avons noté aussi que le terme ancien et imprécis de *carcinome* s'applique plus ou moins bien, suivant les auteurs, à ces formes atypiques (1).

Remarque pratique. — On trouve fréquemment dans le stroma des tumeurs méta ou atypiques du sein une grande quan-

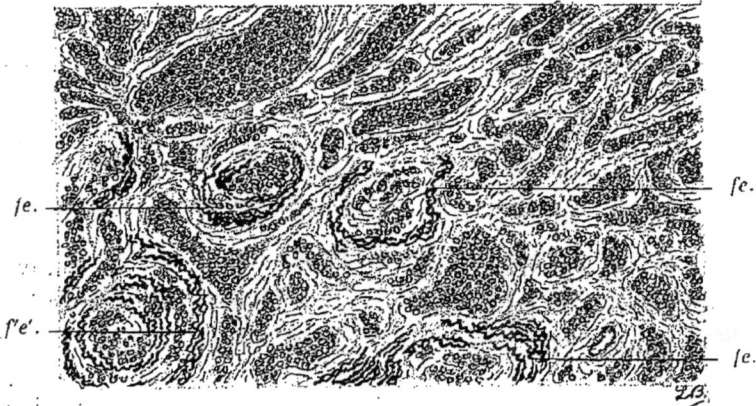

FIG. 173. — *Épithéliome atypique du sein* (grossissement moyen).

Forme banale. Stroma moyennement développé, avec des îlots ou des boyaux cellulaires sans ordonnance. Noter dans cette figure l'abondance des fibres élastiques, figurées en noir (*fe*). Quelques-unes paraissent le vestige de parois artérielles (*f'e'.*).

tité de fibres élastiques. On sait que ces fibres apparaissent

(1) Enfin il peut exister, mais le fait est très rare, des tumeurs extrêmement atypiques, dans lesquelles les cellules infiltrant le stroma sont très petites, et sans caractères. Ces formes, d'aspect sarcomateux, sont simplement des épithéliomes à petites cellules, comme nous en avons vu au niveau de l'estomac ou encore au niveau de la peau où elles forment les cancers mélaniques.

comme des filaments irrégulièrement festonnés et enchevêtrés, très réfringents, colorés en jaune d'or ou en jaune verdâtre par le picrocarmin,. ou en rouge par l'éosine. Souvent ces fibres sont ordonnées en anneaux ; elles sont probablement le résidu de la paroi d'artérioles envahies et détruites par la tumeur. Quoi qu'il en soit, leur présence peut être un indice diagnostique, en présence d'une coupe histologique.

Il faut noter aussi que certaines tumeurs du sein montrent un stroma dans lequel les éléments cellulaires, assez nombreux, prennent une forme allongée, ce qui lui donne l'apparence du tissu musculaire lisse. Ce n'est là qu'une modification secondaire, d'ailleurs extrêmement rare.

§ 3. — Évolution. — Caractères et formes macroscopiques.

a) **Tumeurs bénignes.** — Les tumeurs typiques, les adénomes, se développent par autonomie. Les néoformations refoulent les tissus voisins, sans les infiltrer. Ce phénomène produit à la périphérie une sorte de tassement des éléments fibrillaires, une *capsule*. Ce sont donc des tumeurs bénignes.

A L'OEIL NU, elles forment de petites masses arrondies ou oblongues, grosses comme une noix, comme un œuf; elles sont incluses dans la glande, mais bien limitées et pouvant être énucléées; on les sent à la palpation du sein.

Leur consistance et leur couleur varient suivant leur type histologique. Les formes à stroma prédominant sont plus nacrées et plus dures; aussi les a-t-on prises longtemps pour des tumeurs fibreuses, des fibromes ; les autres sont un peu moins fermes, plus grisâtres, ou rosées.

Lorsque la tendance kystique est assez marquée, on voit les *kystes* à l'œil nu, sur la surface de section, sous forme de petites cavités plus ou moins confluentes contenant un liquide clair. Ces néoplasmes comme aussi ceux à tendance végétante, sont généralement plus volumineux que les précédents.

et bosselés : ce caractère pouvant être appréciable à la palpation de la glande.

Toutes ces tumeurs sont généralement uniques, occupent un seul sein. Elles n'adhèrent ni à la peau, ni aux plans profonds.

b) **Tumeurs secondairement malignes.** — Il peut arriver que des tumeurs typiques, avec leurs différentes variétés, prennent une activité considérable, tout en continuant à se développer par autonomie. Elles sont alors le siège de phénomènes de rénovation très actifs. L'apport des matériaux de rénovation est extrême : le néoplasme augmente rapidement de volume. Nous en avons noté précédemment les aspects histologiques.

A L'ŒIL NU, on note les grandes dimensions de la tumeur, qui peuvent dépasser celles du sein opposé ; les tissus voisins sont comme écrasés, la peau s'amincit, se distend, sa nutrition est compromise ; elle devient violacée et s'ulcère, mais n'adhère pas à la tumeur dont on peut la décoller avec un stylet.

Ces formes ont été appelées pendant longtemps des *sarcomes*, parce que cette évolution macroscopique rappelle celle des tumeurs malignes du tissu conjonctif. Comme dans celles-ci les ganglions sont peu atteints.

Il arrive fréquemment que ces tumeurs présentent une modification secondaire de leur structure histologique : les néoformations deviennent méta ou atypiques, la capsule peut être envahie et détruite ; le néoplasme progresse dès lors en infiltrant le tissu voisin et en se comportant comme un épithéliome ordinaire : généralisation ganglionnaire, viscérale, etc.

Cette évolution peut s'observer avec des tumeurs kystiques ou végétantes. Dans ce cas, on leur adjoint quelquefois le terme sarcome : *adéno-sarcome kystique, adéno-sarcome végétant.*

c) **Tumeurs malignes d'emblée. — Cancers du sein.** —

Les néoplasmes méta ou atypiques s'accroissent originellement par envahissement. Ce sont des épithéliomes, cliniquement les *cancers du sein.*

Sur des coupes pratiquées à la périphérie, on voit au microscope les néoproductions s'infiltrant dans les tissus voisins et les détruisant. Elles envahissent ainsi les vaisseaux, qu'elles oblitèrent, les lymphatiques; elles se développent dans la gaine des nerfs; elles occupent les masses adipeuses périphériques, les aponévroses, les muscles des plans profonds et même la paroi thoracique et la plèvre; elles remontent dans la trame-sous-épithéliale de la peau, produisant des modifications nutritives de l'épithélium qui s'atrophie ou se nécrose. Ces caractères expliquent certaines particularités de l'aspect macroscopique et de l'évolution clinique.

A L'OEIL NU les cancers sont mal limités, ne peuvent être isolés des parties voisines; dans la **forme banale**, on trouve dans un sein une masse irrégulière assez ferme, se prolongeant à l'entour par de véritables *racines*. A la section, la tumeur se montre formée d'un tissu dense, grisâtre; la pression fait sourdre quelquefois de petits grumeaux qui sont des amas épithéliaux. L'infiltration aux plans profonds produit plus tard l'adhérence de la masse cancéreuse à la surface thoracique (phénomène cliniquement appréciable); l'infiltration du tissu cutané ride finement la surface de la peau (*peau d'orange*); la nécrose de l'épithélium produit l'ulcération; l'envahissement ganglionnaire se manifeste, surtout au creux axillaire. Tel est du moins l'aspect et l'évolution clinique générale des tumeurs méta et atypiques à stroma moyennement développé; ce sont les plus fréquentes.

Les formes très cellulaires, à stroma délié, que l'on rencontre encore assez souvent, donnent des cancers plus rapidement volumineux, plus mous; à la section, leur tissu n'a aucune cohésion, il paraît ramolli, blanchâtre: ce sont les **encéphaloïdes**. L'ulcération en est rapide et quelquefois profonde, en raison d'oblitérations vasculaires.

Un peu plus rares sont les **squirrhes**. Ce sont les variétés dans lesquelles les cellules sont peu abondantes, le stroma dense. Elles sont de petit volume et souvent très dures ; ce sont aussi, bien entendu, des tumeurs à accroissement envahissant ; elles adhèrent aux plans voisins. Elles peuvent former des nappes dures qui s'étendent sur la paroi thoracique, vers l'aisselle ; **cancers en cuirasse.** — Souvent elles évoluent avec une extrême lenteur, en rétractant vers elles les plans voisins, et en paraissant ainsi diminuer de volume : **squirrhe atrophique.**

Tous ces cancers, mais particulièrement les premières formes, se GÉNÉRALISENT fréquemment. Nous avons déjà signalé l'*envahissement ganglionnaire*, qui est de règle. Quant aux généralisations viscérales, elles sont moins fréquentes ou plus tardives (*foie, poumon, colonne vertébrale*).

Tous, enfin, sans exception, sont sujets à la RÉCIDIVE après l'ablation (1).

§ 4. — Lésions non néoplasiques à rapprocher des tumeurs du sein.

Mammites chroniques. — Nous avons déjà noté, à propos de divers tissus ou appareils, que des inflammations subaiguës ou chroniques pouvaient produire des lésions anatomiquement très comparables aux tumeurs. Ce phénomène est très apparent au niveau du sein ; les *mammites chroniques*, consécutives à des poussées aiguës ou développées insidieusement, produisent des lésions analogues aux adénomes, simples ou kystiques. Histologiquement, l'aspect adénomateux de ces productions est tout à fait typique. A l'œil nu, elles forment aussi des nodules durs, ressemblant aux adénomes. Mais le plus souvent les noyaux de

(1) Il existe une variété très spéciale de cancer du sein que nous avons laissée de côté parce qu'elle est tout à fait exceptionnelle, et de structure mal déterminée. C'est le **cancer massif,** qui est quelquefois bilatéral, et dont l'évolution est très rapide, simulant une affection aiguë

mammite sont multiples dans la glande, quelquefois petits et nombreux (**mammite noueuse**). Ils sont enfin souvent bilatéraux.

Une variété spéciale, la **maladie de Reclus**, se rapproche particulièrement des adénomes vrais : ici les néoproductions d'aspect adénomateux prennent l'aspect kystique. On a d'ailleurs souvent classé dans ce groupe des tumeurs bénignes véritables ; cette affection n'est bien délimitée en tant qu'inflammation chronique que lorsque les néoproductions sont *multiples* et *bilatérales*.

Tuberculose mammaire. — La tuberculose mammaire n'est pas très rare ; elle produit aussi une hyperplasie des acinis et des lobules, qui deviennent volumineux, plus apparents, comme dans les adénomes à productions épithéliales abondantes. A l'examen macroscopique se décèlent des nodosités plus ou moins confluentes, mais le caractère inflammatoire et la nature tuberculeuse se décèlent au microscope par l'abondance des petites cellules qui confluent au voisinage des acinis, les englobent, et finissent par former des amas à centre caséeux, entourés de cellules géantes. A l'œil nu, ces points forment de gros tubercules généralement ramollis, source de suppurations et de fistules.

Kystes du sein. — Si l'on excepte les tumeurs kystiques signalées précédemment, les kystes du sein sont rares. Ce sont des **kystes hydatiques**, des **kystes dermoïdes** : deux variétés exceptionnelles. Ce sont aussi les **galactocèles** qui sont plus fréquents mais dont l'origine exacte est mal connue.

IV. — TUMEURS DES AUTRES ORGANES GLANDULAIRES

A. — CORPS THYROÏDE.

Les tumeurs primitives du corps thyroïde sont extrêmement fréquentes, au moins dans leurs formes bénignes que représentent les adénomes (goitres).

Normalement la thyroïde est formée de *vésicules* régulières, séparées par une charpente mince ; les vésicules, tapissées d'un épithélium à cellules cubiques, contiennent un produit de sécrétion à caractères spéciaux, brillant, que le carmin colore en jaune, l'hématéine en rose : la *substance colloïde*. Les caractères très particuliers de la sécrétion thyroïdienne se retrouvent presque toujours, plus ou moins atténués, dans ses néoplasmes.

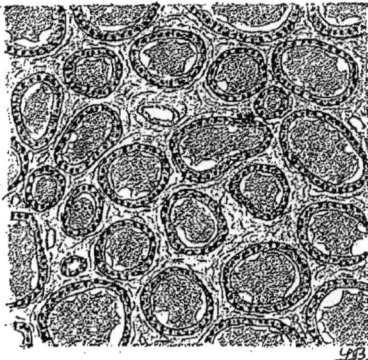

Fig. 174. — *Tissu thyroïdien normal* (grossissement moyen).

La substance colloïde est représentée en gris, dans les vésicules. Elle est par place rétractée par les réactifs et s'écarte de la paroi avec un bord festonné.

§ 1. — **Structure des tumeurs thyroïdiennes.**

a) **Tumeurs typiques. Adénomes.** — Les néoplasmes typiques du tissu thyroïdien sont tous constitués par des vésicules bien formées, plus ou moins volumineuses, avec de la substance colloïde. On peut ramener leurs variétés à quelques types principaux :

1° Un premier type montre des vésicules très nombreuses et très petites, dont la plupart ne contiennent pas ou peu de substance colloïde. On a appelé cet état **adénome fœtal** (Wölfler).

2° Un autre est formé d'un tissu analogue au tissu normal, mais avec un développement irrégulier des vésicules ; les unes

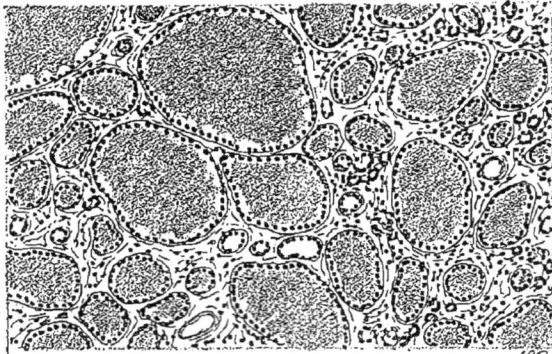

Fig. 175. — *Adénome tyroïdien* (grossissement moyen).
Cet aspect correspond au type dit *goitre parenchymateux*. Vésicules analogues à celles de la glande normale, mais de dimensions très irrégulières. Quelques-unes très petites, sans colloïde encore apparente.

sont de très petit diamètre et sans colloïde, comme si elles étaient jeunes ; les autres sont de volume variable, intermédiaires entre celles-là et les alvéoles normaux, ou un peu plus grandes. En face de telles figures on se croirait en présence d'un tissu thyroïdien simplement un peu irrégulier et en voie de développement : d'ailleurs, l'ensemble de l'adénome a un aspect et une consistance analogues à ceux de la thyroïde normale. On désigne ce type du nom de **parenchymateux**, parce qu'il rappelle l'aspect et la structure du parenchyme sain.

3º Dans d'autres cas les vésicules, ayant toujours des dimensions irrégulières, arrivent à prendre une extension considérables ; certaines forment des alvéoles visibles à l'œil nu ou à

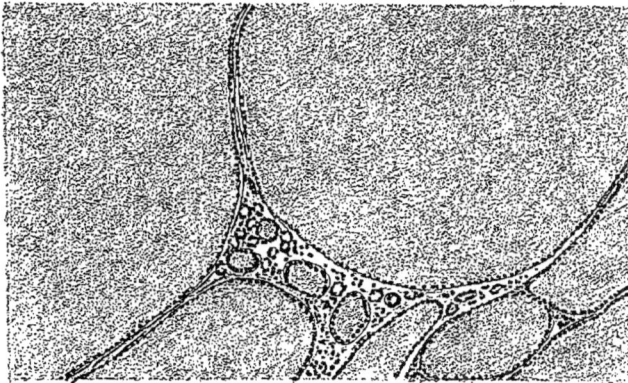

FIG. 176. — *Adénome thyroïdien* (grossissement moyen).

Aspect correspondant au type dit *goitre colloïde*. Très grosses vésicules, dépassant le champ microscopique, séparées par des travées qui sont minces ou qui contiennent des vésicules plus petites.

la loupe ; le stroma reste délié ; et comme les productions contiennent toujours de la matière colloïde, le tissu devient à l'œil nu, hyalin, brillant, un peu mou et visqueux. On applique alors le qualificatif **colloïde**.

4º Comme les adénomes du sein, les adénomes thyroïdiens peuvent aboutir à des productions **kystiques** ; les vésicules arrivent à former de véritables cavités plus ou moins grandes ; elles sont tapissées d'un épithélium aplati ; leur paroi est formée d'un tissu fibrillaire refoulé, présentant des vésicules thyroïdiennes plus ou moins abondantes. Leur contenu est colloïde ou séreux, plus ou moins mélangé à du sang, ce qui lui donne quelquefois une teinte noir ou chocolat.

5º Enfin, comme cela se produisait aussi au niveau de la glande mammaire, les adénomes thyroïdiens présentent quelquefois un développement considérable de leur stroma, ce qui les rend d'une tenue plus ferme, quelquefois dure, fibroïde. Ce sont les types fibreux ; ce terme est en réalité inexact, parce

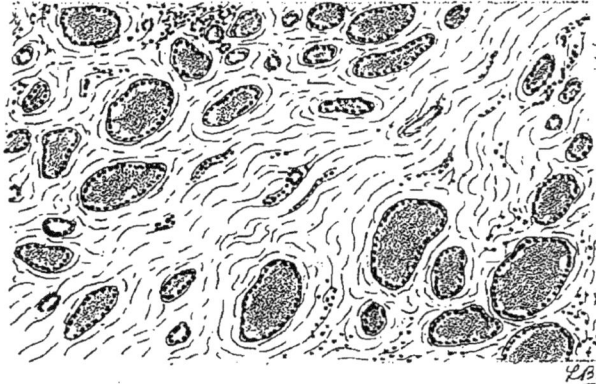

Fig. 177. — *Adénome thyroïdien* (grossissement moyen).
Aspect correspondant au type dit *goitre fibreux*. Développement considérable du stroma.

qu'il n'y a pas là production d'un tissu fibreux propre, mais il désigne commodément cet aspect.

b) **Tumeurs méta et atypiques. Épithéliomes.** — Les

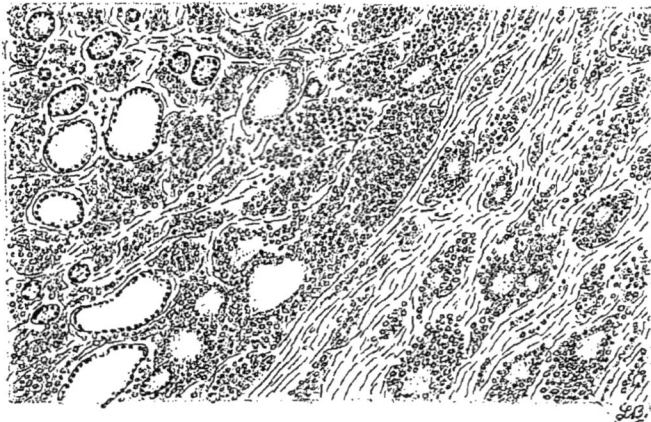

Fig. 178. — *Épithéliome thyroïdien métatypique* (grossissement moyen).
A gauche amas épithéliaux atypiques avec çà et là des formations de vésicules encore reconnaissables. A droite, capsule de la glande infiltrée de productions analogues. Sur ce dessin, à l'inverse des précédents la colloïde n'est pas teintée; elle a été réservée en clair pour rendre la figure plus lisible.

néoplasmes méta ou atypiques sont beaucoup plus rares que

les précédents. Sur les coupes histologiques, ils présentent des cellules épithéliales diffusément répandues dans un stroma, ou réunies en boyaux, en amas arrondis. Il est exceptionnel que ces amas ou que les cellules elles-mêmes ne présentent pas çà et là une boule ou une gouttelette colloïde.

§ 2. — Évolution.

a) **Tumeurs bénignes et tumeurs malignes.** — La plupart des tumeurs thyroïdiennes — tout le groupe des adénomes — s'accroissent par autonomie et sont bénignes. Les épithéliomes eux-mêmes, méta ou atypiques, restent longtemps encapsulés, retenus par l'enveloppe de la glande ; mais ils s'infiltrent en dedans de cette capsule, puis la pénètrent et envahissent les tissus voisins ; ce sont les tumeurs malignes, les cancers.

b) **Particularités dans l'évolution des tumeurs thyroïdiennes.** — Les phénomènes précédents sont communs à toutes les tumeurs des tissus glandulaires. Mais les néoplasmes thyroïdiens présentent deux particularités extrêmement importantes :

1° Les tumeurs histologiquement bénignes de la thyroïde, c'est-à-dire *très typiques, et non envahissantes (adénomes), peuvent se généraliser,* c'est-à-dire qu'on peut en trouver des métastases dans les divers organes (os, poumons, etc.). Ce sont de véritables **adénomes métastatiques.** Le fait n'est pas extrêmement fréquent d'ailleurs.

2° *Les métastases thyroïdiennes peuvent se développer secondairement à une tumeur extrêmement réduite* de la glande : si réduite quelquefois, qu'elle peut passer inaperçue. Cette règle est valable, aussi bien pour les métastases d'adénome que pour les généralisations de cancer véritable : l'un et l'autre peuvent être un simple petit nodule caché dans un lobe thyroïdien sans que le volume de la glande soit très sensiblement augmenté.

§ 3. — Caractères macroscopiques.

a) **Goitres.**— Les adénomes sont appelés goitres. Ils sont de SIÈGE variable, unilatéraux, bilatéraux, diffus. Ils peuvent être de VOLUME très petit, ou au contraire augmenter extrêmement les dimensions et le poids de la glande normale. Les néoplasmes très petits peuvent être · formés d'un noyau dur inclus dans la glande ; ces noyaux peuvent être multiples.

Leurs CARACTÈRES PHYSIQUES sont tirés de leur structure histologique. Les goitres fœtaux, parenchymateux, ont à peu près les caractères du tissu normal ; les goitres colloïdes sont gros, mous, tremblotants et muqueux sur la coupe. Les goitres fibreux sont durs, ils peuvent même présenter des points calcifiés ; les goitres kystiques sont formés d'une ou de plusieurs cavités plus ou moins grandes contenant un liquide visqueux, séreux ou chocolat.

Les goitres se développent quelquefois aux dépens des *thyroïdes accessoires*. Quelquefois ils siègent bas et s'accroissent derrière le sternum créant la variété dite **goitre plongeant**.

Les adénomes de toutes variétés donnent fréquemment des DÉFORMATIONS DES ORGANES VOISINS. La trachée est particulièrement atteinte : aplatie, ramollie ou déviée. Les goitres peuvent produire indirectement des perturbations pulmonaires et cardiaques ; on sait au reste de quels troubles ils s'accompagnent dans le domaine de la nutrition générale.

b) **Cancers**. — Les cancers ont des aspects très analogues. Aussi les désigne-t-on souvent du nom de *goitres cancéreux*. D'ailleurs ils se développent fréquemment aux dépens d'un goitre simple ; c'est-à-dire qu'un adénome existant depuis un temps plus ou moins long se met à évoluer plus rapidement, se montre envahissant, à mesure que ses éléments deviennent méta et atypiques.

Le cancer tend la capsule, l'envahit, la rendant irrégulière et comme noueuse, puis adhère aux plans voisins. Nous avons rappelé précédemment que ces cancers pouvaient être de petit volume, et cependant donner des généralisations amenant des troubles viscéraux graves ; c'est ce que l'on appelle la **forme médicale des cancers thyroïdiens.**

§ 4. — **Tumeurs du thymus et de l'hypophyse.**

Les tumeurs du **thymus** sont tout à fait exceptionnelles et très mal connues. Celles de l'**hypophyse** (corps pituitaire) n'ont

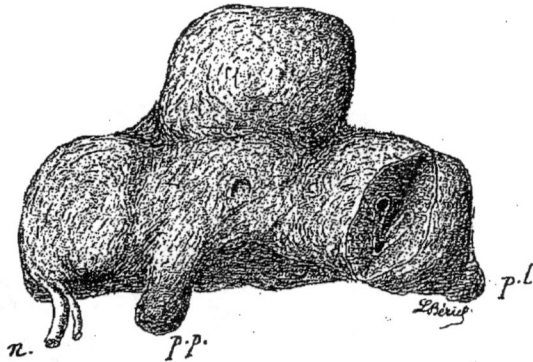

FIG. 179. — *Tumeur du corps pituitaire* (grandeur naturelle) (1).
La partie médiane seule occupait la loge pituitaire, agrandie. Les parties latérales dont l'une est sectionnée (*p. l.*) pour montrer la carotide, envahissaient les sinus caverneux. La masse supérieure comprimait la région interpédonculaire de l'encéphale. *p. p.*, petit prolongement postérieur ; *n.*, nerfs de l'œil englobés dans les parties latérales.

pas un très grand intérêt anatomique à cause de leur rareté ; elles peuvent acquérir un assez gros volume, en élargissant la

(1) JOSSERAND et BÉRIEL, *Soc. méd. des hôp. de Lyon.* Déc. 1903.

selle turcique et en faisant saillie à la base de l'encéphale qu'elles compriment ; leur caractère le plus remarquable est qu'elles donnent le plus souvent lieu aux symptômes de l'*acromégalie*.

B. — **FOIE ET VOIES BILIAIRES.**

Les tumeurs primitives du foie sont exceptionnelles ; au contraire, cet organe est très fréquemment le siège de noyaux de généralisation. Les néoplasmes primitifs des voies biliaires ne sont, eux, pas très rares.

§ 1. — Tumeurs secondaires du foie.

a) **Aspect macroscopique.** — Les cancers secondaires se

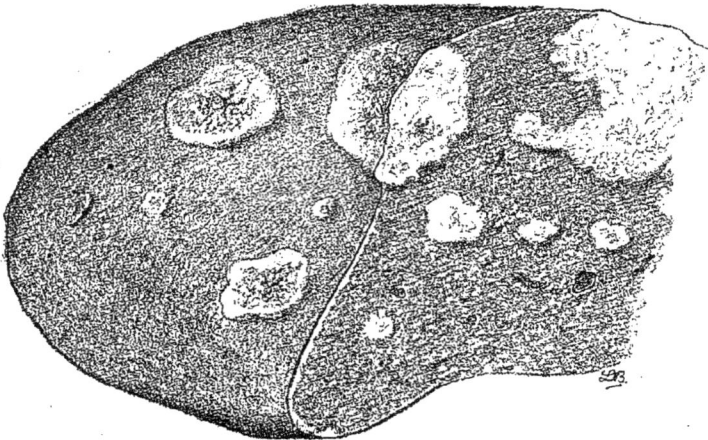

FIG. 180. — *Noyaux secondaires du foie.*
Une partie du lobe droit du foie est représentée. On voit les nodules soit à la surface de l'organe, soit sur la section. Il s'agissait ici de généralisation d'un cancer gastrique.

montrent généralement à l'œil nu sous forme de nodules blanchâtres, formés d'un tissu souvent friable, semé de points hémorragiques, à contours arrondis. Ils ont le volume d'un pois, d'une noix, généralement. Ils peuvent cependant atteindre des dimensions beaucoup plus considérables. Ils sont presque toujours multiples, quelquefois extrêmement nombreux et disséminés dans tout l'organe; celui-ci est augmenté de volume et de poids.

Il existe presque toujours des noyaux superficiels, formant une saillie légère, déprimée en son centre. Sur la coupe de l'organe les nodules proéminent aussi sur le tissu sain environnant.

b) **Structure.** — Les noyaux de généralisation ont naturellement une structure en rapport avec la tumeur mère. Cette

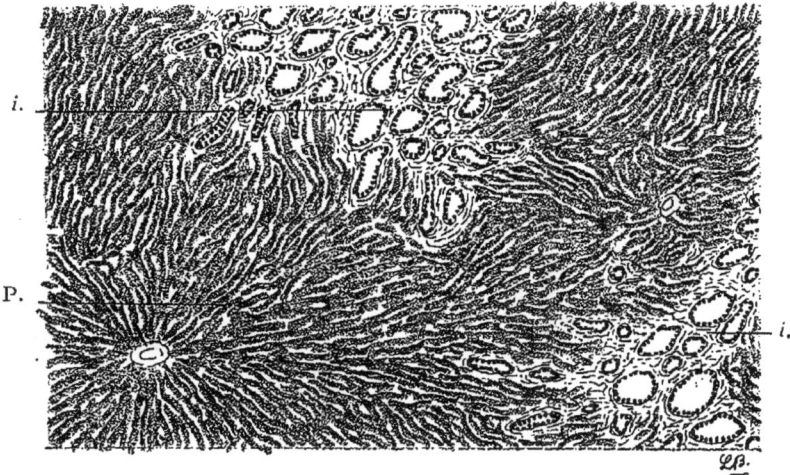

FIG. 181. — *Noyaux secondaires du foie* (faible grossissement).
Deux îlots de généralisation (*i. i.*) d'un épithéliome glandulaire (il s'agissait d'un cancer gastrique). La généralisation s'est faite sous la forme typique : les éléments sont ordonnés en néoproductions glandulaires reconnaissables. P. parenchyme hépatique sain. Comparez la fig. 141.

dernière peut être un néoplasme des tissus fibreux, cutané, osseux, etc. Mais c'est là l'exception. Beaucoup plus fréquemment, c'est un *cancer glandulaire*, et surtout un cancer du tube digestif. On trouvera donc, dans un stroma fibrillaire formant la masse du nodule, des formations épithéliales glandulaires plus ou moins typiques ou atypiques.

Quelquefois les néoproductions constituant la généralisation ne sont pas réunies en un nodule compact; elles se disséminent en rayonnant autour des espaces portes, qui sont aussi infiltrés.

Il faut noter les caractères très particuliers que prend le foie dans les **tumeurs malignes du tissu lymphatique** : c'est là aussi une sorte de généralisation. Dans ces cas, l'organe est gros, un peu mou, pâle, et sur la surface de section son tissu est semé de petites taches blanc sale, sans relief, très confluentes. Au microscope, on trouve une infinité de petites cellules rondes infiltrées diffusément entre les travées et réunies çà et là en amas plus compacts correspondant aux taches blanches.

§ 2. — **Tumeurs primitives du foie.**

Les tumeurs primitives du foie sont exceptionnelles; il faut toujours accepter leur diagnostic anatomique avec la plus grande prudence; il arrive fréquemment qu'un cancer primitif plus ou moins éloigné, de petit volume, ou déjà enlevé chirurgicalement, passe inaperçu, et que de simples noyaux secondaires hépatiques soient pris pour une tumeur primitive. C'est en effet l'enquête macroscopique beaucoup plus que l'examen histologique qui permet de faire le départ entre les cancers primitifs et secondaires, au niveau du foie, parce que les tumeurs primitives sont souvent atypiques et ne portent pas toujours en elles-mêmes des indices certains de leur origine hépatique.

Cependant l'existence de ces néoplasmes est certaine.

a) **Adénome et cancer avec cirrhose.** — Nous avons déjà vu (voir p. 167) que l'on pouvait trouver quelquefois sur les coupes histologiques de certaines cirrhoses des amas de cellules hépatiques plus volumineuses que les cellules voisines, et groupées en petits nodules compacts ; il s'agissait là de points d'hypertrophie compensatrice ayant un *aspect adénomateux* : c'était seulement une constatation histologique. Mais d'autres fois ces modifications sont assez marquées pour devenir apparentes à l'œil nu : elles apparaissent comme des taches jaunes un peu saillantes, sur la surface de section de l'organe cirrhotique ; leur constitution est analogue à celle des points précédents.

On appelle cet état **cirrhose avec adénome**, et il s'agit peut-être véritablement là d'un néoplasme ; il paraît être simplement la forme bénigne d'un type plus net, le cancer avec cirrhose, qui se relie au précédent par des intermédiaires insensibles.

Dans le **cancer avec cirrhose**, il s'agit aussi d'un foie cirrhotique, sur lequel se dessinent très apparemment des îlots ou des nodules assez volumineux, jaune d'or comme les adénomes, un peu mous. Ces îlots se montrent formés, au microscope, de cellules rappelant les cellules hépatiques, disposées en amas irréguliers, ou encore ordonnées çà et là en trabécules plus ou moins nets. On peut quelquefois suivre leur origine aux dépens de trabécules normaux.

b) **Cancer en amande.** — Les faits précédents sont rares, mais il est encore beaucoup plus exceptionnel de rencontrer le cancer primitif sans cirrhose. Sa forme la mieux caractérisée est alors celle dite « cancer en amande ». Celui-ci se présente comme une masse volumineuse, unique, située au centre de l'organe, le parenchyme sain lui constituant une sorte de coque.

Autres productions ayant l'aspect de tumeurs. — On décrit sous le nom d'**angiome du foie** une petite lésion très banale dont le mécanisme de production est mal connu, mais qui n'est certainement pas une tumeur. Elle se voit à la surface de l'organe, soit sur une des faces, soit sur le bord antérieur, comme une petite tache violacée, généralement de petit volume (pois, noisette). Une section passant en son milieu montre qu'elle correspond à un petit nodule de même aspect. Au microscope, elle

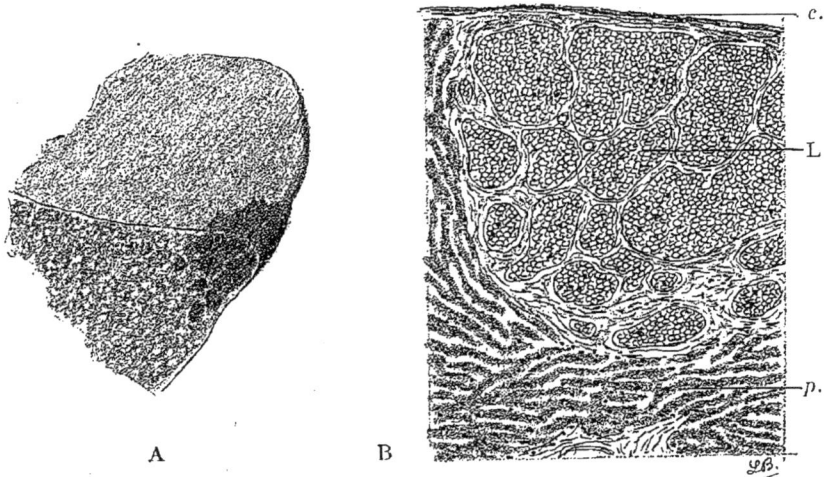

FIG. 182. — *Angiome du foie.*

A. Petit angiome situé sur le bord tranchant du foie (grandeur naturelle). figuré sectionné en son milieu.

B. Une partie de l'angiome vue à un *grossissement moyen*. c., capsule du foie. L., lacunes remplies de globules rouges constituant l'angiome. p., parenchyme hépatique au voisinage.

se montre formée par des alvéoles à parois fibroïdes minces, comblés de globules sanguins.

Les kystes hydatiques du foie ne sont pas non plus des tumeurs véritables. Ils ont été décrits précédemment (voir p. 175) Il en est de même des **gommes, tubercules,** etc. (voir p. 173).

§ 3. — Tumeurs des voies biliaires.

Les néoplasmes des voies biliaires sont de constatation assez courante. Ce sont des tumeurs primitives nées aux dépens de la muqueuse, et généralement malignes, donc des *épithéliomes*. Dans le plus grand nombre des cas, leur structure est méta ou atypique : le microscope y décèle une infiltration de

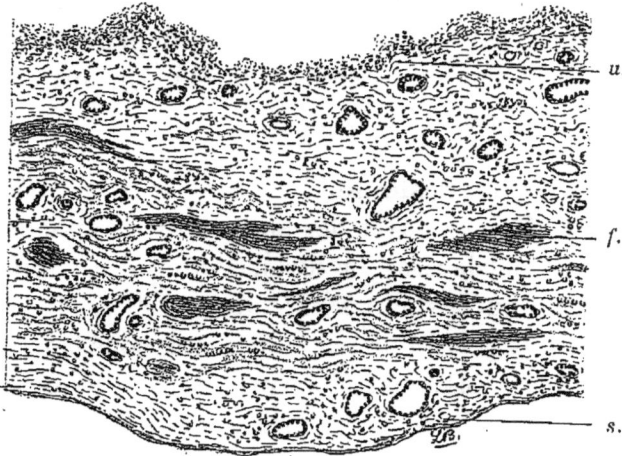

FIG. 183. — *Cancer de la vésicule* (faible grossissement).

Infiltration de toute la paroi, par des néoformations glandulaires qui, dans ce cas, sont encore typiques. *u.*, surface ulcérée; *f.*, pinceaux de fibres lisses; *s.*, couche sous-péritonéale.

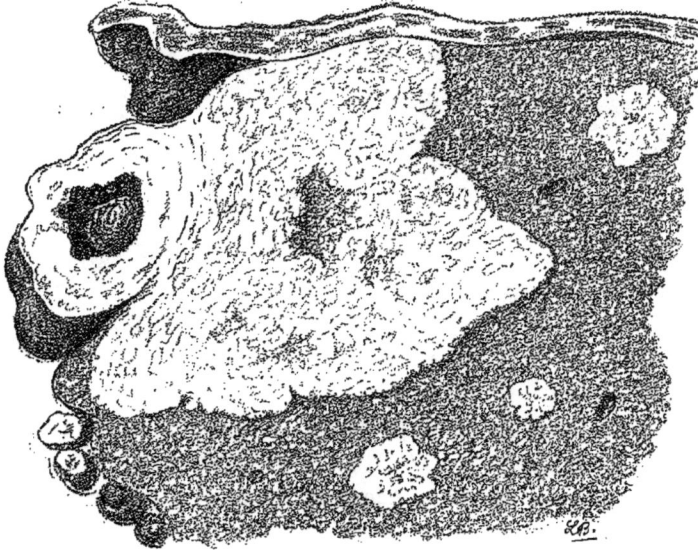

FIG. 184. — *Cancer de la vésicule avec envahissement du foie* (vu sur une section macroscopique).

On voit à gauche la vésicule, rétractée, et avec des parois épaissies. Elle contient un gros calcul. Le cancer se propage en coin, dans le parenchyme hépatique, qui contient aussi quelques noyaux de généralisations. Le diaphragme, épaissi, est adhérent au foie, en haut de la figure.

cellules épithéliales diffuses, ou en alvéoles, ou en tubes glandulaires irréguliers; le stroma est habituellement très abondant : aussi ont-elles une certaine dureté. Un autre caractère
général très commun est leur *petit volume*.

a) **Cancer de la vésicule.** — La vésicule cancéreuse est
généralement rétractée, avec des parois qui paraissent simplement épaissies, lardacées ; la surface interne est tomenteuse,
et souvent appliquée sur des *calculs*. Il est très fréquent que
le cancer se propage au foie par continuité, sous la forme d'une
pyramide de tissu blanchâtre, ferme, dont la base est formée
par la paroi vésiculaire, la pointe pénétrant le parenchyme
hépatique. D'ailleurs le foie peut présenter aussi quelques
noyaux de généralisation distincts.

b) **Cancers des conduits biliaires.** — Ces cancers forment

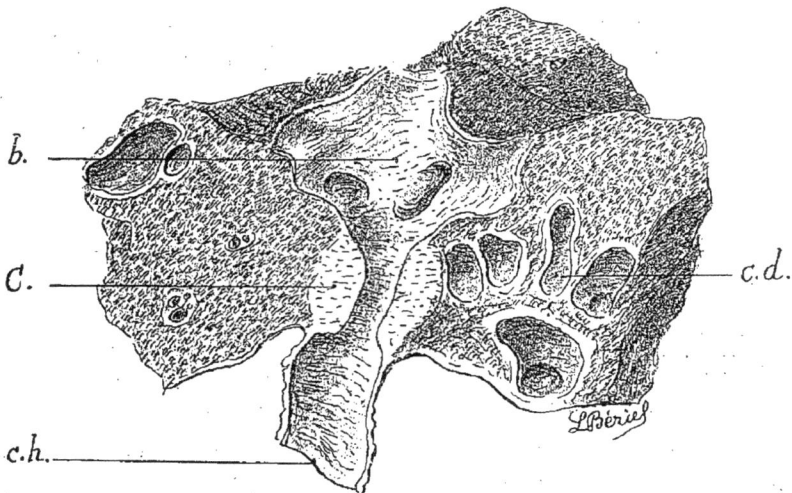

FIG. 185. — *Cancer du canal hépatique* (grandeur naturelle) (1).
Le canal hépatique (*c. h.*) est ouvert. Le cancer, en virole, (*c.*) siège à l'entrée
dans le foie, immédiatement au-dessous de la bifurcation (*b.*). Les canaux
intra-hépatiques sont dilatés (*c. d.*).

généralement de petites viroles sténosantes ; au-dessus, *les*

(1) BÉRIEL et BOUCHUT, *Journal de Médecine de Paris*, 1907.

voies biliaires sont dilatées, souvent jusque dans le foie lui-même. Mais naturellement les modifications en amont sont variables suivant que la tumeur siège sur le **cystique**, les **canaux hépatiques**, le **cholédoque**. Les cancers de la partie inférieure de ce dernier conduit peuvent envahir la tête du pancréas ou la paroi duodénale, et se distinguer très difficilement des néoplasmes primitifs de ces régions.

Le **cancer de l'ampoule de Vater** est un cancer de petit volume (noisette) dont l'origine est malaisée à déterminer ; il peut se développer aux dépens de la terminaison du cholédoque ou aux dépens de l'intestin (voir p. 398).

C. — PANCRÉAS.

Cancers du pancréas. — Le pancréas présente assez fréquemment des tumeurs primitives malignes qui le plus souvent siègent dans la *tête*.

La structure de ces tumeurs est comparable à celle de toutes les tumeurs épithéliales glandulaires. Comme dans les autres glandes viscérales, ces épithéliomes sont rarement typiques ; le plus souvent ils sont *méla* ou *atypiques*. Ils se présentent donc au microscope comme une infiltration épithéliale dans un stroma banal, de sorte que leur diagnostic histologique sur un point limité est à peu près impossible. Dans quelques cas cependant l'origine de la néoformation est encore apparente parce qu'elle est au contact de parties restées encore saines : ainsi l'on peut observer des îlots pancréatiques encore reconnaissables, en voie de transformation cancéreuse. Enfin dans certaines variétés les néoproductions ont une tendance à s'orienter pour former des lumières, ce qui fait attribuer pour certains auteurs leur origine à l'épithélium des canalicules.

Le stroma étant généralement assez abondant, les cancers de la tête forment des masses le plus souvent fermes ; elles sont même quelquefois très dures, de petit volume et peuvent être confondues avec des scléroses localisées, d'ailleurs très rares. La tumeur envahit souvent la paroi duodénale et peut s'ulcérer : il est alors très difficile de la distinguer des néoplasmes nés sur l'intestin ou de certains cancers du cholédoque. Comme ces derniers, elle produit la *dilatation des voies biliaires* et s'accompagne d'une hydropisie quelquefois énorme de la vésicule. Elle peut donner des *généralisations*, qui sont le plus souvent hépatiques, et d'ordinaires assez discrètes.

Kystes pancréatiques. — Il peut arriver que des cancers pancréatiques d'aspect encéphaloïde présentent des hémorragies dans leur tissu et s'effondrent en formant de pseudo-kystes. Le fait est exceptionnel.

Les kystes vrais que l'on peut observer dans la glande sont aussi des raretés et le mécanisme de leur production est mal connu.

D. — GLANDES SALIVAIRES.

Les tumeurs des glandes salivaires s'observent surtout au niveau de la **parotide**. Ce sont généralement des tumeurs glandulaires méta ou atypiques, ayant des caractères *histologiques* de malignité.

Leur stroma présente le caractère très remarquable d'être très hyalin, comme celui de beaucoup de productions nées dans le voisinage de la bouche. Cet état hyalin peut être très marqué, sur de grandes étendues, au point de donner au microscope un aspect cartilagineux. D'autres fois, on trouve sur les préparations des îlots de cartilage vrai, comme si le voisinage des tissus osseux et cartilagineux de la région déterminait l'orientation des productions néoplasiques dans ce sens. Ces dernières tumeurs sont dites *tumeurs mixtes de la parotide*.

Bien que les tumeurs parotidiennes aient généralement des

caractères histologiques de malignité (structure méta et atypique), *elles ne sont pas toujours malignes,* au moins d'emblée.
Elles forment une masse encapsulée qui peut s'accroître très
lentement, pendant des années; mais souvent elles prolifèrent
ensuite brusquement comme de véritables cancers et envahissent les tissus voisins. Ce caractère d'évolution assez particulier tient sans doute simplement à ce que la capsule normale
de la glande, assez épaisse, limite solidement les néoproductions. On retrouve des faits analogues à propos d'autres
organes, par exemple dans certaines tumeurs du testicule.

C. — REIN ET VOIES URINAIRES

§ 1. — Tumeurs du rein.

Les tumeurs du rein sont exceptionnellement secondaires ;
ce sont presque toujours des tumeurs primitives du tissu glandulaire (1). Ici, comme dans les autres glandes, les néoproductions sont rapidement méta et atypiques, ce qui rend, dans
beaucoup de cas, le diagnostic histologique difficile.

STRUCTURE HISTOLOGIQUE

a) **Caractères cellulaires.** — Les caractères histologiques
particuliers aux tumeurs du rein résident moins dans la disposition des éléments néoformés que dans leur aspect individuel.
Très souvent ces éléments sont représentés par des cellules

(1) On peut voir aussi au niveau du rein de petites tumeurs limitées, développées aux dépens du tissu fibreux ou du tissu musculaire lisse. Elles se montrent sous la forme d'un petit nodule blanchâtre généralement unique, gros comme une tête d'épingle ou un
pois en plein parenchyme. Leur seul intérêt vient de la confusion
qu'elles peuvent créer, à l'œil nu, avec des tubercules (voir p. 194).

volumineuses, à gros noyau ; leur protoplasma est abondant, tendu, hyalin, transparent comme un bloc de verre, ou granuleux et contenant de nombreuses vacuoles graisseuses. Ces éléments sont assez caractéristiques (1).

D'autres fois les cellules des tumeurs sont simplement

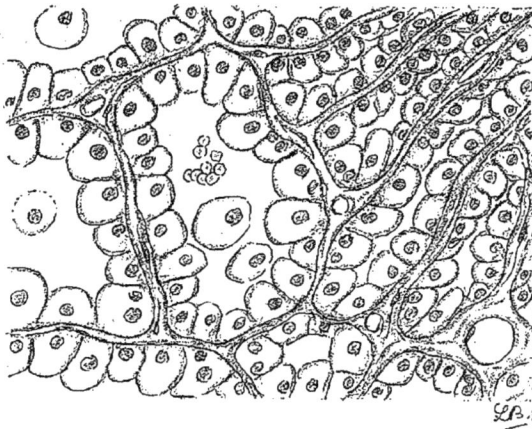

FIG. 186. — *Épithéliome du rein à cellules claires* (fort grossissement). La figure montre quelques alvéoles cancéreux tapissés de grosses cellules claires.

cubiques, ou plus ou moins polyédriques avec l'aspect épithélial ; ou très petites et tout à fait atypiques. Elles n'offrent alors par elles-mêmes aucun caractère spécial aux néoplasmes du rein.

b) **Structure proprement dite**. — La disposition des éléments est variable. Certaines tumeurs sont formées d'alvéoles tapissés de cellules claires ou graisseuses, ces alvéoles étant assemblés en un nodule limité (**adénome**). D'autres sont constituées par un stroma lâche, creusé de loges arrondies remplies sans ordre d'éléments cellulaires (**épithéliome atypique**) ; ces

(1) Il faut noter que les productions pathologiques de la surrénale présentent des éléments de tous points comparables. Cette analogie a même poussé certains auteurs à ne voir dans ces tumeurs du rein que des produits originaires des surrénales ; aussi les classent-ils sous le nom de *hyperépinéphromes*.

néoplasmes peuvent d'ailleurs revêtir les formes encéphaloïdes.

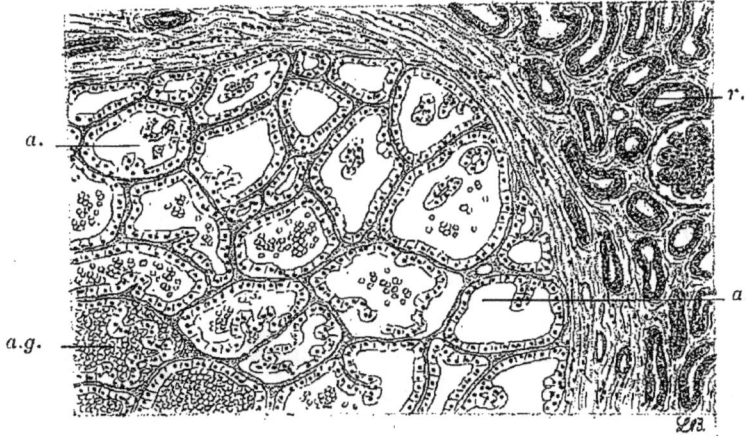

FIG. 187. — *Adénome du rein* (grossissement moyen).
On voit une grande partie du nodule constituant l'adénome. Il est formé
d'alvéoles (*a. a.*), régulièrement tapissés de cellules claires quelques-uns (*a. g.*)
contiennent des globules sanguins. Au delà de la capsule, le parenchyme
rénal sain (*r.*).

Quelquefois les néoproductions atypiques se font diffusément

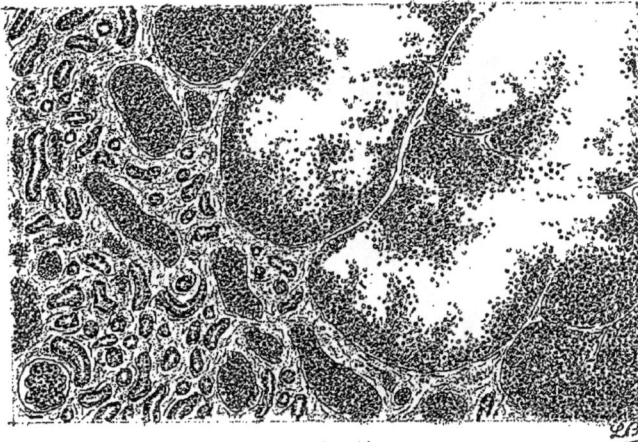

FIG. 188. — *Épithéliome atypique du rein* (faible grossissement).
La figure montre à droite un gros nodule encéphaloïde ; les cellules sont en
parties tombées pendant les manipulations. Infiltration en îlots dans le parenchyme rénal bien reconnaissable à gauche.

(épithéliome infiltré) ou en tubes pleins. Beaucoup plus rarement les cellules se disposent en un épithélium cubique formant des tubes creux (**épithéliomes métatypiques**, dits *canaliculaires*).

CARACTÈRES MACROSCOPIQUES

a) **Adénomes**. — Certains néoplasmes, se développant très lentement, par autonomie, forment à l'œil nu un petit noyau arrondi, encapsulé, bien distinct du parenchyme voisin. Ce noyau est gros comme une noisette ou une petite noix ; il a une coloration bigarrée, avec des taches blanches, jaunes et rouges. De telles tumeurs sont généralement des trouvailles d'autopsie. Ce sont les *adénomes du rein*.

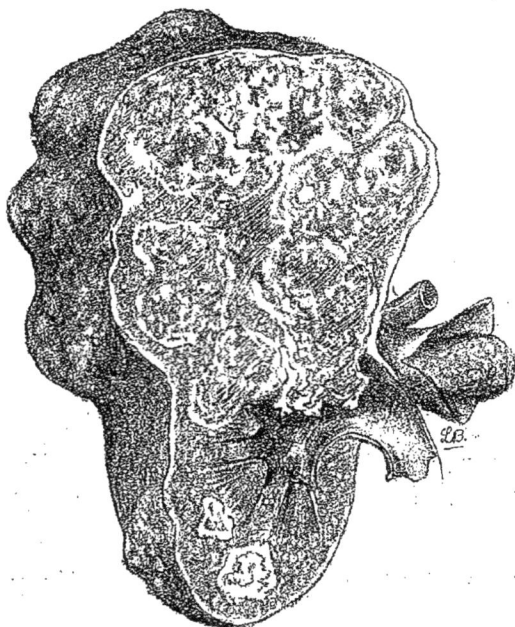

FIG. 189. — *Cancer du rein.*

Le rein est sectionné suivant son grand axe. Cancer massif occupant les 2/3 supérieurs, avec deux nodules dans le pôle inférieur. Noter le bourgeon cancéreux saillant dans la veine rénale, ouverte (à droite).

b) **Cancers**. — Les néoplasmes envahissants, anatomiquement les épithéliomes, cliniquement les cancers, s'observent le plus souvent sur un seul rein.

Ils peuvent se présenter sous l'aspect de nodules analogues à ceux des adénomes, mais plus volumineux, plus mous, plus confluents, se confondant davantage avec le parenchyme sur lequel ils sont plus ou moins nombreux (**cancers nodulaires**).

D'autres fois le cancer est massif, transformant toute une partie, ou la totalité du rein, en une masse blanche, friable, d'aspect plus ou moins encéphaloïde, quelquefois creusée de cavités, et semée de points hémorragiques (**cancers massifs**).

Dans les deux cas le volume total de l'organe est augmenté.

Certaines formes, surtout chez l'enfant, se développent très vite, se montrant constituées par des éléments petits, nombreux, et très atypiques ; elles donnent lieu à une augmentation de volume quelquefois considérable, et peuvent atteindre les deux reins (forme dite **sarcome du rein**).

Il faut signaler enfin que les cancers du rein peuvent présenter des formations *kystiques* et, surtout, dans les formes à développement rapides, des hémorragies : celles-ci peuvent se collecter dans des points friables du tissu, donnant un aspect caverneux (forme dite **cancer hématode**).

ÉVOLUTION

Les **adénomes** restent stationnaires, mais il est probable qu'un certain nombre de cancers peuvent débuter par cet aspect.

Les **cancers** restent assez longtemps bridés par la capsule de l'organe et n'infiltrent que tardivement le tissu périnéal. Par contre, ils s'étendent de très bonne heure dans les bassinets et le calice. Enfin ils présentent communément la particularité d'*envahir les grosses veines* du hile dans lesquelles ils poussent des prolongements ayant l'aspect de caillots fibrineux en voie d'organisation. Ces bourgeons oblitèrent plus ou moins complètement les veines rénales, et peuvent occuper même la veine cave inférieure; ils ont une structure histologique comparable à celle de la masse principale du cancer.

Cette particularité explique pourquoi les cancers du rein se généralisent assez souvent dans le *poumon*; mais, quelque paradoxal que soit le fait, on peut voir des cancers du rein ayant bourgeonné dans les vaisseaux et ne s'accompagnant d'aucune métastase.

§ 2. -- Rein polykystique.

Le **rein polykystique** est quelquefois congénital; dans ce cas,

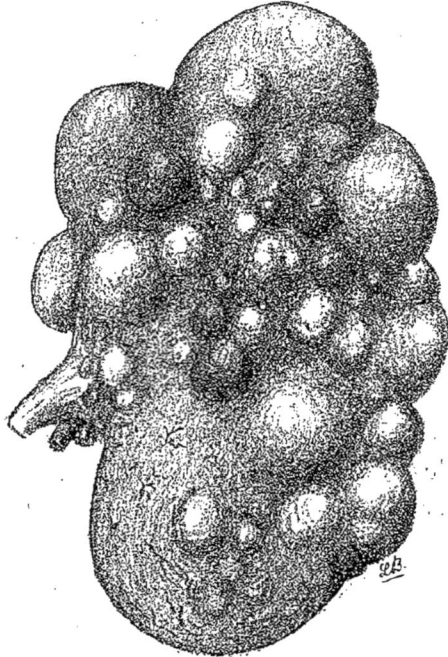

FIG. 190. — *Rein polykystique.*
Le rein est vu extérieurement en entier. Kystes de volume variable, les uns clairs, les autres sombres. Ils sont plus confluents dans la partie supérieure.

son mode de production est obscur. Mais le plus souvent il est *de nature néoplasique* : d'ailleurs, on trouve de nombreuses relations entre les adénomes et cancers du rein, d'une part, et le rein polykystique vrai, d'autre part, par l'intermédiaire de nombreux types de passage : adénomes et cancers kystiques.

La lésion est dans la règle, bilatérale, ce qui explique les troubles observés sur le vivant : symptômes analogues à ceux des néphrites chroniques. Mais l'un des deux organes est presque toujours beaucoup plus atteint que l'autre : de sorte

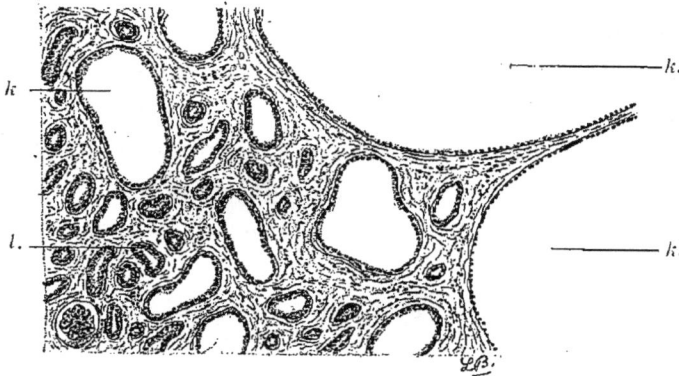

Fig. 191. — *Rein polykystique* (faible grossissement).
Kystes plus ou moins volumineux (*k. k.*) tapissés d'épithélium, avec tous les intermédiaires jusqu'aux tubes normaux du rein (*l.*).

que l'examen clinique peut laisser croire souvent à une affection unilatérale. C'est là un phénomène qui se reproduit souvent à propos des lésions des organes pairs.

Le rein polykystique est augmenté de volume, semé de bosselures de dimensions variables, qui lui donnent quelquefois l'aspect grossier d'une grappe de raisin. A la section, les bosselures se montrent formées par des cavités à paroi lisse, contenant un liquide clair ou hémorragique. Les cloisons qui les séparent présentent des kystes plus petits, et, dans les points qui paraissent compacts, le microscope décèle des cavités microscopiques tapissées d'un épithélium cubique comme les grands kystes.

Les sujets porteurs de reins polykystiques présentent quelquefois des altérations analogues, mais à un moindre degré, au niveau du foie : **foie polykystique**. D'autres organes peuvent aussi être atteints, mais beaucoup plus exceptionnellement (poumon).

§ 3. — Tumeurs de la capsule surrénale.

Les tumeurs de la capsule surrénale sont encore mal délimitées. On décrit des adénomes et des épithéliomes.

On confond quelquefois sous le nom d'**adénomes** des productions inflammatoires, ou quelquefois des glandes accessoires accolées à la surrénale. Cependant les adénomes vrais existent ; ils produisent une augmentation de volume modérée de l'organe ; à la section on voit se dessiner des amas jaune clair sur le tissu.

Les cancers primitifs, **épithéliomes**, sont rares ; ils sont généralement très volumineux, refoulent le rein ou l'envahissent : leur origine est alors difficile à reconnaître parce que la structure des cancers surrénaux est très analogue à celles des cancers du rein à grosses cellules et à cellules claires. Ils ont une grande tendance à présenter des hémorragies dans leur intérieur. Ils se généralisent fréquemment aux divers viscères.

Les surrénales peuvent aussi présenter des **noyaux secondaires** dépendant d'un cancer plus ou moins éloigné, ou une infiltration par voisinage de tumeurs malignes du rein.

§ 4. — Tumeurs de la vessie.

Les voies urinaires offrent surtout à considérer des tumeurs de la vessie et de l'*urèthre*. Ces dernières sont surtout des *papillomes* (l'urèthre est revêtu d'une muqueuse malpighienne) ; on les observe le plus souvent à l'extrémité libre du canal, et il est difficile de les séparer des productions inflammatoires analogues.

a) **Structure normale de la vessie.** — La paroi vésicale est formée d'une couche de *fibres lisses* plexiformes revêtue d'un tissu épithélial formant la *muqueuse.* Celle-ci a des caractères spéciaux : l'épithélium qui la recouvre est une formation de revêtement : il est formé de plusieurs assises cellulaires, c'est un *épithélium stratifié.* Il se distingue des épithéliums stratifiés que l'on trouve au niveau de la peau ou des muqueuses malpighiennes par l'aspect de ses cellules : celles-ci ne sont pas aplaties, mais au contraire allongées perpendiculairement à la surface, *en raquettes.* Ce caractère est en rapport

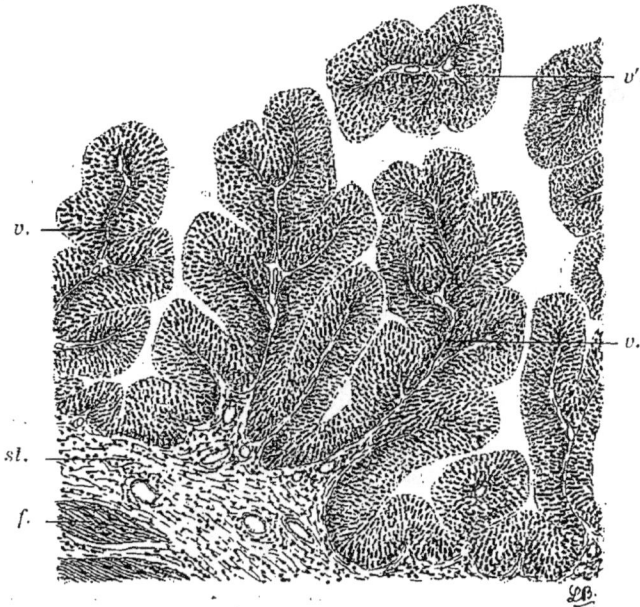

Fig. 192. — *Papillome de la vessie* (grossissement moyen).
Végétations papillomateuses (*v. v.*) formées d'un axe vasculaire mince recouvert d'assises épithéliales stratifiées à cellules verticales. En *v'*, une végétation coupée en travers. *st.*, stroma de la muqueuse ; *f.*, faisceaux de muscles-lisses de la paroi.

avec les phénomènes de plissement et de déplissement lents et continuels de la paroi vésicale.

Il est très remarquable de voir que, des deux tissus qui forment la vessie (tissu épithélial, tissu musculaire lisse) le

premier, à l'exclusion du second, donne naissance à des néoplasmes, comme c'était le cas pour le tube digestif. *Les tumeurs de la vessie sont, dans la règle, des tumeurs du tissu
épithélial* (1).

b) **Tumeurs typiques. — Papillomes.** — Les tumeurs
typiques sont constituées par le bourgeonnement *en surface*
du tissu de la muqueuse, qui garde dans les grandes lignes,
l'ordonnance de ses divers éléments. Le stroma fibrillaire normal se développe en axes vasculo-connectifs ténus et ramifiés,
que recouvre l'épithélium stratifié exubérant.

A l'œil nu, ces productions sont villeuses, ou en choux-fleur;
si on les examine sous l'eau, les villosités du néoplasme se
montrent comme des filaments ténus et légers flottant dans le
liquide. Elles saignent très facilement.

Ce sont des tumeurs bénignes, des papillomes.

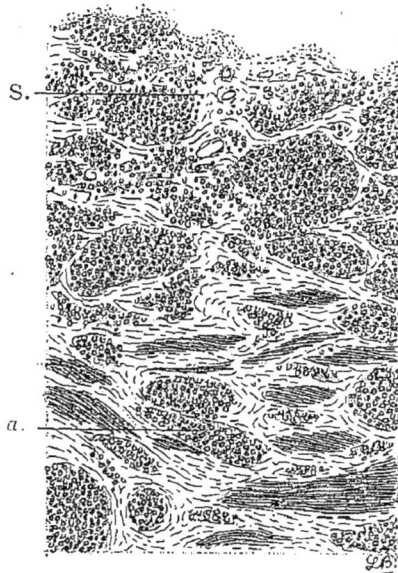

FIG. 193. — *Épithéliome de la vessie* (faible grossissement).
Amas atypiques, irréguliers, infiltrant la paroi et dissociant les plans musculaires (*a.*). S., surface ulcérée.

(1) Les tumeurs secondaires ne s'y observent pour ainsi dire jamais.

c) **Tumeurs atypiques.** — **Épithéliomes.** — Les tumeurs atypiques *infiltrent* et *détruisent la paroi* par des boyaux ou des amas alvéolaires remplis de cellules épithéliales polymorphes; elles ont en somme la structure et le mode d'accroissement de toutes les tumeurs malignes atypiques des tissus glandulaires.

A l'œil nu, les parois de la vessie deviennent épaissies, blanchâtres, indurées ou ramollies ; la surface est souvent ulcérée, ou au contraire recouverte de formations papillomateuses ; les organes voisins sont vite envahis par contiguïté.

V. — TUMEURS DE L'APPAREIL RESPIRATOIRE

§ 1. — Fosses nasales.

a) **Polypes muqueux**. — Les fosses nasales présentent assez fréquemment des tumeurs typiques et bénignes de leur muqueuse, que l'on appelle *polypes muqueux*. Ce sont, histologiquement des néoproductions revêtues de l'épithélium cylindrique (comme l'épithélium normal des fosses nasales); çà et là,

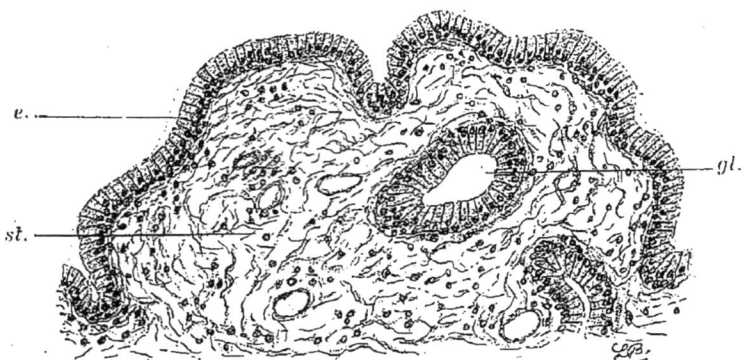

FIG. 194. — *Fragment d'un polype muqueux des fosses nasales* (grossissement moyen).

On voit le stroma lâche et très vasculaire, myxoïde (s. t.)., de la tumeur; elle est revêtue d'un épithélium cylindrique (e.) qui dessine aussi dans l'intérieur des cryptes glandulaires (gl.)

cet épithélium présente des enfoncements glandulaires. Le stroma de ces tumeurs est très développé, et d'aspect myxoïde,

c'est-à-dire lâche, imbibé de sucs séreux, et très vascularisé
(voir p. 451).

Aussi, à l'examen macroscopique, les polypes montrent-ils
un tissu mou, rosé, saignant facilement et abondamment. Ils
peuvent se développer avec une certaine rapidité, devenir volumineux, mais restent bénins.

b) **Polypes nasopharyngiens.** — On peut observer dans
les fosses nasales une autre variété de tumeurs, qui ont aussi
un aspect polypeux, mais qui sont plus dures, et, de développement plus rapide ; elles peuvent pénétrer dans les cavités
annexes, déformer la face, ou perforer même les os et pénétrer
dans la cavité cranienne. Ce sont les *polypes nasopharyngiens*.

Bien qu'ils portent aussi le nom de polypes, ils sont très
différents des précédents. Ce sont, non pas des tumeurs du
tissu épithélial de la cavité nasale, mais des tumeurs du tissu
fibreux du pharynx supérieur (voir p. 459).

§ 2. — Larynx et grosses bronches.

Dans le LARYNX peuvent exister des tumeurs épithéliales, qui
siègent surtout sur la *corde inférieure*. Celle-ci est revêtue d'un
tissu épithélial du type ectodermique. Les tumeurs bénignes
sont des **papillomes**, qui ont une structure comparable à celle
des papillomes de la langue ; ils forment de petits nodules, de
petites végétations en choux-fleurs, ou polypeuses. Ils sont donc
bien caractérisés, mais sont souvent difficiles à distinguer de formations papillomateuses très analogues, produites dans la
même région par les inflammations diverses ou par la tuberculose, la syphilis.

Les cancers sont des **épithéliomes malpighiens**, comparables
comme structure et comme évolution à ceux de la peau. Ils ne
sont pas très communs.

Les GROSSES BRONCHES présentent rarement des tumeurs ; on peut cependant observer quelquefois des cancers des grosses bronches intra-pulmonaires ; ils se développent dans l'organe en amas ramifiés, à partir du hile et ont généralement une structure d'épithéliome atypique.

§ 3. — Poumons et plèvres.

a) **Tumeurs secondaires.** — Le poumon, comme le foie, présente souvent des noyaux de généralisation de cancers plus ou moins éloignés, et très rarement des tumeurs primitives.

Les cancers secondaires se présentent à l'œil nu sous forme

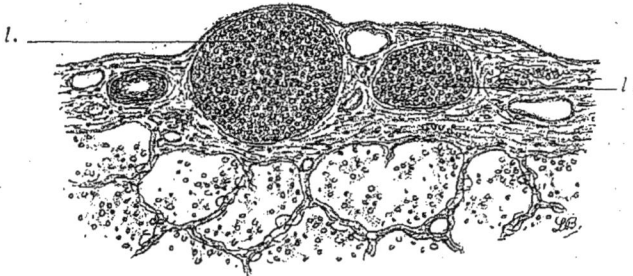

FIG. 195. — *Lymphangite cancéreuse de la plèvre* (grossissement moyen). Deux conduits lymphatiques remplis de cellules cancéreuses (*l. l.*) coupés en travers, et saillants dans la membrane pleurale. Au-dessous, alvéoles pulmonaires.

de nodules blanchâtres, plus ou moins disséminés, quelquefois comparables à des îlots d'hépatisation grise. Ces nodules peuvent être profonds ou superficiels, mais souvent ils se développent par petits points dans le tissu de la plèvre elle-même. Dans ce cas ils s'accompagnent fréquemment de **lymphangite cancéreuse** visible sur la séreuse viscérale sous forme de petits cordons blancs, noueux (1) ; il y a fréquemment un épanchement séreux ou hémorragique dans la cavité pleurale.

(1) Ces cordons sont en *réseaux* irréguliers, et non en *arborisations*. Il est extrêmement fréquent d'observer à la surface des poumons qui

La structure des noyaux métastatiques est naturellement variable suivant la tumeur primitive ; mais il faut noter que le stroma y est généralement peu abondant ; les éléments cellulaires se disposant dans les alvéoles qu'ils remplissent, tout comme les exsudats des hépatisations.

Lymphadénome du poumon. — Les tumeurs lymphatiques (voir p. 467), développées aux dépens des ganglions médiastinaux, s'accolent souvent étroitement au hile du poumon, et pénètrent en coin dans son parenchyme, pouvant simuler des cancers pulmonaires. Ce sont en réalité de simples envahissements par contiguïté.

b) **Tumeurs primitives. Cancer du poumon.** — Les cancers primitifs du poumon sont à peu près aussi rares que les cancers primitifs du foie. Au point de vue de leur structure, on peut les ramener à deux types : les uns sont des **épithéliomes typiques.** Ils montrent des néoproductions à épithélium cubique tapissant les alvéoles anciens ou des alvéoles de nouvelle formation. Les autres sont **atypiques** : dans ceux-ci, les alvéoles pulmonaires paraissent remplis de cellules épithéliales sans ordonnance et sans forme régulière.

Ces cancers se développent en masses blanchâtres, quelquefois nodulaires, plus souvent massives. Elles sont quelquefois sous-pleurales, occupent aussi la séreuse : à la surface de celle-ci se dessinent des bourgeonnements villeux, et la cavité se remplit de liquide souvent hémorragique (**cancer pleuro-pulmonaire**).

ont subi des inflammations antérieures répétées, ou au voisinage des adhérences pleurales, des lignes blanches en relief, droites, bifurquées ou arborisées. Ce sont des artères avec une paroi musculaire hyper plasiée ; elles sont prises couramment pour des lymphangites.

CHAPITRE III

TUMEURS DES TISSUS NON ÉPITHÉLIAUX

Les tumeurs épithéliales décrites précédemment sont de beaucoup les plus fréquemment rencontrées ; mais tous les autres tissus peuvent donner naissance à des néoplasmes ; quelques-uns parmi ceux-ci sont extrêmement rares ; comme par exemple ceux du tissu musculaire strié ; d'autres sont relativement fréquents : certaines tumeurs du tissu fibreux, celles du tissu musculaire lisse, etc.

Tous ces néoplasmes peuvent être étudiés d'une façon générale, car la plupart des éléments qui leur donnent naissance sont répartis dans l'organisme dans des appareils étendus, sans modification régionale importante. Ainsi le tissu adipeux se dispose en couches sous la surface cutanée tout entière, au niveau de certaines séreuses, etc. ; il n'a aucune particularité importante suivant les régions ; ses tumeurs sont toutes comparables. Seul le tissu musculaire lisse présente un groupement important : l'utérus ; nous n'étudierons ici que les caractères généraux des tumeurs de ce tissu, et nous signalerons leurs particularités régionales à propos des tumeurs des organes génitaux.

Vaisseaux lymphatiques et sanguins. Angiomes et lymphangiomes. — On décrit souvent sous le nom d'ANGIOMES, des néoplasmes des vaisseaux sanguins, caractérisés par la présence d'un tissu semé de lacunes vasculaires pleines de sang. A l'œil nu ces formations forment des saillies ou des taches violacées ou noires, ou pigmentées ; on en trouve sur la peau, dans les masses musculaires profondes. Nous avons aussi rappelé précédemment les *angiomes du foie* (voir p. 428).

En réalité, ces productions comprennent deux groupes bien différents. Les unes sont de simples **malformations**, des lésions congénitales : c'est le cas pour la plupart des angiomes cutanés ou sous-cutanés. Celles-ci ne se comportent pas comme des tumeurs. Les autres ont les caractères d'évolution des néoplasmes, mais elles doivent être considérées comme des tumeurs de tissus variables, dans lesquelles la vascularisation est prédominante : ce sont des **tumeurs angiomateuses ou télangiectasiques**. Elles sont généralement nées dans le tissu fibreux, ce sont alors des *fibromes télangiectasiques*, bénins, ou des *sarcomes télangiectasiques*, malins. Ce peuvent être aussi des tumeurs du tissu osseux, du tissu épithélial, etc.

Cette interprétation se base sur ce fait qu'on trouve tous les types de passage entre des tumeurs non angiomateuses et celles qui sont qualifiées d'angiomes. Il faut remarquer aussi que les vaisseaux, au moins ceux de petit et de moyen calibre, font corps avec les tissus dans lesquels ils sont placés, leurs conditions de nutrition sont liées à celles des parties avoisinantes : ils ne peuvent être le siège de néoproductions qui leur seraient propres (1).

Les mêmes remarques s'appliquent aux lésions dites LYMPHAN-GIOMES, qui sont constituées par des lacunes lymphatiques. Ce sont généralement des malformations d'aspect kystique, contenant un liquide analogue à la lymphe ; c'est le cas par exemple pour certains *kystes du cou*.

Tumeurs dites endothéliomes. — Certains néoplasmes formés généralement d'éléments cellulaires abondants, avec peu de stroma, et creusés de lacunes sanguines dont la paroi est représentée par les cellules de la tumeur elle-même, sont inter-

(1) Seuls les très gros troncs vasculaires dont la paroi est épaisse et bien isolée, se présentent avec des conditions de vitalité spéciales. Ils peuvent donc être le siège de tumeurs propres. De fait, on trouve quelquefois des néoplasmes développés dans les parois aortiques par exemple ; encore est-ce là un cas *tout à fait exceptionnel*. De telles tumeurs naissent dans la tunique vasculaire, l'adventice, et se comportent comme les néoplasmes de la série fibreuse.

prétés comme étant des productions de l'endothélium vasculaire. Ce sont en fait des tumeurs atypiques de nature variée (du tissu fibreux, osseux, nerveux, etc.) dans lesquelles les vaisseaux de nouvelle formation, sans parois propres, sont extrêmement nombreux. Ainsi sont certaines tumeurs méningées, les psammomes (voir p. 512).

Certains cas publiés sous le nom d'endothéliome sont encore simplement des épithéliomes glandulaires typiques dans lesquels les culs-de-sac épithéliaux se sont laissés infiltrer de sang. Pour le motif rappelé à propos des angiomes, on ne peut admettre la possibilité de néoplasmes développés aux dépens de l'endothélium vasculaire.

Tumeurs dites myxomes. — D'autres tumeurs reçoivent aussi une interprétation qui augmente la confusion dans la classification. Ce sont celles qui présentent un stroma lâche, imbibé d'une substance fluide, hyaline, et semé d'éléments à protoplasma semi-liquide, mal délimité, souvent étoilé. Cet aspect rappelle celui des tissus muqueux de l'embryon; d'où le nom de *myxome*. Ce terme laisse supposer qu'il s'agit là d'une classe très particulière de tumeurs, dont les diverses variétés auraient des caractères communs de première importance, comme si elles dérivaient toutes d'un tissu spécial.

Or, les productions ayant cet aspect histologique n'ont de rapports que par ce seul aspect : et ce peuvent être des tumeurs osseuses, musculaires (voir p. 462), nerveuses, glandulaires (voir p. 446), fibreuses (voir p. 455). Il est généralement facile de retrouver les conditions, très contingentes, qui donnent à ces néoplasmes très différents les uns des autres cette apparence morphologique commune (1). Il faut donc, de toute nécessité, les conserver chacun à leur groupe naturel, auquel ils appartiennent par l'origine, et auquel ils se rattachent par des caractères d'évolution de premier ordre. Il faut se contenter, pour désigner la modification accessoire de leur stroma, d'indiquer qu'ils ont l'aspect **myxoïde,** dans le seul but de les qualifier plus complètement. On saura ainsi qu'un polype muqueux des fosses nasales a l'aspect myxoïde, ce qui ne l'empêche pas de

---

(1) Ce sont généralement des difficultés dans la circulation du tissu qui réalisent cet aspect. Ainsi la plupart des tumeurs pédiculées (*polypes*) ou situées dans les points déclives (certains *molluscum*) présentent cet aspect pour ce motif. Dans d'autres cas, la raison est différente. (voir p. 462).

garder les caractères des tumeurs de la muqueuse nasale ; on saura qu'un myome utérin a des points myxoïdes : c'est toujours un myome, il en conserve les caractéristiques, mais cela nous apprend par exemple qu'il a des zones de développement rapides (voir p. 462).

D'ailleurs il serait irrationnel de conserver une classe de tumeurs, pour un tissu qui n'existe guère que chez l'embryon : le tissu muqueux ne se retrouvant dans l'organisme constitué que dans quelques points isolés (corps vitré, cordon ombilical). Comment un myxome pourrait-il se développer dans des parties qui ne contiennent pas traces de tissu muqueux ?

I. — TUMEURS DU TISSU FIBREUX

Le tissu fibreux a pour caractère essentiel d'être constitué par des substances intermédiaires abondantes, fibrillaires, beaucoup plus apparentes que les cellules *entre lesquelles* elles sont situées. Il présente des variétés suivant que les fibres en sont épaisses et denses, hyalines, ou au contraire plus ténues et quelquefois ondulées. Il peut être aussi disposé de manière diverse, suivant qu'il forme des appareils de revêtement comme les **aponévroses**, des appareils de tension, comme les **tendons**, ou encore des appareils de protection, comme le **derme sous-cutané**.

Ce groupement n'est bien individualisé en tant que tissu que dans ces formations ; le stroma fibrillaire, vasculo-connectif, de structure analogue, qui forme la charpente des autres tissus (glandes, peau, etc.), en fait partie intégrante et ne peut être le siège de tumeurs propres (voir p. 11).

§ 1. — Tumeurs typiques, bénignes : fibromes.

a) **Structure**. — Les tumeurs typiques du tissu fibreux sont les **fibromes**. Elles ont, par définition, le caractère de structure essentiel de l'état normal, c'est-à-dire qu'elles sont constituées par des *fibres intercellulaires* entre lesquelles se situent des cellules allongées. Elles ressemblent donc tout à fait au tissu sain, à tel point que, lorsqu'on examine le centre d'un fibrome,

FIG. 196. — *Fibrome* (grossissement moyen).
Type à fibres larges, denses, à éléments cellulaires peu abondants.

on ne peut pas facilement dire si l'on a affaire à du tissu normal ou à une tumeur typique.

Cependant la disposition des fibres peut être plus irrégulière ou différente ; certains fibromes présentent des fibres enroulées ou enchevêtrées (**fibromes plexiformes**).

Les caractères histologiques peuvent varier aussi suivant la

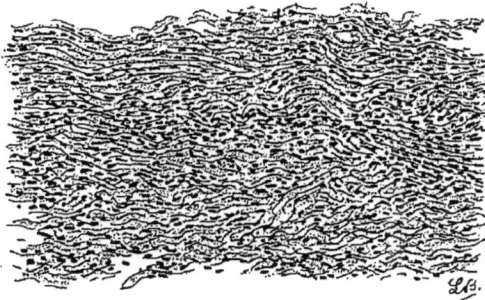

FIG. 197. — *Fibrome* (grossissement moyen).
Type à fibres ténues, à éléments cellulaires très abondants.

rapidité plus ou moins grande de la néoproduction. Certains fibromes sont très cellulaires, avec des fibres ténues et ondulées ; d'autres sont pauvres en noyaux, et ont des fibres larges, denses, hyalines : ces derniers sont de développement plus lent. Souvent aussi on observe ces deux aspects sur une même tumeur, qui peut présenter des points en accroissement plus actif.

b) **Aspect macroscopique.** — Les fibromes s'accroissent par autonomie, et n'ont aucun des caractères de la malignité. Ils sont entourés d'une capsule, et énucléables des tissus voisins. Ils forment des masses généralement de volume assez réduit, grises ou nacrées, dures, arrondies. Ils peuvent siéger en des points très variables de l'organisme, le tissu fibreux étant répandu dans tout le corps (aponévroses, dermes, tendons, certaines enveloppes fibreuses des organes ou des appareils).

Des particularités accessoires peuvent donner aux fibromes des caractères spéciaux. Ainsi certains, nés sous la peau, se développent au voisinage de filets nerveux qu'ils compriment : variétés dites **fibrome**, ou quelquefois, inexactement, **névrome sous-cutané douloureux.**

D'autres deviennent angiomateux et sont qualifiés du nom d'**angiomes** : par exemple, certains angiomes profonds, situés dans les masses musculaires.

Certaines tumeurs du tégument, probablement de nature fibreuse, forment des nodules dans lesquels le stroma est lâche et prend l'*aspect myxoïde* ; elles sont recouvertes par le tissu épithélial soulevé. Elles peuvent être sessiles ou pédiculées ; les caractères de leur stroma leur donnent une consistance un peu molle ou élastique : ce sont les **molluscum.**

Nous avons vu précédemment comment devaient être interprétées les tumeurs dites *fibromes du sein* (voir p. 407). Nous verrons ce que sont les tumeurs appelées *fibromes de l'utérus* (voir p. 487).

§ 2. — Tumeurs atypiques, malignes : sarcomes.

a) **Structure**. — Les tumeurs malignes sont atypiques ; c'est-à-dire qu'elles ne conservent plus les caractères de l'état normal. En particulier les fibres ne s'y développent plus ou

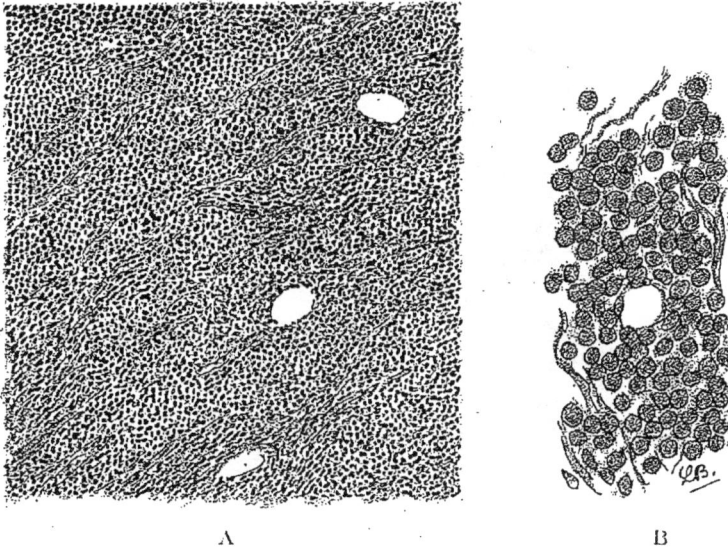

A   B

Fig. 198. — *Sarcome globocellulaire.*
A. Faible grossissement. B. Fort grossissement.

d'une manière très élémentaire : la tumeur est généralement constituée à peu près uniquement par des éléments cellulaires.

Suivant l'abondance des vaisseaux ou leur mode de distribution, suivant les facilités de développement données aux cellules, ces tumeurs sont formées d'éléments très atypiques, très petits, arrondis (**variété globo-cellulaire**) ; ou au contraire fusiformes (**variété fuso-cellulaire**). Dans ce dernier cas, les cellules sont généralement orientées dans le même sens par petits paquets, ce qui donne aux coupes, à un faible grossissement, un aspect parqueté assez caractéristique. Enfin le volume des éléments peut être très variable ; dans certains cas les cellules sont énormes et même multinucléées.

Ces tumeurs sont donc peu caractéristiques du tissu fibreux, au microscope ; tous les autres tissus peuvent donner des tumeurs très atypiques montrant des productions analogues au point de vue de la morphologie histologique : aussi la plupart des auteurs ont-ils coutume d'étendre le nom de sarcome à

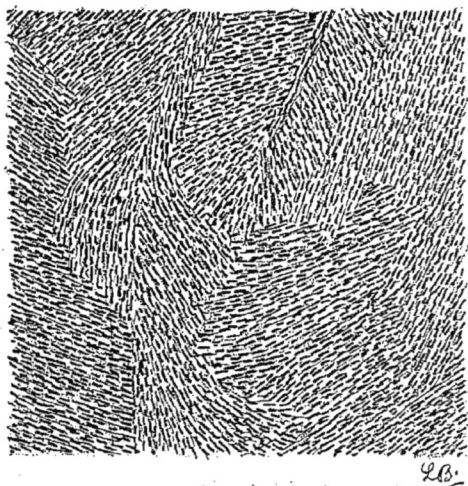

FIG. 199. — *Sarcome fuso-cellulaire* (faible grossissement).
Comparez la fig. 203.

tous les néoplasmes qui présentent cet aspect. Mais comme nous le verrons à propos des tumeurs du tissu osseux, du tissu nerveux, etc., ces néoplasmes gardent de leur tissu d'origine des caractères d'évolution qui les distinguent les uns des autres. Il est donc naturel de ne pas les englober tous sous un terme qui les réunit par leur seul aspect histologique, mais de les distinguer suivant leur origine véritable. On doit donc appeler sarcome les seules tumeurs atypiques, malignes, *du tissu fibreux* en désignant différemment les tumeurs d'aspect analogue *nées dans les autres tissus*, auxquelles on ajoutera s'il y a lieu le qualificatif **sarcomateux** (voir p. 536).

b) **Évolution et aspect macroscopique.** — Les sarcomes

se développent par envahissement; ce sont des tumeurs malignes. Mais ils ont surtout une *malignité locale* très marquée :
ils se développent vite, deviennent volumineux, *récidivent* avec
une très grande facilité, après leur ablation. Ils se généralisent
très rarement, et alors, de préférence dans le poumon (1).

Ils se présentent à l'œil nu comme des masses blanchâtres
ou rosées, mal délimitées. Ils sont généralement mous, ou
friables, parce que constitués presque uniquement par des

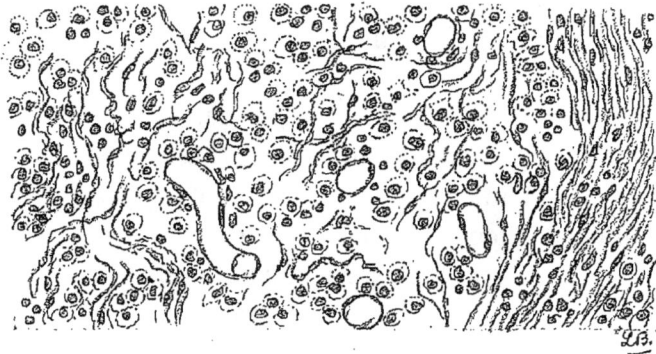

Fig. 200. — *Sarcome myxoïde.*
On voit l'aspect lâche, très vasculaire, du tissu.

cellules, avec point ou très peu de fibres. Les variétés fuso-
cellulaires sont plutôt un peu fermes et plus cohérentes. Comme
les fibromes, les sarcomes peuvent se développer partout où
existe normalement du tissu fibreux différencié. Ils peuvent
aussi prendre l'*aspect myxoïde*.

§3.—Variétés intermédiaires. Tumeurs métatypiques.

Il existe entre les sarcomes et les fibromes de très nombreuses
variétés intermédiaires, dont les fibromes très riches en cellules

(1) Il faut bien noter que ces caractères s'appliquent aux sarcomes
vrais, aux tumeurs malignes des aponévroses, tendons, etc., et non
aux cancers, souvent appelés sarcomes, des divers viscères, qui ne
sont généralement que des épithéliomes à aspect sarcomateux.

signalés précédemment (fig. 197) constituent les premiers types. Ces tumeurs sont, si l'on veut, les néoplasmes métatypiques du tissu fibreux.

Leurs caractères d'évolution présentent aussi tous les degrés ; ils ont généralement une malignité atténuée dont les traces se manifestent par une certaine rapidité du développement, et quelquefois par une brusque évolution dans le sens sarcomateux.

Les tumeurs dites **polypes nasopharyngiens** (voir p. 446), qui sont en réalité des tumeurs de la série fibreuse, constituent un objet d'étude très remarquable de ces variétés ; quelques-unes se comportent comme des fibromes ; la plupart ont un accroissement assez rapide (pénétration dans les espaces creux du massif osseux) ; d'autres arrivent à se développer par envahissement : elles peuvent perforer la paroi cranienne et atteindre l'encéphale. Leur structure varie suivant ces cas depuis le type fibrome jusqu'au type sarcome bien tranché.

Les tumeurs de la série fibreuse nées dans la paroi abdominale (**fibromes de la paroi**) peuvent offrir aussi ces diverses gradations.

II. — **TUMEURS DU TISSU MUSCULAIRE**

Le tissu musculaire présente deux variétés : la variété **lisse** et la variété **striée**.

Les MUSCLES STRIÉS ne donnent jamais de tumeurs typiques : probablement en raison de la haute différenciation de leurs fibres dont la reproduction est impossible ou très difficile. Lorsqu'on trouve des productions pathologiques de faisceaux striés, ce sont des malformations ou des altérations congénitales. Mais il existe des néoplasmes atypiques de ce tissu : on les désigne sous le nom de **rhabdomyomes**. Ce sont des tumeurs de grande malignité, ayant surtout la particularité de se développer très rapidement et de se généraliser en des points multiples des appareils musculaires. Elles sont heureusement fort rares ; nous avons signalé précédemment (p. 339) leur aspect histologique (voir aussi p. 537).

Au contraire du tissu musculaire strié, le MUSCLE LISSE donne très fréquemment des tumeurs : ce sont les **leio-myomes**, ou, plus simplement, les **myomes**. Leur étude nécessite quelque développement.

§ 1. — **Structure des myomes**.

a) **Caractères du tissu musculaire lisse normal**. — Le tissu musculaire lisse est formé de cellules très allongées, fusiformes, à noyaux en bâtonnets : elles ont tout à fait l'aspect de fibres, mais ce sont des **fibres-cellules**. Il n'y a entre elles aucun tissu fibreux : elles sont accolées les unes à côté des autres par une sorte de ciment ; et les vaisseaux qui les pénètrent sont entourés, non pas d'axes conjonctifs mais d'un manchon de substance hyaline. Ce tissu, qui se reproduit avec une facilité extrême dans les inflammations les plus diverses, a une grande tendance à donner des néoformations typiques : de sorte que même les tumeurs malignes conservent le caractère de structure essentiel du tissu normal, c'est-à-dire la constitution en fibres-cellules, sans stroma figuré (voir le schéma de la fig. 231, p. 534).

b) **Structure générale des myomes**. — Les myomes sont

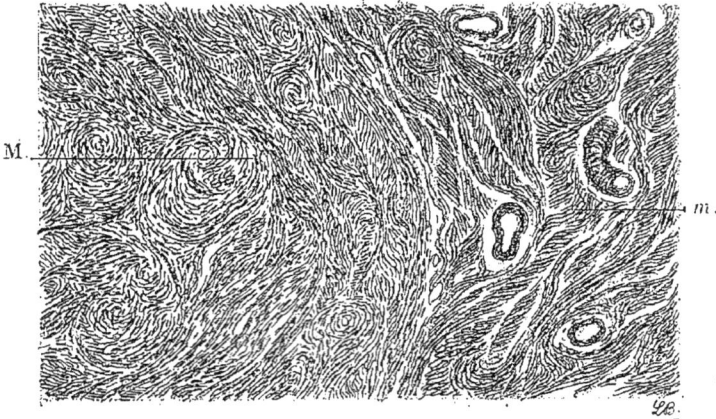

FIG. 201. — *Myome* (faible grossissement).
Il s'agit ici d'un petit myome utérin. m., muscle utérin normal avec ses artérioles nombreuses et flexueuses. M., myome.

habituellement constitués par des fibres lisses très analogues à celles du tissu sain : aussi l'aspect des coupes histologiques, à un faible grossissement, est-il très comparable à celui des préparations de muscle lisse normal (1). Cependant les fibres-

(1) Au moins quand il s'agit de points où le tissu forme de grandes étendues, comme l'utérus, et non des faisceaux isolés, comme dans les tuniques des canaux et réservoirs.

cellules des myomes, éléments néoformés, sont habituellement moins parfaites, plus fines et plus courtes. Comme elles représentent des fuseaux dont les côtés sont obliques vers la pointe, l'accollement de tels éléments, plus courts qu'à l'état normal produit souvent une disposition en tourbillon.

c) **Points en voie d'accroissement.** — Dans les points en voie d'accroissement plus rapide, les fibres sont encore plus

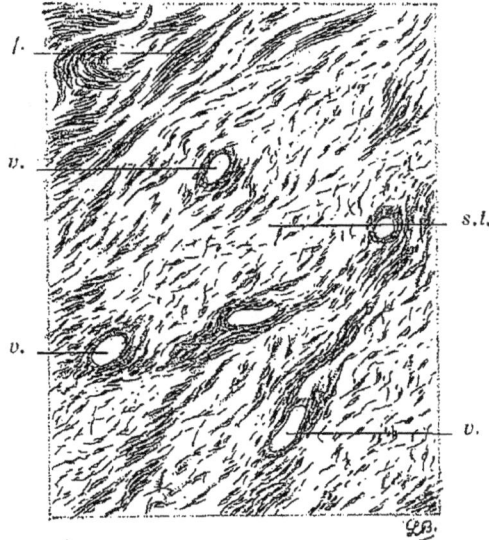

FIG. 202. — *Myome à développement rapide* (grossissement moyen).

St., stroma myxoïde contenant des fibres-cellules très jeunes, courtes, plus abondantes autour des vaisseaux (*v. v.*) f., fibres lisses mieux développés, en petits faisceaux.
Cet aspect peut s'observer sur les points en voie d'accroissement des myomes ordinaires, ou sur toute l'étendue de certains *myomes malins*.

petites, et plongées dans un stroma hyalin sans fibrilles, autour des vaisseaux. Quelquefois les substances liquides ou semi-liquides sont très abondantes, ce qui donne au microscope et à l'œil nu un **aspect myxoïde**.

d) **Myomes malins** — Les myomes ayant des caractères

cliniques de malignité, — beaucoup plus rares que les précédents, — se présentent au microscope dans toute leur étendue avec l'aspect qui vient d'être décrit. D'autres fois les fibres-cellules y sont beaucoup plus abondantes et assez serrées sans

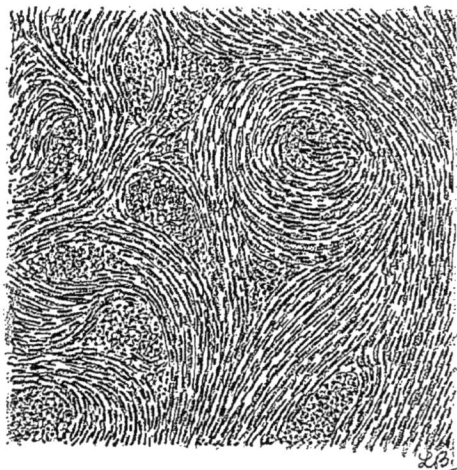

Fig. 203. — *Myome malin* (faible grossissement).
Tumeur du tissu musculaire lisse développée rapidement. (La figure a été dessinée sur un noyau de généralisation hépatique.) Cependant l'aspect est resté assez typique (comparer avec la fig. 201); la néoproduction est constituée par des fibres cellules.

substance intermédiaire bien apparente, comme dans les myomes ordinaires, mais elles sont généralement plus courtes ; elles arrivent alors à ressembler aux éléments des sarcomes fuso-cellulaires (voir p. 534).

§ 2. — Évolution et aspects macroscopiques.

a) Évolution. — Les myomes se développent le plus souvent par autonomie, lentement et ont les attributs évolutifs des tumeurs bénignes ; plus rarement ils sont malins : soit à la façon des sarcomes vrais (extension locale rapide, récidive :

malignité locale), soit comme les autres cancers, avec des
généralisations.

b) **Aspect macroscopique.** — A l'œil nu, les myomes
ordinaires se présentent comme des masses arrondies, énucléables, pouvant rester très petites ou au contraire acquérir
de très grandes dimensions, même dans les formes bénignes.
Leur coloration est grise, ou plus ou moins nacrée, avec souvent
un aspect irisé des surfaces de section. Leur constitution en
fibres les rend très fermes, d'un tissu dense, à grande cohésion (1); étant formés d'éléments contenant de la substance
musculaire, ils sont élastiques, et font saillie sur les tissus
voisins, quand on les a sectionnés.

Les points en voie d'accroissement sont mous, quelquefois
d'aspect gélatineux; ils peuvent même n'avoir plus aucune
consistance, s'effondrer en formant de fausses cavités. On interprète souvent ces parties comme étant des points de dégénérescence, ce qui est inexact. Dans quelques cas cependant, il
peut survenir au sein des gros noyaux des troubles de nutrition amenant par exemple des calcifications.

Les myomes malins sont d'un tissu mou ou friable.

c) **Siège.** — Les myomes les mieux caractérisés se développent au niveau de l'utérus (voir p. 486); mais il peut s'en produire, généralement de petit volume, dans les points de l'organisme où existent des faisceaux de muscles lisses: par exemple
dans les tuniques musculaires du **tube digestif**, ou aux dépens
des appareils musculaires de la **peau**.

---

(1) Ces caractères leur ont fait donner pendant longtemps le nom
de *fibrome*. On emploie encore quelquefois ce mot pour désigner les
myomes utérins que l'on appelle quelquefois aussi *fibromyomes*. Ces
deux dénominations sont inexactes.

III. — TUMEURS DU TISSU ADIPEUX

Le tissu adipeux est caractérisé par ce fait que ses cellules différenciées contiennent en réserve de la graisse alimentaire. Celle-ci forme, dans chaque élément une grosse goutte claire et

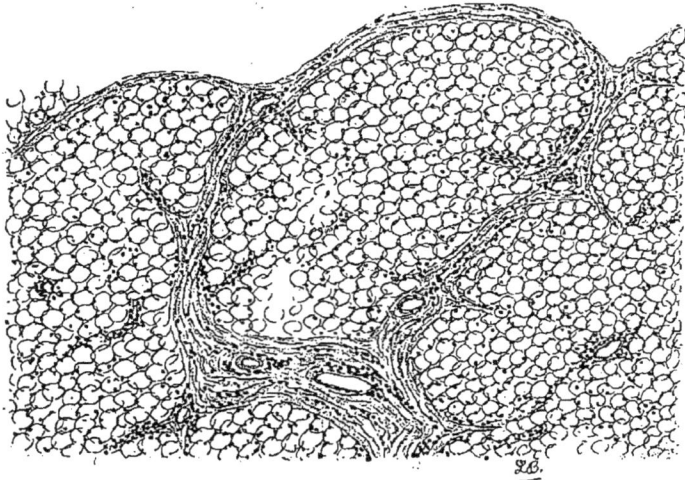

FIG. 204. — *Lipome* (grossissement moyen).

On voit, séparés par des travées vasculo-connectives, les lobules du lipome formés de cellules analogues aux cellules adipeuses normales.

brillante qui distend le protoplasma et refoule le noyau comme un chaton de bague.

Ce tissu fournit très fréquemment des tumeurs typiques, bénignes, qui sont les **lipomes**. Ceux-ci ont une constitution histologique très analogue au tissu adipeux normal. Ils sont encapsulés et généralement lobulés, parce que des bandes de tissu fibrillaire, accompagnant les vaisseaux, les traversent. A l'œil nu ils forment des masses arrondies, molles, quelquefois très volumineuses ; ils sont situés le plus généralement à la surface du corps dans les régions riches en pannicule graisseux normal.

Le même tissu peut donner des tumeurs malignes, qui sont de constitution atypique; ces tumeurs ressemblent beaucoup au microscope, à des sarcomes vrais, à petites cellules rondes, et sont très difficiles à distinguer de ceux-ci. Nous ne sommes pas encore très bien fixés sur la fréquence avec laquelle on les rencontre, en raison de cette délimitation difficile. On les appelle les **lipomes malins** : il semble qu'ils aient plus de tendance à se généraliser que les tumeurs du tissu conjonctif. Ils sont très malins.

IV. — TUMEURS DU TISSU ADÉNOÏDE

a) **Tissu normal**. — Le tissu adénoïde est répandu dans tout l'organisme, soit sous forme d'amas isolés (points ou follicules lymphatiques de l'intestin), soit sous forme de masses compactes (ganglions, rate, amygdales). Il est caractérisé par la présence d'un réticulum très fin, toile d'araignée à petites mailles qui n'est visible qu'aux forts grossissements sur des coupes minces, ou sur les bords des préparations, ou encore à la suite de précautions spéciales (1). Ce réticulum est rempli de très nombreuses cellules de la série leucocytaire. Ce sont surtout de petits éléments à noyau vivement coloré, et à protoplasma mince peu apparent, les *lymphocytes*.

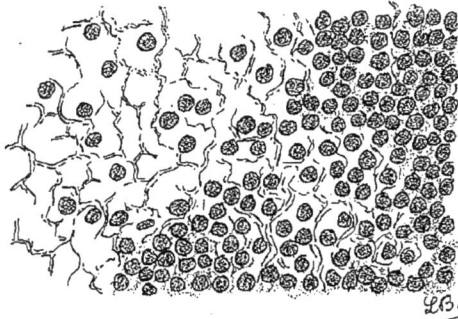

Fig. 205. — *Lymphadénome* (fort grossissement).
A gauche, le réticulum, en grande partie débarrassé des éléments cellulaires A droite, il est caché par ceux-ci, l'aspect devient analogue à celui des sarcomes globo-cellulaires.

(1) Les coupes sont passées au pinceau, sous l'eau, avant le montage. Les cellules sont chassées et le réticulum subsiste.

b) **Structure des tumeurs**. — Ce tissu fournit des tumeurs typiques. On peut même dire que toutes ses tumeurs sont plus ou moins typiques, car on retrouve sur elles le réticulum caractéristique plus ou moins fin ou grossier.

Sur une coupe, c'est surtout l'abondance des petites cellules rondes, très serrées, qui frappe au premier abord. De sorte que si l'on ne recherche pas le réticulum, on peut croire être en présence d'un sarcome globo-cellulaire, ou d'une tumeur quelconque, très atypique, d'aspect sarcomateux.

c) **Évolution et aspects macroscopiques.** — L'extension et le développement de ces tumeurs se fait avec certaines particularités : c'est pourquoi il ne faut pas les confondre avec les sarcomes vrais. Quelquefois elles se développent dans un seul ganglion, ou dans un seul organe lymphatique (amygdales), et s'y cantonnent. Elles produisent une augmentation de volume, mais la cohésion et les autres caractères physiques du néoplasme restent analogues à ceux du tissu normal. Dans ce cas elles se comportent comme des tumeurs bénignes ; c'est à ces faits que l'on doit réserver le nom de **lymphadénome**.

D'autres fois les néoproductions agissent comme des néoplasmes malins : elles infiltrent les tissus avoisinants. C'est le cas par exemple pour certaines tumeurs nées dans les ganglions médiastinaux, qui envahissent les poumons au niveau du hile. Elles peuvent aussi se généraliser, soit dans d'autres organes lymphatiques (rate, ganglions), soit dans des organes qui ne contiennent pas de tissu adénoïde à l'état normal (foie). On devrait réserver à ces variétés malignes le terme **lymphosarcome**, bien que le nom de lymphome malin soit plus correct.

Tumeurs de la moelle osseuse. — Il semble que certains néoplasmes, nés aux dépens de la moelle osseuse, doivent être interprétés comme un groupe particulier, véritables tumeurs du tissu médullaire actif, du tissu myélocytaire, celui-ci étant considéré comme distinct du tissu osseux.

Ce sont les **myélomes**. Leur délimitation est encore incertaine, et ils sont très rares. Parmi les observations publiées sous ce nom, un certain nombre sont à rejeter. D'autres sont à accepter comme représentant les variétés typiques : on y rencontre des myélocytes granulés ou des cellules hémoglobinifères ; certaines comme étant atypiques : celles-ci ont la structure sarcomateuse, à cellules rondes ou fusiformes.

Ce qui paraît constituer le mieux jusqu'ici l'individualité de ce groupe, ce sont ses caractères anatomo-cliniques. De telles tumeurs, développées diffusément dans la moelle, rongent l'os : elles se généralisent électivement dans des points éloignés de la moelle osseuse. Les métastases viscérales sont très rares ; l'envahissement ganglionnaire, nié par quelques auteurs, peut exister, mais exceptionnellement. L'affection s'accompagne d'*albumosurie*.

Tumeurs de la rate. — En dehors des lymphadénomes, la rate peut présenter des néoplasmes très particuliers, encore mal connus, en raison de leur grande rareté. Ils sont dit *cancer, endothéliome, épithéliome* de la rate. L'organe est très augmenté de volume et le microscope y montre une infiltration d'éléments volumineux, souvent d'aspect épithélioïde. Il est possible qu'il ne s'agisse pas là de tumeurs véritables.

En outre, la rate peut présenter des **noyaux secondaires** nés aux dépens d'un cancer plus ou moins éloigné.

V. — TUMEURS DU TISSU OSSEUX : OSTÉOMES, CHONDROMES, OSTÉOSARCOMES

§ 1. — Tissu osseux et cartilagineux normal.

Le tissu osseux et le tissu cartilagineux sont des formations

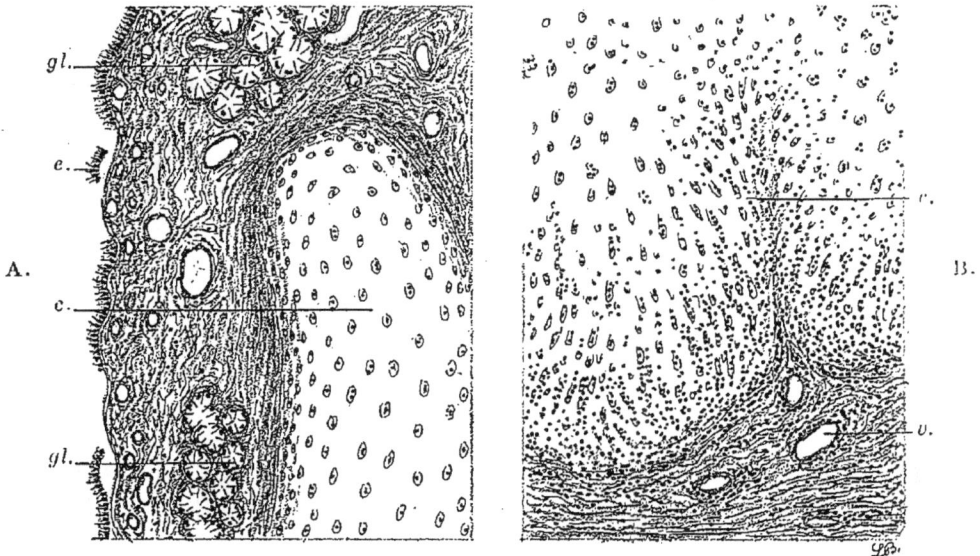

FIG. 206. — *Cartilage normal et pathologique* (grossissement moyen).

A. *Cartilage normal* dans la paroi d'une grosse bronche. On voit le cartilage avec ses capsules et son stroma hyalin (c.). e., épithélium, gl., glandules de la muqueuse.
B. *Chondrome malin.* Les amas cartilagineux (c.) contiennent encore quelques capsules, mais, sur les bords en voie d'accroissement, des cellules confluentes, sans capsules. L'aspect hyalin du stroma reste très apparent. v., vaisseaux.

d'aspect assez différent, mais qui sont étroitement liées ; ils se transforment facilement l'un dans l'autre à l'état pathologique et même à l'état normal ; d'ailleurs, le cartilage ne possède pas de vaisseaux, il ne peut être envisagé isolément. Souvent des tumeurs contiennent à la fois ces deux éléments : on pourrait les considérer comme des tumeurs formées véritablement de tissus multiples mais outre que ce serait là une exception dans l'histoire des néoplasmes, il est bien plus simple de les envisager comme des tumeurs contenant un seul tissu à différents stades de développement.

Les caractères du **cartilage**, constitué en tant que cartilage, sont les suivants : présence de *stroma hyalin*, isolant les cellules ; présence d'une *capsule* autour de ces dernières. L'ensemble des deux caractères n'est pas nécessaire pour caractériser le tissu, surtout dans ses néoformations pathologiques. Ainsi voit-on des tumeurs cartilagineuses et même du cartilage normal dont le stroma est parsemé de fibrilles élastiques (cartilage fibro-élastique). On peut noter également (ceci est très fréquent dans les tumeurs) l'absence de capsules.

Les caractères de l'**os** ont été résumés dans un chapitre précédent (voir p. 307).

§ 2. — Tumeurs typiques. — Chondromes et ostéomes.

Les tumeurs typiques sont constituées par des néoformations qui rappellent de très près, par leur structure, l'état normal. Elles peuvent être formées uniquement par de l'os (**ostéomes**), ou par du cartilage (*enchondromes*, ou plus simplement **chondromes**).

a) **Chondromes.** — Les chondromes paraissent au premier abord constitués simplement par des amas cartilagineux ; en réalité, on trouve toujours, généralement à la périphérie, de

petits îlots osseux bien caractérisés : c'est une preuve nouvelle
que les néoformations osseuses et chondroïdes ne forment
qu'une catégorie de tumeurs.

Les chondromes ont à l'œil nu l'aspect de masses lobulées
très fermes et un peu élastiques; ils sont à la section d'un
blanc légèrement bleuâtre. Ils naissent de préférence vers les
points du tissu osseux voisins de zones cartilagineuses nor-

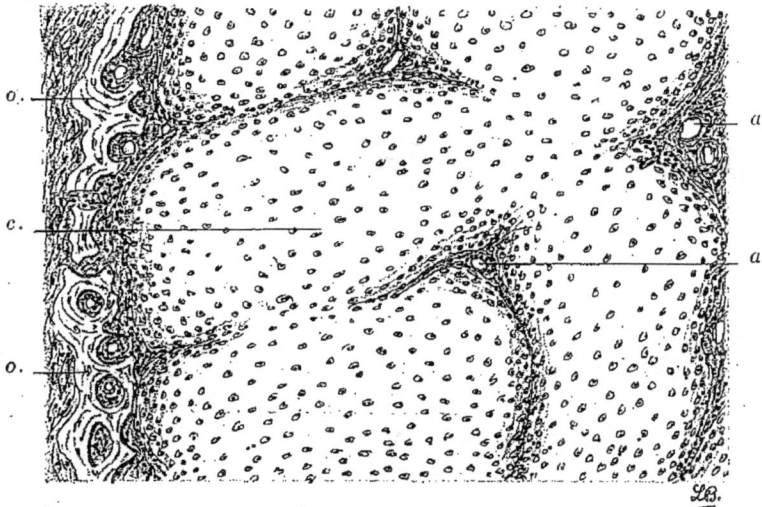

FIG. 207. — *Chondrome* (grossissement moyen).
c., amas cartilagineux bien typiques. a., axes conjonctivo-vasculaires amenant
les vaisseaux. o., lamelles osseuses à la périphérie du chondrome.

males : probablement parce que, en ces points, la nutrition est
orientée de manière à produire plutôt l'aspect cartilagineux
que l'aspect osseux.

Les chondromes se comportent le plus souvent comme des
tumeurs bénignes, mais dans quelques cas ils peuvent récidiver
après l'ablation, ou même exceptionnellement se généraliser.
Ce sont les *chondromes malins*; ils ont encore des caractères
typiques, mais souvent perdent l'une des caractéristiques du
tissu normal, les capsules différenciées autour des éléments
cellulaires; d'habitude aussi les cellules sont plus serrées que

dans le cartilage sain, mais elles restent toujours séparées par un stroma hyalin (voir fig. 206, B).

b) **Ostéomes.** — Les tumeurs typiques formées par le groupement de la variété osseuse, les ostéomes, sont toujours bénignes; d'ailleurs il est difficile de supposer qu'un tissu aussi compliqué, et qui a le temps de s'imprégner de sels calcaires et d'osséine dans sa totalité, puisse proliférer avec la rapidité qui caractérise les néoplasmes malins.

Bien plus, il n'est pas certain que beaucoup d'ostéomes ne

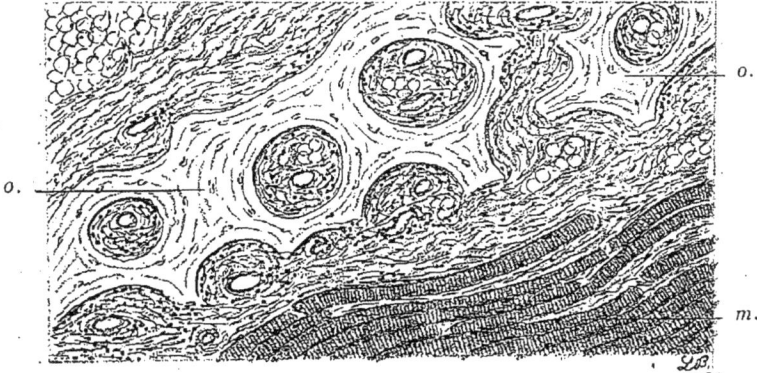

Fig. 208. — *Ostéome intramusculaire* (grossissement moyen).
Néoformations osseuses bien typiques (o.), avec des lacunes médullaires contenant des vaisseaux. m., fibres striées du muscle atteint.

soient pas des productions inflammatoires développées lentement au voisinage des os : le cas est litigieux par exemple pour ces tumeurs que l'on trouve dans les muscles près du fémur, chez les sujets qui montent beaucoup à cheval, et que l'on a appelées *ostéomes des cavaliers.* Il en est de même aussi pour beaucoup de ces saillies osseuses que l'on nomme *ostéophytes.* La nutrition du tissu osseux nécessite un dispositif vasculaire très spécialisé, et il est possible que les processus inflammatoires peu intenses n'arrivent pas à le modifier : ces processus pourraient ainsi aboutir à des néoformations

typiques de lamelles osseuses, sans qu'il soit besoin de faire
intervenir la cause des tumeurs.

La structure et l'aspect macroscopique des ostéomes sont très
analogues à ceux des parties osseuses normales, en tenant
compte qu'ils se développent en dépassant les frontières habituelles du tissu, dont ils modifient la configuration à l'œil nu.

§ 3. — Tumeurs atypiques et métatypiques.
Ostéosarcomes.

a) **Structure**. — Si l'on met à part les chondromes malins,
qui ont été signalés précédemment, on doit reconnaître que les
tumeurs malignes de l'os donnent rarement des productions

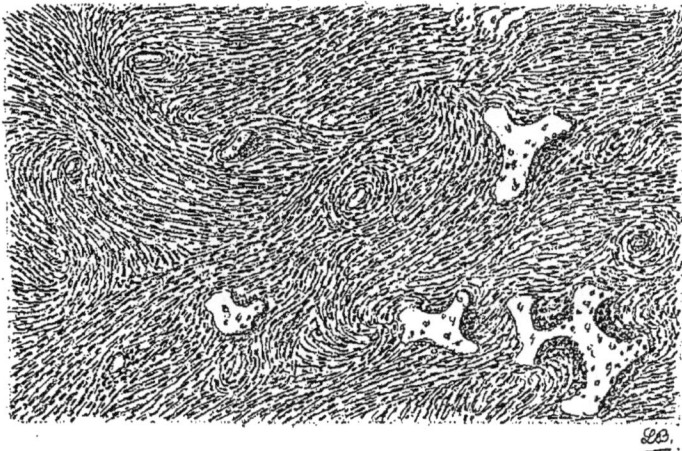

FIG. 209. — *Ostéosarcome fusocellulaire* (faible grossissement).
Le tissu de la tumeur est presque complètement constitué par des cellules
allongées très confluentes. Quelques lamelles osseuses irrégulières se voient
cependant au sein de ce tissu (ostéosarcome métatypique).

cartilagineuses. Elles montrent plutôt des lamelles osseuses,
mal formées, incomplètes , avec un stroma fibrillaire contenant de nombreuses cellules rondes et allongées (*formes
métatypiques*). D'autres fois, elles sont tout à fait *atypiques* et

ont au microscope un aspect sarcomateux, globo ou fuso-
cellulaire très manifeste. Ces formes atypiques ressemblent à
s'y méprendre, au point de vue de la structure histologique,
aux sarcomes vrais, tumeurs malignes du tissu fibreux : d'où
le nom d'ostéosarcomes.

Variétés histologiques. — On considère généralement les
ostéo-sarcomes dans lesquels les éléments allongés prédominent,
comme développés au niveau du PÉRIOSTE. D'autres présentent
des cellules volumineuses, souvent plurinucléées, dites myéloplaxes (**ostéo-s. à myéloplaxes**) ; ils sont plus en rapport avec la
MOELLE OSSEUSE, ou plutôt avec la charpente vasculo-connective
de l'os, située dans les échancrures des lamelles.

Certains ostéo-sarcomes sont extrêmement vasculaires et

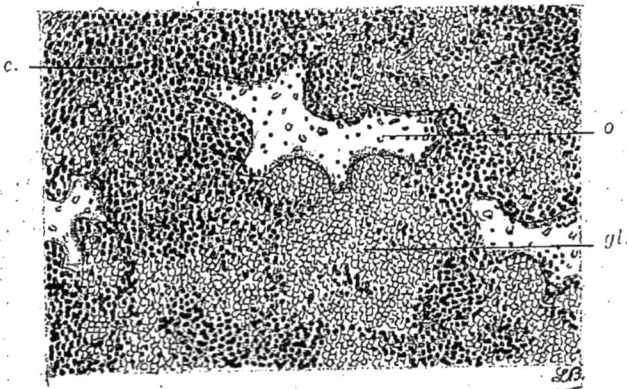

FIG. 210. — *Ostéosarcome* (faible grossissement).
Variété globocellulaire, et aussi très hémorragique. c., amas de petites cellules
arrondies confluentes ; gl., nappes de globules sanguins ; o , lamelles osseuses
irrégulières.

infiltrés de globules sanguins : **ostéo-sarcomes télangiectasiques.**
D'autres sont **kystiques.**

Quelques tumeurs de l'os, de malignité modérée, présentent un
mélange de cartilage et d'os incomplètement développé. On les
appelle souvent suivant leurs variétés, **ostéomes chondroïdes** ou
chondromes ostéoïdes. Ce sont certainement des intermédiaires.

b) **Évolution.** — En réalité, les ostéosarcomes, quelles que soient leurs ressemblances morphologiques avec les sarcomes vrais, doivent être bien distingués. Leur évolution est différente de celle des cancers de la série fibreuse, et en rapport avec leur origine osseuse.

Les ostéosarcomes ont bien, comme les sarcomes, tendance au développement rapide et à la récidive sur place, mais ils présentent ce caractère de se généraliser assez fréquemment en divers points du squelette. Les métastases viscérales existent aussi, mais plus rarement. La structure des noyaux secondaires découle de celle de la tumeur primitive mais peut être plus ou moins typique. Ainsi on voit quelquefois des nodules avec des édifications osseuses, d'autres avec seulement un tissu d'aspect sarcomateux.

On accorde généralement une malignité un peu plus faible aux ostéosarcomes à myéloplaxes.

c) **Caractères macroscopiques.** — Les ostéosarcomes se développent souvent sur les os longs, vers les extrémités, ou sur la diaphyse. Le tissu néoplasique, même lorsqu'il contient lui-même des néoformations osseuses, détruit l'os préexistant : aussi se produit-il fréquemment des fractures spontanées. L'appareil normal s'épaissit, généralement en une masse fusiforme de consistance irrégulière, quelquefois kystique ou télangiectasique. L'aspect de la masse est analogue à celui des tumeurs fibreuses malignes, dans certains cas, mais toujours avec une tendance hémorragique; dans d'autres cas, les lames osseuses néoformées infiltrant le néoplasme, le rendent irrégulièrement dur, ou permettent une sorte de crépitation.

Tumeurs des gencives. Épulis. — Toutes les productions d'aspect néoplasique observées au niveau des gencives sont confondues sous le nom d'*épulis*; quelques-unes sont de nature épithéliale, d'autres nées dans le tissu fibreux (épulis sarcomateuses) ou plus rarement dans le tissu osseux. Les plus fréquentes, de beaucoup, contiennent des cellules à plusieurs noyaux et sont appelées **épulis à myéloplaxes**; elles sont souvent interprétées comme des néoplasmes vrais que l'on rapproche des tumeurs à myéloplaxe des os. En réalité, elles sont très différentes ; elles doivent d'ailleurs être considérées comme étant des *productions de nature inflammatoire*.

§ 4. — **Autres tumeurs des os**.

Tumeurs secondaires. — Les os peuvent être le siège de noyaux de généralisation venus de tumeurs malignes variables. Ce sont plutôt les cancers du sein, du rein, de la thyroïde, qui fournissent des métastases osseuses. Celles de la *colonne vertébrale* sont parmi les moins rares.

Enfin les masses osseuses normales sont assez fréquemment détruites par l'envahissement d'un cancer voisin. Ce fait s'observe souvent au niveau des *maxillaires*, qui fournissent assez souvent des tumeurs osseuses primitives, mais dont beaucoup de lésions n'ont pas l'os comme point de départ.

Productions rares, mal classées. — Un certain nombre de productions observées sur les os sont mal délimitées : tels sont certains *kystes*, et une variété de tumeur maligne formée de cellules à aspect épithélioïde, dite *épithéliome de l'os*. Tous ces faits sont d'ailleurs très rares.

CHAPITRE IV

TUMEURS DES ORGANES GÉNITAUX

I. — ORGANES GÉNITAUX DE LA FEMME

A. — TUMEURS DE L'UTÉRUS.

L'utérus présente uniquement des tumeurs primitives. Elles sont très fréquentes ; l'importance de leur étude découle de cette fréquence et du fait qu'elles sont souvent enlevées chirurgicalement et soumises à l'examen anatomique.

Constitution de l'utérus. Muscle et muqueuse. — La paroi utérine est constituée par du tissu musculaire lisse, épais et compact formant une masse ferme, dure, blanchâtre au niveau du corps. Ce tissu est plus clairsemé au niveau du col : certains auteurs n'admettent même pas l'existence de fibres lisses dans le col proprement dit.

La surface de la cavité est revêtue par une muqueuse : celle-ci, sur toute la partie extérieure du col a les caractères d'une *muqueuse malpighienne* ; dans le reste de l'organe, elle est à épithélium *cylindrique,* et très glandulaire (1). La muqueuse

(1) Enfin l'utérus est revêtu sur la plus grande partie de ses faces extérieures par le péritoine ; mais celui-ci n'entre pas dans sa constitution proprement dite.

du corps utérin subit des modifications incessantes, au moment de chaque période menstruelle ; elle est en outre profondément remaniée après la fécondation, au moment de la fixation de l'ovule, et pendant toute la gestation. Au contraire, la muqueuse du col est de structure assez stable.

Rapports du tissu musculaire et du tissu épithélial utérins. — La division de l'utérus en tissu musculaire et en tissu épithélial nous montre déjà que nous pourrons voir sur lui des tumeurs du type musculaire et du type épithélial, celles-ci pouvant être, suivant les points, du type ectodermique, de revêtement (col) ou du type glandulaire (corps). Mais il y a, au point de vue pathologique comme à l'état normal, un certain mélange des éléments musculaires et des éléments épithéliaux, qui complique la structure des tumeurs.

Anatomiquement, dans le corps tout au moins, le muscle lisse est intimement accolé à la muqueuse ; sur les coupes, il affleure sous les

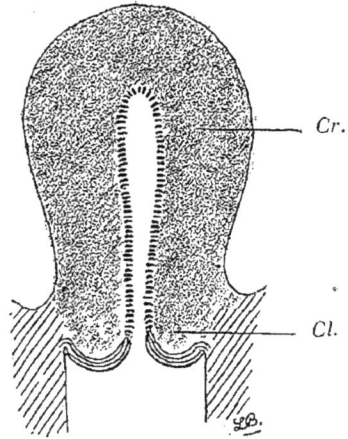

FIG. 211. — *Schéma de la constitution de l'utérus.*

Cr., corps ; cl., col. La muqueuse ectodermique (col) est représentée par des lignes parallèles ; la muqueuse cylindrique, glandulaire (corps) par des hachures ; le muscle par un fond gris. Les tissus voisins (vagin) en traits obliques.

culs-de-sac glandulaires, et envoie même quelques pinceaux de fibres entre les glandules ; *physiologiquement*, les modifications sont parallèles à celles de la muqueuse ; ce qui est surtout très évident au moment de la grossesse. Il y a manifestement une communauté dans les phénomènes de nutrition qui rend dans une certaine mesure ces deux parties solidaires. A *l'état pathologique*, les lésions du muscle s'accompagnent fréquemment de modifications parallèles dans la structure de la muqueuse ; ainsi trouve-t-on sous des myomes un état adénomateux de la muqueuse ; de même des tumeurs du tissu glandulaire peuvent présenter dans leur stroma une hyperplasie quelquefois très marquée des fibres lisses.

Division des tumeurs de l'utérus. — Les différentes tumeurs

480 TUMEURS DES ORGANES GÉNITAUX

que l'on peut observer au niveau de l'utérus sont les suivantes
(fig. 212).

1° AU NIVEAU DU COL

— Des tumeurs épithéliales bénignes, typiques ; **papillomes**
ou **adénomes**, quelquefois pédiculées : **polypes**.

— Des tumeurs épithéliales malignes, typiques, méta ou
atypiques, **cancers du col**.

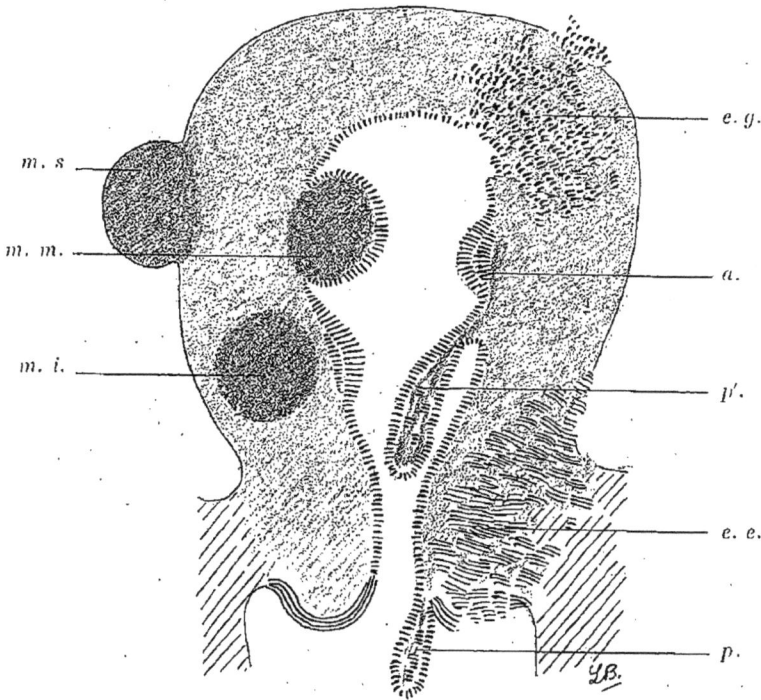

FIG. 212. — *Schéma des diverses tumeurs de l'utérus.*

A gauche, *tumeurs musculaires* (myomes) : m. s. ; myome sous-péritonéal : m. i.,
myome interstitiel ; m. m., myome sous-muqueux. Noter l'hyperplasie de la
muqueuse au niveau des myomes sous jacents.
A droite *tumeurs épithéliales. Col* : polypes (p.) ; épithéliomes ectodermiques (e. e.)
Corps : adénomes (a.) polypes (p'.) ; épithéliomes glandulaires (e. g.).

2° AU NIVEAU DU CORPS.

— Des tumeurs épithéliales bénignes, typiques. soit sessiles
(**adénomes**) soit pédiculées (**polypes**).

— Des tumeurs épithéliales malignes, typiques, méta ou atypiques : **cancers du corps**.

— Des tumeurs généralement bénignes du muscle : **myomes**.

§ 1. — Tumeurs épithéliales du col.

La muqueuse du col a une structure malpighienne, tout comme les muqueuses ectodermiques de la langue, de l'œsophage, du vagin. Cependant, elle présente de petites glandules muqueuses, et dans la cavité cervicale, elle se revêt seulement d'une seule assise de cellules à mucus. Elle est donc, par son orientation glandulaire, comparable dans une certaine mesure à celle de l'œsophage.

a) **Tumeurs typiques bénignes**. — On peut voir au niveau du col des **papillomes**, sur la partie externe ; ils ont la structure des papillomes de toutes les muqueuses ectodermiques.

On peut observer aussi de véritables petits **adénomes** des glandules ; à l'œil nu la muqueuse est tomenteuse, semée de petites perles claires qui sont des acini muqueux, dilatés ; au microscope, le tissu se montre épaissi, avec une exubérance anormale de culs-de-sac glandulaires bien typiques, mais irréguliers et volumineux. Des états analogues s'observent souvent dans les inflammations chroniques, avec des modifications de détail.

Quelquefois les tumeurs bénignes cervicales sont allongées et pédiculées, et analogues aux **polypes** que nous trouverons sur la muqueuse du corps.

b) **Cancers**. — Au point de vue de la structure, les cancers du col présentent des **formes typiques**, dans lesquelles on trouve des formations malpighiennes plus ou moins lobulées, quelquefois avec des globes, comme dans les tumeurs de la langue,

de l'œsophage ; des **formes métatypiques** ou **atypiques** avec
les caractères de toutes les tumeurs de ce type des tissus glandulaires. Ainsi les formes atypiques peuvent être plus ou moins
squirrheuses ou encéphaloïdes, etc.

A l'œil nu, les cancers du col forment des masses dures,
irrégulières; infiltrant rapidement tout le col et s'étendant vers

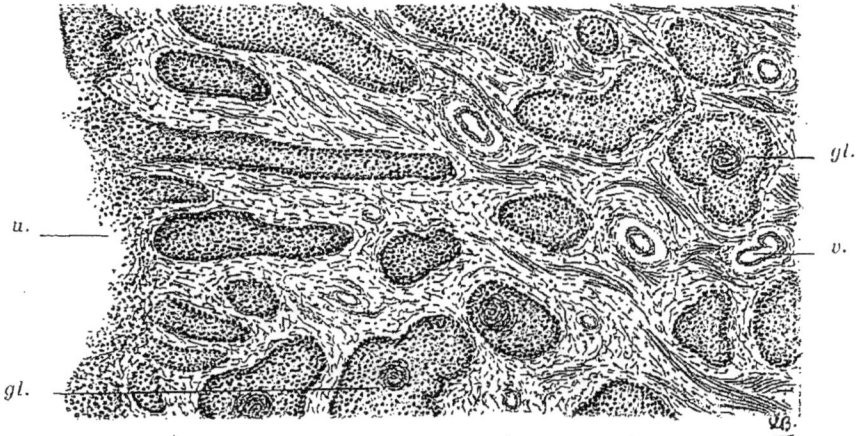

FIG. 213. — *Cancer du col utérin* (grossissement moyen).
Épithéliome ectodermique, ici de la variété typique. On voit les lobules à structure
malpighienne, quelques-uns même avec des globes (*gl.*) u., surface ulcérée
v., vaisseaux.

le corps, atteignant les organes voisins, s'ulcérant très tôt. Ils
finissent par occuper tout le petit bassin, adhérent aux plans
aponévrotiques, musculaires et osseux. L'envahissement des
ganglions lombaires est assez précoce et les généralisations ne
sont pas très rares.

§ 2. — **Tumeurs épithéliales du corps.**

a) **Adénomes.** — Les adénomes se présentent au microscope
sous forme d'une augmentation de nombre et de volume des
culs-de-sac et des tubes glandulaires ; il n'est pas rare que les

plus profondes de ces néoformations pénètrent légèrement les couches superficielles du muscle sous-jacent, mais elles ne l'envahissent jamais véritablement. Des figures histologiques

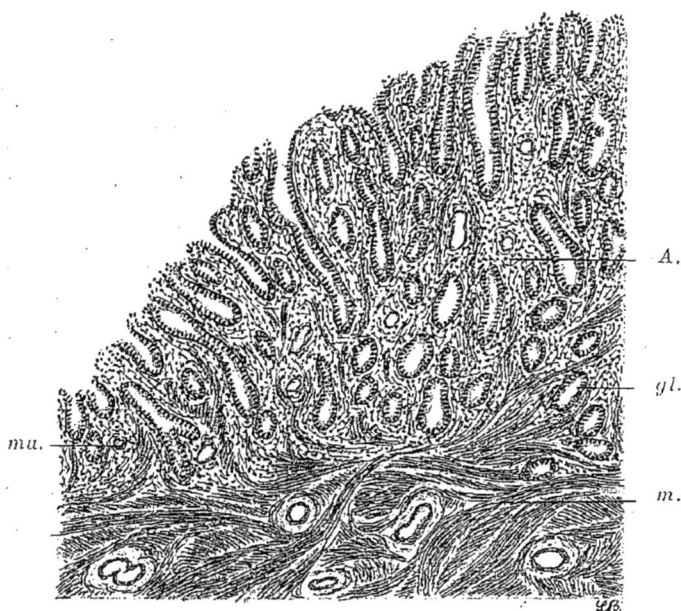

FIG. 214. — *Adénome du corps utérin* (faible grossissement).

mu., muqueuse normale du corps ; A., saillie de l'adénome avec ses néoproductions glandulaires typiques; celles-ci sont développées en surface, cependant les fibres musculaires de la paroi utérine (*m.*) pénètrent légèrement entre les glandules les plus profondes (*gl.*). On voit les nombreux vaisseaux du muscle utérin.

très analogues s'observent dans les *métrites chroniques* dont le diagnostic histologique est fort malaisé (voir p. 522).

A l'œil nu, les adénomes forment, à la surface interne de la cavité utérine, une petite élevure sessile, un peu tomenteuse et rouge.

b) **Polypes.** — Les polypes sont des tumeurs allongées, à pédicule mince implanté sur la surface de la muqueuse ; ils dépassent souvent la cavité utérine et pendent au travers du col ; ils sont rosés, assez mous, saignant facilement : ils ont en

somme la plupart des caractères que nous avons vus aux
polypes des autres muqueuses glandulaires (fosses nasales ;
voir p. 445).

Ils sont constitués par le tissu muqueux très hyperplasié,

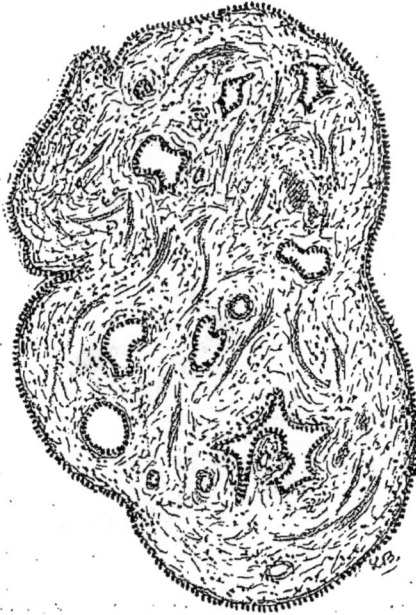

Fig. 215. — *Polype muqueux du corps utérin* (faible grossissement).
La coupe est faite en travers du polype. On voit le stroma lâche, très vasculaire, avec quelques pinceaux de fibres lisses. Il est entouré par la ligne de
l'épithélium cylindrique, qui dessine aussi des glandules dans l'intérieur.

mais avec un développement considérable du stroma, qui, en
raison de troubles circulatoires, prend un aspect lâche et œdémateux. Ce stroma contient des acini glandulaires néoformés
plus ou moins abondants, et fréquemment aussi des fibres
lisses. Il est revêtu d'un épithélium cylindrique.

c) **Cancers**. — Les cancers du corps peuvent présenter de
nombreuses variétés d'aspect, au point de vue de la structure,
depuis les formes les plus **typiques** jusqu'aux plus **atypiques**.
Les premières sont naturellement constituées par des néoforma-

tions glandulaires tapissées d'épithélium cylindrique, comme les glandes normales. Ces productions peuvent être bien dessinées, bien limitées : mais elles sont plissées sur elles-mêmes, leur épithélium étant exubérant ; de plus, elles sont pénétrantes, on les retrouve en plein muscle, à grande distance dans la paroi,

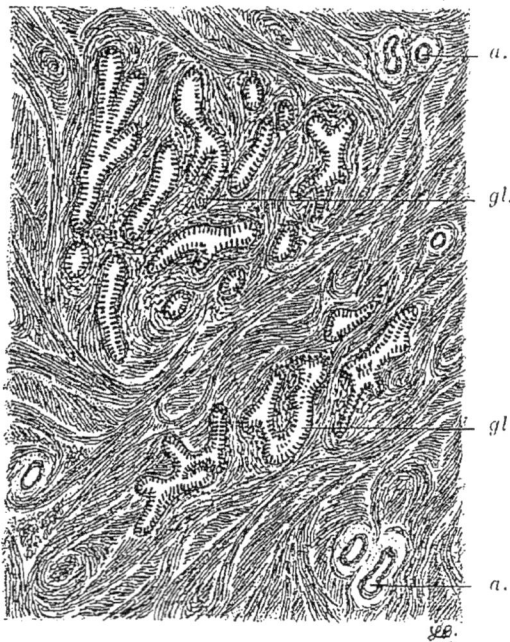

FIG. 216. — *Cancer du corps utérin* (faible grossissement).
Épithéliome glandulaire, ici de la variété typique. On voit les néoformations glandulaires encore bien caractérisées (*gl.*, *gl*)., en plein tissu musculaire de la paroi utérine. a., a., artères de la paroi.

tout comme nous l'avons vu pour les cancers typiques du rectum, de l'estomac, etc.

Les formes métatypiques ou atypiques, de beaucoup les plus fréquentes, ont la disposition habituelle à tous les épithéliomes glandulaires ; mais naturellement, ici, les productions épithéliales diffuses, ou alvéolaires, sont séparées par un stroma à fibres lisses (1).

(1) On a décrit des cancers du corps du type malpighien ; on suppose qu'ils se développent aux dépens de l'épithélium normal, trans-

Les cancers du corps ont un aspect macroscopique voisin de ceux du col, avec une localisation différente. Ils s'ulcèrent à la surface interne de l'utérus, envahissent le col, puis plus tardivement les tissus voisins. L'isolement relatif du corps utérin, dans le péritoine, explique peut-être pourquoi ces tumeurs ont généralement une malignité un peu plus faible que les cancers cervicaux, toutes choses égales d'ailleurs.

A côté de ces tumeurs fréquentes, il faut signaler des productions rares, nées sur la muqueuse en état de modification physiologique. Telles sont, par exemple, la **môle hydatiforme**, néoplasme d'origine placentaire, et certaines tumeurs malignes développés à la suite de grossesses, et dites « **déciduomes malins** ».

§ 3. — Tumeurs musculaires. Myomes utérins.

a) **Structure.** — Les tumeurs musculaires de l'utérus sont

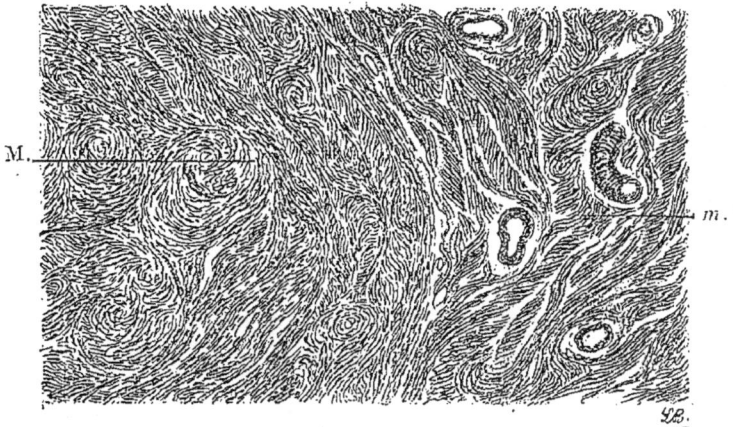

FIG. 217. — *Myome utérin* (faible grossissement).
La coupe intéresse la tumeur (*M.*) en partie, et le muscle utérin (*m.*) avoisinant.

formé par « métaplasie » en épithélium stratifié. Il est probable qu'il s'agit dans ces cas de cancers typiques du col ayant envahi le corps et y paraissant prédominants.

des myomes et le nom de fibrome, ou fibromyome, qui leur
est souvent donné, tend de plus en plus à disparaître : il est
inexact.

Les myomes utérins sont constitués dans toute leur étendue
par des fibres lisses nouvellement produites, avec les caractères
qui ont été résumés précédemment (p. 461).

b) **Types macroscopiques**. — Ils *siègent* soit dans la profondeur de la paroi (myomes interstitiels), soit sous la muqueuse à la surface de laquelle ils font saillie (myomes sous-
muqueux), soit sous le péritoine (myomes sous-péritonéaux) ;
ils peuvent quelquefois se pédiculiser dans cette séreuse.

Leur *volume* est très variable ; il est fréquent de trouver de petits myomes gros comme une noisette, une noix, une mandarine ;
d'autres sont plus volumineux, peuvent s'inclure dans la cavité
de l'utérus qui acquiert les proportions d'un utérus gravide,
ou se développer dans la cavité abdominale qui peut être plus
ou moins remplie par la tumeur. Les organes voisins sont alors
comprimés : les uretères surtout sont atteints fréquemment et
de bonne heure ; leur obstruction conduit à des lésions rénales
mécaniques ou infectieuses (hydronéphroses, pyélonéphrites).

A la coupe, les myomes sont généralement durs, formés d'un
tissu nacré faisant saillie sur la surface de section. Ils peuvent
présenter des points plus mous, quelquefois gélatiniformes,
qui s'effondrent parfois en donnant naissance à de faux kystes
(*géodes* de CRUVEILHER). Ces endroits sont formés en réalité d'un
tissu musculaire jeune, très vasculaire, très imbibé de sucs,
myxoïde, qui est en état de développement actif (voir p. 462).
Plus rarement les gros myomes sont le siège de zones véritablement nécrosées, ou d'incrustations calcaires.

c) **Évolution**. — En règle générale, les myomes utérins ont
les attributs anatomiques des *tumeurs bénignes*, et ne sont
graves qu'indirectement par les hémorragies qui se produisent
aux dépens de la muqueuse altérée sous-jacente, ou par les

compressions (uretère). Mais on peut observer des *myomes malins*, capables de récidiver après l'ablation, et de se généraliser. Nous avons signalé précédemment leurs caractères histologiques (voir p. 462). A l'œil nu, leur tissu est généralement plus mou, moins nacré, plus grisâtre, plus vascularisé, quelquefois même avec des points hémorragiques.

Il est de règle d'observer, au voisinage des myomes, des modifications corrélatives de la muqueuse. Celle-ci présente un *aspect adénomateux*, avec des néoformations glandulaires typiques allongées, mais plissées sur elle-même comme en escalier. C'est l'état dit *métrite myomateuse*.

Inversement, on observe fréquemment, au-dessous des adénomes de la muqueuse sans qu'il y ait de myome bien différencié à l'œil nu, un *état myomateux* du muscle : il est caractérisé par la présence dans la paroi de nombreuses fibres lisses plus jeunes qu'à l'état normal, c'est-à-dire plus courtes, plus irrégulièrement ordonnées, avec un stroma hyalin autour d'elles et une coloration plus pâle.

B. — TUMEURS DE L'OVAIRE.

L'étude des tumeurs de l'ovaire est encore extrêmement confuse. Le tissu ovarien a des caractères biologiques qu'on ne retrouve dans aucun autre ; il est dans l'organisme en constant remaniement.

*
* *

Structure de l'ovaire. — Une coupe d'ovaire nous montre grossièrement la constitution suivante : 1° une zone périphérique formée d'une trame fibrillaire fine contenant des corps arrondis, les follicules : c'est la *couche ovigène*. Elle est recouverte à sa surface par une ligne épithéliale formée de cellules cubiques ; 2° au centre, ou mieux à la base, un amas de tissu formé surtout de fibres musculaires lisses et de nombreux vaisseaux : c'est la *zone médullaire*.

Il est manifeste par le développement et l'évolution de l'ovaire au cours de la vie de l'organisme, que cette dernière zone doit être mise à part ; elle constitue seulement une sorte de pédicule à l'organe et ne représente pas la partie active. Il est probable qu'elle peut être l'origine de tumeurs par elle-même : par

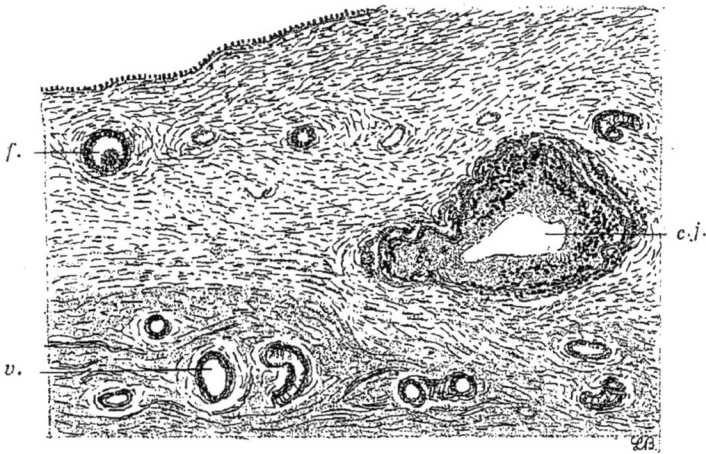

FIG. 218. — *Ovaire normal* (faible grossissement).
f., follicule ; c. j., corps jaune, dans la *couche ovigène*. A sa surface, épithélium cubique. v., vaisseaux dans la *zone médullaire*.

exemple des *tumeurs musculaires lisses*. Celles-ci sont rares, et peuvent, à ce point de vue, être comparées aux myomes que l'on observe exceptionnellement dans les tuniques de l'estomac ou de l'intestin.

La couche ovigène est beaucoup plus intéressante ; c'est la zone active et c'est à elle que doivent être vraisemblablement rapportées la plupart des tumeurs, particulièrement les *tumeurs kystiques*, et les *cancers ovariens*.

Épithélium ovarien. Follicules. — La zone ovigène paraît formée au premier abord par son stroma fibrillaire, et semble devoir posséder surtout les caractères des tissus de soutien. Mais l'étude du développement et des modifications au cours de la vie génitale démontrent que ce sont des éléments du type épithélial qui jouent ici le rôle le plus important. Les **follicules** sont d'ailleurs constitués par une sorte de petit sac dont la surface interne est tapissée par un **épithélium** ; et c'est l'une de ses cellules, qui, acquérant une importance prépondérante, deviendra l'ovule.

Pendant tout le cours de la vie génitale, un nouveau follicule prend, chaque mois, un développement plus considérable que les autres ; il acquiert un volume qui le rend bien visible à l'œil nu, arrive à faire saillie à la surface de l'ovaire, puis se rompt en libérant l'ovule. Ce phénomène correspond à la période menstruelle. La cicatrisation ultérieure produit le **corps jaune**.

C'est là du moins une idée grossière de l'activité ovarienne ; en réalité, il se développe un bien plus grand nombre de follicules ; il y a dans l'ovaire, depuis la naissance jusqu'à la fin de la vie génitale, une *production incessante de follicules* qui n'arrivent pas à l'état de complet développement, qui restent à l'état de « follicules primaires », puis entrent en régression. Ce fait est extrêmement important et très particulier à l'ovaire : il dénote un remaniement continuel, une activité constamment exubérante du tissu.

En outre l'épithélium des follicules primaires et surtout des follicules bien développés, subit des modifications considérables, en rapport avec la germination de l'élément très particulier qu'est l'ovule. Plus tard, dans le corps jaune, cet épithélium subit encore une évolution spéciale. Les cellules deviennent volumineuses, s'imprègnent d'un pigment particulier, la *lutéine* ; elles sécrètent aussi des substances vraisemblablement utilisées par l'organisme à la manière de celles que produisent les glandes dites à sécrétion interne.

Enfin la destinée ultérieure de l'ovule après sa libération et sa fécondation est unique, et oblige à lui supposer des qualités biologiques propres extrêmement développées.

Stroma ovarien. — La masse finement fibrillée qui forme le substratum de la zone ovigène est liée intimement à l'évolution de l'épithélium folliculaire, et par lui, de l'ovule. Elle prend à chaque instant un développement parallèle à celui des éléments épithéliaux ; très épaisse pendant la jeunesse et la période génitale, elle disparaît en majeure partie chez la femme âgée. Elle se développe à l'entour des follicules au moment de leur croissance : avant de s'ouvrir à l'extérieur, ceux-ci paraissent plonger en profondeur ; elle contribue d'ailleurs à former les assises du sac folliculaire, et pendant la formation des corps jaunes, intervient aussi dans la constitution de la paroi.

Ce stroma ne peut donc être distrait de l'épithélium génital ; plus manifestement encore ici que dans les autres tissus, il constitue la matrice nécessaire aux cellules qui se différencient en concentrant tous les attributs apparents de la fonction. Par l'apport et peut-être la distribution particulière des éléments de nutrition, ce stroma permet la germination et le développement normal de l'épithélium folliculaire.

Le tissu ovarien. Caractères des tumeurs de l'ovaire. — Le tissu ovarien est donc constitué par l'ensemble de la couche ovigène. Il faut retenir principalement, parmi les caractères très spéciaux à ce tissu, que c'est un *tissu épithélial particulier, en état de remaniement incessant.* Il ne subsiste pas suivant un plan uniforme comme la plupart des autres tissus ; il présente à chaque instant une activité biologique qui le rapproche des tissus embryonnaires, et qui dote certains de ses produits de propriétés de développement uniques. Il faut retenir aussi l'importance que prend le stroma dans la vie du groupement.

Ces faits nous empêchent de reconnaître au tissu ovarien, sans cesse en mouvement, des caractères figurés fixes, une ordonnance générale stable qui puisse nous servir de guide dans l'étude histologique de ses tumeurs.

Tumeurs typiques. — On peut remarquer cependant que, normalement, les éléments épithéliaux de l'ovaire ont une tendance à se réunir en cavités : les follicules et les corps jaunes, malgré leur constitution très différente suivant leurs phases, ont ce caractère commun. Ce sont, si l'on veut, de minuscules formations kystiques. Or, beaucoup de néoproductions ovariennes présentent l'aspect kystique, et ce sont surtout les tumeurs lentement développées, c'est-à-dire celles qui sont, dans les autres tissus, les plus typiques.

Il faut donc considérer l'orientation kystique comme l'indice essentiel des formations typiques au niveau de l'ovaire (1).

Tumeurs atypiques. Cancers de l'ovaire. — Pour les tumeurs atypiques, nous n'avons, par contre, aucun point de repère morphologique. Celles-ci présentent souvent une structure très différente les unes des autres, avec des aspects décevants, permettant

(1) Ce caractère kystique se retrouve même dans des lésions ovariennes simplement inflammatoires.

difficilement de les reconnaître et de les classer. Tantôt elles
sont formées d'éléments à caractères épithéliaux manifestes ;
tantôt elles montrent uniformément des petites cellules rondes ou
allongées, régulières, comme des lymphadénomes, des sarcomes
globo ou fuso-cellulaires : cependant elles n'évoluent pas comme
des tumeurs malignes du tissu conjonctif ou lymphatique.

Il faut donc admettre que les propriétés particulières au tissu
ovarien, c'est-à-dire sa mobilité, son activité incessante, l'importance de son stroma, sont seules la cause de ces modifications d'aspect ; mais que ces tumeurs ont toutes une même origine. On doit donc leur donner une dénomination commune.
Ce sont des épithéliomes puisque l'ovaire est un tissu épithélial,
mais ce sont des **épithéliomes ovariques** (1).

§ 1. — Tumeurs typiques bénignes. Kystes.

a) **Ovaires kystiques**. — Il est fréquent d'observer des
ovaires semés de petits kystes nombreux, à parois minces, à contenu clair. Cette lésion est souvent bilatérale ; il est difficile
de décider s'il s'agit là d'un véritable néoplasme, ou de productions simplement inflammatoires.

En tout cas les kystes paraissent formés aux dépens des follicules, ou peut-être de corps jaunes, dont ils ont souvent les
caractères histologiques.

b) **Grands kystes de l'ovaire**. — On peut voir un ovaire
transformé en une masse volumineuse, formée d'une poche
unique ; la paroi est constituée par un tissu fibrillaire dense

---

(1) Les ovaires présentent des relations physiologiques étroites avec
d'autres tissus de l'organisme, et particulièrement avec les autres
parties des organes génitaux. Ces relations dépendent de conditions
que nous ignorons ; nous ne pouvons donc pas les appliquer comme
il conviendrait aux faits pathologiques ; c'est en tout cas dans ce sens
que peuvent être cherchés les motifs de certaines particularités des
néoplasmes ovariens : par exemple la production simultanée de tumeurs
sur les deux glandes, ou sur un ovaire et un autre tissu glandulaire.

revêtu à la surface interne par un épithélium élevé; tels sont
les **kystes uniloculaires.**

Plus fréquents sont les **kystes multiloculaires.** Ceux-ci forment aussi, au niveau d'une des deux glandes, une tumeur pouvant acquérir un grand volume, occuper même la majeure
partie de l'abdomen en refoulant les autres organes. A la section le néoplasme se montre constitué par une série de poches

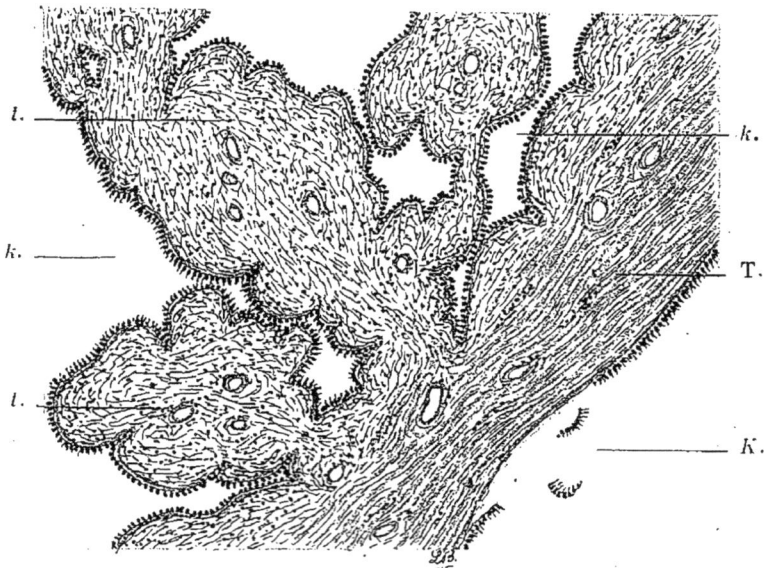

FIG. 219. — *Kyste de l'ovaire* (grossissement moyen).

T. travée fibroïde formant la paroi d'un grand kyste (*K*) t., t., travées ou saillies
formées d'un stroma plus cellulaire, plus vascularisé (comparez fig. 171) séparant des kystes plus petits (*k.*, *k.*). Toutes les cavités sont tapissées par un
épithélium régulier.

de dimensions très irrégulières, contenant un liquide épais,
gélatineux par places, plus fluide en d'autres points. Quelquefois l'une des cavités est prépondérante et paraît constituer à
elle seule toute la masse ; mais on retrouve dans sa paroi de
petits kystes moins développés.

Souvent l'ovaire du côté opposé est le siège de formations
kystiques minuscules.

L'EXAMEN HISTOLOGIQUE fournit des figures très caractéristiques. La paroi des cavités est représentée par une trame hyaline qui paraît dense, mais qui contient en réalité un grand nombre de cellules et de fines fibrilles, surtout au voisinage de la surface interne. Celle-ci est tapissée par un épithélium élevé, cylindrique, dont les éléments ont l'aspect de cellules à mucus ; on retrouve souvent de ces cellules plus ou moins altérées dans la substance muqueuse qui comble la cavité. L'épithélium suit toutes les inflexions de la surface, et souvent s'infléchit vers le stroma en petites cryptes.

Ces figures sont bien caractéristiques des « kystes de l'ovaire » et permettent un diagnostic microscopique. Cependant, comme on le voit, elles ne reproduisent le tissu ovarien par aucun de leurs détails histologiques (1) : c'est seulement l'orientation kystique qui nous permet de parler ici de tumeurs typiques.

Ces tumeurs ont généralement une ÉVOLUTION lente et progressive ; quelquefois cependant elles s'étendent plus rapidement à partir d'un certain moment, peuvent proliférer à leur surface, se greffer sur les organes du voisinage et y adhérer : ce sont des types de passages aux cancers ovariens véritables.

Il faut noter enfin que leur pédicule peut se tordre et provoquer des arrêts de la circulation dans leur intérieur, et des nécroses en masse de leur tissu.

§ 2. — Tumeurs méta et atypiques. Cancers ovariens.

D'autres tumeurs développées sur un ovaire, ou sur les deux

(1) Au contraire, l'aspect de l'épithélium des cavités, et sa disposition souvent papilliforme rappelle beaucoup plus la muqueuse de la trompe. Il est même possible qu'un certain nombre de telles tumeurs naissent aux dépens de ce conduit. Ce seraient dès lors non des kystes ovariens, mais des *kystes parovariens*. On conçoit que cette origine exacte prête à discussion parce que les données d'observation macroscopique font défaut ; l'ovaire étant généralement méconnaissable au voisinage des kystes en raison du grand développement de ceux-ci.

ovaires, ont des caractères malins ; elles constituent le groupe des cancers.

Elles ont souvent un développement moins considérable que les grands kystes ; mais elles montrent fréquemment aussi des formations kystiques dans leur intérieur. En tout cas, elles envahissent les tissus voisins, et sont susceptibles de se généraliser. Leur structure histologique est variable mais peut être rapportée à l'un des types suivants.

a) **Formes métatypiques.** — Certaines formes rappellent l'aspect histologique des kystes ovariens. Nous avons noté précédemment que ceux-ci pouvaient acquérir une malignité

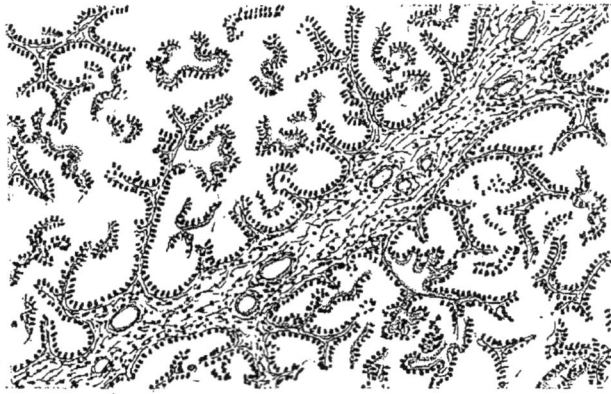

FIG. 220. — *Kyste de l'ovaire à développement rapide* (grossissement moyen).

Épithélium exubérant, se développant sur de fines travées dans l'intérieur des kystes.

secondaire, et se greffer sur les organes voisines. Dans ces formes de passage, le tissu gardait sa structure typique, mais avec une exubérance considérable de l'épithélium qui se développait en arborisation dans les cavités : ce sont les **kystes proliférants.**

Dans les formes métatypiques vraies, malignes d'emblée, on observe au microscope, à côté des cavités dans lesquelles l'épithélium reste bien dessiné, des points où les cellules épithéliales sont amassées sans ordre et pénètrent le stroma ; l'exubérance de l'épithélium, qui se manifeste grossièrement par des replis nombreux, fait donner à ces formes le nom de **cancers papillaires**.

b) **Formes atypiques.** — D'autres fois on ne retrouve plus de formations typiques : il n'y a nulle part un épithélium bien dessiné. Les cellules peuvent présenter encore individuellement un aspect épithélial manifeste, se groupant en alvéoles irréguliers, ou se répandant diffusément dans un stroma pauvre, comme dans toute tumeur glandulaire atypique : ce sont les **formes épithéliomateuses**.

Les cellules peuvent aussi être très petites, très confluentes, soit arrondies, soit allongées : **formes sarcomateuses**, dites aussi improprement, dans certaines variétés, *lymphosarcome de l'ovaire*. Elles ont quelquefois un aspect clair, réfringent, assez particulier : **cancers à cellules claires**.

Autres tumeurs primitives. — Il est possible que quelques tumeurs observées au niveau de l'ovaire soient produites aux dépens du tissu conjonctif voisin et soient des *sarcomes* vrais ; quelques-unes ont une évolution lente et sont dites *fibromes*. Il est difficile de leur assigner une place exacte. Enfin nous avons signalé précédemment la possibilité de tumeurs du type musculaire lisse, des *myomes*.

Tumeurs secondaires et coexistantes. — Les tumeurs secondaires sont tout à fait exceptionnelles, si tant est qu'elles existent ; on observe quelquefois des ovaires cancéreux avec une tumeur maligne d'un autre organe (estomac, par exemple): il est probable qu'il s'agit dans la plupart de ces cas, de cancers simultanés.

Autres productions analogues aux tumeurs. — Il peut exister au niveau de l'ovaire des **kystes dermoïdes**. Cette glande est même l'organe qui en présente plus fréquemment. Leur volume est quelquefois considérable : on y trouve des cheveux, des dents, des amas cartilagineux.

L'ovaire peut aussi être le siège de **tératomes** moins complets, dans lesquels le microscope seul révèle la présence de tissus multiples anormaux bien constitués : tissu cartilagineux, muscle strié, etc. Quelquefois une augmentation de volume est produite par la présence d'un tissu analogue au tissu thyroïdien : cas étudiés par les auteurs allemands sous le nom de **goitres de l'ovaire** (struma ovarii).

II. — ORGANES GÉNITAUX DE L'HOMME

Les tumeurs des organes génitaux de l'homme sont moins fréquentes que celles de l'utérus ou de l'ovaire. Elles sont à considérer au niveau du **testicule** et de la **prostate** ; les organes génitaux externes pouvant être le siège de néoplasmes sans grandes particularités (cancer du gland par exemple).

A. — TUMEURS DU TESTICULE.

Le testicule est composé d'un tissu épithélial très particulier, et dont l'activité subit des modifications fréquentes. Il est disposé en tubes glandulaires séparés par un stroma fin, et tapissés par un épithélium à plusieurs couches. Nous ne pouvons étudier les caractères très spéciaux de cet épithélium.

Cancers du testicule.

a) **Structure**. — Les tumeurs proprement dites du tissu testiculaire sont généralement malignes ; ce sont des **épithéliomes**.

Elles peuvent avoir une structure relativement TYPIQUE; dans ce cas les préparations montrent des tubes assez réguliers plus ou moins remplis de cellules épithéliales. C'est seulement dans ces formes que l'origine testiculaire peut être affirmée par l'examen histologique isolé.

Plus souvent les cancers sont ATYPIQUES révélant une forme infiltrée ou alvéolaire, généralement avec une grande exubérance des cellules aux dépens du stroma ; ils réalisent donc des aspects **encéphaloïdes**.

Ils sont quelquefois extrêmement atypiques: les éléments cellulaires n'ont plus eux-mêmes le caractère épithélial, et ressemblent aux tumeurs conjonctives ou des tissus lymphatiques. Ce sont ces variétés, très malignes, que l'on désigne quelquefois sous le nom de *sarcome* ou de *lymphosarcome* du testicule, comme si elles provenaient véritablement d'un tissu fibreux ou lymphatique.

b) **Aspect macroscopique et évolution**. — A l'œil nu le cancer forme, sur *un des testicules*, une masse plus ou moins volumineuse, souvent bosselée ; la tumeur reste longtemps enfermée dans la capsule de l'organe mais finit par la perforer, pouvant s'ouvrir à la peau (**fongus malin du testicule**) ; elle envahit les lymphatiques dont on peut sentir le cordon noueux sur le vivant, puis les ganglions iliaques et lombaires. A ce moment, elle se développe très vite.

A la coupe, la tumeur montre un tissu généralement mou et d'aspect encéphaloïde. La glande normale peut avoir disparu ou au contraire persister en partie à l'un des pôles, comme cela a lieu pour les cancers du rein. Souvent le cancer est accompagné d'épanchement hémorragique dans la vaginale envahie.

Tumeurs secondaires. — Les tumeurs secondaires du testicule sont tout à fait exceptionnelles. On a signalé des généralisations testiculaires de cancers mélaniques.

Kystes. — On observe assez fréquemment au contraire des formations kystiques ; au niveau du testicule lui-même, elles sont représentées soit par des cancers dont certaines parties se ramollissent et donnent des pseudo-kystes, soit par une affection particulière mal déterminée, appelée *maladie kystique*.

Mais c'est surtout au voisinage de l'épididyme, du cordon que se rencontrent des kystes, qui sont souvent des productions inflammatoires ou des malformations.

Tératomes. — On trouve enfin assez fréquemment dans le testicule des masses solides, ayant l'aspect extérieur de tumeurs, et montrant au microscope des tissus bien formés, multiples (tissu cartilagineux le plus souvent). Ces lésions que l'on désigne sous le nom de *tumeurs mixtes* sont en réalité des monstruosités de développement, des *tératomes*. Elles ne se comportent pas comme des tumeurs.

B. — TUMEURS DE LA PROSTATE.

La prostate est composée par un stroma contenant des fibres musculaires lisses, dans lequel sont plongés de petits culs-de-sac glandulaires. Cet ensemble constitue un véritable tissu particulier.

a) **Tumeurs typiques. Adénomes**. — Les néoplasmes typiques sont très fréquents ; comme au niveau du sein, la néofor-

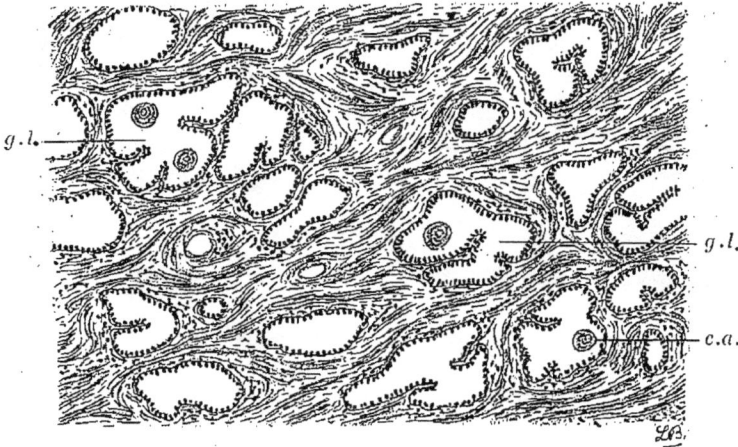

FIG. 221. — *Adénome prostatique* (grossissement moyen).
Type à développement assez marqué des glandules. Quelques-unes de ces néoformations glandulaires (*gl.*, *gl.*) montrent des corps amylacés (*c. a.*). On voit le stroma à fibres lisses de la prostate.

mation peut ici être constituée surtout par les éléments glandulaires, ou présenter au contraire un grand développement du stroma ; dans ce dernier cas, la lésion est quelquefois appelée *myome*, en raison de la grande abondance des fibres lisses ;

mais il y a tous les intermédiaires entre ces deux variétés (1).

Macroscopiquement, la prostate est augmentée de volume, soit dans sa totalité, soit dans un de ses lobes ; son tissu devient quelquefois moins dense qu'à l'état normal, et rosé, lorsque les éléments glandulaires ont un grand développement ; mais le plus souvent il est au contraire d'une fermeté exagérée, et, à la section, d'aspect myomateux.

Toutes ces lésions sont souvent désignées sous la dénomination inexacte d'*hypertrophie de la prostate*.

b) **Tumeurs méta et atypiques. Cancers.** — Il existe tous les types de transition, au point de vue de la structure, entre les

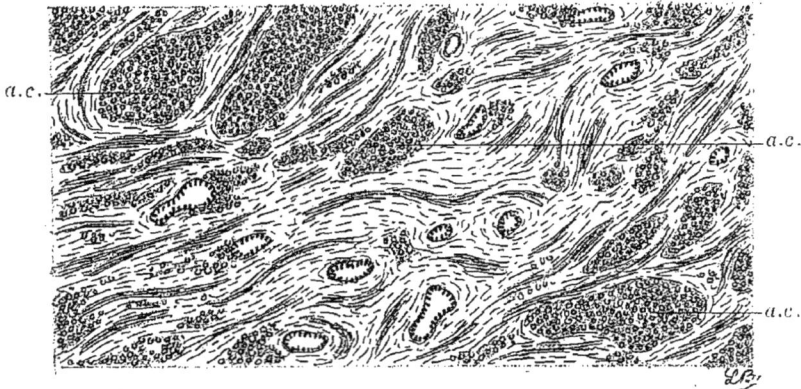

Fig. 222. — *Cancer de la prostate* (grossissement moyen).
Épithéliome glandulaire, ici de la variété métatypique. Les amas cellulaires sont sans ordonnance (*a. c.*), et infiltrent irrégulièrement le stroma à fibres lisses. On voit encore cependant çà et là des culs-de-sacs glandulaires.

adénomes prostatiques et les **épithéliomes**, c'est-à-dire les cancers. Ces formes de passage revêtent généralement l'aspect d'adénomes dans lesquels les culs-de-sac sont très développés,

(1) On trouve assez fréquemment dans ces néoplasmes bénin, comme dans les prostates non néoplasiques, des corps dits *amylacés*. Ce sont de petites masses arrondies, réfringentes, paraissant formées de couches concentriques, qui sont logées dans les culs-de-sac glandulaires.

avec un épithélium exubérant se plissant dans les lumières glandulaires.

Les cancers proprement dits peuvent s'y rattacher par des formes métatypiques, dans lesquels on retrouve encore çà et là la disposition acineuse. Lorsqu'ils sont vraiment atypiques, ils donnent des figures analogues à celles de tous les cancers glandulaires, avec des aspects squirrheux, encéphaloïdes, carcinomateux, mais avec un stroma à fibres lisses.

Macroscopiquement ils forment des masses irrégulières, bosselées, longtemps contenues dans la loge prostatique puis envahissant les plans et organes voisins.

Les **tumeurs secondaires** de la prostate sont pour ainsi dire inexistantes ; mais la glande peut être envahie par le développement d'un cancer voisin (vessie, rectum) ; encore cette éventualité est-elle rare.

CHAPITRE V

TUMEURS DU SYSTÈME NERVEUX

1. — TUMEURS DES NERFS

Les nerfs peuvent être le siège de tumeurs isolées, siégeant sur un tronc nerveux déterminé, ou multiples, plus ou moins disséminées sur divers cordons. Quelques-uns de ces néoplasmes se comportent comme des formations bénignes, d'autres ont des caractères de malignité un peu spéciaux. Certains ont des aspects macroscopiques très particuliers ; ils paraissent formés de cordons flexueux nombreux, situés au voisinage des surfaces du corps, et s'accompagnent d'état éléphantiasique de la peau (névrome plexiforme); d'autres, multiples, sont associés à des troubles du tégument (maladie de Recklinghausen) ; quelques-uns existent à l'état de lésions isolées.

Il est très difficile de se faire une idée générale de toutes ses tumeurs, parce que les cas particuliers sont souvent décrits sous des noms différents et comme des espèces différentes. Ainsi admet-on des fibromes, des sarcomes, des myxomes des nerfs ; des névromes plexiformes ; des névromes myéliniques, amyéliniques, ganglionnaires ; la neurofibromatose, neurosarcomatose, neurosarcofibromatose.

Il y a en réalité des tumeurs des nerfs proprement dites

(névromes vrais) et des productions siégeant au niveau du nerf, mais ne s'étant pas développés aux dépens du tissu nerveux (faux névromes).

§ 1. — Tumeurs proprement dites des nerfs : Névromes vrais.

a) **Tissu des nerfs**. — Les fibres nerveuses représentant les parties élémentaires des nerfs sont constituées diversement suivant les cordons : les unes ont une gaine de *myéline*, les autres, pas ; mais elles possèdent toutes un cylindraxe en relation avec une cellule nerveuse centrale ou ganglionnaire, et un tube nucléé enveloppant le cylindraxe, la *gaine de Schwann*.

Que le cylindraxe soit véritablement un prolongement du corps du neurone, ou qu'il soit formé de segments dérivés de chaque cellule de Schwann, et secondairement soudés ensemble, comme on tend à l'admettre aujourd'hui, un fait certain subsiste : c'est que l'ensemble constitué par ces éléments forme le tissu spécifique des nerfs. Chaque segment de ce tissu possède une nutrition qui dépend de conditions circulatoires régionales, mais est aussi en relations biologiques avec la cellule des centres, auquel il est lié par le cylindraxe.

Les fibres nerveuses sont groupées en *faisceaux primaires* et *secondaires* par des lames connectives enveloppantes (*gaine lamelleuse*) ; ces faisceaux, suivant l'importance du nerf, sont réunis en plus ou moins grand nombre par un tissu cellulo-adipeux qui individualise le tronc nerveux.

b) **Structure des névromes vrais**. — Les névromes vrais ont pour caractère structural essentiel de se développer dans le *tissu nerveux proprement dit*, c'est-à-dire dans la gaine de Schwann qui en constitue la partie nucléée ; il s'ensuit que, en s'accroissant, ces tumeurs dissocient les fibres nerveuses, en restant incluses, au moins primitivement, dans les fascicules constituant le nerf.

La tumeur se montre contenue sur les coupes (fig. 223) dans la gaine lamelleuse distendue, et l'on trouve dans son sein les fibrilles nerveuses dissociées. Ces fibres sont écartées et non

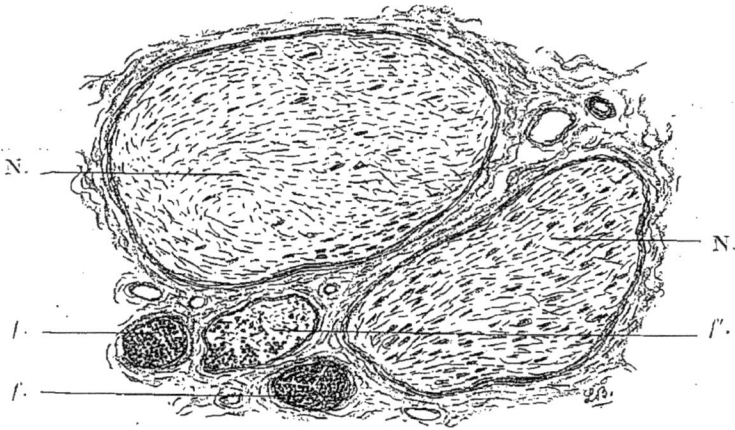

Fig. 223. — *Névrome* (grossissement moyen).

N., N., deux faisceaux atteints; le tissu néoplasique est intrafasciculaire, et dissocie les tubes nerveux dont on voit le dessin (coupe oblique). f., f., deux fascicules normaux, coupés en travers; f', un faisceau avec le néoplasme au début.

détruites, généralement : les parties du nerf sus ou sous-jacentes ne présentent pas de dégénérescences secondaires.

La néoproduction peut être plus ou moins rapide, c'est-à-dire être formée soit d'éléments jeunes, cellules rondes ou allongées très abondantes, soit d'éléments mieux développés avec des fibrilles autour d'eux ; ils ont alors un aspect analogue aux tissus connectifs.

On a beaucoup discuté pour savoir s'il existait parmi les névromes, des cas où les cylindraxes étaient augmentés de nombre. Il semble bien qu'il n'en existe point. D'ailleurs, les axes sont des productions très différenciées qui paraissent devoir se reproduire très difficilement, ou seulement dans des conditions très spéciales.

On discute aussi pour savoir s'il existe des névromes *myéliniques* et des névromes *amyéliniques*. En fait, les fibres dissociées que l'on retrouve dans le tissu des tumeurs sont, dans la règle, entourées de manchons de myéline, et les névromes se développent habituellement sur les nerfs normalement formés de fibres myélinisées.

c) **Variétés macroscopiques.** — Macroscopiquement, les névromes se présentent sous la forme d'un simple épaississement en fuseau, ou globulaire, du tronc nerveux (**névrome simple**) ; d'autres fois ils sont constitués par un assemblage de cordons blanchâtres, durs, plus ou moins entremêlés (**névrome plexiforme**).

Quelquefois la tumeur existe seule sans autre lésion apparente ; mais souvent elle s'accompagne au voisinage, ou à distance, de modification de certains tissus, particulièrement de la peau. Ainsi dans les névromes plexiformes, surtout dans ceux qui sont superficiellement situés, note-t-on toujours un état éléphantiasique de la peau ; ainsi voit-on, avec les névromes multiples qui constituent la maladie de Recklinghausen (neurofibromatose), des altérations pigmentaires du tégument.

d) **Évolution.** — Les névromes peuvent être **uniques** ou **multiples**. Ils ont une tendance très remarquable à se développer sur des points multiples du système des nerfs. Dans les cas très nets ce fait constitue une véritable *généralisation élective* sur le tissu nerveux périphérique ; dans d'autres cas, où les produits se font plus lentement et ne sont apparents qu'à un stade avancé, ils paraissent, lorsqu'on les examine, constituer des productions simultanées. On a affaire dans ce dernier cas à la maladie appelée *neurofibromatose*. Il est entendu cependant que ce terme n'est pas très exact parce que les tumeurs qui constituent cette affection sont des névromes et non des fibromes : le caractère électif du développement sur les troncs nerveux est une démonstration de la spécificité de ces tumeurs.

Lorsque les productions se font plus rapidement et prennent l'aspect très apparent de généralisation, on emploie le terme de *neurosarcomatose*. Cette dénomination comporte les mêmes restrictions que la précédente et n'a de valeur que pour indiquer la rapidité de production, la malignité. Au reste, les nodules ont dans ces cas la même constitution que précédemment, mais avec des éléments plus jeunes, plus abondants, arrondis ou légèrement allongés. Il faut remarquer qu'ils atteignent assez souvent les racines nerveuses à l'émergence du tissu cérébral, donnant des symptômes de tumeurs de la base ou de l'angle ponto-cérébelleux.

Il s'agit là de véritables **névromes malins** (1).

§ 2. — Tumeurs des enveloppes et lésions analogues. Faux névromes.

a) **Tumeurs primitives des enveloppes.** — Il est difficile de préciser jusqu'à quel point les conditions de nutrition et d'évolution des membranes celluleuses engainant les fascicules nerveux, dans l'ensemble du nerf, sont liées à celles du tissu des fibres (gaine de Schwann et cylindraxe). Il est certain qu'il y a entre ces parties des relations étroites et que les productions pathologiques des enveloppes doivent présenter quelques caractères analogues à celles du tissu nerveux proprement dit.

Cependant il peut exister sur les gros troncs, à enveloppes bien différenciées, des lésions de ces enveloppes qui peuvent être considérées comme des tumeurs de la *série fibreuse*. Lorsqu'elles sont localisées sur un segment nerveux, elles se présentent avec des caractères macroscopiques analogues à ceux des névromes; mais leur caractère structural majeur est de se

---

(1) On voit quelquefois des névromes malins qui se généralisent par petits nodules dans les viscères ; le fait est exceptionnel, et se produit vraisemblablement le long des petits filets nerveux.

développer *autour* des faisceaux de fibres, sans pénétrer dans leur intimité.

b) **Productions analogues**. — Il faut rapprocher de ces tumeurs exceptionnelles la lésion dite *névrome des amputés* : c'est une altération inflammatoire se produisant au niveau du moignon, autour des extrémités nerveuses, dans le tissu péri-fasciculaire ; celle dite *névrome sous-cutané douloureux* qui est une production de nature fibreuse généralement, comprimant des filets sensitifs (voir p. 455).

§ 3. — Tumeurs secondaires des nerfs.

Enfin on peut observer, *dans les enveloppes* des nerfs, des noyaux cancéreux secondaires à une tumeur primitive d'un autre tissu. Ce sont surtout des tumeurs glandulaires qui peuvent présenter de tels foyers de généralisation. On les rencontre presque exclusivement sur les troncs de la queue de cheval ou des racines médullaires, où ils se présentent comme des nodules de petit volume (pois, noisette) souvent avec des points hémorragiques qui leur donnent une coloration brune. Leur structure rappelle naturellement celle de la tumeur primitive. Ils peuvent donner des symptômes radiculaires subjectifs ou objectifs importants.

II. — TUMEURS DES CENTRES NERVEUX

La confusion qui existe à propos des tumeurs des nerfs se retrouve dans celles de l'axe cérébro-spinal, à cause de la multiplicité des dénominations.

Il faut distinguer en premier lieu les tumeurs du tissu nerveux proprement dit, et celles des enveloppes; enfin en séparer les noyaux de généralisation de cancers éloignés.

Tumeurs du tissu nerveux. — Le tissu nerveux comprend des éléments très différenciés qui ne se reproduisent pas à l'état parfait dans les néoplasmes. Ceux-ci ne sont donc jamais exactement typiques, et l'on ne doit pas penser trouver des cellules nerveuses adultes dans une tumeur : pas plus qu'on ne peut exiger la présence de cylindraxes néoformés pour admettre l'existence des névromes.

Les tumeurs des centres sont dites **gliomes**.

Tumeurs des méninges. — Les enveloppes sont formées par un tissu qui se rapproche par ses caractères du tissu fibreux ; ses tumeurs se rapprocheront de celles de la série fibreuse, mais cependant avec des caractères qui les réunissent dans un groupe très particulier.

Rapport des méninges et des centres. — On ne doit pas oublier que les méninges, et particulièrement la méninge molle, ont des relations biologiques très étroites avec le tissu sous-jacent. Ce fait nous a déjà été démontré par l'examen des altérations non néoplasiques; il se manifeste aussi dans l'étude

des tumeurs, et rend difficile la délimitation de certaines
d'entre elles.

Un grand nombre de productions ayant grossièrement l'aspect
de tumeurs peuvent se développer au niveau des centres, et
surtout de leurs enveloppes. Tels sont par exemple les *kystes
parasitaires* (kystes hydatiques). On appelle aussi quelquefois
tumeurs des lésions inflammatoires plus ou moins localisées,
qui ont été étudiées précédemment : *plaques de méningite, gommes, tubercules.* Ces altérations donnent souvent des signes analogues à ceux des tumeurs, par le fait de leur situation sur les
centres, mais elles sont, au point de vue anatomique, bien différentes.

§ 1. — Tumeurs proprement dites des centres. Gliomes.

a) **Structure.** — Les gliomes sont généralement constitués
par des cellules abondantes, avec un stroma fibrillaire ténu et

FIG. 224. — *Cellules dissociées d'un gliome* (fort grossissement).
L'aspect étoilé et ramifié du protoplasma est ici très caractérisé.

diffus. Les cellules peuvent avoir des caractères variables :
arrondies et petites, ou allongées, ou irrégulières et étoilées.
Très souvent elles sont munies de *fins prolongements* qui rappellent ceux des cellules nerveuses : ce dernier point est important pour le diagnostic histologique.

Le tissu des gliomes contient de *nombreux vaisseaux de
nouvelle formation*, qui sont souvent de simples lacunes différenciées par un tassement des éléments de la tumeur.

On peut se rendre compte, en examinant les limites du néoplasme que le tissu sain de voisinage *se transforme insensiblement* en tissu néoplasique, sans ligne de démarcation nette.

b) **Caractères macroscopiques.** — A l'œil nu, les gliomes montrent les caractères suivants :

Ils sont de CONSISTANCE faible, souvent mous ou gélatineux. Il arrive même que le centre des gros gliomes soit comme liquéfié et s'effondre en donnant l'apparence d'une cavité kystique.

Leur COLORATION est gris rosé, en raison de la grande vascularisation, avec souvent des points jaune clair et un tacheté hémorragique.

Leur VOLUME est très variable et peut atteindre d'assez grandes proportions (un poing par exemple).

Leurs LIMITES ne sont jamais nettes, et la tumeur se continue insensiblement avec le tissu sain voisin, à l'œil nu comme au microscope. Les parties situées autour du gliome sont cependant refoulées et déformées : ce fait est manifeste par exemple au niveau des circonvolutions cérébrales susjacentes à une tumeur.

Le SIÈGE est variable ; les gliomes peuvent se développer dans toutes les parties des centres ; ils sont généralement profonds. Au niveau de l'encéphale, les plus fréquents s'observent dans la profondeur de la masse cérébrale. Au niveau de la moelle, ils constituent souvent une altération assez étendue autour de l'épendyme (*gliomatose périépendymaire*); lorsque leurs parties centrales deviennent liquides en formant de pseudo-kystes, elles produisent des cavités allongées dans le sens du cordon médullaire : un certain nombre au moins de syringomyélies sont constituées par de telles lésions.

c) **Évolution.** — Les gliomes paraissent s'accroître lentement. Ils ne se généralisent jamais aux viscères. Cependant ils peuvent être considérés comme ayant une certaine mali-

gnité (1) parce qu'ils envahissent le tissu nerveux en le transformant; au reste, ils sont susceptibles de se développer simultanément ou consécutivement *en plusieurs points* des masses
nerveuses.

§ 2. — **Tumeurs du tissu méningé. — Psammomes.**

a) **Structure.** — Les tumeurs les mieux caractérisées du
tissu méningé sont constituées au microscope par des cellules
allongées, fusiformes, qui ont une grande tendance à se grouper en petits amas dans lesquelles elles s'enroulent concentri-

FIG. 225. — *Psammome* (fort grossissement).
Petits nodules avec des cellules allongées concentriques. Çà et là, cellules
polyédriques à aspect épithélioïde.

quement les unes autour des autres. Entre les nodules microscopiques ainsi formés, les éléments sont plus ou moins
fasciculés; par places ils se réunissent en îlots dans lesquels les
cellules deviennent polyédriques : elles ont alors l'aspect
d'éléments épithéliaux.

(1) D'ailleurs les troubles qu'ils produisent dans l'économie par le
seul fait de leur localisation leur donnent cliniquement une gravité
particulière.

D'autres tumeurs paraissent formées uniquement de ces derniers éléments, et ont grossièrement l'aspect de tumeurs épithéliales. Ce sont cependant des productions ayant la même origine : elles ont des caractères macroscopiques et une évolution analogues aux précédentes ; d'ailleurs, on peut trouver toutes les variétés intermédiaires entre ces deux types. Il est probable que l'aspect épithélioïde tient à la plus ou moins grande rapidité de développement.

Le type très caractérisé avec ses amas concentriques feuilletés a été appelé **psammome** (1), les autres sont décrits sous les noms de *sarcomes, fibromes, endothéliomes,* suivant les cas ou suivant les auteurs (2). Il n'y a aucun motif pour ne pas les englober sous une dénomination unique en faisant du terme psammome le synonyme de tumeur du tissu méningé, et en lui ajoutant suivant les variétés un qualificatif.

La délimitation entre certaines tumeurs méningées et certains gliomes est extrêmement difficile. Les conditions de nutrition très voisines des méninges molles et de la substance immédiatement sous-jacente, font que les néoplasmes de ces régions prennent souvent des caractères histologiques voisins. Ainsi des tumeurs méningées peuvent arriver à être formées de cellules irrégulières plus ou moins épithélioïdes, difficiles à distinguer de celles de quelques gliomes. Inversement, ces derniers peuvent présenter, surtout lorsqu'ils sont en surface, sous les méninges, des cellules allongées, fasciculées, comme certains psammomes.

b) **Caractères macroscopiques.** — Les tumeurs méningées lorsqu'elles sont bien caractérisées se présentent sous la forme d'un nodule de consistance fibroïde développé dans la méninge molle.

(1) Il montre quelquefois au centre des amas concentriques des dépôts calcaires. C'est la forme dite *psammome angiolithique,* parce qu'on l'a supposé hypothétiquement développé aux dépens des vaisseaux.

(2) Il est probable que les faits étudiés sous le nom d'*épithéliome du cerveau* sont à rapprocher de ce groupe, et sont des tumeurs choroïdiennes.

·· Lorsque ces nodules sont petits, ils peuvent être complètement distincts du tissu nerveux : on peut voir ainsi des psam-

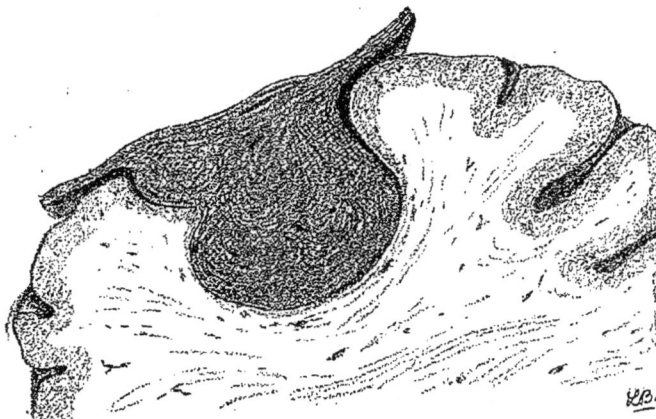

Fig. 226. — *Tumeur des méninges* (cerveau).

La tumeur est vue sur une section du lobe frontal. Elle adhère à la méninge
et pénètre dans la masse cérébrale en s'y creusant une loge.

momes gros comme une noisette, par exemple, se libérer facilement avec la pie-mère cérébrale lorsqu'on détache celle-ci.

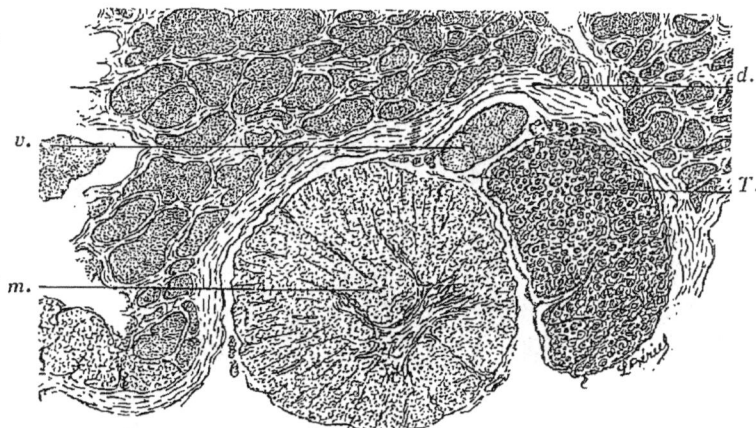

Fig. 227. — *Tumeur des méninges* (moëlle), coupe vue à un très faible
grossissement.

La tumeur (T.) est située en dedans de la dure-mère épaissie (d.) et refoule la
moëlle (m.), v, vaisseau dilaté. Les plexus veineux extra-dure-mériens sont
très dilatés.

Lorsqu'ils sont plus volumineux (noix, orange), ils refoulent la substance nerveuse en s'y creusant une loge hémisphérique, leur base, large, étant en continuité avec la méninge. On peut quelquefois les isoler nettement du tissu nerveux; d'autres fois ils y adhèrent, mais sur une coupe, s'en montrent distincts.

Lorsqu'on trouve une tumeur méningée au niveau de la *moelle*, c'est généralement une tumeur de petit volume; on peut obtenir des coupes histologiques comprenant le néoplasme et la moelle. Celui-là se montre alors comme un nodule inclus dans la dure-mère et comprimant la substance médullaire.

c) **Évolution**. — L'évolution des tumeurs méningées paraît être lente; elle l'est d'autant plus, semble-t-il, que la structure est plus proche du psammome bien caractérisée. Ces tumeurs ne se généralisent guère, mais, comme les gliomes, peuvent être multiples, en divers points des enveloppes cérébro-spinales.

§ 3. — **Tumeurs secondaires**.

Des noyaux de généralisation de cancers viscéraux peuvent

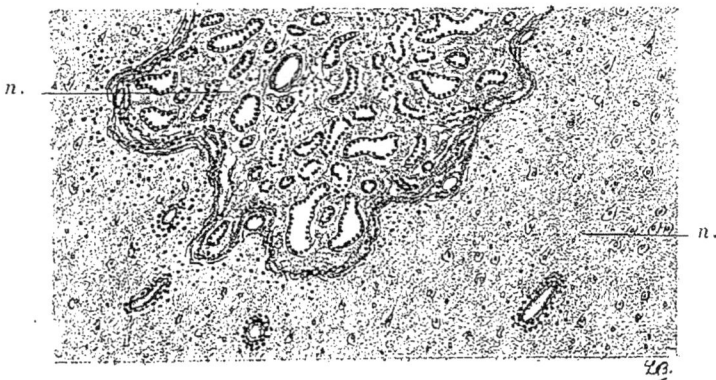

FIG. 228. — *Noyau secondaire du cerveau* (faible grossissement).

Il s'agit, ici d'une généralisation d'un épithéliome glandulaire (estomac). Le noyau secondaire (*n.*) montre des formations glandulaires typiques. Il est entouré d'une lame fibrillaire qui le sépare de la substance nerveuse (*n.*). Celle-ci montre des vaisseaux entourés de cellules qui peuvent être confondues à ce grossissement, avec des culs-de-sac glandulaires.

s'observer au niveau des centres nerveux ; leur structure varie
naturellement suivant celle de la tumeur primitive et est liée à
celle-ci. Leur caractère essentiel est de se produire **dans les
méninges** : ils ont donc une disposition comparable à celle des
tumeurs méningées. Même lorsqu'ils se sont bien développés
et ont pénétré en profondeur le tissu nerveux, on peut généralement retrouver à leur périphérie une limite fibrillaire comme
si le néoplasme avait refoulé la pie-mère devant lui.

CHAPITRE VI

DIAGNOSTIC HISTOLOGIQUE DES TUMEURS

Le diagnostic histologique des tumeurs, encore très borné, présente des points de la plus haute importance. On demande souvent au microscope de décider si une lésion est ou n'est pas néoplasique, ou d'indiquer si une tumeur déterminée présente des caractères de malignité.

L'examen de coupes provenant d'une tumeur, vraie ou douteuse, comporte une série d'opérations qui se font souvent simultanément, mais que l'on est obligé d'exposer l'une après l'autre. La première consiste à s'assurer de la réalité du néoplasme (**diagnostic de tumeur**); les autres concourent à nous procurer des notions touchant l'évolution probable : elles nécessitent d'étudier successivement le siège de la production (**diagnostic de l'organe**); ses caractères et son origine (**diagnostic de la nature**); elles aboutissent à des conclusions sur la bénignité ou la malignité (**diagnostic de la malignité**).

Par exemple, si l'on examine une préparation comme celle qui est reproduite sur la fig. 155, le diagnostic histologique complet devra comprendre les quatre termes : *tumeur* ; — *tumeur de l'estomac* ; — *tumeur glandulaire typique non envahissante* ; — *tumeur bénigne*. Ils se résument dans la dénomination D'ADÉNOME DE LA MUQUEUSE GASTRIQUE. En présence de la fig. 156, ce sera : *tumeur* ; — *tumeur de l'estomac* ; — *tumeur glandulaire typique envahissante* ; — *tumeur maligne* : soit ÉPITHÉLIOME TYPIQUE DE LA MUQUEUSE GASTRIQUE, etc.

I. — DIAGNOSTIC DE TUMEUR

Nous avons rappelé, dès le début de l'étude des tumeurs, que celles-ci pouvaient être considérées comme des néoformations sans tendance à la guérison. Le second terme de cette définition grossière ne peut être appuyé sur des constatations microscopiques, qui restent dans le domaine du présent ; aussi est-ce surtout l'observation clinique qui nous fournit des indications à cet égard.

C'est donc le fait d'une **néoproduction de tissu** qui reste le plus saillant dans l'examen histologique. Ce point doit être d'abord *reconnu*, puis on doit *différencier* les néoproductions véritablement néoplasiques de celles qui sont dues à des inflammations.

A. — Diagnostic positif.

L'impression que l'on a sous les yeux une néoproduction peut être plus ou moins évidente; elle est variable suivant que l'on est en présence de formations typiques ou atypiques.

§ 1. — Productions typiques.

Lorsqu'une coupe montre des éléments agencés les uns par rapport aux autres suivant une certaine ordonnance, on dit qu'on est en présence de productions typiques. Il s'agit de savoir si ces productions sont normales ou pathologiques.

a) **Productions typiques envahissantes.** — Le diagnostic est simple si l'on s'aperçoit que les productions typiques sont envahissantes, c'est-à-dire qu'elles se placent dans une position où elles n'existent pas à l'état normal : c'est le cas pour les tumeurs typiques malignes, réalisé principalement par des **épithéliomes typiques.** En effet, dans ce cas, les productions sont assez caractérisées pour ne pas être confondues avec une modification banale du tissu ; elles ne sont pas assez régulières pour être prises pour des parties normales ; elles se montrent enfin situées dans une région qui manifestement n'en contient pas d'habitude.

En se reportant à la figure 216 qui représente un cancer utérin, on aperçoit immédiatement des formations glandulaires nettes, situées en plein muscle lisse ; il est aussitôt évident, par l'aspect irrégulier des glandes, et par leur situation étrangère à l'état normal, qu'il y a là une néoproduction pathologique.

Notons en passant, que, dans ce cas, on fait en même temps le diagnostic de tumeur maligne — ce qui évite d'avoir à penser à une néoproduction inflammatoire, — et de tumeur épithéliale cylindrique de l'utérus, c'est-à-dire *épithéliome typique de la muqueuse du corps.* Mêmes remarques pour les fig. 156, 163, etc.

b) **Productions typiques non envahissantes.** — Les tumeurs typiques bénignes ne fournissent pas toujours une certitude aussi rapide.

Dans les PARENCHYMES GLANDULAIRES cependant, l'ordonnance complexe mais régulière du tissu normal n'est jamais reproduite, pathologiquement, dans tous ses détails, même par les néoplasmes les plus bénins : on peut ainsi reconnaître comme étant des néoproductions, — mais sans pouvoir toujours préciser d'emblée s'il s'agit vraiment de tumeurs, — les figures **d'adénomes du sein, du rein, de la thyroïde, les papillomes** cutanés ou muqueux (comparez les fig. 174 et 175 ; 12 et 147;).

.Dans les TISSUS DISPOSÉS EN APPAREILS, c'est-à-dire sans architecture régionale particulière, le fait est moins évident. Ainsi rien n'indique au premier abord, dans un **lipome**, un **fibrome**, un **myome**, un **ostéome**, que l'on soit en présence de tissu néoformé plutôt que de tissu normal.

Quelquefois l'*aspect des éléments* décèle manifestement leur nature plus jeune, comme cela a lieu dans les **myomes** : ceux-ci sont formés de fibres-cellules plus ténues, plus courtes, plus pâles, plus irrégulières que celles du tissu sain.

Souvent, c'est la présence d'une *capsule*, limitant la partie examinée, qui lève les doutes.

La recherche de cette dernière constatation n'est qu'un moyen détourné de connaître, sous le microscope, que le fragment examiné faisait partie d'un nodule, d'un îlot, d'une tumeur au sens clinique du mot ; mais comme cette situation était manifeste, à l'œil nu, on ne demande généralement pas, dans ce cas, le secours de l'examen histologique pour trancher ce point particulier.

§ 2. — **Productions atypiques.**

Lorsqu'il s'agit de tumeurs atypiques, l'impression de néoplasme est très variable.

- Les **cancers alvéolaires**, les variétés carcinomateuses, ou en boyaux, diffèrent tellement des aspects histologiques normaux, leur caractère d'infiltration, d'envahissement est si évident, que le diagnostic de tumeur, et à la fois de tumeur maligne, s'impose généralement d'emblée (Voy. les fig.138,152,178,etc.).

Mais certains cancers très atypiques, **cancers à petites cellules infiltrées** dont les éléments sont répartis isolément dans un stroma banal, sont au contraire très malaisés à reconnaître en tant que tumeur ; nous sommes ici en présence d'éléments néoformés n'ayant pris aucun caractère, d'éléments très jeunes.

tout à fait comparables à ceux que nous pouvons trouver dans n'importe quel processus pathologique : bien plus, *ce sont les mêmes*, ce sont des cellules encore indifférentes, et seule 12 cause qui en produit le renouvellement est spécifique. C'est dans ces cas que l'élimination des processus inflammatoires subaigus ou chroniques est particulièrement difficile (voir p. 524).

B. — DIAGNOSTIC DIFFÉRENTIEL.

Un diagnostic différentiel est donc nécessaire dans les faits de productions diffuses et atypiques, mais il doit se poser aussi dans certains cas où l'on est en présence de néoproductions typiques évidentes.

§ 1. — Diagnostic des productions typiques d'origine inflammatoire.

Des néoproductions typiques, bien caractérisées, indépendantes des tumeurs, ne s'observent guère que dans certains tissus. On ne s'embarrasse donc de ce diagnostic qu'à bon escient, et, en tout cas, jamais lorsque les néoproductions sont envahissantes : car elles sont alors toujours néoplasiques.

Il a été rappelé, en étudiant les diverses tumeurs, que ce sont surtout les tissus à remaniement normal constant, qui donnaient lieu à ces productions inflammatoires particulières. Ainsi les *tissus épithéliaux* de revêtement ou hyperplasiques : la peau, les muqueuses, le sein, l'ovaire, le foie ; le *tissu osseux* (1).

_____

(1) Le tissu musculaire lisse fournit bien aussi, très facilement, des néoproductions typiques inflammatoires. C'est même peut-être le tissu le plus remarquable à ce point de vue : mais ces formations risquent bien rarement de se confondre avec des tumeurs, par le seul fait de leur topographie.

a) **Diagnostic des papillomes.** — En présence de formations d'aspect papillomateux, au niveau de la peau ou des muqueuses malpighiennes, il faut éliminer les **inflammations
chroniques**, la **syphilis**, la **tuberculose** (Comparez les fig. 129,
130 et 147).

On recherchera naturellement les follicules et les cellules
géantes dans le stroma ou le derme, il y aura là un indice pour
la tuberculose ou la syphilis ; mais l'absence de ces éléments
n'autorisera aucune conclusion, car les lésions dues à ces deux
agents peuvent n'en pas contenir. Au reste, les inflammations
non spécifiques doivent aussi être éliminées avant que le diagnostic de papillome, tumeur, soit certain.

Le meilleur indice de la nature inflammatoire (spécifique ou
non) est la grande *abondance des petites cellules*, exsudées
autour des vaisseaux, ou *amassées en foyers*, au-dessous de
l'hyperplasie épithéliale. Ces petites cellules se retrouvent aussi
dans les néoplasmes, elles y jouent le même rôle de cellules de
remplacement, mais comme les papillomes sont des tumeurs à
développement très lent, elles y sont généralement très peu
abondantes.

Il est évident que la recherche des éléments microbiens, dans
les cas particulièrement difficiles, serait un appoint définitif ;
mais elle est plutôt utilisée pour différencier entre elles les
altérations non néoplasiques : diagnostic autrement difficile que
celui de néoplasme.

b) **Diagnostic des adénomes de surface.** — Au niveau des
muqueuses glandulaires des difficultés analogues se retrouvent,
et encore beaucoup plus marquées quelquefois. C'est le cas par
exemple pour les **adénomes de la muqueuse utérine** qui sont
très difficiles à distinguer des métrites.

Ici nous n'avons plus la ressource de l'abondance des petites
cellules entre ou sous les formations épithéliales.

Les petites cellules rondes sont *normalement* abondantes dans les muqueuses à épithélium cylindrique, celui-ci exigeant une reproduction incessante de ses éléments différenciés, très actifs et disposés en une seule couche : les cellules encore non caractérisées qui imprègnent le stroma sous-épithélial sont une réserve *normale* où le tissu puise constamment.

Au contraire, les épaisses assises malpighiennes constituent aux tissus ectodermiques un fond assez riche ; la présence de nouveaux éléments, déjà issus des vaisseaux dans le stroma, n'est pas nécessaire, au niveau de la peau ou des muqueuses du type ectodermique, pour leur renouvellement normal.

On trouve donc, aussi bien dans les adénomes légitimes que dans les états adénomateux des **métrites**, le stroma sous-épithélial infiltré de petites cellules. Le diagnostic histologique, à lui seul, est souvent impossible. Il faut noter cependant que dans les inflammations de la muqueuse, les petites cellules sont *souvent* réunies en petits foyers très compacts, ce qu'on n'observe guère dans les tumeurs bénignes.

c) **Autres cas particuliers.** — Le diagnostic est souvent difficile entre certains **adénomes du sein** et les **mammites**, qui donnent des aspects adénomateux très nets. On se base ici encore sur l'abondance des cellules rondes du stroma, et sur la présence de foyers cellulaires. Mais ici aussi le diagnostic peut être impossible. Il faut alors s'aider de notions anatomo-cliniques, par exemple de l'uni ou de la bilatéralité. Au reste, le problème est si difficile que beaucoup d'auteurs ne s'entendent pas sur la démarcation de ces deux ordres de lésions.

Des considérations analogues s'appliquent à la distinction des **ostéomes vrais** et des productions osseuses inflammatoires ; des **adénomes du foie** et des hyperplasies adénomateuses observées dans les cirrhoses ; des **ovaires kystiques**, néoplasiques ou inflammatoires ; des petits **kystes du rein**.

§ 2. — Diagnostic des inflammations simulant des tumeurs atypiques.

Ce diagnostic se pose surtout en présence de certaines lésions du tube digestif.

a) **Diagnostic de certaines gastrites.** — Nous avons vu que certains cancers gastriques très atypiques, à petites cellules, pouvaient simuler des états inflammatoires.

La **linite plastique** doit être reconnue en tant que tumeur. Elle est caractérisée surtout par l'épaississement considérable de la sous-muqueuse, par l'infiltration de petites cellules très éparses, et présentant souvent un aspect brillant particulier (1).

D'autres altérations sont d'un diagnostic difficile, au moins pour préciser leur nature : ainsi l'altération désignée sous le nom de **sténose congénitale du pylore**, et observée chez l'enfant. Elle présente un épaississement de toutes les couches au niveau du pylore, avec une infiltration cellulaire diffuse, un aspect scléreux des tissus et une hyperplasie des fibres lisses. Certains auteurs la classent parmi les néoplasmes. Pour divers motifs, il faut plus probablement accepter sa nature inflammatoire et la comprendre comme une *gastrite pariétale totale,* localisée ou diffuse, suivant le cas.

Les divergences d'interprétation, pour ces faits, démontrent les difficultés que présentent leur examen histologique.

b) **Diagnostic des tuberculoses hypertrophiques de l'intestin.** — On sait que la tuberculose produit, surtout dans les parois du gros intestin, des altérations dites hypertrophiques simulant des tumeurs. La difficulté de les distinguer se pré-

---

(1) On sait d'ailleurs que quelques auteurs admettent encore la nature inflammatoire de la linite.

sente très souvent à l'œil nu ; l'examen microscopique permet fréquemment de reconnaître la tuberculose à ses formations élémentaires, ou le néoplasme à son infiltration typique ou métatypique (1). Mais il arrive parfois que les lésions tuberculeuses ne portent pas de caractéristique histologique, et que les cancers sont diffus et atypiques, au point de ne pas permettre un diagnostic d'emblée.

Qu'il s'agisse de tumeur ou de tuberculose, les tuniques sont épaissies, comme scléreuses, et infiltrées de petits éléments ; dans les deux cas aussi il peut exister des lésions vasculaires et une ulcération de la muqueuse. Mais la tuberculose, si lente que soit sa production en pareille matière, se comporte cependant comme une lésion plus aiguë ; les cellules sont généralement mieux amassées en îlots, en nodules ; quelquefois de petites parties, au milieu des amas cellulaires, sont moins bien colorées, ont une tendance à la nécrose. Au contraire, dans les tumeurs, à quantité de cellules égales, il y a moins de lésions dégénératives. De plus, les éléments cellulaires du néoplasme sont souvent un peu plus gros et avec un éclat brillant particulier.
On conçoit qu'on ne puisse avoir souvent qu'une impression dans un sens ou dans l'autre, et qu'on doive se baser souvent sur d'autres constatations (ganglions) ou sur des recherches cliniques ou expérimentales.

c) **Diagnostic histologique des rétrécissements du rectum**. — Des difficultés analogues se retrouvent quelquefois en présence d'épaississements d'aspect scléreux du rectum, avec rétrécissement. Le diagnostic complet est ici d'autant plus difficile que la tuberculose n'est pas seule à simuler les cancers en cette région. La syphilis, et probablement aussi des inflammations banales, peuvent produire des altérations analogues.

(1) On devra se garder de prendre pour des cellules géantes, ou pour de petits îlots épithéliomateux, les cellules nerveuses ganglionnaires que l'on trouve normalement en petits îlots, surtout au niveau des couches musculaires de la paroi intestinale. C'est une erreur qui peut être commise facilement.

II. — RECONNAISSANCE DU SIÈGE DE LA TUMEUR DIAGNOSTIC D'ORGANE

Il est toujours utile de préciser sur quel appareil ou organe s'est développé le néoplasme. Lorsque ce renseignement n'est pas fourni avant l'examen histologique, il peut être retrouvé au microscope, au moins si la coupe intéresse les limites de la tumeur. On reconnaît à quel organe ou à quelle partie d'appareil on a affaire, en recherchant les caractères normaux de ces parties.

Ce diagnostic est nécessaire souvent pour préciser si une tumeur, à sa limite, a envahi les tissus voisins; mais il est particulièrement intéressant pour l'étude des généralisations. Quelques cas particuliers méritent d'être signalés.

a) **Diagnostic des envahissements ganglionnaires.** — Il est souvent difficile, lorsqu'un ganglion est envahi dans sa totalité, de reconnaître ce petit organe : il ne persiste aucune trace de tissu lymphoïde, il n'y a plus qu'un amas cancéreux avec son stroma plus ou moins abondant ; seule la capsule peut être utilisée pour le diagnostic. Mais généralement le problème se pose souvent de façon inverse. On ne demande pas au microscope de reconnaître si un point déterminé envahi par un cancer, est un ganglion; on lui demande si un ganglion donné est atteint déjà de généralisation cancéreuse.

Si l'envahissement n'est pas très manifeste, il faut examiner surtout attentivement les zones interfolliculaires, les sinus,

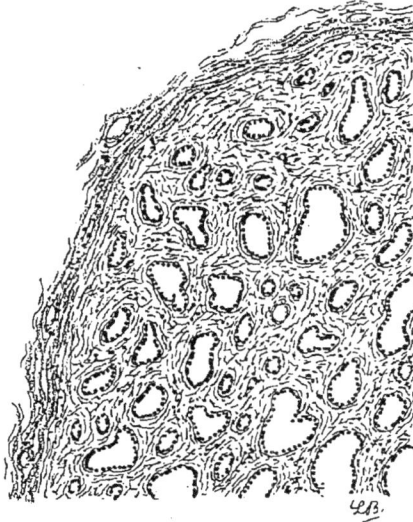

FIG. 229. — *Ganglion cancéreux* (faible grossissement).

La coupe intéresse un segment du ganglion, revêtu de sa capsule. Tout le tissu ganglionnaire est remplacé par une métastase développée sous la forme typique (épithéliome glandulaire).

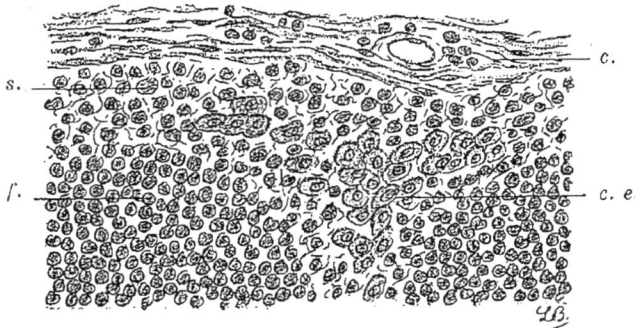

FIG. 230. — *Envahissement ganglionnaire au début* (fort grossissement).

c., capsule; c. e., groupe de cellules épithéliales dans les voies lymphatiques sous-capsulaires (s.) entre deux follicules normaux (f.). Il s'agit d'un ganglion pris au voisinage d'un cancer du sein.

particulièrement *sous la capsule.* C'est là qu'on trouve souvent l'infiltration au début, par exemple des files ou des amas de cellules nettement épithéliales dans le cas le plus fréquent : généralisation d'un épithéliome (fig. 230).

Souvent les ganglions, au voisinage d'une tumeur maligne, ne présentent pas de traces histologiques appréciables d'infiltration cancéreuse, mais seulement une *hyperplasie de leurs éléments*, comme dans certaines lésions ganglionnaires inflammatoires. Cet état doit être noté ; il est probable que c'est là un changement avant-coureur de la généralisation.

b) **Diagnostic de certaines tumeurs secondaires.** — Une autre question, souvent difficile à résoudre, se pose quelquefois en présence de formations cancéreuses sur certains organes. Le cas du **foie** est le plus important.

On a reconnu sur une préparation une production maligne, et on a vu qu'elle était située sur du parenchyme hépatique. S'agit-il là d'une métastase, ou d'une tumeur primitive de la glande hépatique ? Si le nodule cancéreux forme avec son stroma une masse bien limitée (voir la fig. 141), il n'y a guère de doute possible, c'est une généralisation. Mais si la limitation entre le néoplasme et le parenchyme est moins nette, il faut une observation plus attentive. Deux cas sont à considérer :

1° La néoformation n'est pas de nature épithéliale. Ce cas est rare, mais il permet d'éliminer d'emblée l'hypothèse de tumeur primitive, car le tissu hépatique, glandulaire, ne saurait produire des tumeurs d'une autre nature.

2° Le cancer est épithélial : il peut être d'origine hépatique primitive. Il faut alors observer attentivement les éléments du néoplasme afin d'y chercher des caractères plus ou moins typiques permettant de le rapporter à une variété de tissu épithélial *non hépatique* : c. thyroïde, sein, peau, etc. Ces cas, assez rares, sont quelquefois reconnaissables.

Mais souvent il s'agit de cancers digestifs sans ordonnance bien caractéristique de leur origine. Il faut alors examiner les limites de la production, afin de nier ou de saisir, s'il est posssible, des phases de transition avec les trabécules sains.

Encore n'obtient-on jamais, par l'examen histologique, qu'une probabilité plus ou moins grande. Il est toujours nécessaire d'être assuré, par l'observation minutieuse au cours de l'autopsie, s'il existait ou non une tumeur éloignée susceptible d'avoir été un noyau primitif.

Des considérations analogues s'appliquent aux **noyaux pulmonaires**.

III. — DIAGNOSTIC DE LA NATURE

Le diagnostic de la nature de la tumeur est le point capital dans l'examen histologique, parce qu'il entraîne une série de déductions concernant l'évolution, la malignité. Il faut reconnaître à quelle classe appartient le néoplasme, c'est-à-dire quel tissu lui a donné naissance.

La reconnaissance du siège des productions ne suffit pas pour atteindre ce but, à moins que l'on puisse saisir sur les préparations les transitions entre le tissu sain et le tissu cancéreux; il peut exister des organes contenant plusieurs tissus capables de donner des tumeurs ; on peut se trouver aussi en présence de métastases, et nous venons justement de voir que dans certaines généralisations (foie, poumon),le siège même de la tumeur rendait plus délicat le diagnostic ; enfin on peut avoir à examiner une pièce ne contenant plus traces de tissu normal.

Il faut donc se baser surtout sur les caractères des néoproductions elles-mêmes, et accessoirement sur les parties voisines, si cela est possible.

A. — DIAGNOSTIC DE LA VARIÉTÉ DE STRUCTURE.

Il est nécessaire de préciser en premier lieu les caractères secondaires : est-on en présence d'une forme typique, méta ou atypique ?

Il suffit pour cela d'observer les coupes, en cherchant si les formations que l'on a sous les yeux rappellent l'ordonnance normale d'un tissu de l'organisme. Ce fait est généralement aisé.

Il faut bien remarquer que la distribution de certains cancers atypiques (surtout épithéliaux) peut simuler une ordonnance régulière.Ainsi les variétés à topographie alvéolaire, carcinomateuse, pourraient être prises, à un examen superficiel, pour des formations typiques; en réalité, les « alvéoles » de ces cancers sont des figures tout à fait contingentes; les éléments cellulaires y sont amassés sans aucune ordonnance les uns par rapport aux autres. Il ne faut donc pas les prendre pour des formations typiques glandulaires, ou pour des lobules d'épithéliomes malpighiens, par exemple (Comparez les fig. 149 et 151).

B. — Diagnostic de la nature proprement dite.

Une fois reconnus les caractères secondaires du néoplasme, et accessoirement son mode de distribution s'il est atypique (variétés carcinomateuses, squirrheuses, encéphaloïdes, etc.) on doit en préciser la nature même.

§ 1. — Cas des tumeurs typiques.

Si les formations sont typiques le diagnostic de la nature est naturellement facile, au moins dans ses grandes lignes, parce qu'on a sous les yeux une ordonnance qui rappelle au moins les traits essentiels du tissu normal.

a) **Tumeurs typiques des tissus non épithéliaux.** — Ce point peut même être élucidé complètement et simplement pour les tumeurs non épithéliales. Les caractéristiques du tissu osseux, adipeux, fibreux sont assez évidentes. Le diagnostic d'ostéome, de chondrome, de lipome, de fibrome (Voy. les fig. 208, 207, 204, 196) est aisé : nous avons vu précédemment que la difficulté, en pareil cas,consistait à reconnaître qu'il s'agissait bien d'une tumeur.

Les **myomes** aussi sont facilement reconnaissables comme tumeurs du tissu musculaire lisse, si l'on a soin de distinguer les fibres-cellules qui les forment, des fibres extra-cellulaires du tissu fibreux.

Les **lymphadénomes** nécessitent seulement que l'on pense à rechercher et que l'on sache reconnaître le réticulum, sans quoi on les prendrait pour des tumeurs globo-cellulaires atypiques d'autres tissus.

b) **Tumeurs typiques des tissus épithéliaux**. — Les tumeurs épithéliales sont, elles aussi, aisément reconnues comme telles, lorsqu'elles se présentent sous la forme typique. Mais il n'est pas toujours facile, ni même possible, de distinguer leurs *variétés*, parce que l'ordonnance persistant dans les formations typiques ne reproduit pas toujours les caractères secondaires individualisant les variétés normales du tissu épithélial (voir les fig. 156, 183, etc.).

Il faut faire exception pour le **tissu thyroïdien** dont les tumeurs typiques montrent toujours la colloïde caractéristique ; pour le tissu épithélial de la variété **ectodermique**, à cause de l'ordonnance malpighienne spéciale, toujours conservée, allant quelquefois jusqu'à la production de globes, cornés ou non (1).

On se trouve généralement en présence du diagnostic : TUMEUR TYPIQUE DU TISSU ÉPITHÉLIAL GLANDULAIRE. On peut encore retrouver le point de départ précis s'il s'agit d'une production bénigne, en reconnaissant l'ordonnance des néoformations ou les parties voisines : l'intestin, l'estomac, la **vésicule biliaire** se reconnaissent aux diverses tuniques ; le **sein** au groupement

---

(1) Souvent, d'ailleurs, le diagnostic de *tumeur typique malpighienne* reste à ce degré, et, il n'est pas toujours possible d'ajouter si l'on a affaire à la peau ou à une muqueuse malpighienne (bouche, œsophage, vagin et col utérin, corde vocale inférieure). Il faut s'aider alors des éléments du tissu voisin de la tumeur, si c'est possible : par exemple, trouver des fibres musculaires striées et des glandules muqueuses (langue), un stroma à fibres lisses (col utérin), etc.

lobulaire des acini qui est respecté dans certains adénomes, à l'aspect très particulier des néoformations (adénome kystique et végétant : Voy. les fig. 170, 171) ; — la prostate à son *stroma* à fibres lisses et à ses corps amylacés, qui existent fréquemment ; — l'utérus aux *couches* musculaires lisses, denses, sous-jacentes. Même raisonnement pour les cas où ces formations typiques sont malignes, quand on est sur la tumeur primitive.

Mais si l'on examine un noyau de généralisation (on sait que ces noyaux peuvent conserver la structure typique), le diagnostic doit souvent s'arrêter à celui d'épithéliome glandulaire, en y ajoutant quelquefois des probabilités tirées de certains détails difficiles à analyser (voir fig. 181, 228, 229).

§ 2. — Cas des tumeurs métatypiques.

Il ne s'agit plus là que de tumeurs malignes ; beaucoup parmi celles-ci sont des productions métatypiques, et l'on peut encore retrouver sur certains points de leurs coupes des aspects rappelant l'ordonnance du tissu originel.

On peut citer comme exemple le cas des chondromes malins ; la présence du stroma hyalin particulier, sans fibrilles, est assez caractéristique des formations cartilagineuses, même lorsque les capsules sont absentes. De même dans beaucoup de tumeurs du rein, l'aspect des cellules, gros éléments clairs, permet de penser à l'origine rénale ou surrénale ; le protoplasma cellulaire à prolongement finement ramifié de certains gliomes peut faire reconnaître leur origine nerveuse, la présence de substance colloïde (1) dans les cellules ou autour d'elles, indique

---

(1) Ce terme prête à confusion avec la colloïde caractéristique des vésicules thyroïdiennes. Cette dernière substance avec ses réactions histochimiques spéciales, n'a aucun rapport avec la matière colloïde des cancers colloïdes dont il est question ici, et qui est figurée fig. 160.

le **cancer colloïde** même lorsque celui-ci n'est pas complètement typique, et autorise à affirmer au moins l'origine épithéliale glandulaire.

Beaucoup de tumeurs métatypiques des tissus non épithéliaux se présentent avec un ASPECT FIBRILLAIRE. Il faut dès
l'abord se rendre compte si cet aspect est dû à des *fibres intercellulaires* ou à des *fibres-cellules*. Dans ce dernier cas, on aurait
affaire à un **myome**. Dans le premier, il faudrait chercher
d'autres éléments (lamelles osseuses en formation ou en destruction) avant d'éliminer les **tumeurs de l'os,** d'accepter le
diagnostic de **tumeur de la série fibreuse.**

Diagnostic des myomes malins. — Le diagnostic des

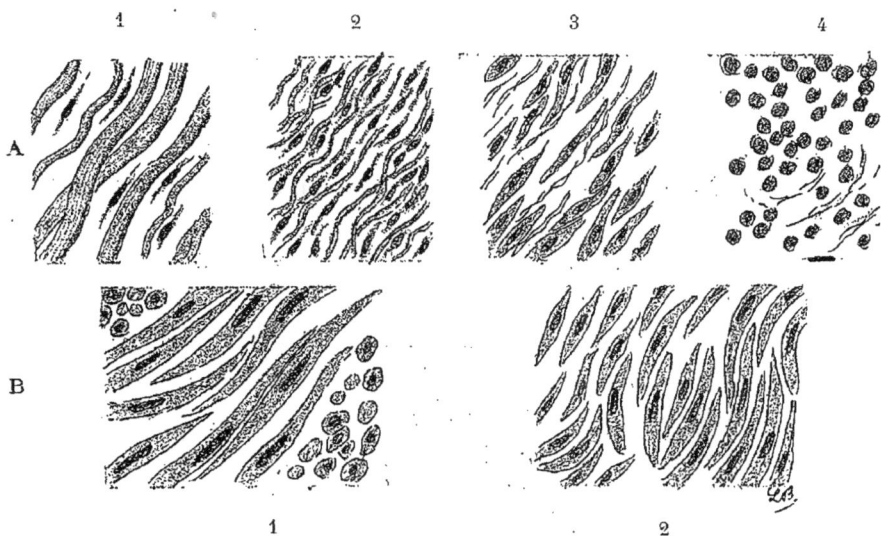

FIG. 231. — *Structure schématique des tissus fibreux et musculaire lisse, et
de leurs tumeurs* (fort grossissement).

A. *Tissu fibreux.* 1 et 2. Tissu normal ou fibromes. Fibres intercellulaires bien
développées. Cellules plus ou moins abondantes. 3. Sarcomes fusocellulaires :
les fibres disparaissent, les cellules s'allongent. 4. Tumeurs très atypiques, sarcomes globocellulaires.
B. *Tissu musculaire.* 1. Normal, ou myomes ordinaires. Fibres-cellules allongées:
quelques-unes sont figurées coupées en travers ; 2. Myomes à développement
plus rapide. Cellules plus courtes (à comparer avec A. 3).

tumeurs musculaires lisses et des tumeurs fibreuses est facile, dans leurs formes typiques: le premier tissu étant formé de *fibres-cellules*, le second de *fibres intercellulaires*, avec des cellules intercalées ; mais à mesure que ces groupements deviennent moins typiques, ces différences s'atténuent ; les fibres-cellules du myome deviennent moins longues, les fibres intercellulaires du fibrome disparaissent tandis que ses cellules s'allongent. Le schéma ci-joint (fig. 231) montre qu'à la limite les aspects arrivent à être très analogues ; il devient ainsi souvent impossible de distinguer un myome malin de tumeurs fibreuses malignes fuso-cellulaires. Il faut noter, toutefois, que les noyaux des éléments restent souvent plus allongés, en bâtonnet, dans les tumeurs du muscle. (Comparez aussi les fig. 199 et 203.)

§ 3, — Cas des tumeurs atypiques,

Lorsque les productions sont atypiques, les difficultés sont souvent insurmontables.

a) **Diagnostic des tumeurs épithéliales atypiques.** — Il est entendu que les productions atypiques n'ont gardé aucun des caractères d'ordonnance du tissu originel. Mais nous avons

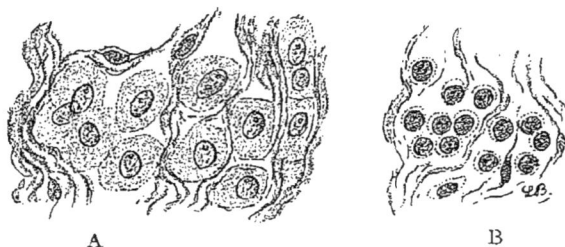

A   B

Fig. 232.

A. Cellules ayant le caractère épithélial prises dans un épithéliome atypique. On voit les éléments avec leur protoplasma abondant et leur gros noyau clair, disséminés entre les fibrilles du stroma (fort grossissement).
B. Cellules non différenciées, comme on les voit dans les inflammations ou dans les tumeurs très atypiques (même grossissement).

vu que les tumeurs épithéliales de ce groupe présentaient, au sein d'un stroma sans caractère, des cellules ayant souvent conservé individuellement l'aspect de cellules épithéliales. Cet aspect a été rappelé précédemment (voir p. 365). Il faut donc s'efforcer de le retrouver, lorsqu'on est en présence d'une néo-production atypique, que la disposition soit diffuse, ou squirrheuse, ou encéphaloïde, ou en boyaux. On pourra, si l'on ne peut en préciser la variété, reconnaître tout au moins s'il s'agit d'une tumeur épithéliale, d'un **épithéliome** (1). C'est déjà un fait extrêmement important.

b) **Diagnostic des tumeurs d'aspect sarcomateux.** — Le cas précédent éliminé, il reste le grand groupe des néoplasmes ayant l'aspect histologique sarcomateux.

Caractères de ces néoplasmes. — Ils sont formés de cellules abondantes, quelquefois amassées en alvéoles, le plus souvent uniformément réparties au contact les unes des autres, avec un stroma fibrillaire très ténu ou plus ou moins absent ; les cellules peuvent être arrondies, de très petites dimensions, ou plus volumineuses; elles peuvent être allongées, fusiformes, généralement assez courtes, toujours plus courtes en tout cas que les fibres-cellules typiques du muscle lisse. Mais, de toute façon, *ces cellules ne rappellent, par aucun caractère, des éléments différenciés normaux.*

On se contente souvent d'étiqueter ces tumeurs du nom de sarcome. Nous avons déjà rappelé combien cette manière d'agir était irrationnelle (voir p. 457).

Même lorsque le diagnostic ne peut aller au delà, il n'est pas indifférent de dire *sarcome* tout court, ou *tumeur très atypique d'aspect sarcomateux.* Ce n'est pas une simple affaire de mots. Car, dans le premier cas, on paraît donner un nom de genre à la tumeur, on paraît la classer définitivement dans un groupe

---

(1) On peut même souvent dire s'il s'agit d'un épithéliome atypique ectodermique ou glandulaire ; les cellules des premiers étant plus plates, plus larges, celles des seconds plus granuleuses, plus imbibées de sucs, ayant encore l'aspect de cellules à propriétés sécrétoires.

naturel; au contraire, dans le second, on précise que l'on est dans l'impossibilité de la déterminer de manière certaine, on avoue son ignorance, et l'on reste engagé à rechercher un complément d'information : on l'obtiendra en s'aidant de considérations anatomo-cliniques, ou par de nouvelles études en comparant ultérieurement des faits analogues.

Nécessité de les distinguer entre eux. — Nous savons que tous les tissus peuvent donner des tumeurs très atypiques, d'aspect sarcomateux, aussi bien les tissus épithéliaux (dans quelques cas) que les tissus osseux, fibreux, musculaires, etc. Nous savons aussi que tous ces soi-disant « sarcomes » gardent de leurs origines différentes des caractères d'évolution différents. Il est donc extrêmement important, au point de vue du diagnostic complet, et du pronostic, de les distinguer entre eux. C'est un fait d'un grand intérêt pratique, mais qui malheureusement, à l'heure actuelle, est quelquefois encore impossible.

Cas où le diagnostic est possible. — Dans certains cas, le diagnostic est possible, lorsque le cancer s'infiltre dans une région qui nous est bien connue. Ainsi les **cancers à petites cellules de l'intestin** et **de l'estomac**, lorsqu'ils se développent par éléments isolés, sont reconnaissables en tant que cancers de la muqueuse. Nous *savons*, tout au moins pour avoir étudié les types de passage, que de telles productions appartiennent au tissu glandulaire de la surface du tube. Il en est de même pour certaines **tumeurs du rein** ou **du sein**.

D'autres fois on peut retrouver sur les limites de la tumeur des zones de transition ou des aspects non complètement atypiques : dans les **rhabdomyomes**, on peut quelquefois observer des figures intermédiaires avec les fibres musculaires striées, ou au moins une ordonnance en colonne des éléments sarcomateux, rappelant le trajet des fibres. En outre, dans ces néoplasmes, les cellules ne sont pas toujours très petites et banales, elles ont souvent un aspect épithélioïde (voir fig. 140). De même les **lipomes malins** décèlent parfois leur origine adipeuse par des éléments contenant quelques gouttelettes grasses.

Des considérations analogues s'appliquent aux **tumeurs aty-piques de l'os**, dans lesquelles on cherchera des indices de pro-ductions osseuses, des myéloplaxes, etc. Beaucoup d'autres tu-meurs peuvent être soupçonnées par un examen attentif, dont il est impossible d'analyser les diverses opérations.

Il faut noter le cas particulier des **tumeurs mélaniques**. Elles sont presque toujours d'aspect sarcomateux, mais la présence de leur pigmentation, ou au moins l'*aspect enfumé* de leurs cellules permet de les reconnaître. Or nous savons que ce groupe très particulier est en réalité à rattacher aux tumeurs des tissus épi-théliaux.

IV. — DIAGNOSTIC DE LA MALIGNITÉ

§ 1. — Malignité en général.

Le diagnostic de la plus ou moins grande malignité d'une tumeur se fait en s'efforçant de reporter dans l'espace et dans le temps les notions que nous acquérons par l'examen anatomique limité et présent. Nous avons déjà indiqué précédemment les bases de cette recherche (voir p. 344).

a) **Envahissement.** — On s'efforcera de distinguer si un néoplasme est envahissant en observant les limites de la tumeur ; quel que soit le caractère typique ou atypique des néoformations, on reconnaîtra si elles pénètrent dans les tissus voisins : par exemple dans les plans profonds pour la **peau** (fig. 148), dans la sous-muqueuse, et les **muscles** pour l'estomac (fig. 156), l'intestin (fig. 163), etc.

Dans ce cas, il est nécessaire d'avoir reconnu le siège et la nature de la tumeur. Aussi cette manière de faire est-elle utile surtout pour les tumeurs malignes typiques, auxquelles elle est indispensable.

La recherche du caractère envahissant n'est pas toujours très facile. Dans certains cas, on ne peut examiner que les parties superficielles d'une tumeur, obtenues par raclage (utérus, cordes vocales, etc.): on observe alors un aspect papillomateux ou adénomateux qui peut être une tumeur bénigne, mais qui pouvait aussi recouvrir un cancer.

Dans d'autres, il est quelquefois difficile de préciser si l'on a affaire à des formations pénétrantes au début ; ce fait s'observe assez souvent au niveau de la muqueuse du corps utérin, parce que les fibres lisses pénètrent légèrement, à l'état normal, entre le fond des glandules et beaucoup plus encore, entre les glandules adénomateuses. Il faudra dans ce cas observer de nombreuses coupes, rechercher si l'on ne trouve pas des néoformations glandulaires *en plein muscle* (cancer), et se baser aussi sur le caractère plus ou moins parfaitement typique des productions glandulaires. Dans les cancers, ce dernier caractère est moins complètement conservé, même lorsqu'il s'agit d'épithéliomes bien typiques.

b) **Rapidité de développement.** — On cherchera à apprécier la rapidité avec laquelle se produisent les néoformations, en se basant surtout sur leurs *caractères atypiques* plus ou moins marqués (voir p. 346). Cette observation est indispensable pour les tumeurs des tissus pleins au niveau desquels il est difficile d'apprécier le degré d'envahissement (foie, sein, cerveau, os, tissu fibreux) ; elle permet souvent de reconnaître la malignité grossière d'une tumeur avant même que l'on en ait précisé l'origine. Mais seule, cette dernière connaissance nous permet de préciser des détails importants d'évolution, variables suivant les différents tissus.

§ 2. — Caractères spéciaux suivant l'origine des tumeurs.

Nous ne pouvons que signaler quelques exemples, montrant que chaque classe des tumeurs présente des conditions d'évolution particulières. Celles-ci doivent être connues, par l'expérience, si l'on veut, en présence d'un cas déterminé, aboutir à un pronostic aussi précis que le permet l'état actuel de nos connaissances.

Nous avons déjà rappelé précédemment (p. 433) que certains tissus donnaient des tumeurs assez atypiques, histologiquement malignes, sans que leur malignité soit réellement très élevée : par exemple pour certains néoplasmes des **glandes salivaires**.

Nous avons vu aussi que les tumeurs de la **série fibreuse** avaient surtout une malignité *locale*. Celle-ci peut être très grande, mais on doit toujours indiquer qu'on redoutera particulièrement les récidives ; la gravité peut être graduée dans ces tumeurs suivant leur caractère plus ou moins métatypique, c'est-à-dire suivant le développement variable des fibres intercellulaires par rapport aux cellules. Une tumeur surtout cellulaire sera plus maligne qu'un néoplasme contenant des fibrilles ; celui-ci n'aura aucune gravité si les fibres sont bien développées, cependant il pourra récidiver si les cellules sont nombreuses et les fibres ténues. Généralement les formes globo-cellulaires, qui peuvent être considérées comme les plus atypiques, sont les plus malignes.

On a vu au contraire que les **tumeurs du muscle strié** (rhabdomyome) avaient une grande tendance à se généraliser très rapidement en divers points des appareils musculaires. La malignité des néoplasmes du **muscle lisse** sera appréciée par le petit volume des fibres-cellules : elles sont courtes, peu développées, souvent dans un stroma demi-fluide, abondant, ou au contraire très serrées, lorsqu'il s'agit de myomes malins.

Ce ne sont là que des exemples ; il faut en réalité avoir présent à l'esprit les caractères d'évolution propres à chaque groupe de tumeur : nous en avons rappelé les principaux traits à leur propos, dans leur étude descriptive.

TABLE DES MATIÈRES

TABLE ALPHABÉTIQUE

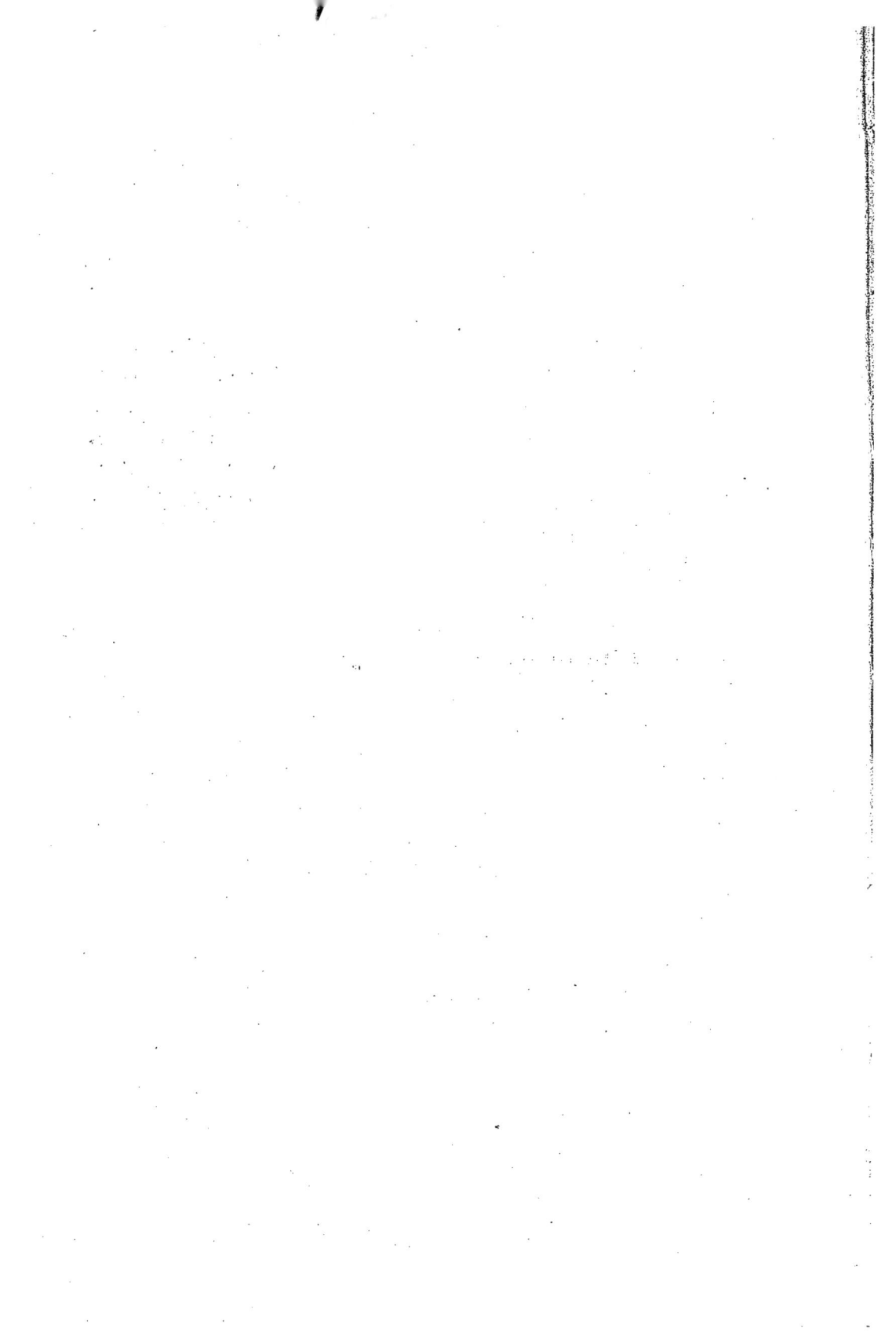

CHAPITRE III

TUMEURS DES TISSUS NON ÉPITHÉLIAUX . . .

I. — **Tumeurs du tissu fibreux** . . . . .

2602. — Tours, imprimerie E. ARRAULT et Cⁱᵉ.